高等职业教育"十二五"电类基础课规划教材

模拟电子技术与实训

主　编　罗厚军
副主编　卢　觃　朱小祥　李　燕
参　编　陈晓黎　董英英　叶　茎　游家发
主　审　曹振军

机械工业出版社

本书以教育部关于《高等职业学校培养目标和人才规格》为依据，以《高职高专教育电子技术课程教学基本要求》为指导，针对高职学生知识结构及所必备的模拟电子技术基础知识，结合职业资格证书的技能要求而编写。

本书内容包括：半导体器件、放大电路基础、负反馈放大电路、集成运算放大器及应用、信号发生电路、直流稳压电源、现代电子设计方法简介等。

本书可作为工科类全日制高职学院、高等专科、民办高职、成人教育、职业培训的电气工程、电子信息工程、通信工程、自动化、计算机等专业的教材，也可供从事电子技术专业的技术人员和自修人员参考。

为方便教学，本书备有免费电子课件和章后详细习题解答等，凡选用本书作为授课教材的学校均可来电索取。咨询电话：010—88379375。

图书在版编目（CIP）数据

模拟电子技术与实训/罗厚军主编．—北京：机械工业出版社，2012.1（2016.8重印）

高等职业教育“十二五”电类基础课规划教材

ISBN 978-7-111-36407-8

Ⅰ.①模…　Ⅱ.①罗…　Ⅲ.①模拟电路-电子技术-高等职业教育-教材　Ⅳ.①TN710

中国版本图书馆CIP数据核字（2011）第230697号

机械工业出版社（北京市百万庄大街22号　邮政编码100037）
策划编辑：于　宁　责任编辑：于　宁　冯睿娟
版式设计：霍永明　责任校对：张　媛
封面设计：赵颖喆　责任印制：乔　宇
保定市中画美凯印刷有限公司印刷
2016年8月第1版第2次印刷
184mm×260mm · 14.25印张 · 349千字
3 001—4 900册
标准书号：ISBN 978-7-111-36407-8
定价：31.00元

凡购本书，如有缺页、倒页、脱页，由本社发行部调换

电话服务
服务咨询热线：010-88379833
读者购书热线：010-88379649

网络服务
机工官网：www.cmpbook.com
机工官博：weibo.com/cmp1952
教育服务网：www.cmpedu.com
金书网：www.golden-book.com

前　言

本书以教育部关于《高等职业学校培养目标和人才规格》为依据，以《高职高专教育电子技术课程教学基本要求》为指导，针对高职学生知识结构及所必备的模拟电子技术基础知识，结合职业资格证书的技能要求而编写。

本书有着鲜明的职业教育特点，将专业性、实用性、应用性作为教材编写的基准点，突出理论与实践一体化教学，具有与行业企业生产实际结合紧密的知识框架，理论知识以必需、够用为度，以应用为目的。在编写过程中，根据高职高专培养应用型人才的基本要求，充分考虑了内容深度、应用性以及能力培养等方面，力求做到保证基础、降低深度、扩大信息、加强应用，计算从简，易教易学，便于教师讲授和学生自学。各章章前都有理论和技能的分层要求，每章均有小结，便于读者系统掌握重、难点知识，此外，还配有与知识点对应的技能训练，增加了仿真软件 Multisim 9 的介绍和应用，有较多的实用电路，知识结构完整、实用，体系结构合理，内容新颖、精练，文字通俗，使本书内容更具有科学性、实用性、可读性，以满足当前教学的需要。

限于所用软件，书中仿真软件 Multisim 9 部分的电气符号与国家标准不一致，特提请读者注意。

本书内容包括：半导体器件、放大电路基础、负反馈放大电路、集成运算放大器及应用、信号发生电路、直流稳压电源、现代电子设计方法简介等。本教材除基本内容外还设有标示“※”号的小节，以便读者根据需要自主选择学习和查阅。

本书由罗厚军担任主编，卢觃、朱小祥、李燕担任副主编。

湖北科技职业学院陈晓黎编写了第 1 章，河北机电职业技术学院李燕编写第 5 章，其余各章由武汉软件工程职业学院的老师编写，其中：朱小祥编写第 2 章，罗厚军编写第 3 章并整理了附录 A、B。卢觃编写第 4 章，董英英编写第 6 章，游家发、叶茎编写第 7 章，叶茎还整理了附录 C。全书由罗厚军负责统稿。河北机电职业技术学院曹振军副教授任主审，他审阅了全书，提出了许多修改建议，在此表示诚挚的感谢！

书中如有错误和不妥之处，殷切期望使用本书的广大师生和其他读者批评指正，我们将不断改进和完善。

编　者

目　　录

第1章　半导体器件

【本章学习要求】

理论：掌握PN结单向导电性和晶体管(NPN型硅管)截止、放大、饱和三种工作状态的条件及特点；熟悉硅二极管的伏安特性曲线和晶体管(NPN型硅管)的输入特性和输出特性曲线以及MOS管三个工作区域的特点；了解稳压管的主要参数。

技能：掌握常用电子仪器的使用，掌握用万用表简易测试二极管、晶体管的方法，掌握二极管、晶体管简单应用电路。

1.1　半导体基础知识

1.1.1　半导体特点

1. 物质的导电性

导电性能介于导体和绝缘体之间的物质称为半导体，自然界的物体根据其导电性能的强弱可分为导体、绝缘体和半导体三大类。

导体(如铜、铁、银等金属材料)导电能力很强，电阻率一般小于$10^{-4}\Omega/cm$。

绝缘体(如塑料、橡胶、陶瓷、云母等材料)导电能力很差，电阻率一般大于$10^{10}\Omega/cm$。

半导体(如硅(Si)、锗(Ge)、砷化镓(GaAs)及其一些氧化物和硫化物等)电阻率在$10^{-3}\sim10^{9}\Omega/cm$的范围内。

常用的半导体材料有硅和锗，硅原子和锗原子的电子数分别是14和32，所以它们最外层的电子都是4个，是四价元素。它们的原子结构简化模型如图1-1所示。每个原子的4个价电子不仅受自身原子核的束缚，而且还与周围相邻的4个原子发生联系，相邻的原子就被共有的价电子联系在一起，称为共价键结构，如图1-2所示。

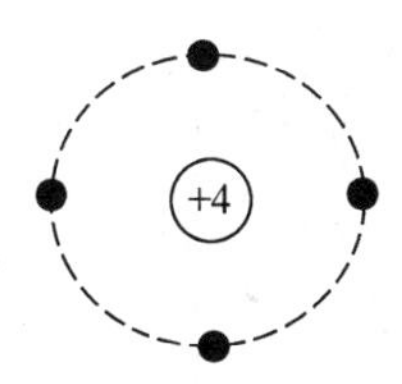

图1-1　硅和锗的原子结构简化模型

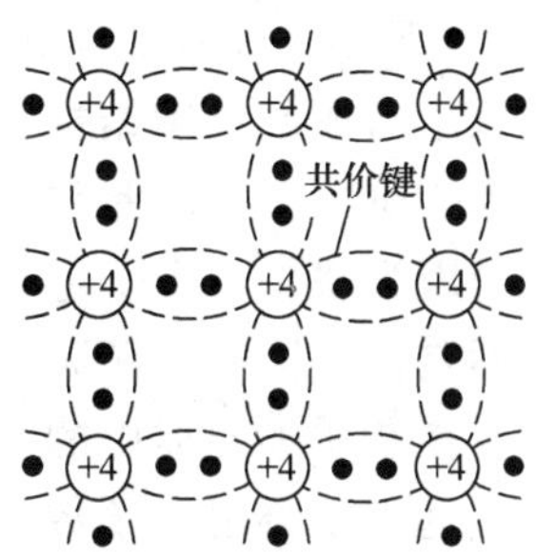

图1-2　硅和锗的晶体结构

2. 本征半导体

纯净的不含任何杂质、晶体结构排列整齐的半导体晶体称为本征半导体。由于晶体共价键结合力非常强，在热力学温度零度(记作 0K，相当于 -273℃)条件下，价电子不能挣脱共价键的束缚而导电，因此半导体在此情况下与绝缘体一样不导电。

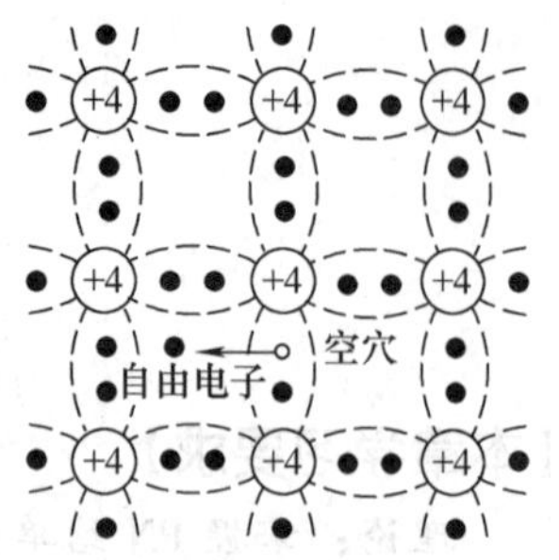

图 1-3 热激发产生的自由电子与空穴

当温度逐渐升高或有一定强度的光照时，晶体中少量的价电子因热激发获得了足够的能量，可以挣脱共价键的束缚而成为带负电荷的自由电子，同时在原来的共价键位置上留下一个相当于带有正电荷的空穴，如图 1-3 所示。

本征半导体中不仅有带负电荷的自由电子，而且有正电荷的空穴，它们在外电场作用下都能定向运动参与导电，所以将这两种带电粒子称为载流子。

本征半导体中的价电子可挣脱共价键的束缚而成为带单位负电荷的自由电子，自由电子和空穴在热运动中又可能重新相遇结合而消失，这种现象称为复合。

3. 杂质半导体

本征半导体的导电能力很差，但是如果在本征半导体中掺入某种微量元素后，它的导电能力可增加几十万倍。根据掺入杂质的不同，杂质半导体又可分为 N 型(电子型)半导体和 P 型(空穴型)半导体。

(1) N 型半导体　在本征半导体硅中，掺入微量磷(或其他五价元素)之后，由于磷原子最外层有 5 个价电子，因此与硅原子构成共价键后，将多出一个价电子，多余的一个价电子很容易成为带负电的自由电子。同时，磷原子由于失去一个电子，并不产生空穴，而是成为带正电的离子。在杂质半导体中的自由电子数目大大增加，远远大于空穴数，所以自由电子为多数载流子，简称多子；而空穴为少数载流子，简称少子。这种杂质半导体称为电子型半导体或 N 型半导体。

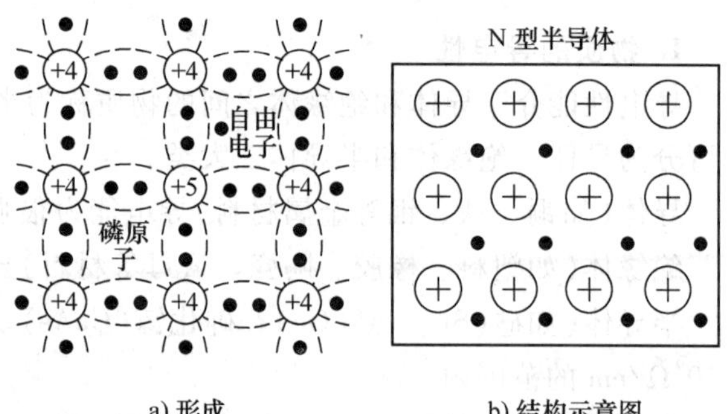

图 1-4 N 型半导体的形成及结构示意图

N 型半导体的形成及结构示意图如图 1-4 所示。

(2) P 型半导体　在本征半导体硅中，掺入微量硼元素(或其他三价元素)之后，硼原子与相邻的硅原子组成共价键结构。硼原子的最外层有 3 个价电子，因此与硅原子组成共价键后，因为缺少一个价电子而形成一个空位，即空穴。同时，硼原子成为带负电的离子。在杂质半导体中的空穴数目大大增加，远远大于自由电子数，因此称空穴为多数载流子，简称多子；相应的自由电子为少数载流子，简称少子。这种杂质半导体称为空穴型半导体或 P 型半导体。

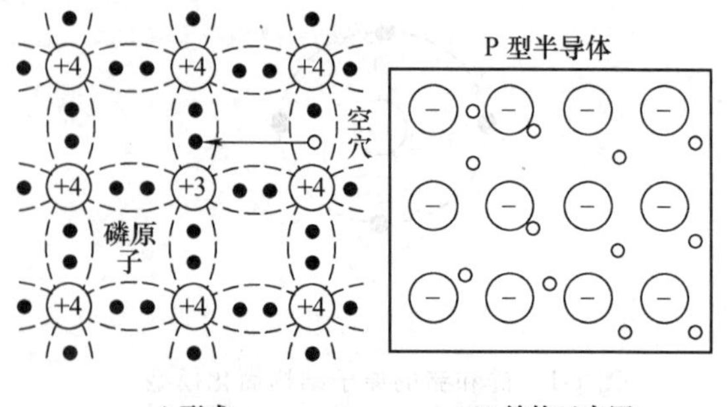

图 1-5 P 型半导体的形成及结构示意图

P型半导体的形成及结构示意图如图1-5所示。

1.1.2　PN结单向导电性

在一块本征半导体上通过某种掺杂工艺把P型半导体和N型半导体结合起来，则在它们的交界处就会形成一个具有特殊性质的薄层，称为PN结。PN结是构成各种半导体器件的基础。

1. PN结的形成

在本征半导体上通过某种掺杂工艺，使其形成P型区和N型区两部分，P区的多子是空穴，N区的多子是自由电子，由于交界面两侧载流子浓度的差别，N区的电子必然向P区扩散，P区的空穴也要向N区扩散，多数载流子在浓度差作用下的定向运动称为扩散运动，如图1-6a所示。

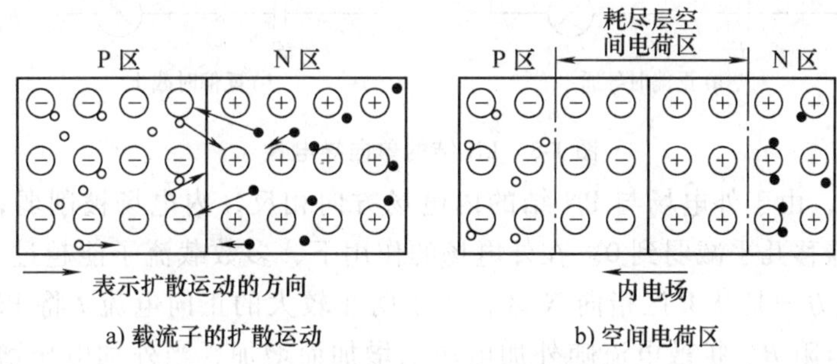

图1-6　PN结的形成

扩散运动的结果是在交界面附近P区一侧因失去空穴留下不能移动的负离子，N区因失去自由电子留下不能移动的正离子。同时，扩散到P区的电子将逐渐与P区的空穴复合，扩散到N区的空穴将逐渐与N区的自由电子复合。多子扩散到对方区域后，使对方区域的多子因复合而耗尽，于是在P区和N区的交界处就会出现数量相等、不能移动的负离子区和正离子区，这些不能移动的带电离子形成了空间电荷区，也就是PN结，如图1-6b所示。在空间电荷区内，多子已扩散到对方，或被对方扩散过来的多子复合，即多子被耗尽了，所以空间电荷区也称为耗尽层。在耗尽层以外的区域仍呈电中性。

空间电荷区靠近P区的部分带负电，靠近N区的部分带正电，因此形成了一个电场方向由N区指向P区的内建电场，简称内电场。内电场阻碍了多子的扩散运动，而有利于少子的漂移运动。由于内电场的方向是从N区指向P区，因此这个电场对多子的扩散起到阻碍的作用；对少子的运动起到了加强的作用。由于P区的少子是自由电子，N区的少子是空穴，因此，内电场有利于漂移(N区的少子空穴向P区漂移，P区的少子电子向N区漂移)，载流子在电场力作用下的定向移动，称为漂移运动，如图1-7所示。

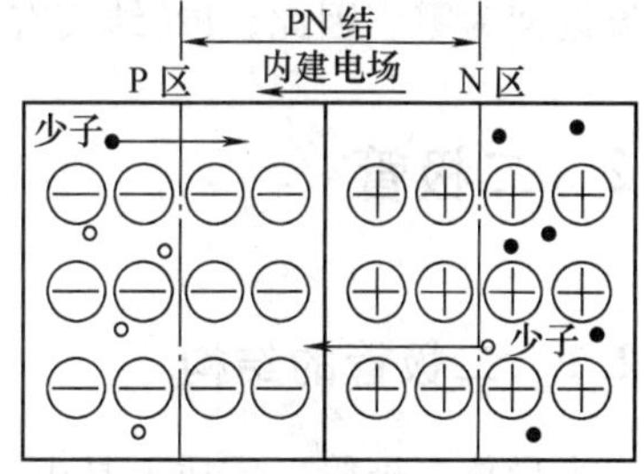

图1-7　漂移运动

综上所述，PN结中进行着多子扩散运动和少子漂移运动。扩散运动使空间电荷区变宽，漂移运动使空间电荷区变窄，两种运动不断进行着，当扩散强度等于漂移强度，达到了动态平衡时，流过PN结的总电流为零，因此PN结呈电中性。

2. PN 结的单向导电特性

没有加外部电压时，流过 PN 结的总电流为零，只有外加电压时，PN 结才显示出单向导电性。

(1) 外加正偏电压时 PN 结导通　将 PN 结的 P 区接高电位(如电源的正极)，N 区接低电位(如电源的负极)，称为给 PN 结加正向偏置电压，简称正偏，如图 1-8a 所示。

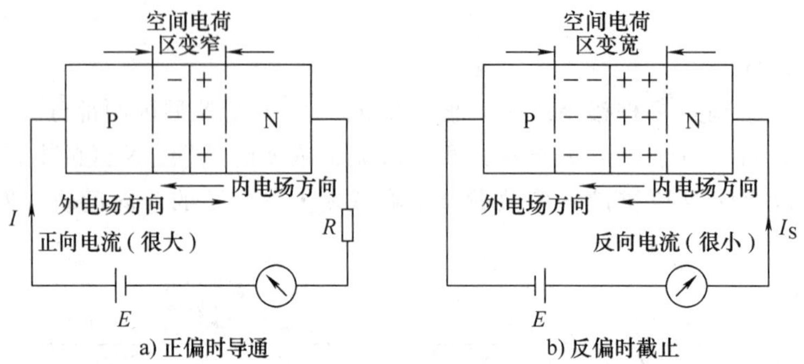

图 1-8　PN 结的单向导电性

PN 结正偏时，由于外电场与 PN 结的内电场方向相反，内电场被削弱，空间电荷区变窄，扩散增强，漂移几乎减弱到 0。在外电场的作用下，多数载流子能越过空间电荷区形成正向电流 I，电流方向是从 P 区指向 N 区，为了防止较大的正向电流 I 将 PN 结烧坏，应在回路中串联限流电阻 R。扩散电流随外加电压的增加而增加，当外加电压增加到一定值后，正向电流将随正向电压的增加呈指数上升。在正向偏置下，PN 结对外电路呈现较小的电阻(理想情况下电阻为零，可以看成是短路情况)，因此称 PN 结处在导通状态。

(2) 外加反偏电压时 PN 结截止　将 PN 结的 P 区接低电位(如电源的负极)，N 区接高电位(如电源的正极)，称为给 PN 结加反向偏置电压，简称反偏，如图 1-8b 所示。

PN 结反偏时，由于外电场与 PN 结的内电场方向相同，内电场被加强，空间电荷区变宽。多子扩散运动减弱到几乎为 0，而少子漂移运动在内电场的作用下增强，在 PN 结中形成了少子漂移电流，电流方向是从 N 区指向 P 区，称为反向电流。反向电流非常小，一般为微安数量级。随着反向电压的增大，反向电流几乎不变，因此反向电流又称为反向饱和电流 I_S。在反向偏置下，PN 结对外电路显现很大的电阻(理想情况下电阻为无穷大，可以看成是开路情况)，因此称 PN 结处在截止状态。

综上所述，PN 结正向偏置时导通，形成较大的正向电流；PN 结反向偏置时截止，反向电流近似为零。因此，PN 结具有单向导电性。

1.2　二极管

1.2.1　二极管的结构

半导体二极管，实质上是由一个 PN 结加上电极引线及外壳封装制成。由 P 区引出的电极为阳极或正极，由 N 区引出的电极为阴极或负极。常见二极管的结构、外形及电路符号如图 1-9 所示。

半导体二极管按材料不同可分为硅二极管、锗二极管等；按用途不同可分为普通二极管、整流二极管、稳压二极管、发光二极管、开关二极管等；按其结构的不同，可分为点接触型、面接触型和平面型三种。

点接触型二极管的PN结面积很小，允许通过的电流小，但其结电容小，高频性能好，适用于高频的检波、高频振荡及脉冲数字电路里的开关元件。如2AP系列和2AK系列二极管。

面接触型二极管的PN结面积大，能通过较大的电流，但其结电容大，低频性能好，适用于工作频率较低的电路中，主要用于整流。如2CZ系列二极管。

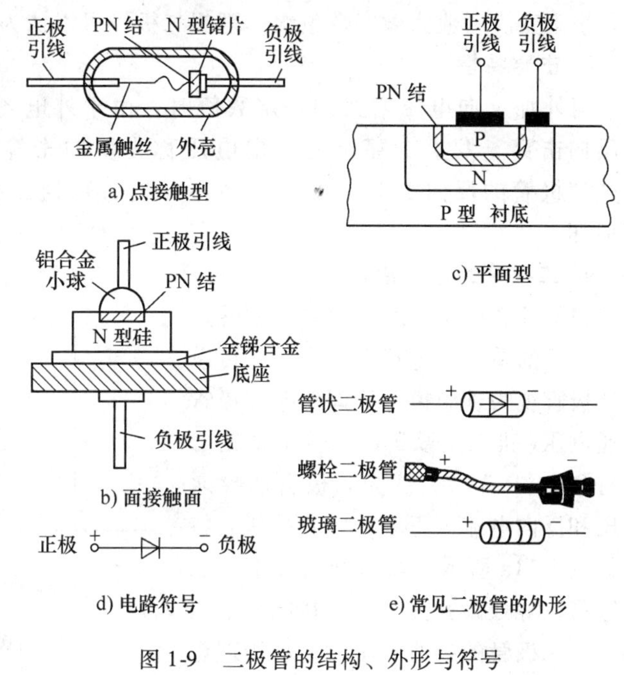

图1-9　二极管的结构、外形与符号

平面型二极管一般采用光刻生产工艺制成，集成电路中的二极管通常采用这种结构。

1.2.2　二极管的伏安特性和近似模型

二极管的伏安特性也就是PN结的伏安特性。二极管的伏安特性是指加到二极管两端的电压和流过二极管的电流之间的关系曲线，如图1-10所示。曲线可以分为三部分：正向特性、反向特性和击穿特性。

1. 正向特性

正向特性曲线如图1-10中*OA*段所示。当外加电压U较小时，外电场很小，还不足以克服PN结的内电场，正向扩散电流仍几乎为零，PN结不导通。只有当U大于死区电压(硅管约为0.5V，锗管约为0.1V)后，外加电场才足以削弱内电场，使扩散运动迅速增加，产生正向电流。并且一旦导通后，只要正向电压U有微小的增加，电流就急剧地以指数规律上升。从二极管的正向特性曲线还可以看出：当二极管正向电流在很大范围内变化时，二极管两端的电压几乎不变，即二极管导通后正向导通压降可近似为固定值，硅管导通压降约为0.6～0.8V，锗管导通压降约为0.2～0.3V。理想二极管导通压降可以近似为零。

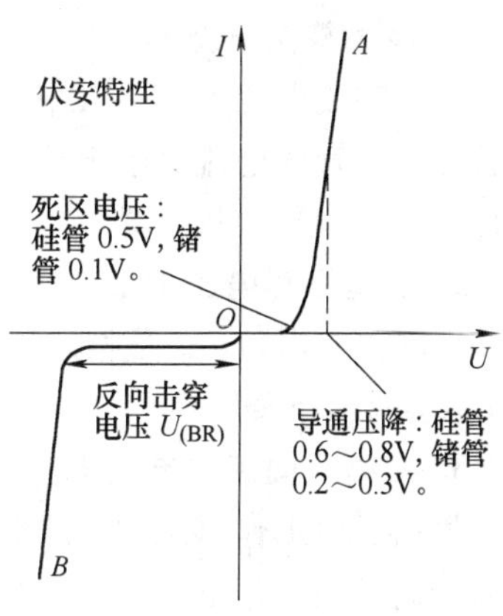

图1-10　二极管的伏安特性

2. 反向特性

反向特性曲线如图1-10中*OB*段所示。当外加反向电压时，PN结内流过的电流为少子的漂移电流，即反向饱和电流I_S。当反向电压U在一定范围内变化时，反向电流很小，并且几乎不变。一般为微安数量级，理想二极管可以认为反向电阻为无穷大。

3. 击穿特性

当外加反向电压增大到一定数值时，由于外电场过强，会使反向电流急剧增大，称为反向击穿。发生击穿时的反向电压称为反向击穿电压 U_{BR}。如图 1-10 中 C 段所示，各类二极管的反向击穿电压大小各不相同，普通二极管反向击穿后将因反向电流过大而损坏。

4. 二极管的近似模型

（1）理想模型　所谓理想模型就是将二极管的单向导电特性理想化，可以将二极管视为理想模型，即忽略二极管导通电压（硅二极管 0.6～0.8V 或锗二极管 0.2～0.3V），认为二极管的导通电压和反向电流等于零，此时的伏安特性如图 1-11a 所示。在这种情况下，二极管可以等效为开关。一般在电源电压远大于二极管的导通电压时，利用理想二极管来分析，不会产生较大的误差。

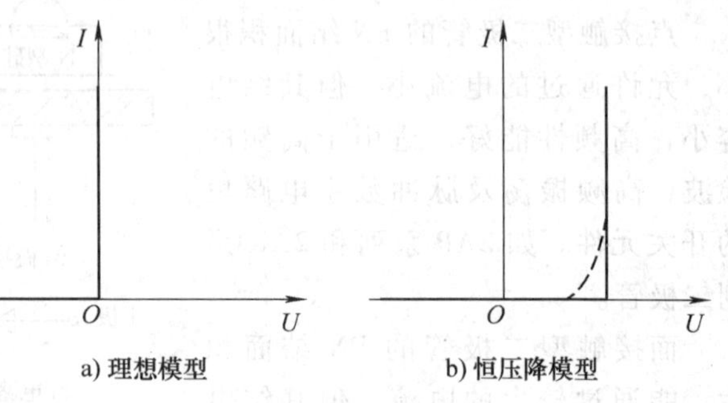

图 1-11　二极管的近似模型

（2）恒压降模型　在二极管的导通电压不能忽略时，还可以将二极管视为恒压降模型，如图 1-11b 所示，即认为二极管正偏导通后的管压降是个恒定值（对于硅管和锗管来说，分别取 0.7V 和 0.2V），二极管反偏时反向饱和电流 I_S 和理想二极管一样视为零。这个模型比理想二极管更接近实际情况。

1.2.3　二极管的主要参数

为了正确选用和判断二极管的好坏，必须了解二极管的主要参数。

1. 最大整流电流 I_F

最大整流电流 I_F 是指二极管在一定温度下，长期允许通过的最大正向平均电流。使用时通过二极管的电流要小于这个电流，否则会使二极管因过热而损坏。另外，对于大功率二极管，必须加装散热装置。

2. 反向击穿电压 U_{BR}

反向击穿电压 U_{BR} 是指二极管反向击穿时的电压值。当温度升高时，二极管反向击穿电压 U_{BR} 会有所下降。

3. 最高反向工作电压 U_{RM}

最高反向工作电压 U_{RM} 是指确保二极管安全使用时所允许的最大反向电压，一般手册上给的最高反向工作电压 U_{RM} 约为反向击穿电压 U_{BR} 的一半，以保证二极管正常工作的余量，避免二极管发生反向击穿。

4. 反向电流 I_R（反向饱和电流 I_S）

反向电流 I_R（又称为反向饱和电流 I_S）是指在室温和规定的反向工作电压下（管子未击穿时）的反向电流。此值越小，说明二极管的单向导电性越好。当温度升高时，反向电流 I_R 会有所增大。

5. 最高工作频率 f_M

最高工作频率 f_M 就是二极管能保持单向导电性的外加电压的最高频率，其值的大小取决于 PN 结结电容的大小。结电容越小，则二极管允许的最高工作频率越高。

除上述参数外，二极管的参数还有很多，如结电容、正向压降等。在实际应用时，可查阅半导体器件手册。

1.2.4 特殊二极管

1. 稳压二极管

稳压二极管简称稳压管，是利用二极管的反向击穿特性，用特殊工艺制造的面接触型硅半导体二极管，常用的稳压二极管有 2CW 和 2DW 系列。其伏安特性曲线及电路符号如图 1-12 所示。稳压管在正常情况下工作在反向击穿区，由于二极管的反向击穿特性曲线很陡，反向电流在很大范围内变化时，二极管端电压的变化很小，因此具有稳压作用。

稳压管可以稳定地工作于击穿区而不损坏。稳压管的外形、内部结构均与普通二极管相似。稳压管反向击穿特性曲线越陡，动态电阻 r_Z 越小，稳压性能就越好。稳压管的稳定电压 U_Z 低的为 3V，高的可以达到 300V。

稳压二极管的参数是合理选择稳压管的重要依据，主要参数有：

（1）稳定电压 U_Z　稳定电压 U_Z 如图 1-12a 所示，它是指当稳压管中电流为规定值时，稳压管在电路中其两端产生的稳定电压值。稳定电压的大小取决于制造时的掺杂浓度，所以同一型号稳压管的稳定电压也有所不同，例如 2CW15 稳压管的稳定电压 U_Z 在 7～8.5V 之间。但是对于一个稳压管来说，在正常工作电流时的稳定电压是一确定值。

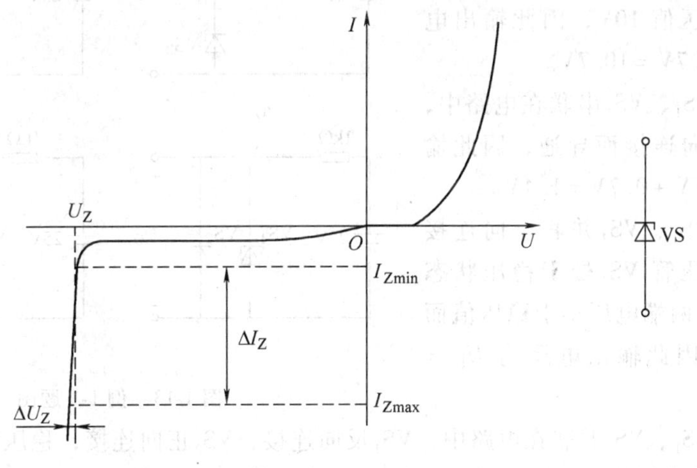

a) 伏安特性曲线　　b) 电路符号

图 1-12　稳压管伏安特性曲线与电路符号

（2）最大稳定电流 I_{Zmax} 和最大功率损耗 P_{ZM}　最大稳定电流 I_{Zmax} 指稳压管允许流过的最大工作电流。最大功率损耗 P_{ZM} 指稳压管不产生热击穿的最大功率损耗。如果通过稳压管的电流太大，会使稳压管内部的功耗增加，结温上升而烧坏稳压管，故正常工作时稳压管的电流和功率不应超过这两个极限参数。其关系为

$$P_{ZM} = U_Z I_{Zmax}$$

(3) 最小稳定电流 I_{Zmin}　最小稳定电流 I_{Zmin}是指稳压管正常工作时的最小电流值。正常工作时稳压管的电流应大于 I_{Zmin}，且电流越大，稳压效果越好。

(4) 稳定电流 I_Z　稳定电流 I_Z 指稳压管工作在稳定状态时，稳压管中流过的电流。实际电流如果小于最小稳定电流 I_{Zmin}时，稳压管将失去稳压作用；实际电流如果大于最大稳定电流 I_{Zmax}时，稳压管将因过电流而损坏。在最小稳定电流 I_{Zmin}和最大稳定电流 I_{Zmax}之间时，电流越大，稳压效果越好。

(5) 动态电阻 r_Z　动态电阻 r_Z 指在反向击穿状态下，稳压管两端的电压变化量和相应的通过稳压管的电流变化量之比，r_Z 是稳压管的微变电阻。反向击穿特性越陡，r_Z 就越小，稳压管两端的电压变化量也就越小，稳压效果就越好。因此 r_Z 的大小反映了稳压管性能的优劣。

稳压管稳压时，一定要外加反向电压，保证稳压管工作在反向击穿区。当外加的反向电压值大于或等于 U_Z 时，才能起到稳压作用；如果外加的电压值小于 U_Z，则稳压管在使用时相当于普通的二极管。

在稳压管稳压电路中，一定要配合限流电阻的使用，保证稳压管中流过的电流在规定的范围之内。

【例 1.1】　电路如图 1-13 所示，其中 VS_1 的稳定电压值为 5V，VS_2 的稳定电压值为 10V，它们的正向压降为 0.7V，求各电路的输出电压值。

解：图 1-13a 中 VS_1、VS_2 串联在电路中，VS_1 正向连接，VS_2 反向连接，VS_1 因正向连接而导通，VS_2 处于稳压状态，两端电压等于稳压值 10V，因此输出电压为 $U_O = 10V + 0.7V = 10.7V$。

图 1-13b 中 VS_1、VS_2 串联在电路中，两个稳压管均正向连接而导通，因此输出电压为 $U_O = 0.7V + 0.7V = 1.4V$。

图 1-13c 中 VS_1、VS_2 并联反向连接于电路中，当稳压管 VS_1 处于稳压状态时，稳压管 VS_2 因两端电压小于稳压值而处于截止状态。因此输出电压为 $U_O = 5V$。

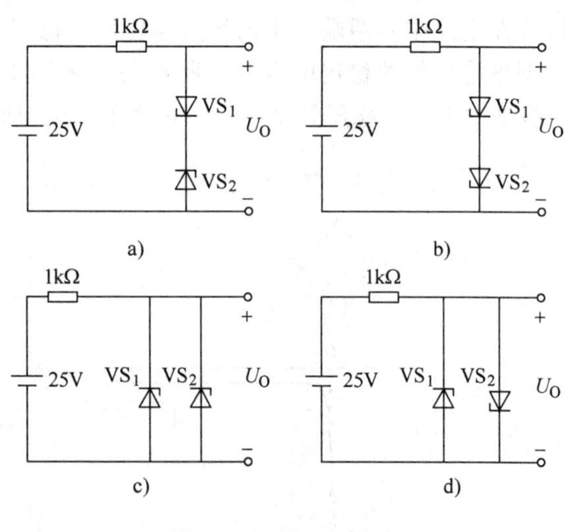

图 1-13　例 1-1 题图

图 1-13d 中 VS_1、VS_2 并联在电路中，VS_1 反向连接，VS_2 正向连接，稳压管 VS_2 因正向连接而导通，相应的稳压管 VS_1 因两端电压值小于稳压值而处在截止状态。因此输出电压为 $U_O = 0.7V$。

2. 发光二极管

发光二极管是一种将电能直接转换成光能的半导体器件，简称 LED。发光二极管与普通二极管一样，由一个 PN 结构成，其伏安特性曲线及电路符号如图 1-14 所示。

目前发光二极管的颜色有红、黄、橙、绿、白和蓝 6 种，所发光的颜色主要取决于制作发光二极管的材料，例如用磷化镓发出绿光，而用砷化镓则发出红光。其中白色发光二极管是新型产品，主要应用在手机背光灯、液晶显示器背光灯、照明等领域。

发光二极管也具有单向导电性，只有当外加正向电压使得电流足够大时才发光，并且光的强度随着正向电流的增大而增强。发光二极管正向工作时导通电压比普通二极管高约为1～2V，发光二极管应用非常广泛，常用做各种电子设备如计算机、仪器仪表、电视机等的电源指示灯和信号指示等，还可以做成七段数码显示器等。

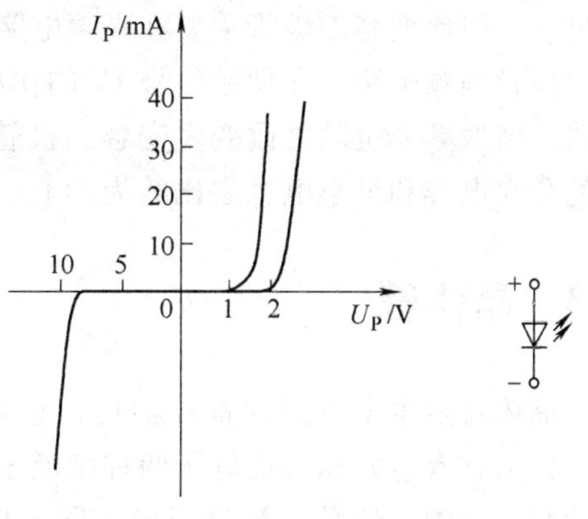

a) 伏安特性曲线　　b) 电路符号

图1-14 发光二极管的伏安特性曲线及电路符号

3. 光敏二极管

光敏二极管是一种将光信号转换成电信号的半导体二极管。光敏二极管的工作原理是利用半导体的光敏特性，其电路符号如图1-15所示。

光敏二极管的PN结与普通二极管不同，其P区比N区薄得多。另外，为了获得光照，在光敏二极管的管壳上设有一个玻璃窗口。光敏二极管在反向偏置状态下工作，在没有光照射时，光敏二极管在反向电压作用下，通过光敏二极管的电流很小，反向电阻很大，处于截止状态；当有光照射在PN结上时，PN结将产生大量的载流子，反向电流明显增大，处于导通状态。这种由于光照射而产生的电流称为光电流，它的大小与光照度有关。光的强度越大，光照产生的光电流就越大。光敏二极管的应用电路如图1-16所示。

图1-15 光敏二极管的电路符号

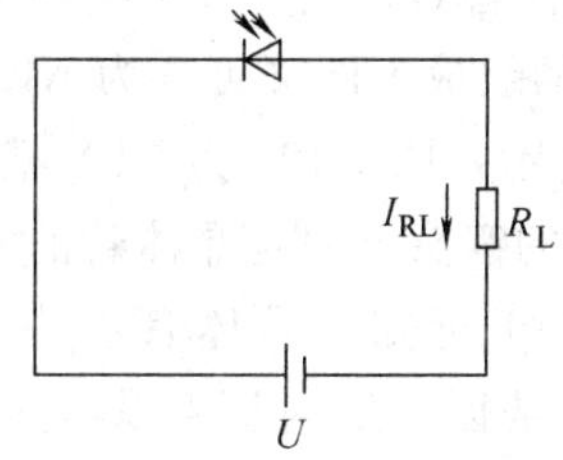

图1-16 光敏二极管的应用电路

发光二极管和光敏二极管都属于光电子器件，光电子器件在电子系统中也有十分广泛的应用，具有抗干扰能力强、损耗小等优点。

4. 变容二极管

变容二极管是利用PN结反偏时结电容的压控特性制作而成的器件。当变容二极管工作在反向偏置状态时，其结电容随反偏电压的大小而变化，在电路中可以当可变电容器使用。外加电压增大时电容减小，反之电容增加。变容二极管的电路符号及应用电路如图1-17所示。

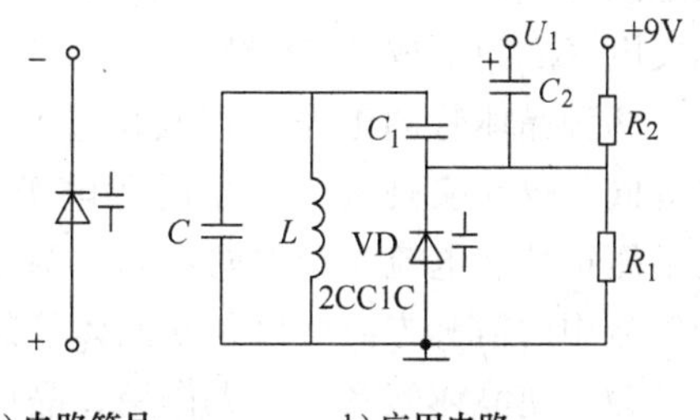

a) 电路符号　　b) 应用电路

图1-17 变容二极管的电路符号及应用电路

对于普通二极管来说，高频工作时要注意防止结电容产生不利影响。而变容二极管正是利用了结电容随反向电压的增加而减小的效应，并使这个效应显著。因此变容二极管主要在高频电路中用作自动调谐、调频、调相等。图 1-17b 为一变容二极管调频电路，在低频信号 U_1 的作用下，变容二极管 VD 的结电容发生变化，LC 振荡回路的谐振频率也随之改变。变容二极管的电容量一般很小，为 3～300pF，同一变容二极管的最大电容和最小电容之比约为 5:1。

1.3 晶体管

晶体管是电子电路的重要器件，它是通过一定的工艺，将两个 PN 结结合在一起的器件。因为它有空穴和自由电子两种载流子参与导电，因此称为双极型三极管。由于两个 PN 结的相互影响，使晶体管呈现出不同于单个 PN 结的特性，即具有电流放大功能，从而使 PN 结的应用发生了质的飞跃。图 1-18 为几种常见晶体管的外形图。

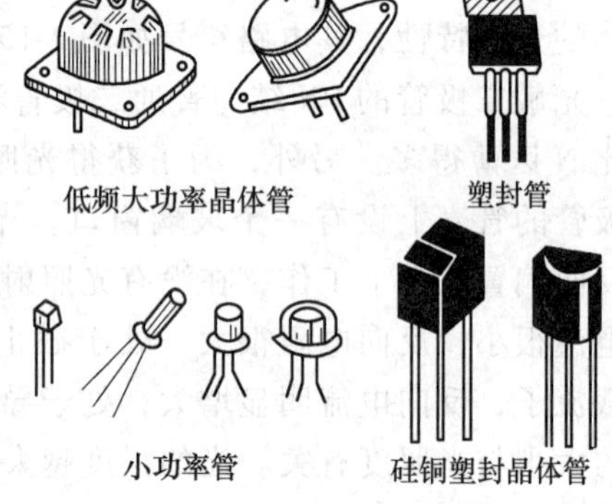

图 1-18 常见晶体管的外形图

1.3.1 晶体管的结构

晶体管的分类有很多种方式，按照半导体材料不同可分为硅管和锗管；按照工作频率不同可分为低频管和高频管；按照功率大小不同可分为小功率管、中功率管和大功率管等。

由于晶体管是由两个 PN 结构成的，所以根据两个 PN 结的组成不同又可分为 NPN 型晶体管和 PNP 型晶体管，其结构示意图及电路符号如图 1-19 所示，图 1-19a 为 NPN 型晶体管及电路符号，图 1-19b 为 PNP 型晶体管及电路符号，符号中的箭头方向是晶体管的实际电流方向。

由图 1-19 可知，晶体管有三个区，分别为基区、发射区和集电区。从这三个区引出的三个电极分别用 b、e、c 来表示，b 极为基极、e 极为发射极、c 极为集电极。组成晶体管的两个 PN 结分别为发射结（基区与发射区之间形成的 PN 结）和集电结（基区和集电区之间形成的 PN 结）。

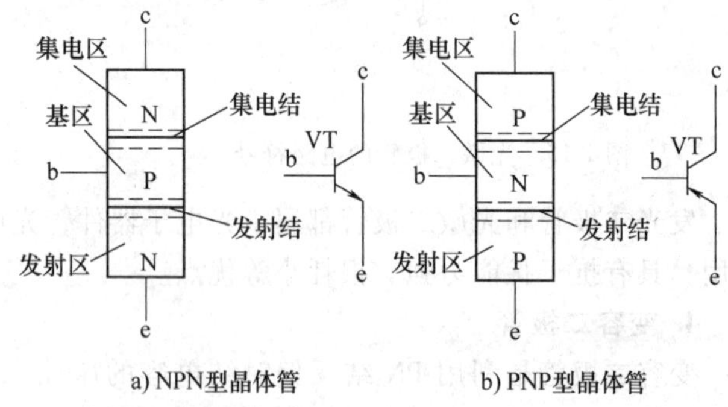

图 1-19 半导体晶体管结构示意图及电路符号

两种晶体管的工作原理及用途几乎等同，仅在实现放大作用时各电极的电压极性和电流流动方向不同，两种晶体管的电流方向在符号中已用箭头表示出，因此根据符号中的箭头方向可以判断晶体管的类型。

为了使晶体管具有放大作用，晶体管在制造工艺上应具有如下特点：基区做得很薄，一般只有几微米到几十微米厚；发射区掺杂浓度非常高，远远高于基区掺杂浓度，使发射区有足够多的载流子发射；集电区的面积比较大，保证集电区有足够的收集能力。因其多子浓度比发射区低，故晶体管发射极和集电极不能互换使用。

当晶体管电流放大作用的内部条件（即晶体管制造工艺的特点）满足后，为实现电流放大作用，要求发射结外加正向电压，使发射结正偏；集电结外加反向电压，使集电结反偏。

1.3.2 晶体管的电流分配与放大作用

为了简要说明晶体管的电流分配关系和放大作用，应忽略一些次要因素，以 NPN 型晶体管为例，通过实验来说明晶体管的电流分配情况和放大原理，实验电路如图 1-20 所示。

在图中，R_b 称为基极偏置电阻，R_c 为集电极电阻，U_{BB}为基极偏置电源，U_{CC}为集电极偏置电源，要求 $U_{CC} > U_{BB}$，以保证发射结正偏，集电结为反偏。三个电极支路分别串联电流表，测量基极电流 I_B、集电极电流 I_C 和发射极电流 I_E。由于发射极是两个回路的公共端，所以称为共发射极放大电路。

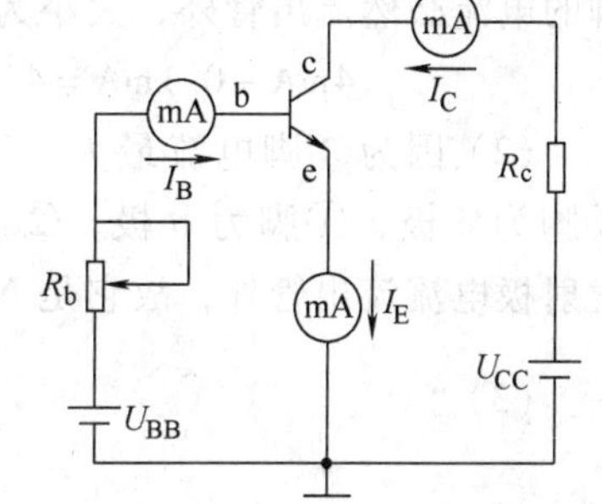

图 1-20 晶体管电流放大实验电路

改变可变电阻 R_b 的阻值，使 I_B 为不同的值，测出相应的 I_C 和 I_E。电流方向如图 1-20 中所示，测量结果列于表 1-1 中。

表 1-1 晶体管各极电流测量值

I_B/mA	0.02	0.03	0.04	0.05	0.06	0.07
I_C/mA	1.20	1.80	2.40	3.00	3.60	4.20
I_E/mA	1.22	1.83	2.44	3.05	3.66	4.27

由实验和测量结果可以得出以下结论。

1）改变基极电流 I_B 的值，I_C 和 I_E 的值随之改变，而且 $I_E = I_C + I_B$，此结果符合基尔霍夫电流定律，也是晶体管的电流分配关系。

2）每一组数据中，I_C 和 I_B 的比值是一个常数，即 $I_C/I_B = 60$。I_C 和 I_B 的比值称为晶体管共发射极直流放大系数，用$\bar{\beta}$表示，即

$$\bar{\beta} = \frac{I_C}{I_B} \tag{1-1}$$

3）当基极电流有微小变化时，集电极电流将发生大幅度的变化。例如，I_B 从 0.03mA 增加到 0.04mA，则 I_C 从 1.80mA 增至 2.40mA，而且两个变化量之比也是常数，约等于 60。ΔI_C 与 ΔI_B 的比值为晶体管共发射极交流放大系数，用 β 表示，即

$$\beta = \frac{\Delta I_C}{\Delta I_B} \tag{1-2}$$

$\bar{\beta}$与 β 的数值很近，$\beta \approx \bar{\beta}$，工程上不需严格区分，统称为共发射极电流放大系数 β，通常 β 取值范围为 20 ~ 200。

从 $\Delta I_C = \beta \Delta I_B$ 关系式得出，晶体管基极电流的微小变化，会引起集电极电流的巨大变化，所以晶体管具有电流放大作用。如果 R_b 和 R_c 的阻值选择合适，U_{BB}电压的很小变化引起的 I_C 变化会在 R_c 上产生很大的变化电压，从而使电压也得到放大。

综上所述，要使晶体管能起正常的放大作用，发射结必须正偏，集电结必须反偏，PNP 型晶体管接电源极性正好与 NPN 型相反。

【例 1.2】 测得工作在放大状态晶体管的两个电极电流如图 1-21a 所示。（1）求另一个

电极电流，并在图中标出实际方向；(2)标出 e、b、c 极，判断该管是 NPN 型还是 PNP 型管；(3)估算其 β 值。

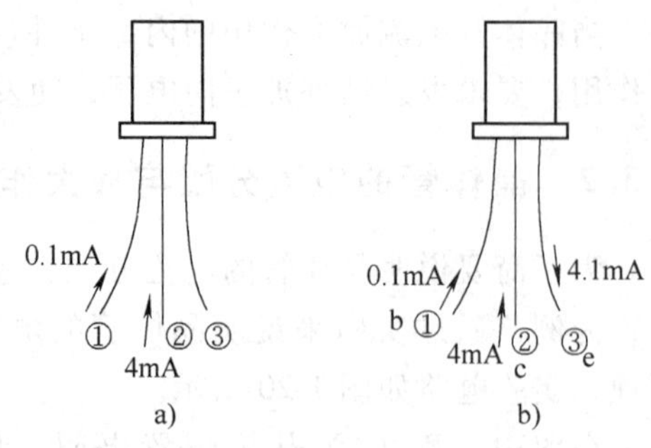

图 1-21 例 1.2 题图

解：(1)因为晶体管的电流分配关系满足基尔霍夫电流定律，①脚和②脚的电流流入管内，③脚的电流必然流出管外，大小为

$$4mA + 0.1mA = 4.1mA$$

(2) 因为③脚电流最大，①脚电流最小，故③脚为 e 极，①脚为 b 极，②脚为 c 极。该管的发射极电流流出管外，故它是 NPN 型管。e 极、b 极、c 极标在图 1-21b 中。

(3)
$$\beta = \frac{I_C}{I_B} = \frac{4}{0.1} = 40$$

1.3.3 晶体管的特性曲线

晶体管的伏安特性曲线是指晶体管各极电压与电流之间的关系曲线。它反映了晶体管的性能，特性曲线主要有输入特性曲线和输出特性曲线。现在以 NPN 型管构成的共发射极电路为例来分析晶体管的特性曲线，这些特性曲线可以直接对电流进行测量后绘出，也可用晶体管特性图示仪从荧光屏上直接显示出。图 1-22 是测试晶体管共发射极特性曲线的实验电路图。

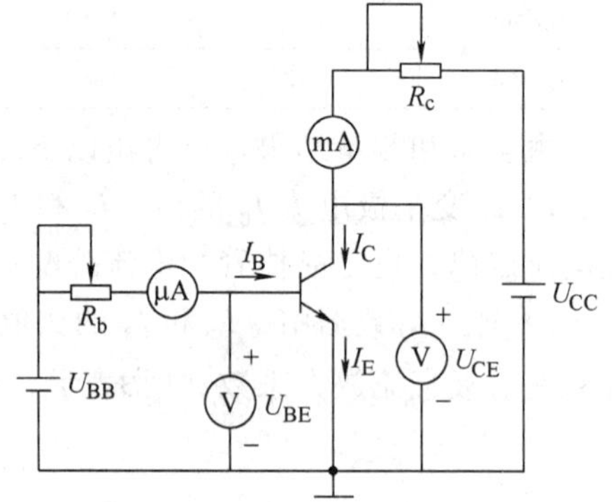

图 1-22 测试晶体管共发射极特性曲线的实验电路图

1. 输入特性曲线

输入特性曲线是指当集电极与发射极之间的电压 U_{CE} 为一常数时，输入回路中基极电流 I_B 与加在晶体管基极与发射极之间的电压 U_{BE} 之间的关系曲线。用函数式表示为

$$I_B = f(U_{BE}) \Big|_{U_{CE}=常数} \tag{1-3}$$

当 U_{CE} 为不同的数值时，输入特性曲线为一组曲线。U_{CE} 越大，曲线越往右移，但当 U_{CE} 大于一定值(一般为 1V)后，曲线基本重合，因此只需测试一条 $U_{CE}>1$ 的曲线。测得的晶体管的输入特性曲线如图 1-23 所示。

从图上可以看出：晶体管的输入特性曲线和二极管的正向特性曲线一样，当输入电压小于死区电压时，晶体管不导通，基极电流为零；当输入电压 U_{BE} 大于死区电压时，晶体管导通。I_B 逐渐增加以指数规律上升。硅管的死区电压约为 0.5V，锗管的死区电压约为 0.1V，在正常工作情况下，硅管导通压降约为 $U_{BE}=0.6 \sim 0.8$V，锗管导通压降约为 $U_{BE}=0.2 \sim 0.3$V。

2. 输出特性曲线

输出特性曲线是在基极电流 I_B 一定的情况下，晶体管的集电极电流 I_C 和集电极与发射极之间的电压 U_{CE} 之间的关系曲线。用函数式表示为

$$I_C = f(U_{CE})\Big|_{I_B=\text{常数}} \tag{1-4}$$

当 I_B 取不同的值时，输出特性曲线也是一组曲线。测得晶体管的输出特性曲线如图 1-24 所示。

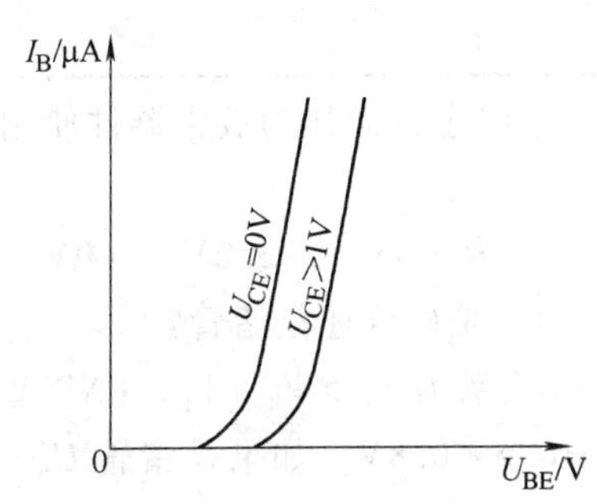

图 1-23 晶体管的输入特性曲线

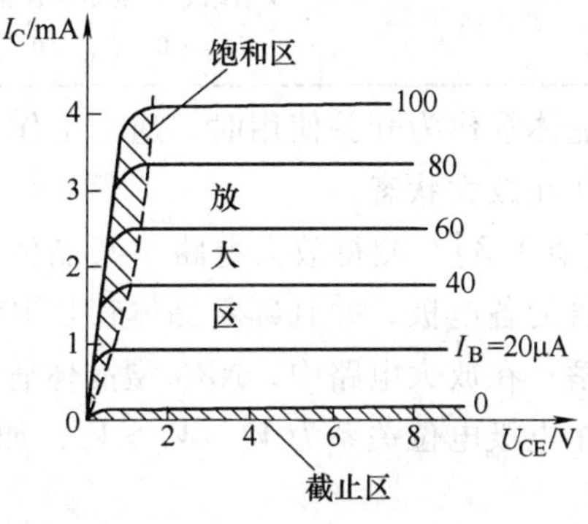

图 1-24 晶体管的输出特性曲线

一般把晶体管的输出特性曲线划分为截止区、放大区和饱和区三个区域。如图 1-24 所示，下面以硅 NPN 型晶体管进行讨论。

(1)截止区 $I_B \leqslant 0$ 的区域称为截止区。此时 $U_{BE} < 0.5$V，晶体管处于截止状态，$I_C \approx 0$。由于存在穿透电流 I_{CEO}，实际上 I_C 并不为 0，为了使晶体管能够可靠截止，通常给晶体管的发射结加反向偏置电压，即 $U_{BE} \leqslant 0$V，所以发射结与集电结均处在反向偏置状态。晶体管的集电极和发射极之间的电阻很大，晶体管相当于一个开关断开。

(2)放大区 $I_B > 0$，满足发射结正向偏置、集电结反向偏置条件的区域称为放大区。此时，各条输出特性曲线比较平坦，近似为水平线。晶体管处于放大状态，在放大区 $I_C = \beta I_B$，I_C 基本上不随 U_{CE}的变化而变化，晶体管有放大作用，且 $V_C > V_B > V_E$，硅管 $U_{BE} = 0.6 \sim 0.8$V，锗管 $U_{BE} = 0.2 \sim 0.3$V。

(3)饱和区 通常认为在图 1-24 中对应 U_{CE}较小的区域为饱和区。在饱和区 U_{CE}较小，I_C 基本上不随 I_B 而变化，晶体管失去了放大作用，晶体管的发射结和集电结均处于正向偏置状态。晶体管饱和时，U_{CE}的值很小，称此时的电压 U_{CE}为晶体管的饱和压降，用 U_{CES}表示，一般硅晶体管的 U_{CES}约为 0.3V，锗晶体管的 U_{CES}约为 0.1V。在饱和区，晶体管的集电极和发射极近似短路，晶体管相当于一个开关闭合。

虽然饱和区和截止区都没有放大作用，但这两个区的特点是截然不同的。在饱和区，集电极、发射极之间等效为一个闭合的开关；在截止区，集电极、发射极之间等效为一个断开的开关。晶体管在三个区域的工作状态及特点见表 1-2。

表 1-2 晶体管的工作状态及特点

特点 工作状态	PN 结偏置状态	各电极电流	等　效	应　用
放大区	发射结正偏、集电结反偏 $U_{BE} > 0$，$U_{BC} < 0$	$I_C = \beta I_B$	电流控制器件	放大
饱和区	发射结、集电结均正偏 $U_{BE} > 0$，$U_{BC} > 0$	$I_C = I_{CS}$	闭合开关	开关

（续）

工作状态 \ 特点	PN结偏置状态	各电极电流	等　效	应　用
截止区	发射结、集电结均反偏 $U_{BE}<0$，$U_{BC}<0$	I_B、$I_C\approx0$	断开开关	开关

晶体管作为开关使用时，通常工作在截止或饱和导通状态；而作为放大器件使用时，则要工作在放大状态。

【例1.3】 测得放大电路中某晶体管的对地电位分别为+3V、+3.2V、+9V，试识别晶体管的各电极，并且判断晶体管是PNP型还是NPN型？是硅管还是锗管？

解：在放大电路中，NPN型晶体管的三个电极电位关系为$V_C>V_B>V_E$，PNP型晶体管的三个电极电位关系为$V_E>V_B>V_C$，如果是硅管$U_{BE}=0.6\sim0.8V$，如果是锗管$U_{BE}=0.2\sim0.3\ V$。

因为B、E极之间电位差为0.6～0.8V或0.2～0.3V，所以+9V为C极，满足$V_C>V_B>V_E$，且$U_{BE}=3.2V-3V=0.2V$，所以该管为NPN型晶体管，锗管，基极为+3.2V、发射极为+3V、集电极为+9V。

1.3.4 晶体管的主要参数

晶体管的参数表征了晶体管的性能和适用范围，是合理选用和正确使用晶体管的依据。

1. 电流放大系数

1）晶体管共发射极直流放大系数$\overline{\beta}$，是在共发射极电路没有交流输入信号的情况下，I_C和I_B的比值，即

$$\overline{\beta}=\frac{I_C}{I_B}$$

2）晶体管共发射极交流放大系数β是指在共发射极电路中，输出集电极电流I_C的变化量与输入基极电流I_B的变化量的比值，即

$$\beta=\frac{\Delta I_C}{\Delta I_B}$$

电流放大系数是表征晶体管放大能力的重要参数，$\beta\approx\overline{\beta}$，小功率管的$\beta$值一般都比较大，而且可以认为是基本不变的，一般取值在20～200之间。在选择晶体管时，如果β太小，电流放大作用则差；β太大，晶体管的工作稳定性则差。

晶体管放大系数β可用万用表来测量，有些晶体管也可以根据其管壳顶部标有的色点来粗略判断β值的大概范围，其分档标注见表1-3。

表1-3 晶体管顶部标注的颜色所对应β值的大概范围

0～15	15～25	25～40	40～55	55～80	80～120	120～180	180～270	270～400	400～600
棕	红	橙	黄	绿	蓝	紫	灰	白	黑

3）晶体管共基极直流放大系数$\overline{\alpha}$：这个参数定量说明晶体管在共基接法时的电流放大作用，当放大电路的输入回路与输出回路的公共端为基极时称为共基极接法，它近似等于集电流电流I_C与发射极电流I_E的比值，即

$$\bar{\alpha}=\frac{I_C}{I_E} \tag{1-5}$$

4）晶体管共基极交流放大系数α：它近似等于集电流电流的变化量I_C与发射极电流的变化量I_E的比值，即

$$\alpha=\frac{\Delta I_C}{\Delta I_E} \tag{1-6}$$

当晶体管工作在放大区时，$\alpha \approx \bar{\alpha}$，且为常数，取值范围为0.95 ~0.99。$\alpha$反映了共基放大电路中输入电流对输出电流的控制能力。

为了更直观地理解各电流放大系数的含义，下面结合输出特性曲线来进一步解释其含义，并介绍其在数值求解中的常用方法。

在图1-25中Q点处，$I_C=3\text{mA}$，$I_B=60\mu\text{A}$，所以$\bar{\beta}=\frac{I_C}{I_B}=\frac{3\text{mA}}{60\mu\text{A}}=50$。

当I_B从$40\mu\text{A}$升高到$80\mu\text{A}$时，$\Delta I_B=40\mu\text{A}$，相应地$\Delta I_C=2\text{mA}$，则$\beta=\frac{\Delta I_C}{\Delta I_B}=\frac{2\text{mA}}{40\mu\text{A}}=50$。

由式(1-6)可得

$$\alpha=\frac{\Delta I_C}{\Delta I_E}=\frac{\Delta I_C}{\Delta I_B+\Delta I_C}=\frac{\Delta I_C/\Delta I_B}{1+\Delta I_C/\Delta I_B}$$

晶体管的两个电流放大系数β与α之间的关系为

$$\alpha=\frac{\beta}{1+\beta}$$

对于实际的晶体管来说，尽管直流电流放大倍数和交流电流放大倍数含义不同，但数值上相差甚微，在一般的分析计算中，可以不加以区分。

2. 极间反向电流

（1）集电极—基极反向饱和电流I_{CBO}　集电极—基极反向饱和电流I_{CBO}是指在发射极开路时，基极和集电极之间的反向电流。它数值很小，受温度影响大。在常温下，小功率硅管的I_{CBO}为纳安数量级，小功率锗管则为微安数量级。I_{CBO}的大小标志集电结质量的好坏，I_{CBO}越小越好。所以在工作环境温度变化较大的场所一般都选用硅管。

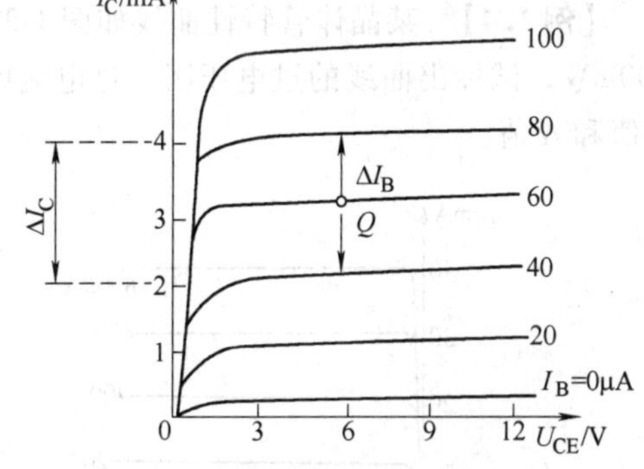

图1-25　从输出特性求电流放大系数

（2）集电极—发射极间反向电流I_{CEO}　集电极—发射极间反向电流I_{CEO}是指基极开路时，从集电极穿过基区流到发射极的电流，又称穿透电流，$I_{CEO}=I_{CBO}+\beta I_{CBO}=(1+\beta)I_{CBO}$。$I_{CEO}$也是衡量晶体管质量好坏的一个标准，其值越小越好。在输出特性曲线上，$I_B=0$时对应的I_{CE}即为I_{CEO}。

3. 极限参数

晶体管的极限参数是指晶体管在正常工作时，管子上的电压、电流及功率等参数不得超过的限度。当选择晶体管的参数超过极限参数时会使晶体管特性变坏，甚至损坏。所以，选

择和使用晶体管时，必须保证晶体管的工作参数不能超过这些极限值。

（1）集电极最大允许电流 I_{CM}　由晶体管的输出特性曲线可知，I_C 超过一定数值时，晶体管的 β 值开始下降。通常将 β 值下降到正常数值的 2/3 时所对应的集电极电流称为集电极最大允许电流 I_{CM}，如图 1-26 所示。一般晶体管在正常工作时，流过晶体管的集电极电流 I_C 应小于 I_{CM}。

（2）极间反向击穿电压　极间反向击穿电压表示外加在晶体管各电极之间的最大允许反向电压。如果超过这个限度，晶体管的反向电流会急剧增加，甚至损坏晶体管。主要有 $U_{(BR)CEO}$ 和 $U_{(BR)CBO}$，$U_{(BR)CEO}$ 是指当基极开路时，集电极与发射极之间的反向击穿电压值。$U_{(BR)CBO}$ 是指当发射极开路时，集电极与基极之间的反向击穿电压值，均可从手册里查出。

（3）集电极最大允许耗散功率 P_{CM}　集电极最大允许耗散功率是指集电极温度未超过允许值（硅管为 150℃，锗管为 70℃）时，集电极所允许的最大功耗，用 P_{CM} 表示。

$$P_{CM} = I_C U_{CE} \tag{1-7}$$

对某一晶体管，P_{CM} 为一常量，P_{CM} 曲线如图 1-26 所示。

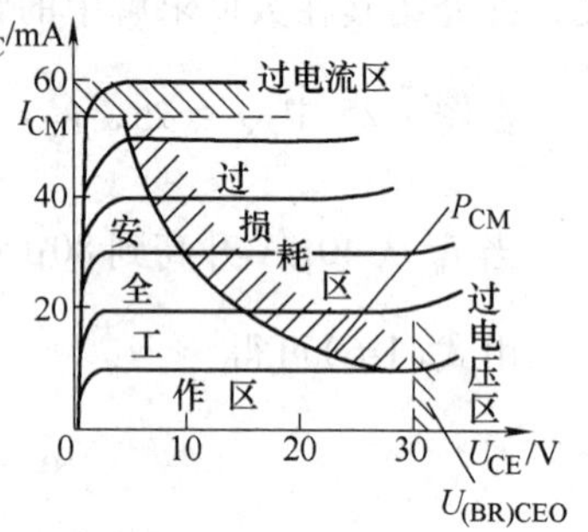

图 1-26　晶体管的安全工作区

I_{CM}、P_{CM}、$U_{(BR)CEO}$ 是晶体管的极限参数，使用时不允许超过它们，这三个参数共同确定了晶体管的安全工作区，如图 1-26 所示，并画出了特性曲线的过电压区、过电流区和过损耗区。

晶体管为半导体器件，因此温度对晶体管的各个参数都有影响。温度过高，管子性能下降，甚至损坏。如晶体管的电流放大系数 β 随着温度升高而增大，无论是硅管还是锗管，温度每升高 1℃，β 值相应地增大 0.5% ~1%；发射结正向压降 U_{BE} 随着温度升高而减小，温度每升高 1℃，U_{BE} 值相应地降低 2.5mV；集电极—基极反向饱和电流 I_{CBO} 随着温度变化按指数规律变化，温度升高 I_{CBO} 增大。

【例 1.4】　某晶体管特性曲线如图 1-27a 所示，已知 $I_{CM} = 40mA$，$U_{(BR)CEO} \geq 50V$，$P_{CM} = 400mW$，试标出曲线的过电压区、过电流区和过损耗区，并估算 $U_{CE} = 15V$，$I_C = 15mA$ 时的 β 值和 α 值。

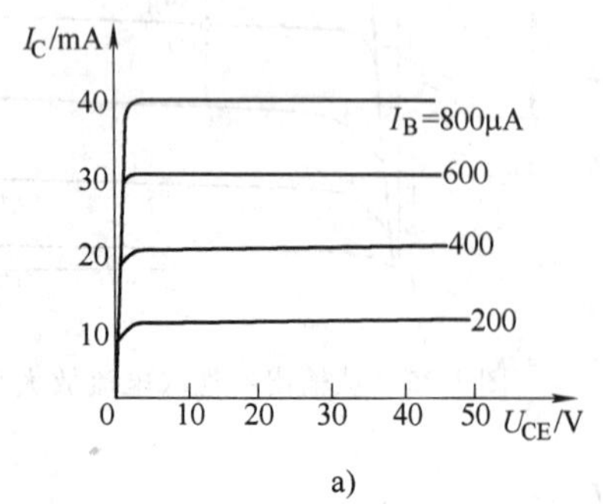

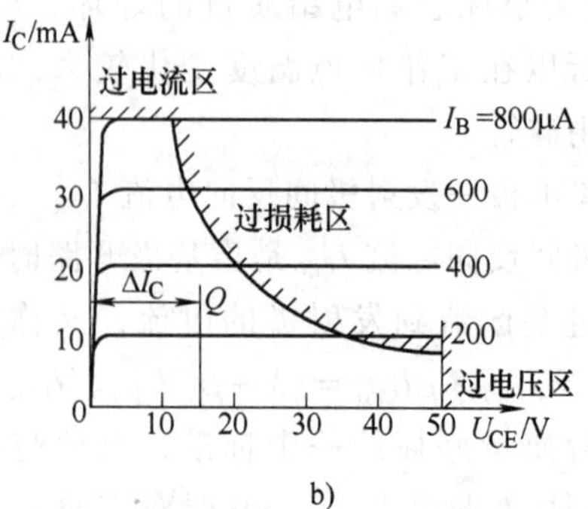

图 1-27　晶体管特性曲线

解：在图 1-27a 中，根据 $P_{CM} = I_C U_{CE}$，可以假设一个 I_C，求出一个对应的 U_{CE}，确定特性中的一个点，逐点描出过损耗区的范围，如图 1-27b 所示。

在对应 $U_{CE}=15V$，$I_C=15mA$ 的 Q 点，取 $\Delta I_B=200\mu A$，得到 $\Delta I_C=10mA$，故

$$\beta=\frac{\Delta I_C}{\Delta I_B}=\frac{10}{0.2}=50 \qquad \alpha=\frac{\beta}{1+\beta}=\frac{50}{51}=0.98$$

1.4　场效应晶体管

前面介绍的晶体管的自由电子和空穴两种截流子均参与导电，是双极型三极管。本节要介绍的场效应晶体管只有一种截流子(多数载流子)参与导电，所以称为单极型三极管，又因为这种管子是利用电场效应来控制电流的，所以又称为场效应晶体管(Field Effect Transistor，FET)。

场效应晶体管与晶体管有很多类似的地方，它们都有三个电极，都具有放大作用，其电路的组成和分析的方法也非常相似。但是，两者的结构和工作原理不同。晶体管是利用基极电流控制集电极电流，是电流控制器件，晶体管的输入电阻较小。而场效应晶体管是一种电压控制器件，它利用信号源电压的电场效应来控制管子的输出电流，输入电流几乎为零，所以输入阻抗非常高，受温度影响小，特别适合大规模和超大规模集成电路，所以发展迅速，广泛应用于各种电子电路中。

根据结构的不同，场效应晶体管可以分成两大类：结型场效应晶体管(JFET)和绝缘栅型场效应晶体管(MOSFET)。下面分别介绍。

1.4.1　结型场效应晶体管

1. 结型场效应晶体管的结构和类型

结型场效应晶体管有N沟道和P沟道两种类型，其结构示意图及电路符号如图1-28所示。

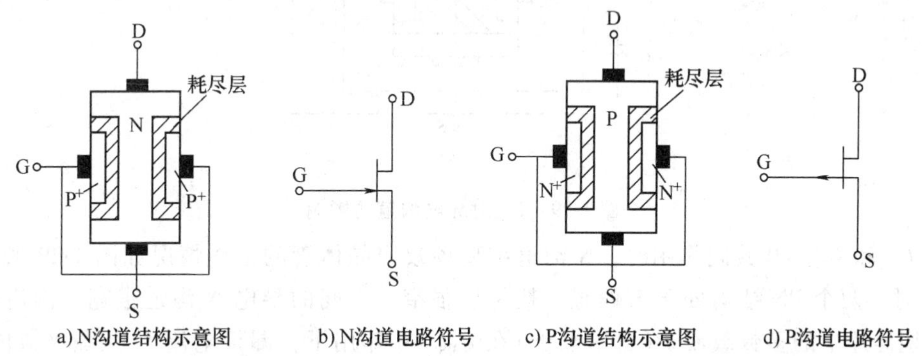

图1-28　结型场效应晶体管的结构示意图及电路符号

结型场效应晶体管有N沟道和P沟道两种类型，如图1-28所示。N沟道结型场效应晶体管是在同一块掺杂浓度较低的N型硅片两侧，制作两个高掺杂浓度的P型区，形成了两个PN结。把两个P区连接在一起，引出的电极称为栅极G，在中间的N型半导体两端各引出一个电极分别为漏极D和源极S。场效应晶体管的栅极G、漏极D、源极S分别相当于晶体管的基极B、集电极C和发射极E，与晶体管不同之处在于场效应晶体管的源极S和漏极D是对称的，可以互换使用。P区和N区交界面形成耗尽层，源极S与漏极D间的非耗尽层

区域称为导电沟道。图 1-28a、b 中，N 沟道结型场效应晶体管栅极上的箭头指向内侧，符号图中的箭头表示栅极电流的流向。

与 N 沟道结型场效应晶体管类似，还有一种 P 沟道结型场效应晶体管。从图 1-28c、d 中可以看出，N 沟道和 P 沟道的结型场效应晶体管结构完全对称，所以工作的原理也相同，P 沟道结型场效应晶体管栅极上的箭头指向外侧。

2. 工作原理

下面以 N 沟道结型场效应晶体管为例，讨论场效应晶体管的工作原理，N 沟道结型场效应晶体管的偏置电路如图 1-29 所示。为实现场效应晶体管栅源电压对漏极电流的控制作用，结型场效应晶体管在工作时，栅极和源极之间的 PN 结必须反向偏置。电源电压 U_{GG} 使栅极和源极之间的 PN 结反向偏置，产生栅源电压 $U_{GS}<0$，以保证耗尽层承受反向电压，起到电压控制作用；还应在漏极和源极之间加正向电压 U_{DS}，并产生漏极电流 I_D。

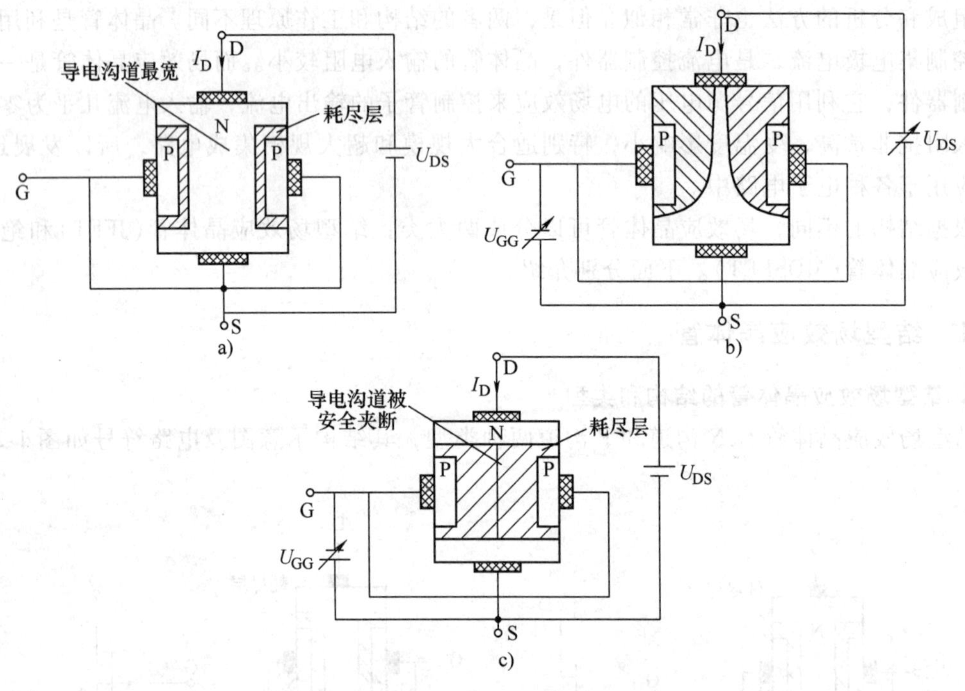

图 1-29　U_{GS}对导电沟道的影响

当 U_{GS}和 $U_{DS}>0$ 共同作用时，N 沟道结型场效应晶体管的工作情况如图 1-29 所示，当 $U_{GS}=0$ 时，两个 PN 结均处于零偏置，耗尽层很窄，中间的导电 N 沟道很宽，沟道电阻最小。N 型硅片中的多数载流子(自由电子)在 $U_{DS}>0$ 作用下，漏极电流 I_D 从漏极流向源极，I_D 最大，称为漏极饱和电流 I_{DSS}。当 U_{GS}从 0 向负值进一步增大到一定数值时，耗尽层将闭合，导电沟道消失，沟道电阻趋于无穷大，称此时的 U_{GS}值为夹断电压 $U_{GS(off)}$。

3. JFET 的特性曲线

和晶体管相类似，场效应晶体管的工作性能，也可以用它的特性曲线来表示，但场效应晶体管的特性曲线不同于晶体管的输入、输出特性曲线，而是用转移特性曲线和漏极特性曲线表示。下面以 N 沟道结型场效应晶体管为例，介绍结型场效应晶体管的特性曲线。

(1) 漏极特性曲线　漏极特性曲线又称为输出特性曲线。它是指当栅极电压 U_{GS}为常数

时，漏极电流 I_D 与漏极电压 U_{DS}之间的关系曲线。用函数式表达为

$$I_D = f(U_{DS})\Big|_{U_{GS}=\text{常数}} \tag{1-8}$$

对应于每一个 U_{GS}，都有一条曲线，因此输出特性为一组曲线，如图 1-30 所示。

与晶体管类似，场效应晶体管可以分成可变电阻区、恒流区、截止区和击穿区 4 个区域。

1）可变电阻区：如果 $U_{GS} > U_{GS(off)}$，在 U_{DS}很小时，JFET 工作在该区。此时，导电沟道畅通，JFET 的 D、S 之间相当于一个电阻，电流 I_D 随 U_{DS}的增大而线性增加。当 U_{GS}一定时，导电沟道的宽度和形状几乎不变，所以输出特性中曲线的斜率也被确定。在此区域中，可以通过改变 U_{GS}的大小来改变漏极和源极之间的电阻值，在此区内的场效应晶体管可以看成是一个受栅极电压控制的电阻，所以称为可变电阻区。

2）恒流区：恒流区又称为饱和区或放大区，在预夹断轨迹的右侧。显然，此区内 $U_{GS} < U_{GS(off)}$，随着 U_{DS}的增大，一方面漏极一侧的耗尽层的夹断区域将逐渐增大，使沟道电阻增大，自由电子从漏极向源极定向移动所受的阻力加大，从而使 I_D 减小。同时，因为 U_{DS}的增大，使 D-S 间的纵向电场增强，也会使 I_D 增大。实际上，U_{DS}的增大引起的 I_D 的两种变化趋势相抵。因此，从外部的现象看，在该区域内，漏极电流 I_D 几乎不随 U_{DS}的增大而变化，曲线平坦，可将 I_D 近似为电压 U_{GS}控制的电流源，所以称该区域为饱和区或恒流区，并且输出特性曲线是不均匀的。此区与晶体管的放大区类似，利用场效应晶体管的放大作用时，应使管子工作在恒流区。

3）截止区：当 $U_{GS} \leqslant U_{GS(off)}$时，导电沟道被完全夹断，沟道电阻趋于无穷大，$I_D \approx 0$，故称为截止区或夹断区。

4）击穿区：当 U_{DS}增大到一定程度时，漏极电流会骤然增大，栅、漏极之间的 PN 结因承受过高的电压而被击穿，这是一种破坏性的击穿。

（2）转移特性曲线　转移特性曲线是指在漏极电压 U_{DS}一定时，输出回路的漏极电流 I_D 与输入回路的栅源电压 U_{GS}之间的关系曲线。用函数式表示为

$$I_D = f(U_{GS})\Big|_{U_{DS}=\text{常数}} \tag{1-9}$$

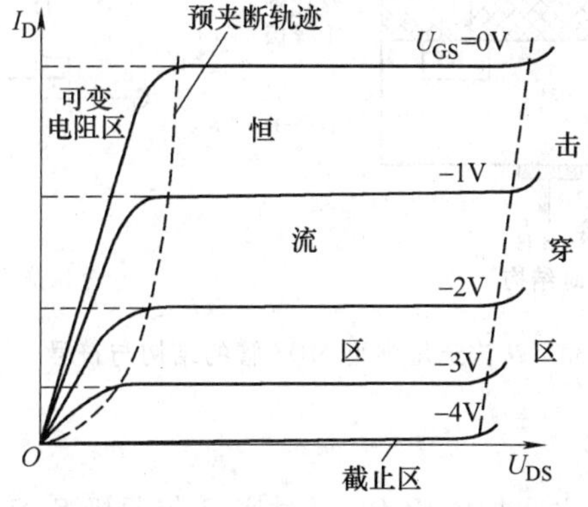

图 1-30　漏极特性曲线

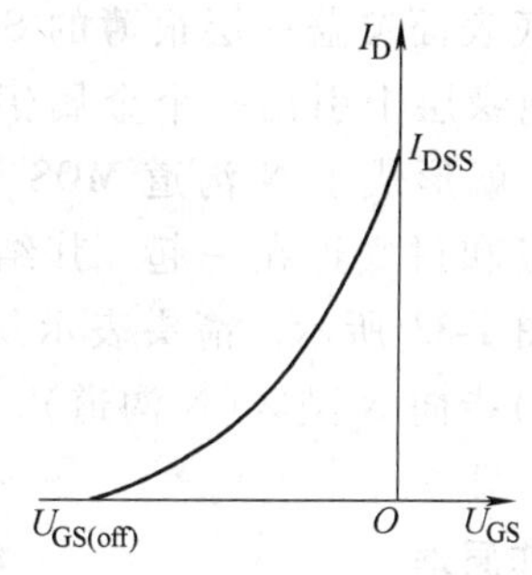

图 1-31　转移特性曲线

图 1-31 所示为某 N 沟道结型场效应晶体管的转移特性曲线。当 $U_{GS}=0V$ 时，$I_D=I_{DSS}$，I_{DSS}称为饱和漏电流。

1.4.2 绝缘栅型场效应晶体管

绝缘栅型场效应晶体管由金属-氧化物-半导体制成，所以称为金属-氧化物-半导体场效应晶体管(Metal-Oxide-Semiconductor)，简称 MOS 管。因为它的栅极和其他电极及硅片之间是绝缘的，所以称为绝缘栅型场效应晶体管。由于 MOS 管输入电阻很高，可达 $10^{15}\Omega$ 以上，并且易于集成，所以 MOS 管是近年来发展较快的一种半导体器件。

根据导电沟道不同，绝缘栅型场效应晶体管也有 N 沟道和 P 沟道两种类型。无论是 N 沟道还是 P 沟道，每一种又可分为增强型和耗尽型两种。所谓增强型，就是在电压 $U_{GS}=0$ 时，没有导电沟道，漏极电流 $I_D=0$。所谓耗尽型，就是当 $U_{GS}=0$ 时，存在导电沟道，此时漏极电流 $I_D\neq0$，前面介绍的两种结型场效应晶体管都属于耗尽型，绝缘栅型场效应晶体管的电路符号如图 1-32 所示。

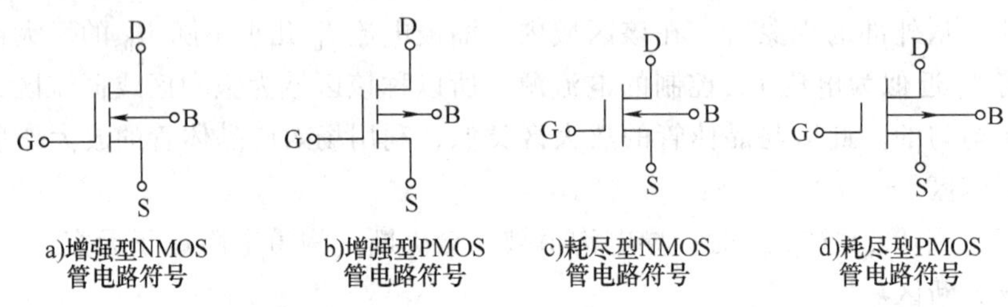

图 1-32 绝缘栅型场效应晶体管的电路符号

下面主要介绍 N 沟道增强型 MOS 管。

1. N 沟道增强型 MOS 管的结构与符号

N 沟道增强型 MOS 管是用 P 型硅片为衬底，用半导体工艺技术制作两个 N 型区，分别作为源极 S 和漏极 D。在 P 型衬底表面覆盖一层很薄的 SiO_2 绝缘层，绝缘层上引出一个金属铝作为栅极 G，就形成了 N 沟道 MOS 管。通常将源极和衬底连在一起。其结构与符号如图 1-33 所示，箭头表示从 P 型区(衬底)指向 N 型区(N 沟道)，虚线表示增强型。

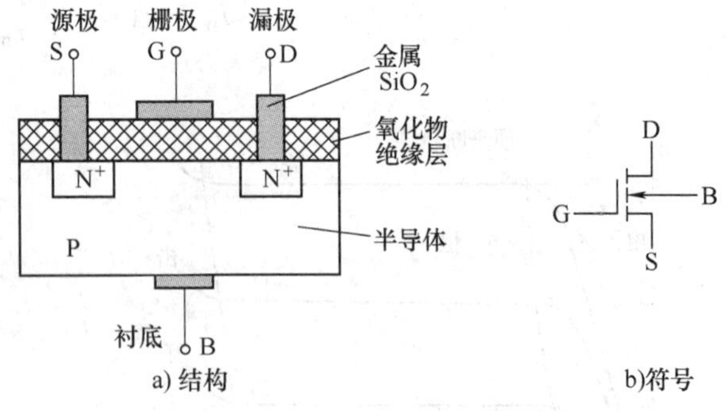

图 1-33 N 沟道增强型 MOS 管的结构与符号

2. 工作原理

如图 1-34 所示，在栅源之间加电压 U_{GS}，漏源之间加电压 U_{DS}，衬底 B 与源极 S 相连。

由图 1-34a 可见，漏区(N^+型)、衬底(P 型)和源区(N^+型)之间形成两个反向的 PN 结。当 $U_{GS}=0$ 时，不管漏源间所加电压 U_{DS}的极性如何，总有一个 PN 结反偏，故漏极电流 $I_D\approx0$。

如果给 G、S 之间加上较小的正向电压 U_{GS}，如图 1-34 所示，且源极 S 与衬底 B 相连。在 U_{GS} 的作用下，栅极下的 SiO_2 绝缘层中将产生一个垂直于半导体表面的电场，其方向由栅极指向 P 型衬底，如图 1-34b 所示。该电场是排斥空穴而吸引电子的，由于 P 型衬底中空穴为多子，电子为少子，所以被排斥的空穴很多而吸收到的电子较少，使栅极附近的 P 型衬底表面层中主要为不能移动的杂质离子，因而形成耗尽层。当 U_{GS} 足够大时，该电场可吸引足够多的电子，使栅极附近的 P 型衬底表面形成一个 N 型薄层。由于它是在 P 型衬底上形成的 N 型层，故称为反型层。这个 N 型反型层将两个 N^+ 区连通，这时只要在 D、S 之间加上正向电压，电子就会沿着反型层由源极向漏极运动，从而形成漏极电流 I_D。故 N 型反型层构成了 D、S 之间的 N 型导电沟道。

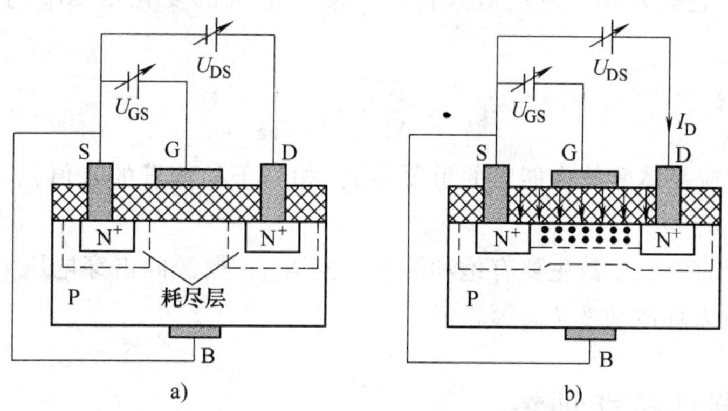

图 1-34　N 沟道增强型 MOS 管加栅源电压 U_{GS}

产生导电沟道所对应的栅源临界电压称为开启电压，用 $U_{GS(th)}$ 表示，其值由场效应晶体管的工艺参数确定。当 $U_{GS} < U_{GS(th)}$ 时，漏、源之间不可能导通；只有 $U_{GS} > U_{GS(th)}$ 时，才能产生 N 型导电沟道，所以称为 N 沟道增强型 MOS 管。产生导电沟道以后，如果继续增大 U_{GS} 值，则导电沟道加宽，沟道电阻减小，漏极电流 I_D 增加。

综上所述，场效应晶体管具有压控电流作用，通过控制输入电压 U_{GS}，可以控制输出电流 I_D。

3. 伏安特性

（1）转移特性曲线　同结型场效应晶体管转移特性曲线定义类似，这里不再描述。NMOS 管增强型转移特性曲线如图 1-35 所示。

（2）漏极特性曲线　同结型场效应晶体管漏极特性曲线定义类似，这里不再描述。NMOS 管增强型漏极特性曲线如图 1-36 所示。

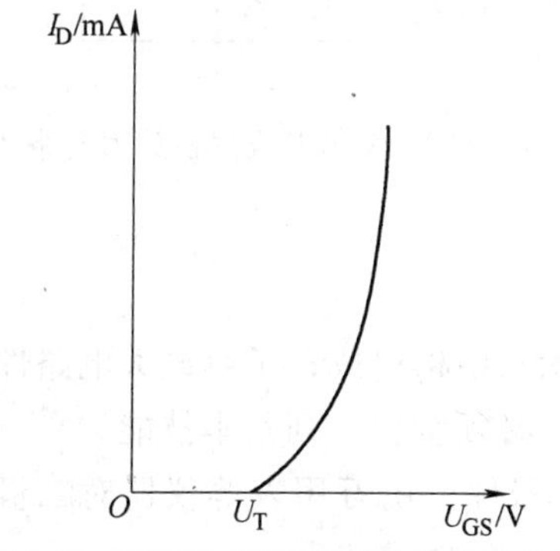

图 1-35　NMOS 管增强型转移特性曲线

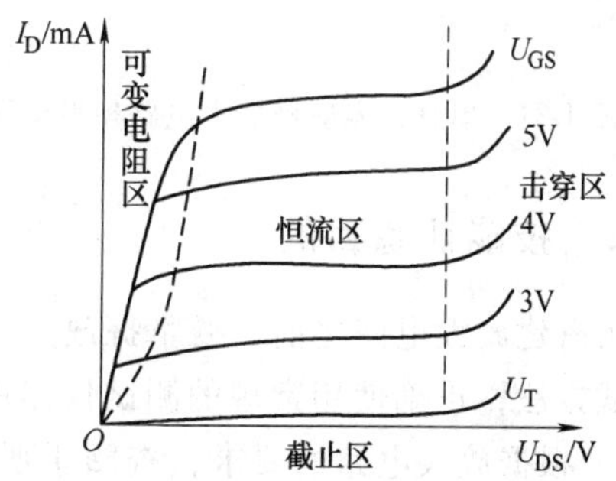

图 1-36　NMOS 管增强型漏极特性曲线

关于绝缘栅型 P 沟道增强型 MOS 管的工作原理及伏安特性，这里不再叙述，可以查阅相关资料。

4. 场效应晶体管的主要参数

（1）夹断电压 $U_{GS(off)}$ 和开启电压 $U_{GS(th)}$　$U_{GS(off)}$ 是耗尽型 MOS 管的重要参数，表示 I_D 减小到零时 U_{GS} 的值；而 $U_{GS(th)}$ 是增强 MOS 管的重要参数，指的是有明显的漏极电流出现时的栅极电压。夹断电压 $U_{GS(off)}$ 和开启电压 $U_{GS(th)}$ 通称为阈值电压。

（2）直流输入电阻 R_{GS}　它表示栅源电压和栅源电流之比，电阻值很大，可达 10^6 ~ 10^9 MΩ。

（3）跨导 g_m　它表示 U_{DS} 为定值条件下，漏极电流的变化量 ΔI_D 与栅源电压变化量 ΔU_{GS} 的比值，即

$$g_m = \frac{\Delta I_D}{\Delta U_{GS}}\Bigg|_{U_{DS}=常数} \tag{1-10}$$

它是反映场效应晶体管放大能力的重要参数（相当于晶体管的 β 值），g_m 单位为毫西门子（mS）。

场效应晶体管的极限参数主要有饱和漏极电流 I_{DSS}、栅源间击穿电压 $U_{(BR)GS}$、漏源间击穿电压 $U_{(BR)DS}$ 和最大耗散功率 P_{DM} 等。

1.5　半导体器件技能训练

1.5.1　技能训练综述

本技能训练以常用电子仪器使用为主，包括测试二极管、晶体管的特性和参数以及搭建、测试单管共发射极放大电路静态工作情况和输入、输出波形等。单管共发射极放大电路模型框图及实际电路如图 1-37 和图 1-38 所示，其放大原理和各元器件的作用在第 2 章讨论。

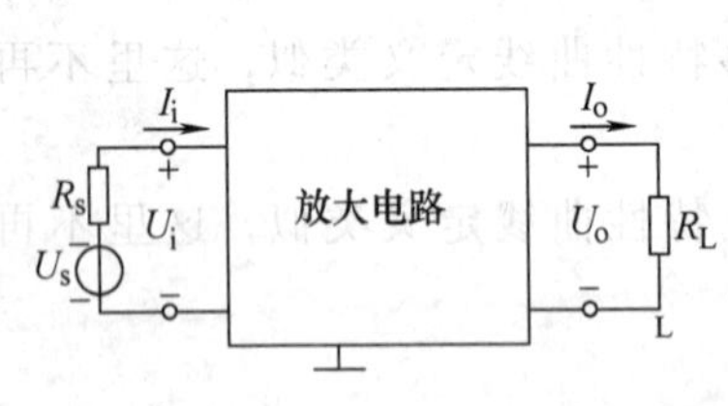

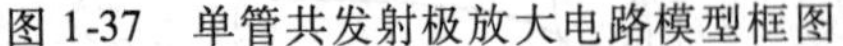

图 1-37　单管共发射极放大电路模型框图

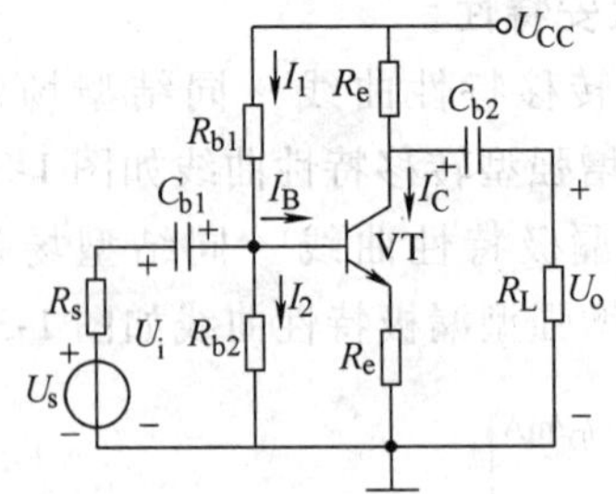

图 1-38　单管共发射极放大电路

1.5.2　技能训练目的

在搭建放大电路之前，要掌握放大电路的基本概念及结构组成；了解放大电路性能指标的测试方法，正确使用常规的测试仪器进行准确测量。必须掌握下列基本技能。

1）根据放大电路的要求，查阅手册，正确选择元器件，用万用表等仪器对二极管、晶体管的性能进行测试。

2）比较熟练搭建二极管、晶体管应用电路。

3）比较熟练使用信号发生器、晶体管毫伏表、示波器常用测量仪器。

在模拟电子技术实验中，经常使用的电子仪器有示波器、函数信号发生器、直流稳压电源、交流毫伏表及频率计等。它们和万用表一起，可以完成对模拟电子电路的静态和动态工作情况的测试。

实验中要对各种电子仪器进行综合使用，可按照信号流向，以连线简捷，调节顺手，观察与读数方便等原则进行合理布局，各仪器与被测实验装置之间的布局与连接如图 1-39 所示。接线时应注意，为防止外界干扰，各仪器的公共接地端应连接在一起，称共地。信号源和交流毫伏表的引线通常用屏蔽线或专用电缆线，示波器接线使用专用电缆线，直流电源的接线用普通导线。

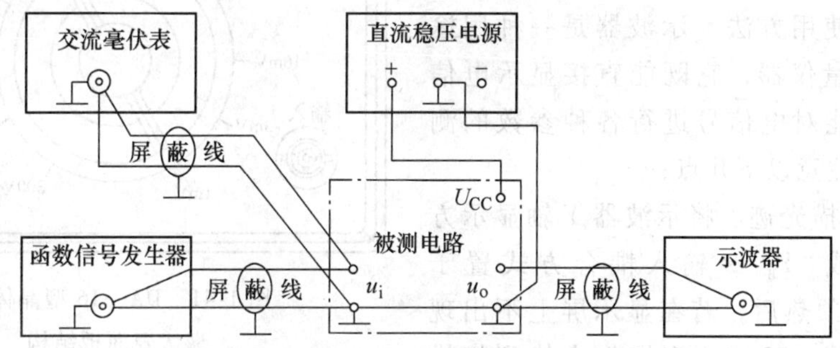

图 1-39　模拟电子电路中常用电子仪器布局与连接

下面简单介绍一下常用测试仪器的使用方法。

1. XD—2 型信号发生器

（1）面板结构　其面板结构如图 1-40 所示。

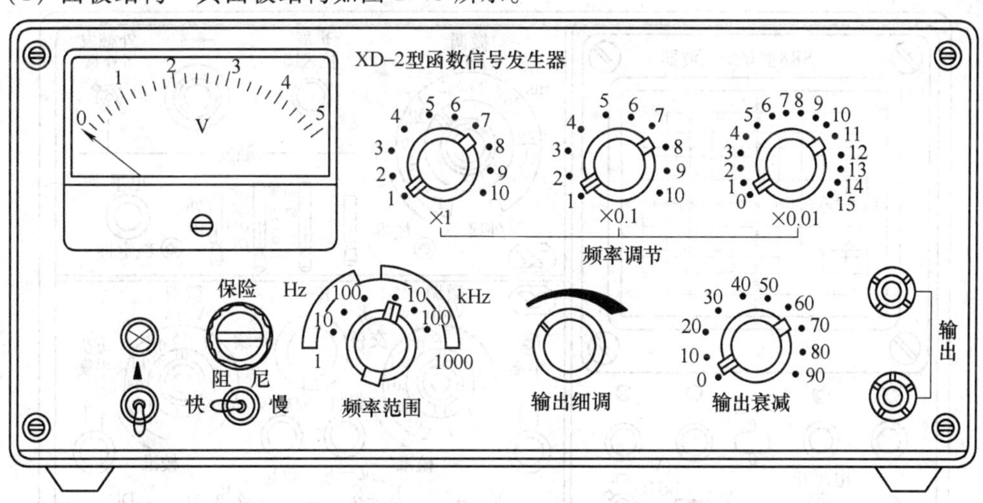

图 1-40　XD—2 型函数信号发生器面板结构

（2）基本使用方法　函数信号发生器按需要输出正弦波、方波、三角波三种信号波形。输出电压最大可达 $20U_{峰\text{-}峰值}$。通过输出衰减开关和输出细调旋钮，可使输出电压在毫伏级到伏级范围内连续调节。函数信号发生器的输出信号频率可以通过频率调节开关进行调节。

2. DA—16 型晶体管毫伏表

（1）面板结构　其面板结构如图 1-41 所示。

（2）基本使用方法　晶体管交流毫伏表只能在其工作频率范围之内，用来测量正弦交流电压的有效值。为了防止过载而损坏，测量前一般先把量程开关置于量程较大位置上，然后在测量中逐挡减小量程。

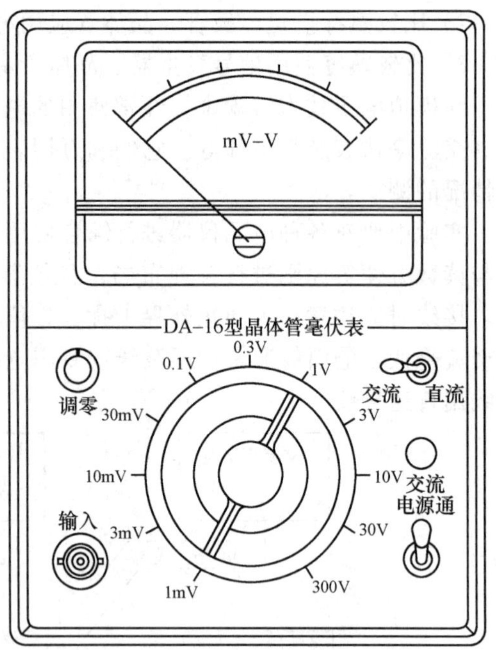

图 1-41　DA—16 型晶体管毫伏表面板结构

3. SR8 型双踪示波器

（1）面板结构　其面板结构如图 1-42 所示。

（2）基本使用方法　示波器是一种用途很广的电子测量仪器，它既能直接显示电信号的波形，又能对电信号进行各种参数的测量。使用时要注意以下几点：

1）寻找扫描光迹。将示波器 Y 轴显示方式置于“Y_A”或“Y_B”，输入耦合方式置于“GND”，开机预热后，若在显示屏上不出现光点和扫描基线，可按下列操作去找到扫描线：①适当调节亮度旋钮(⊗)。②触发方式开关置“自动”。③适当调节垂直(↑↓)、水平(⇄)位移旋钮，使扫描光迹位于屏幕中央。该示波器设有“寻迹”按键，可按下“寻迹”按键，判断光迹偏移基线的方向。

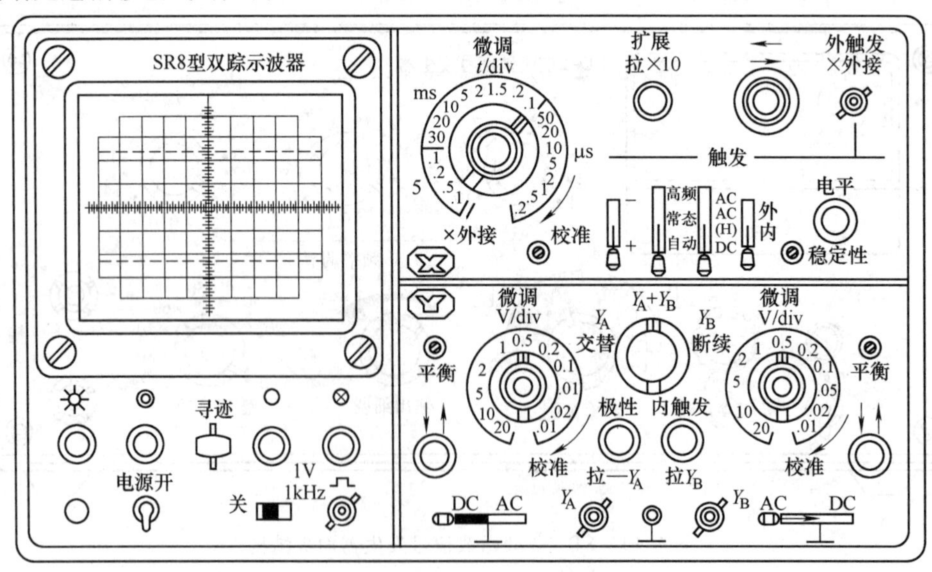

图 1-42　SR8 型双踪示波器面板结构

2）双踪示波器一般有五种显示方式，即“Y_A”、“Y_B”、“Y_A+Y_B”三种单踪显示方式和“交替”、“断续”两种双踪显示方式。“交替”显示一般适合在输入信号频率较高时使用。“断续”显示一般适合在输入信号频率较低时使用。

3）为了显示稳定的被测信号波形，触发源选择开关一般选为“内”触发，使扫描触发信号取自示波器内部的 Y 通道。

4）触发方式开关通常先置于“自动”调出波形后，若被显示的波形不稳定，可置触发方式开关于“常态”，通过调节触发电平旋钮找到合适的触发电压，使被测试的波形稳定地显示在示波器屏幕上。

有时，由于选择了较慢的扫描速率，显示屏上将会出现闪烁的光迹，但被测信号的波形不在 X 轴方向左右移动，这样的现象仍属于稳定显示。

5）适当调节“扫描速率”开关及“Y 轴灵敏度”开关使屏幕上显示 1～2 个周期的被测信号波形。在测量幅值时，应注意将 Y 轴灵敏度微调旋钮置于“校准”位置，即顺时针旋到底，且听到关的声音。在测量周期时，应注意将 X 轴扫速微调旋钮置于“校准”位置，即顺时针旋到底，且听到关的声音。还要注意扩展旋钮的位置。

根据被测波形在屏幕坐标刻度上垂直方向所占的格数（div 或 cm）与 Y 轴灵敏度开关指示值（V/div）的乘积，即可算得信号幅值的实测值。

根据被测信号波形一个周期在屏幕坐标刻度水平方向所占的格数（div 或 cm）与扫速开关指示值（t/div）的乘积，即可算得信号频率的实测值。

1.5.3 二极管特性及参数测试

二极管是整流、检波、限幅、钳位和稳压等电路的主要器件。由于功能不同，对二极管的性能参数的要求也不相同。

1. 二极管的主要特性

二极管最主要的特性是单向导电性。

2. 二极管的参数

最大整流电流 I_F、最高反向工作电压 U_{RN} 和反向电流 I_R 等。

二极管的参数是正确使用二极管的依据，一般半导体器件手册中都给出不同型号二极管的参数。在使用时，应特别注意不要超过最大整流电流和最高反向工作电压，否则二极管容易损坏。

3. 二极管的选用方法

根据电路要求选用二极管时，应注意以下几点：

（1）选用二极管类型（硅管或锗管）　要求反向电流小、温度稳定性能好、反向击穿电压高、耐温高时选用硅管；要求导通电压低时，选用锗管。

（2）选择合适的二极管　要求导通电流大时，选用平面型二极管；用于整流电路选用整流二极管；要求工作频率高时，选用点接触型二极管；用于数字电路时，选用开关二极管。

（3）所选二极管的参数应满足电路要求　保证电路工作时，不超过二极管手册规定的极限运行数据，以免损坏二极管。

4. 二极管的常规测试方法

普通二极管外壳上均印有型号和标记，标记方法有箭头、色点、色环三种，箭头所指方向或靠近色环的一端为二极管的负极，有色点的一端为正极。

若型号和标记脱落时，可用万用表的欧姆挡进行判别，PN 结的单向导电性是进行二极管测量的根本依据。

(1) 用万用表测量二极管　用万用表欧姆挡测量二极管时，万用表面板上标有“+”号的端子接红色表笔，对应于万用表内部电池的负极，而面板上标有“-”号的端子接黑色表笔，对应万用表内部电池的正极。

1) 正反向电阻的测量。测量小功率二极管时，万用表应置于$R\times100$挡或$R\times1k$挡，将万用表调零。通常小功率锗管的正向电阻值为300~500Ω，硅管为1kΩ左右；锗管反向电阻为几十千欧，硅管反向电阻在500kΩ以上(大功率二极管的数值要小得多)。正反向电阻的差值越大，单向导电性能越好。如果测得反向电阻很小，则说明二极管内部已短路；若测得正向电阻很大，则说明二极管内部已断路，出现短路或断路情况表明二极管已经损坏。

2) 二极管极性的判别如图1-43所示。根据二极管正向电阻小、反向电阻大的特点可以判别二极管的极性，两表笔分别与二极管的两极相连。测得阻值较小，说明是正向导通，此时与黑表笔相接的一端为二极管的正极，与红表笔相接的为二极管的负极。同理，测得阻值较大，反向截止，此时与黑表笔相接的一端为二极管的负极，与红表笔相接的一端为二极管的正极。

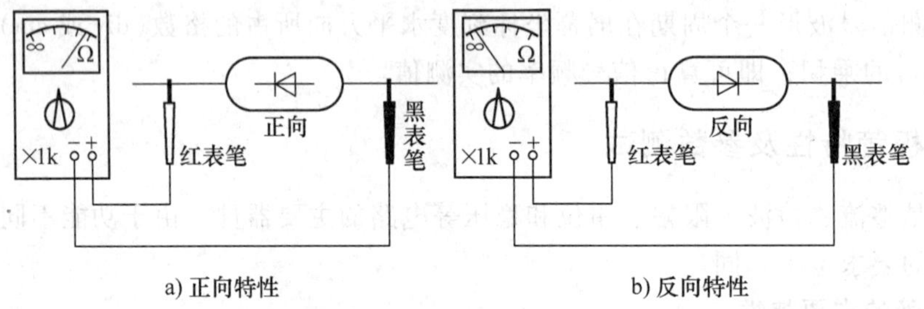

图1-43　二极管正负极性的判别

3) 管型的判别。硅二极管的正向电压降一般为0.5~0.7V，锗二极管的正向电压降一般为0.2~0.3V，通过测量二极管的正向导通电压，就可以判别被测二极管的管型。

(2) 发光二极管的测量　发光二极管一般由磷砷化镓、磷化镓材料制成，它的内部也是一个PN结，也具有单向导电性，发光二极管正向导通时会发光，光的亮度随导通电流增大而增强，光的颜色与波长有关。

判断发光二极管的极性与判断普通二极管的方法是一样的，只不过一般发光二极管的正向导通电压超过1V，实际使用电流可达100mA以上，测量时可用量程较大的$R\times10k\Omega$挡测量其正向电阻和反向电阻。一般正向电阻小于50kΩ，反向电阻大于200kΩ为正常。

1.5.4　晶体管特性及参数测试、型号及管脚的判别

1. 晶体管的常规测试方法

(1) 判定管型和基极　用万用表的$R\times100$或$R\times1k$挡，先假设晶体管的某极为“基极”，并将黑表笔接在假设的基极上，再将红表笔先后接到其余两个电极上，如果两次测得的电阻值都很大(或都很小)，而对换表笔后测得两个电阻值都很小(或都很大)，则可以确定假设的基极是正确的。如果两次测得的电阻值是一大一小，则可肯定假设的基极是错误的，这时就必须重新假设另一电极为“基极”，再重复上述的测试。

当基极确定以后，将黑表笔接基极，红表笔分别接其他两极，此时，若测得的电阻值都很小，则该晶体管为NPN型管；反之，则为PNP型管。

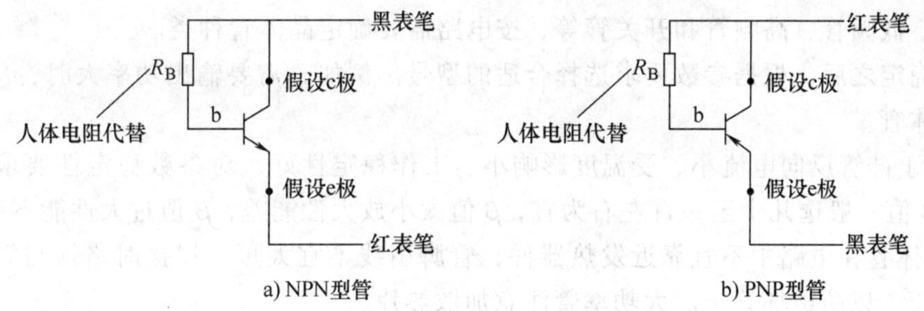

图 1-44　用万用表测试集电极

（2）判断集电极和发射极　确定基极后，假定另外两个电极中的一个为集电极，用手指将假定的集电极与已知的基极捏在一起(注：两个电极不能相碰)，若已知被测管子为 NPN 型晶体管，则以万用表的黑表笔接在假定的集电极上，红表笔接在假定的发射极上，如图 1-44a 所示，这时测出一个电阻值。然后再把第一次测量中所假定的集电极和发射极互换，进行第二次测量，测到第二个电阻值，在两次测量中，电阻值较小(电流较大)的那一次，与黑表笔相接的电极为集电极。若晶体管为 PNP 型管，测试电路如图 1-46b 所示，测量时只需将红、黑表笔对调即可。

（3）电流放大倍数 β 的估测　将万用表拨到相应的电阻挡，以 NPN 型管为例，测集电极和发射极之间的电阻，再用手捏着基极和集电极，观察表针摆动幅度的大小，表针摆动越大，β 值越大。

一般的数字万用表都有测量晶体管的功能。在已知 NPN 型和 PNP 型后，将晶体管插入测试孔中就可以从表头读出 β 值。依据晶体管处于放大状态，β 值较大的特点，从万用表插孔旁的标记就可以直接辨别出晶体管的集电极和发射极。

2. 晶体管的参数测试方法

1）集电极-基极间的反向饱和电流 I_{CBO} 的测试方法是：将晶体管发射极 e 开路，在集电极 c、基极 b 之间接入电源 U_{CC} 和直流微安表 μA，如图 1-45 所示，此时流过 c、b 之间的反向电流即为 I_{CBO}。

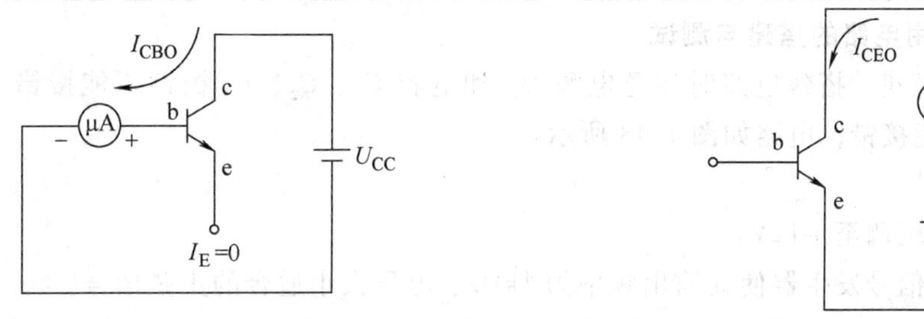

图 1-45　I_{CBO} 的测量　　图 1-46　I_{CEO} 的测量

2）集电极-发射极间的穿透电流 I_{CEO} 的测试方法是：晶体管基极 b 开路，在集电极 c、发射极 e 之间接入电源 U_{CE} 和直流微安表 μA，如图 1-46 所示，此时流过 c、e 之间的电流即为 I_{CEO}。

3. 晶体管的选择和使用

1）根据电路要求确定晶体管的种类和型号。晶体管种类很多，按功能分有小功率管、大功率管、低频管、高频管和开关管等，按电路需要确定晶体管种类。

种类确定之后，根据参数要求选择合适的型号。例如，需要输出功率大时，应选用 P_{CM} 值高的晶体管。

2）由于硅管反向电流小、受温度影响小、工作稳定性好，对参数稳定性要求高的应选用硅管。β 值一般选几十至一百左右为宜，β 值太小放大性能差，β 值过大性能不稳定。

3）晶体管在电路中不宜靠近发热器件，管脚引线不宜太短，焊接时烙铁与管脚接触时间不宜过长，以防烫坏管子。大功率管注意加散热片。

1.5.5 二极管、晶体管应用电路的搭建与测试

1. 二极管应用电路的搭建与测试

根据图 1-47 在面包板上接线，要求测定二极管的伏安特性。R 为限流电阻，U 为 0 ~ 30V 直流电源。在测二极管（普通二极管 1N4007）的正向特性时，其正向电流不得超过 35mA，二极管 VD 两端的正向施压 U_{D+} 可在 0 ~ 0.75V 之间取值，在 0.5 ~ 0.75V 之间应多取几个测量点。测二极管反向特性时，只需将图 1-47 中的二极管 VD 反接，且其两端反向施压 U_{D-} 可达 -30V。测量结果分别填入表 1-4 和表 1-5 中。

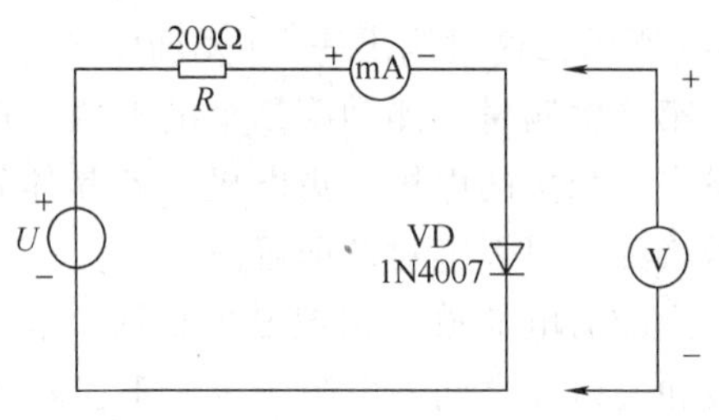

图 1-47 测定二极管的伏安特性

表 1-4 正向特性实验数据

U_{D+}/V	0.10	0.30	0.50	0.55	0.60	0.65	0.70	0.75
I/mA								

表 1-5 反向特性实验数据

U_{D-}/V	0	-5	-10	-15	-20	-25	-30
I/mA							

2. 晶体管应用电路的搭建与测试

（1）电路的搭建 搭建电路时注意电源 U_{CC} 和电容 C_1、C_2、C_3 极性不能接错，晶体管管脚 c、b、e 不能接错，电路如图 1-48 所示。

（2）测试条件

1）将直流电压调至 +12V。

2）调节函数信号发生器使其输出频率为 1kHz、电压大小适合的正弦信号。

3）示波器 Y_A、Y_B 为双踪显示方式，选择"交替"，将 Y 轴输入耦合方式开关置于"AC"，触发源选择开关置于"内"。调节 X 轴扫描速率开关（t/div）和 Y 轴输入灵敏度开关（V/div），使示波器显示屏上显示出稳定的正弦波形。

（3）静态调试 测量放大器的静态工作点，应在输入信号 $U_i=0$ 的情况下进行，即将放大器输入端与地端短接，调节上偏置电阻 RP，然后选用量程合适的直流毫安表和直流电压表，分别测量晶体管的集电极电流 I_C 以及各电极对地的电位 U_B、U_C 和 U_E，集电极电流 I_C 为 2mA（即 $U_E=2.0$V）为合适值，记入表 1-6。

表 1-6　$I_C = 2mA$

基极电位 U_B/V	发射极电位 U_E/V	集电极电位 U_C/V

(4)输入输出波形观察　要求将函数信号发生器输出的正弦信号(信号频率为1kHz)U_S 加到单管共发射极放大电路的A端，调节函数信号发生器的输出旋钮使放大器输入电压 $U_i \approx 10mV$(有效值)，同时将示波器通道 Y_A 输入端接单管共发射极放大电路的B端，将示波器通道 Y_B 输入端接单管共发射极放大电路输出 U_o 端，观察输出电压 U_o 波形，在波形不失真的条件下用晶体管毫伏表测量下述三种情况下的 U_o 值，记入表1-7，U_o 和 U_i 均为有效值，表1-8是单管共发射极放大电路元器件清单。

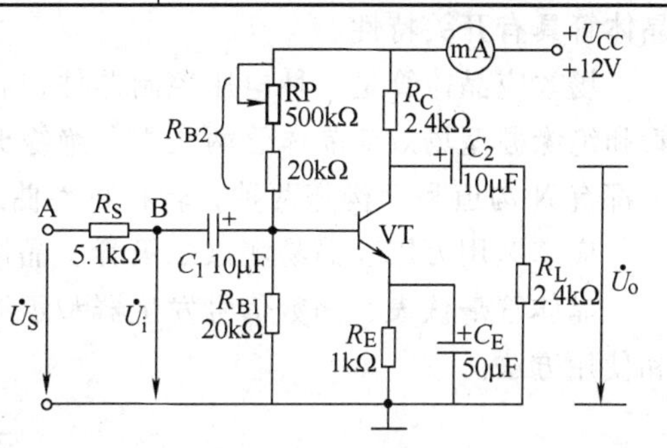

图1-48　单管共发射极放大电路

表 1-7　实验数据

R_C/kΩ	R_L/kΩ	U_i/V	U_o/V	观察记录一组 u_o 和 u_i 的波形
2.4	∞			u_o (t)　u_i (t)
1.2	∞			
2.4	2.4			

表 1-8　单管共发射极放大电路元器件清单

元器件	名称	型号或类型	参考参数	数量
VT	晶体管	3DG6	50~100	1
R_S	电阻	碳膜电阻	5.1kΩ/1W	1
R_{B2}	电阻	碳膜电阻	20kΩ/1W	1
R_{B1}	电阻	碳膜电阻	20kΩ/1W	1
R_C、R_L	电阻	碳膜电阻	2.4kΩ/1W	2
R_E	电阻	碳膜电阻	1kΩ/1W	1
C_1、C_2	电容	电解电容	10μF/25V	2
C_3	电容	电解电容	50μF/25V	1
RP	电位器	电位器	500kΩ	1

本章小结

PN结是构成半导体器件的基础。PN结具有单向导电性，即PN结正向偏置时导通，反向偏置时截止。

二极管是非线性器件，伏安特性形象地描述了二极管的单向导电情况。二极管的死区电压：硅管约为0.5V；锗管约为0.1V。硅管导通压降为0.6~0.8V，锗管导通压降为0.2~0.3V。理想二极管导通压降近似为零。稳压二极管、发光二极管、开关二极管是最常见的特殊二极管，各自有不同的用处。

晶体管是一种电流控制器件，具有电流放大作用。其输出特性可分为三个区域：放大区、饱和区和截止区。在放大区，发射结正向偏置，集电结反向偏置。在饱和区和截止区，晶体管具有开关特性。

场效应晶体管是一种电压控制器件，利用栅源电压来控制漏极电流，有结型场效应晶体管和绝缘栅型场效应晶体管两大类，绝缘栅型场效应晶体管又分为增强型和耗尽型。每种管子都有N沟道和P沟道两种，转移特性曲线和输出特性曲线反映了管子的工作特点。

应掌握用万用表简易测试二极管、晶体管的方法，判断其质量好坏以及管型管脚。

晶体管毫伏表、函数信号发生器和示波器是最常用的电子仪器仪表，应学会它们的操作和使用方法。

习 题 1

1.1 PN结为什么具有单向导电性？

1.2 欲使二极管具有良好的单向导电性，管子的正向电阻和反向电阻分别是大些好？还是小些好？

1.3 稳压二极管与普通二极管有什么区别？

1.4 怎样用万用表判断二极管和晶体管的极性与好坏？

1.5 电路如图1-49所示，确定二极管是正偏还是反偏，并估算$U_A \sim U_D$值（二极管的导通电压忽略不计）。

1.6 写出图1-50所示各电路的输出电压值，设二极管的导通电压为0.7V。

1.7 设有两个相同型号的稳压管，稳压值均为10V，正向导通电压均为0.7V，如果将它们用不同的方法串联或并联接入电路后，可能得到几种不同的稳压值？并画出各种不同的连接方法。

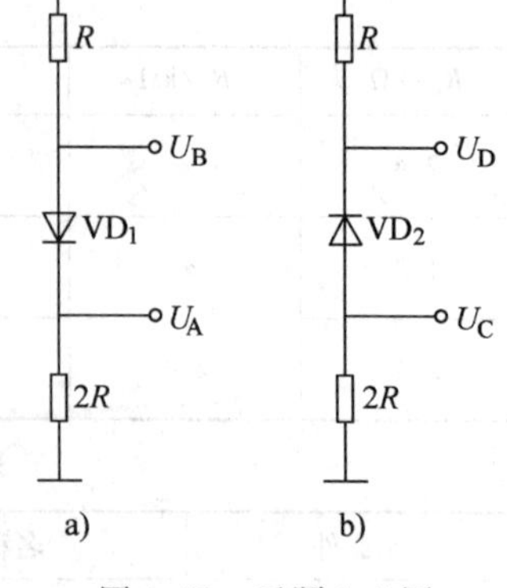

图1-49 习题1.5图

1.8 如图1-51所示，晶体管各电极电流为$I_1 = -2.05\text{mA}$，$I_2 = 2\text{mA}$，$I_3 = 0.05\text{mA}$，试确定A、B、C各是晶体管的哪个电极？是NPN型晶体管还是PNP型晶体管？该管的β值为多少？

1.9 测得晶体管三个电极对地电位分别为8V、2V、2.7V。试确定晶体管的三个电极，是硅管还是锗

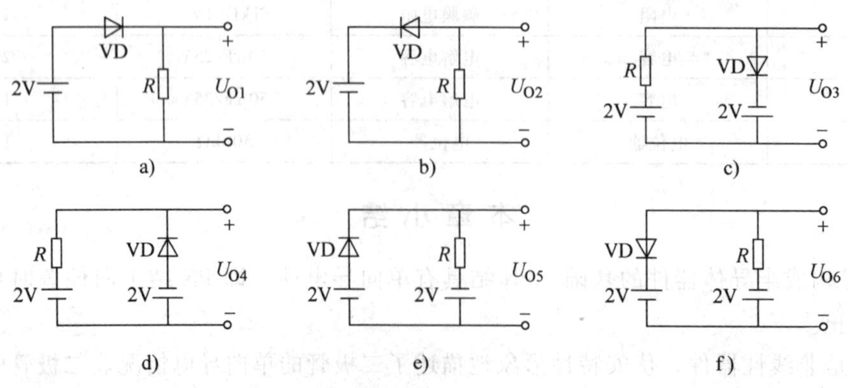

图1-50 习题1.6图

管？是 NPN 型晶体管还是 PNP 型晶体管？

1.10　画出晶体管共发射极输出特性曲线，并在曲线上标明晶体管的截止区、放大区和饱和区，晶体管工作在每个区的外部条件是什么？

1.11　晶体管三个电极对地电位如图 1-52 所示，试判断各晶体管处于哪种工作状态？是硅管还是锗管？

1.12　有两个晶体管，一个 $\beta=200$，$I_{CEO}=200\mu A$；另一个 $\beta=50$，$I_{CEO}=20\mu A$。其余参数相同，问选用哪一个晶体管较好些？

1.13　今测得晶体管的 U_{BE} 和 U_{CE} 的值如下，试判断不同情况下晶体管的工作状态。

（1）$U_{BE}=0.3V$、$U_{CE}=10V$；（2）$U_{BE}=-0.7V$、$U_{CE}=0.1V$；（3）$U_{BE}=0.6V$、$U_{CE}=4V$。

1.14　场效应晶体管属于什么控制器件？为什么场效应晶体管具有很高的电阻？

1.15　场效应晶体管和晶体管相比有哪些不同？

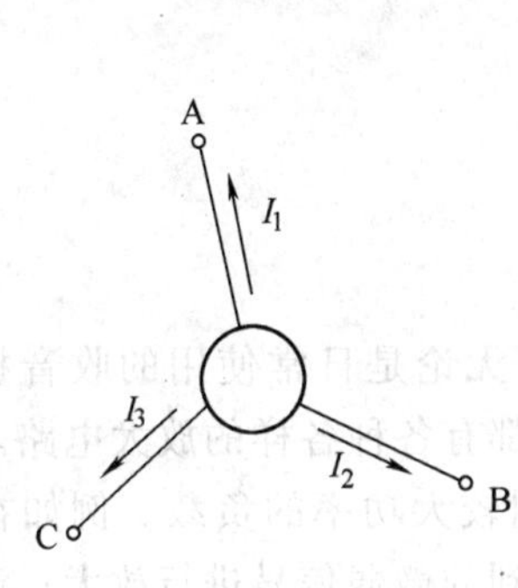

图 1-51　习题 1.8 图

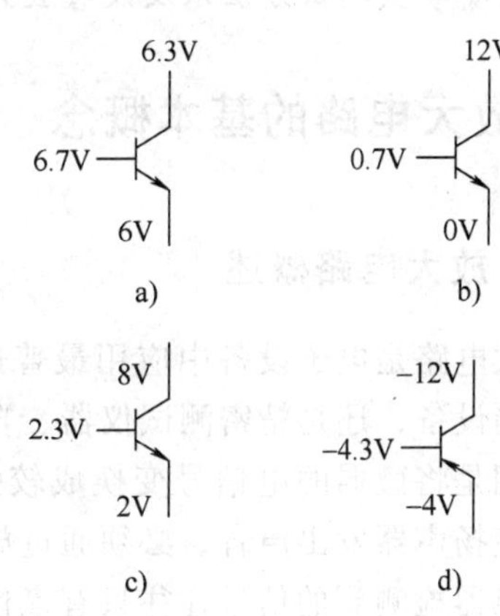

图 1-52　习题 1.11 图

第2章　放大电路基础

【本章学习要求】

理论：掌握放大电路的基本概念及静态和动态分析方法；熟悉放大电路的三种基本组态及应用；了解功率放大电路的实际应用。

技能：掌握常用电子仪器的使用方法，掌握放大电路的识图及电路的故障判断；熟悉放大电路主要参数测试方法以及改善放大电路性能的方法。

2.1　放大电路的基本概念

2.1.1　放大电路概述

放大电路是电子设备中应用最普遍的基本单元电路，无论是日常使用的收音机、电视机、音响设备，还是精密测试仪器、自动控制系统，其中都有各种各样的放大电路。放大电路的作用是将微弱的电信号变换成较强的电信号，以控制较大功率的负载。例如在收音机中，要使扬声器发出声音，必须通过放大电路将天线接收到的微弱信号进行放大；测试系统中，传感器检测到的信号往往只有毫伏或微伏数量级，只有经过放大，才能进行显示、记录或推动执行元件（电磁铁、电动机等）动作。

放大电路的组成原则包括以下三个方面：

1）必须有直流电源，并保证晶体管处于放大状态。

2）必须设置合理的信号通道，保证信号由输入端经过放大后传送到输出端。

3）必须合理设置静态工作点，保证信号不失真放大，并满足性能指标要求。

2.1.2　放大电路的主要性能指标

图2-1所示为基本放大电路的框图。由图可见，放大电路有一对输入端子和一对输出端子，它们分别接信号源 u_S 和负载 R_L。根据电路理论，对于信号源而言，放大电路及其负载可等效为电阻 R_i，R_i 称为输入电阻；对于负载而言，放大电路与信号源一起构成有源二端网络，可等效为恒压源 u_o' 与电阻 R_o 的串联，R_o 称为输出电阻。电压放大倍数、输入电阻和输出电阻是放大电路的三个主要性能指标，此外，还有电流放大倍数和功率放大倍数等指标。

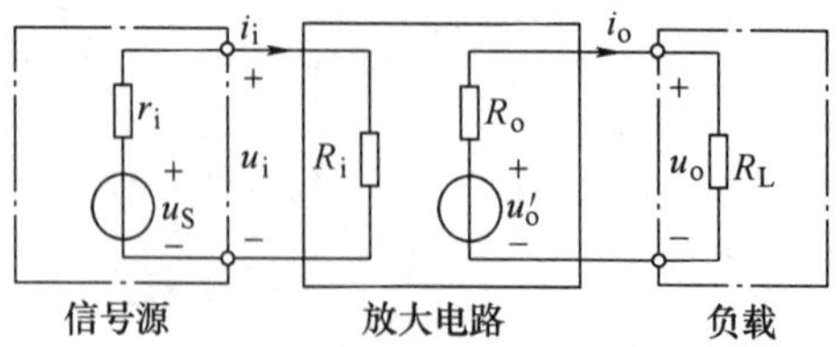

图2-1　基本放大电路的框图

1. 电压放大倍数

电压放大倍数 A_u 表示放大电路对信号电压的放大能力，定义为输出电压有效值 U_o 与输入电压有效值 U_i 的比值，即

$$A_u=\frac{U_o}{U_i} \tag{2-1}$$

由图 2-1 可见，当放大电路空载（即不带负载 R_L）时，电压放大倍数为

$$A_{u0}=\frac{U_o'}{U_i} \tag{2-2}$$

式中，U_o'为空载时的输出电压（V）；A_{u0}为空载电压放大倍数。

2. 电流放大倍数

$$A_i=\frac{i_o}{i_i}=\frac{I_o}{I_i} \tag{2-3}$$

式中，I_o、I_i 分别为 i_o、i_i 的有效值。

3. 功率放大倍数

$$A_P=\frac{P_o}{P_i} \tag{2-4}$$

在放大电路的三种放大倍数中，电压放大倍数应用较为广泛。

放大倍数在工程上常用分贝（dB）来表示，称为增益，分别定义为

电压增益： $$A_u\text{（dB）}=20\lg|A_u| \tag{2-5}$$

电流增益： $$A_i\text{（dB）}=20\lg|A_i| \tag{2-6}$$

功率增益： $$A_P\text{（dB）}=10\lg|A_P| \tag{2-7}$$

引入分贝来表示放大倍数的原因主要有以下三点：

1）表达简单。若 $A_u=1000$，则 A_u（dB）$=60$dB。

2）运算方便，可化乘除为加减。多级放大电路的总放大倍数为每一级放大倍数之乘积，采用增益表达后，只需将其分贝数相加，就可得到总的增益。

3）人的耳朵对声音的感受不是与声音功率大小成正比，而是与声音功率的对数成正比，用分贝表示功率增益与人耳听觉感官一致。

4. 输入电阻

输入电阻 R_i 是从放大电路输入端看进去的交流等效电阻。输入电阻 R_i 越大，则放大电路向信号源索取的电流 i_i 越小，信号源内阻 r_i 上的电压降也就越小，放大电路获得的信号电压 u_i 就越大。因此，对晶体管毫伏表、示波器等电子测量仪器，都要求其放大电路有大的输入电阻。

5. 输出电阻

输出电阻 R_o 是从放大电路输出端看进去的交流等效电阻，是表征放大电路带负载能力的参数。由图 2-1 可知，放大电路接负载 R_L 后的输出电压为

$$u_o=u_o'-i_oR_o$$

显然，输出电阻 R_o 越小，则负载 R_L 变化（即 i_o 变化）时，输出电压的变化越小，放大电路带负载能力越强。因此，一般要求放大电路的输出电阻小。

2.2 共发射极基本放大电路

2.2.1 共发射极偏置放大电路的工作原理

单管放大电路是由一个晶体管构成的放大电路。根据输入、输出回路公共端所接的电极不同，有共发射极、共集电极和共基极三种基本放大电路形式。图 2-2 所示为共发射极放大电路原理图。

图 2-2 所示电路中，端子 AA′为放大电路的输入端，外接需要放大的信号源；端子 BB′是输出端，外接负载。晶体管的发射极为输入信号 u_i 和输出信号 u_o 的公共端，故称为共发射极放大电路，简称共射电路。通常公共端称为“地”（实际上并非真正接到大地），用“⊥”表示，其电位为零，是电路中其他各点电位的参考点。

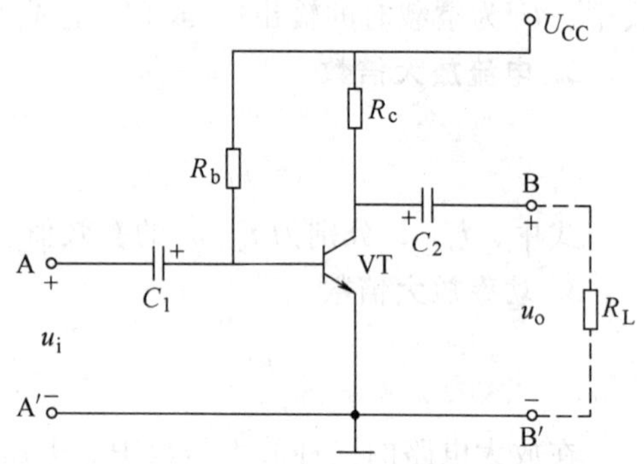

图 2-2 共发射极放大电路原理图

1. 电路的组成

由图 2-2 可以看出，共发射极放大电路由以下几个部分组成。

（1）晶体管 为 NPN 型管，具有放大功能，是放大电路的核心器件。

（2）直流电源 U_{CC} 它是放大电路的能源，为发射结提供正向偏置电压，为集电结提供反向偏置电压，使晶体管工作在放大状态。U_{CC}一般为几伏到几十伏。

（3）基极偏置电阻 R_b 它使发射结正向偏置，并向基极提供合适的基极电流（常称偏流）。R_b 一般为几十千欧至几百千欧。

（4）集电极负载电阻 R_c 它将集电极电流的变化转换成集电极、发射极之间电压的变化，以实现电压放大。R_c 的值一般为几千欧至几十千欧。

（5）耦合电容 C_1、C_2 又称隔直电容。对直流来说，电容的容抗 X_C 为无穷大，相当于开路，U_{CC}的直流不能加到信号源和负载上，起到隔直作用；对交流信号而言，X_C 很小，近似于短路，交流信号可以顺畅传输，起到传递交流的作用。C_1、C_2 一般为几微法至几十微法的电解电容器，在连接电路时，应注意电容器的极性，不能接错。

2. 放大电路的工作情况

放大电路的工作情况可从静态和动态两种状态来分析。

（1）静态分析 静态是指放大电路没有交流输入信号（$u_i=0$）时的直流工作状态。

1）直流通路静态时，电路中只有直流电源 U_{CC} 作用，晶体管各极电流和极间电压都是直流值，电容 C_1、C_2 相当于开路，共发射极放大电路的等效电路如图 2-3 所示，该电路称为直流通路。

2）静态工作点的估算。静态时，晶体管基极电流 I_B、集电极电流 I_C 和集电极与发射极间的电压 U_{CE}的值称为静态工作点，用 I_{BQ}、I_{CQ}和 U_{CEQ}表示。

根据图 2-3 所示直流通路，可求得晶体管的静态值 I_{BQ}为

$$I_{BQ}=\frac{U_{CC}-U_{BEQ}}{R_b} \tag{2-8}$$

晶体管工作于放大状态时，发射结正偏，这时 U_{BEQ} 基本不变，对于硅管约为0.7V，锗管约为0.3V。由于 U_{BEQ} 一般比 U_{CC} 小得多，上式可以写成

$$I_{BQ}\approx\frac{U_{CC}}{R_b} \tag{2-9}$$

晶体管具有电流放大能力，因此有

$$I_{CQ}=\beta I_{BQ} \tag{2-10}$$

$$U_{CEQ}=U_{CC}-I_{CQ}R_c \tag{2-11}$$

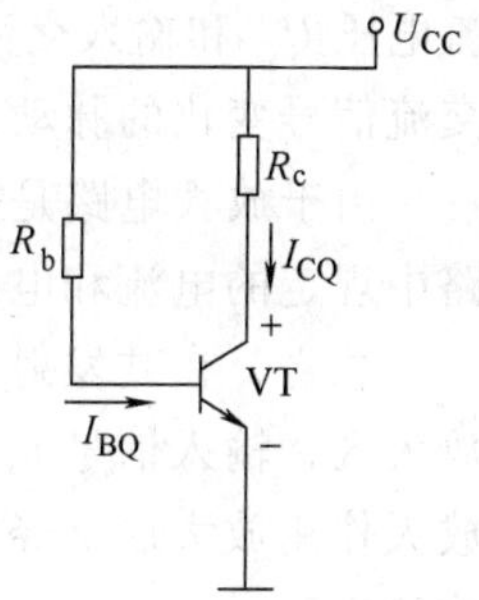

图 2-3　共发射极放大电路的直流通路

【例 2.1】 在图 2-2 所示共发射极放大电路中，已知 $U_{CC}=20V$，$R_c=6.2k\Omega$，$R_b=500k\Omega$，晶体管为3DG100，$\beta=45$。试求放大电路的静态工作点。

解：$I_{BQ}\approx\frac{U_{CC}}{R_b}=\frac{20V}{500k\Omega}=40\mu A$

$$I_{CQ}=\beta I_{BQ}=45\times0.04mA=1.8mA$$

$$U_{CEQ}=U_{CC}-I_{CQ}R_c=20V-1.8mA\times6.2k\Omega=8.8V$$

由此可见，共发射极放大电路的静态工作点是由基极偏置电阻 R_b 决定的。因此，通过调节基极偏置电阻 R_b 可以使放大电路获得一个合适的静态工作点。

（2）动态分析　放大电路在有交流输入信号时（$u_i\neq0$）的工作状态称为动态。

1）交流通路。在交流输入信号 u_i 的作用下，晶体管各极电流和极间电压都是交流量。分析交流量时，通常先画出交流电流所流经的路径，即交流通路，共发射极放大电路的交流通路如图 2-4 所示。此时，耦合电容 C_1、C_2 对交流的容抗很小，因而可视为短路；直流电源的内阻很小，交流通过时的电压降可忽略，因此直流电源也可视为短路。

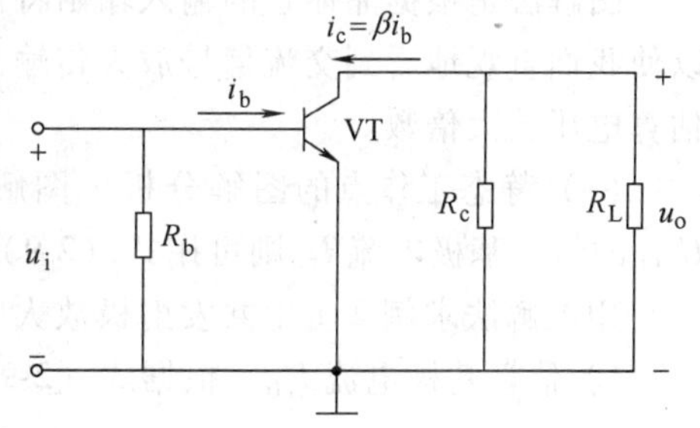

图 2-4　共发射极放大电路交流通路

2）放大电路中的电压电流波形。放大电路在直

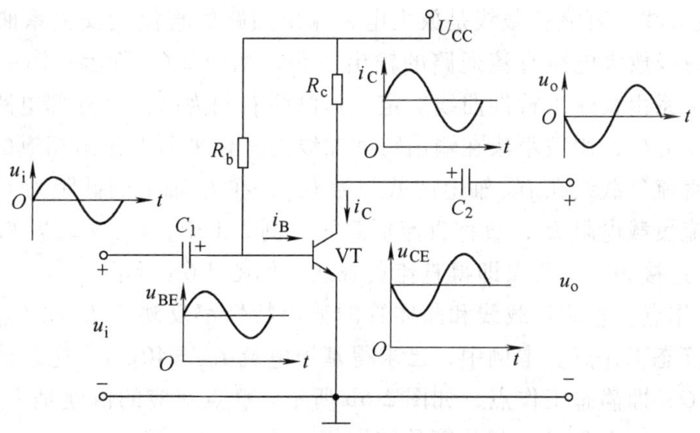

图 2-5　共发射极放大电路动态分析

流电压 U_{CC}和输入交流电压信号 u_i 的作用下，电路中的电流和电压既有直流又有交流，是随交流信号变化的脉动直流，其波形如图 2-5 所示。

由于放大电路是交、直流共存的电路，因而名称、符号较多。为了便于分析，将放大电路中规定的电流和电压符号列于表 2-1。

总之，在共发射极放大电路中，直流电源 U_{CC}提供电路所需的能源，并使晶体管工作于放大区，输入信号 u_i 经过耦合电容 C_1 加在晶体管的基极和发射极之间，通过晶体管的电流放大作用放大后，经耦合电容 C_2 由集电极输出给负载，这就是共发射极放大电路的基本工作原理。

表 2-1　放大电路中电流和电压符号的意义

名称	直流量（静态值）	交流量		总电流、总电压	关系式
		瞬时值	有效值		
基极电流	I_B	i_b	I_b	i_B	$i_B = I_B + i_b$
集电极电流	I_C	i_c	I_c	i_C	$i_C = I_C + i_c$
基 - 射电压	U_{BE}	u_{be}	U_{be}	u_{BE}	$u_{BE} = U_{BE} + u_{be}$
集 - 射电压	U_{CE}	u_{ce}	U_{ce}	u_{CE}	$u_{CE} = U_{CE} + u_{ce}$

2.2.2　放大电路的分析方法及静态工作点的稳定

1. 图解法

图解法是根据晶体管的输入输出特性曲线，通过作图来分析放大电路的方法。图解法可以使我们直观地看到交流信号放大传输的过程，正确选择静态工作点和确定动态工作范围，估算电压放大倍数。

（1）静态工作点的图解分析　图解分析静态工作点的主要目的是确定静态时的 I_{CQ}和 U_{CEQ}的值，基极电流 I_{BQ}则可用式（2-9）来估算。

用图解法求例 2.1 中共发射极放大电路静态工作点的步骤如下：

1）估算基极电流 I_{BQ}，根据式（2-9）可得

$$I_{BQ} \approx \frac{U_{CC}}{R_b} = \frac{20\text{V}}{500\text{k}\Omega} = 40\mu\text{A}$$

2）作直流负载线。直流负载线是放大电路输出回路的直流伏安关系曲线。为分析问题方便，作出共发射极放大电路直流通路的输出回路，如图 2-6a 所示。图中，点画线左侧晶体管的 I_C 和 U_{CE}关系由其输出特性曲线决定。点画线右侧为晶体管外部电路，其 I_C 和 U_{CE}关系满足 $U_{CE} = U_{CC} - I_C R_c$，用截距法在输出特性曲线的坐标平面上作出相应的直线，就是直流负载线。显然，直流负载线在 U_{CE}轴上的截距为 U_{CC}，在 I_C 轴上的截距为 U_{CC}/R_c，其斜率则取决于集电极直流负载电阻 R_c，故称直流负载线。例 2.1 中，$U_{CC} = 20\text{V}$（M 点），$U_{CC}/R_c \approx 3.2\text{mA}$（$N$ 点），连接 M、N 两点即得直流负载线，如图 2-6b 所示。

3）求静态工作点。直流负载线和晶体管的输出特性都反映了 I_C 和 U_{CE}的关系，其交点就是放大电路的静态工作点。本例中，已求得基极电流 $I_{BQ} = 40\mu\text{A}$，这条输出特性曲线与直流负载线的交点 Q，即静态工作点，如图 2-6b 所示。Q 点对应的值就是 U_{CEQ}和 I_{CQ}。由图可见，$U_{CEQ} = 8.8\text{V}$，$I_{CQ} = 1.8\text{mA}$，与估算的结果相一致。

（2）动态过程的图解分析　动态过程图解分析的主要目的是分析放大电路输入和输出

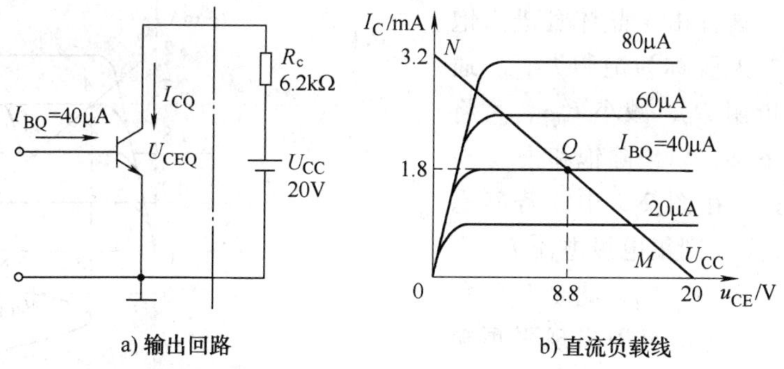

图 2-6　图解法确定静态工作点

电压、电流的波形。

1）输入回路 u_{BE} 和 i_B 的波形。如前所述，放大电路中的电量是直流分量和交流分量叠加而成的脉动直流量。图 2-2 所示电路中，设输入电压 $u_i = 0.02\sin\omega t$V，则晶体管基极和发射极之间的总电压为

$$u_{BE} = U_{BEQ} + u_i = 0.7\text{V} + 0.02\sin\omega t\text{V}$$

如图 2-7 中曲线 1 所示。根据 u_{BE} 的变化规律，可由输入特性曲线画出 i_B 的曲线如图 2-7 中曲线 2 所示，由图可见，i_B 在 20 ~ 60μA 之间变化，并且具有与 u_{BE} 相似的波形，这是由于在小信号输入的情况下，Q 点附近的曲线近似为直线段的缘故。

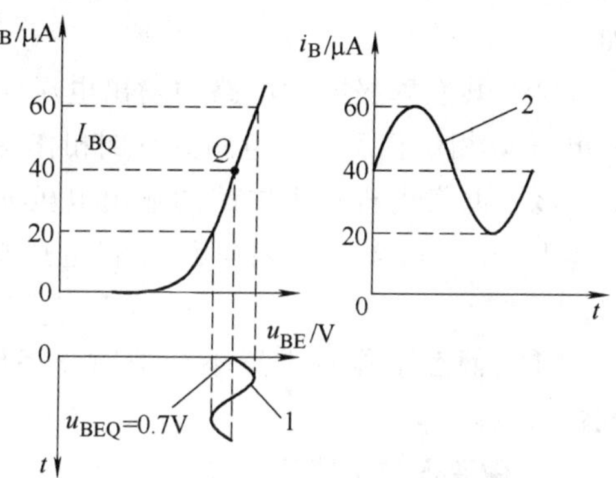

图 2-7　u_{BE} 和 i_B 的波形

2）输出回路 i_C 和 u_{CE} 的波形。当放大电路输出端负载开路（不接负载 R_L）时，其输出回路的伏安特性为 $u_{CE} = U_{CC} - i_C R_c$，在输出特性曲线的坐标平面上，这是一条与直流负载线重合的直线。

当 i_B 在 20 ~ 60μA 之间变化时，工作点 Q 将沿负载线 MN 移动（$Q \to B \to Q \to A \to Q$），由此可画出相应的 i_C 和 u_{CE} 的波形如图 2-8 中曲线 3 和 4 所示。

根据图 2-8 所示波形，有

$$i_C = I_{CQ} + i_c = 1.8\text{mA} + 0.9\sin\omega t\text{mA}$$

$$u_{CE} = U_{CEQ} + u_{ce} = 8.8\text{V} + 5.6\sin(\omega t - 180°)\ \text{V}$$

由于耦合电容 C_2 的隔直作用，放大电路仅输出交流分量 u_{ce}，因此

$$u_o = u_{ce} = 5.6\sin(\omega t - 180°)\ \text{V}$$

上式表明，共发射极放大电路的输出电压 u_o 是输入电压 u_i 的线性放大，两者波形一致，但相位相反。

（3）放大电路非线性失真分析　实践表明，若静态工作点 Q 设置不当，在放大电路中将会出现输出电压 u_o 和输入电压 u_i 波形不一致的现象，即非线性失真，如图 2-9 所示。

1）饱和失真。在图 2-9 中，若静态工作点设置在 Q_1 点，则集电极电流 I_{CQ1} 过大，接近饱和区。当 i_{b1} 按正弦规律变化时，Q_1 点进入饱和区，造成 i_{c1} 的正半周和输出电压 u_{o1} 的负半

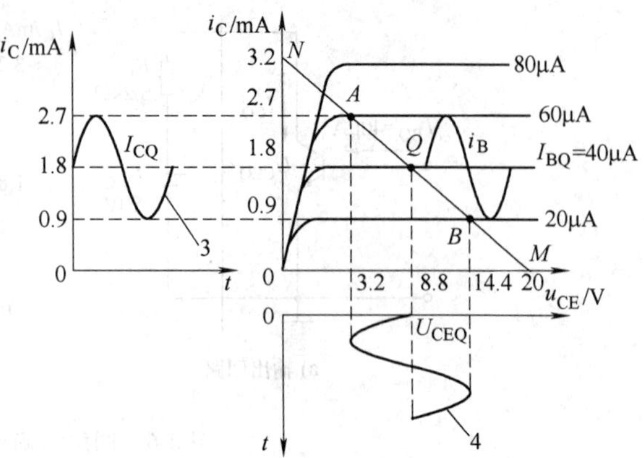

图 2-8 u_{CE}和 i_C 波形

周出现平顶畸变。这种由于晶体管进入饱和区工作而引起的失真称为饱和失真。通过增大基极偏置电阻 R_b，减小 I_{BQ1}，可将静态工作点适当下移，以消除饱和失真。

2）截止失真。在图 2-9 中，若静态工作点设置在 Q_2 点，则集电极电流 I_{CQ2}太小，接近截止区。由图可见，此时 i_{c2}的负半周和输出电压 u_{o2}的正半周出现平顶畸变。这种由于晶体管进入截止区工作而引起的失真称为截止失真。通过减小基极偏置电阻 R_b、增大 I_{BQ2}，可将静态工作点适当上移，以消除截止失真。

根据以上分析，可得出如下结论：

① 在交流输入的情况下，晶体管各极之间电压和电流，都是直流分量和交流分量的叠加。

② 共发射极放大电路的输出电压 u_o 和输入电压 u_i 相位相反，即电路具有倒相作用。

③ 共发射极放大电路的输出电压 u_o 比输入电压 u_i 大得多，表明电路具有电压放大能力。

④ 静态工作点设置不合适时，将出现非线性失真。

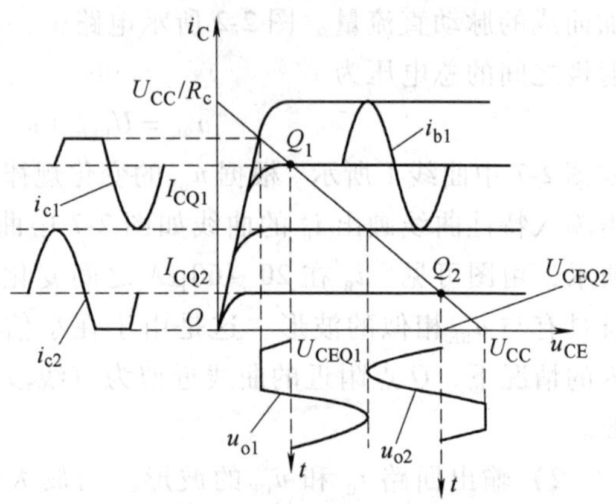

图 2-9 非线性失真

2. 微变等效电路法

从以上分析可以看出，用图解法分析放大电路时，作图比较麻烦。因此，在小信号放大条件下，通常将非线性的晶体管放大电路等效为线性电路进行分析，称为微变等效电路法。

（1）晶体管的微变等效电路

1）输入回路的微变等效电路。共发射极放大电路的交流通路如图 2-10a 所示。当输入端 b、e 间加一小信号 u_{be}（u_i）时，基极产生小信号电流 i_b。由于在小信号输入下，晶体管的输入特性近似为线性，u_{be}和 i_b 成正比，因此 b、e 间可用电阻 r_{be}来等效。r_{be}称为晶体管的输入电阻。经理论分析，低频小功率管的输入电阻 r_{be}可用下式估算：

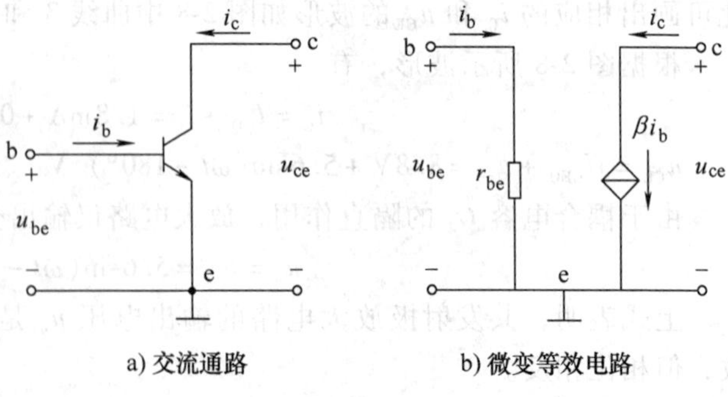

图 2-10 晶体管微变等效电路

$$r_{be} \approx 300\Omega + (1+\beta)\frac{26\text{mV}}{I_E} \tag{2-12}$$

式中，r_{be}为晶体管输入电阻（Ω）；β 为晶体管电流放大系数；I_E 为晶体管发射极静态工作电流（mA）。

由式（2-12）可见，r_{be}与静态工作电流 I_E 有关。当低频小功率管的静态工作电流 $I_E=1\sim2$ mA 时，r_{be}约为 1kΩ。

2）输出回路的微变等效电路。从晶体管输出端 c、e 来看，集电极电流 $i_c=\beta i_b$，几乎与 u_{ce}无关，表明晶体管输出端具有恒流源的特性，因而可用受控恒流源 $i_c=\beta i_b$ 来等效。

根据以上分析，可得晶体管的微变等效电路如图 2-10b 所示。

（2）用微变等效电路法分析共发射极放大电路

1）用微变等效电路法分析放大电路的步骤：

① 根据直流通路求静态工作点，估算输入电阻 r_{be}。

② 将交流通路中的晶体管用微变等效电路替代，得到放大电路的微变等效电路。

③ 利用线性电路的分析方法，计算放大电路的主要性能指标。

根据以上步骤，画出共发射极放大电路的微变等效电路如图 2-11 所示。

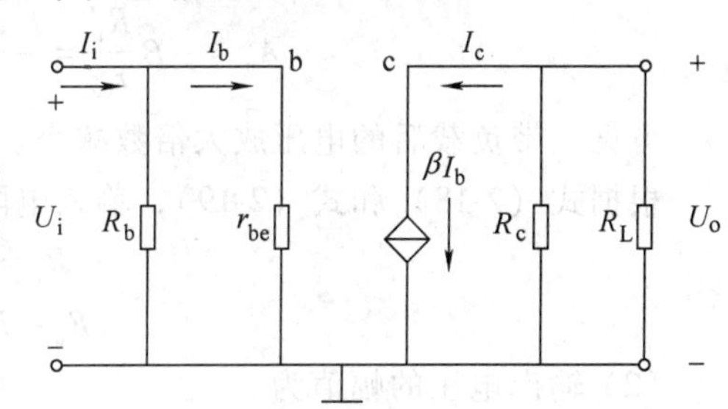

图 2-11 共发射极放大电路微变等效电路

2）共发射极放大电路动态性能指标分析：

① 电压放大倍数 A_u。由图 2-11 可知：

$$U_i=I_b r_{be} \tag{2-13}$$

$$U_o=-I_c(R_c /\!/ R_L)=-\beta I_b R_L' \tag{2-14}$$

因此，共发射极放大电路的电压放大倍数为

$$A_u=\frac{U_o}{U_i}=-\beta\frac{R_L'}{r_{be}} \tag{2-15}$$

式中，A_u 为电压放大倍数；R_L'为交流负载等效电阻，$R_L'=R_c /\!/ R_L$（Ω）；r_{be}为晶体管输入电阻（Ω）；β 为晶体管电流放大系数。

共发射极放大电路的电压放大倍数一般较大，通常为几十倍至几百倍。式（2-15）中，负号表示输出电压与输入电压相位相反，这与图解法分析的结果是一致的。

空载时，交流负载等效电阻 $R_L'=R_c$，因此空载电压放大倍数为

$$A_{u0}=-\beta\frac{R_c}{r_{be}} \tag{2-16}$$

由于 $R_c /\!/ R_L<R_c$，因此 $A_u<A_{u0}$，即放大电路接负载 R_L 后，放大倍数下降。

② 输入电阻 R_i。根据图 2-11 所示电路，共发射极放大电路的输入电阻为

$$R_i=R_b /\!/ r_{be} \tag{2-17}$$

通常，R_b 为几百千欧，r_{be}约为 1kΩ，$R_b\gg r_{be}$，所以

$$R_i\approx r_{be} \tag{2-18}$$

可见，共发射极放大电路的输入电阻 R_i 较小，一般为几百欧至几千欧。

③ 输出电阻 R_o。根据图 2-11 所示电路，共发射极放大电路的输出电阻为

$$R_o\approx R_c \tag{2-19}$$

由于 R_c 一般为几千欧至几十千欧，因此共发射极放大电路输出电阻 R_o 较大，电路的带负载能力也较差。

【例 2.2】 在例 2.1 所示共发射极放大电路中，已知 $R_L=6$kΩ，晶体管的 $\beta=45$，$R_c=6.2$kΩ，试求：

（1）A_{u0}、A_u、R_i 和 R_o；

（2）若输入信号有效值 $U_i=10\text{mV}$，则输出电压的幅值有多大？

解：（1）例 2.1 已求得该电路的静态工作点为

$$I_{BQ}=40\mu\text{A} \qquad I_{CQ}=1.8\text{mA} \qquad U_{CEQ}=8.8\text{V}$$

$$I_E\approx I_{CQ}=1.8\text{mA}$$

根据式（2-12）得晶体管的输入电阻为

$$r_{be}\approx300\Omega+(1+\beta)\frac{26\text{mV}}{I_E}=300\Omega+(1+45)\frac{26\text{mV}}{1.8\text{mA}}\approx1\text{k}\Omega$$

因此，空载电压放大倍数 A_{u0} 为

$$A_{u0}=-\beta\frac{R_c}{r_{be}}=-\frac{45\times6.2}{1}=-279$$

接负载 $R_L=6\text{k}\Omega$ 时，电压放大倍数 A_u 为

$$A_u=-\beta\frac{R_L'}{r_{be}}=-\frac{45\times(6.2/\!/6)}{1}\approx-137$$

可见，带负载后的电压放大倍数减小。

根据式（2-18）和式（2-19），输入电阻和输出电阻分别为

$$R_i\approx r_{be}=1\ \text{k}\Omega$$

$$R_o\approx R_c=6.2\ \text{k}\Omega$$

（2）输出电压的幅值为

$$U_{om}=\sqrt{2}U_o=\sqrt{2}A_uU_i=\sqrt{2}\times137\times10\text{mV}\approx1.94\text{mV}$$

3. 静态工作点稳定的分压式偏置电路

如前所述，静态工作点设置不合适时，将导致放大电路出现非线性失真。实际应用中，影响静态工作点的因素有很多，例如电源电压的波动、电路参数的变化以及温度波动等。实践表明，温度的波动是其中最主要的因素。为克服温度等不利因素的影响，通常采用图 2-12a 所示分压式共发射极偏置电路以稳定静态工作点。

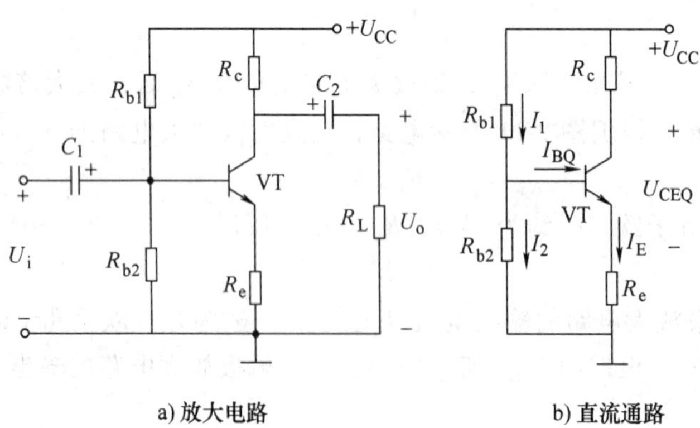

图 2-12 分压式共发射极偏置电路

（1）静态工作点稳定的原理

1）利用 R_{b1}、R_{b2} 固定基极电位。由图 2-12b 所示直流通路可见，$I_1=I_2+I_{BQ}$，当 $I_2\gg I_{BQ}$

时，$I_1 \approx I_2$，因此基极电位为

$$V_B \approx \frac{R_{b2}}{R_{b1}+R_{b2}}U_{CC} \tag{2-20}$$

可见，V_B 由 U_{CC}经过电阻 R_{b1}、R_{b2}分压决定，与晶体管参数几乎无关，不受温度影响。

2）利用 R_e 稳定集电极电流 I_C。若 $V_B \gg U_{BE}$，则

$$I_C = \frac{V_B - U_{BE}}{R_e} \approx \frac{V_B}{R_e} \tag{2-21}$$

由于 V_B、R_e 不受温度影响，因此 I_C 稳定。

静态工作点的调节过程与 R_e 有关，R_e 越大，调节效果越明显。当温度升高，引起集电极电流 I_C 增大时，电阻 R_e 稳定静态工作点的过程如下：

$$T\ (℃) \uparrow \rightarrow I_C \uparrow \rightarrow I_E \uparrow \rightarrow V_E\ (I_E R_e)\ \uparrow \rightarrow U_{BE} \downarrow \rightarrow I_B \downarrow \rightarrow I_C \downarrow$$

（2）电压放大倍数估算　画出图 2-12 所示分压式共发射极偏置电路的交流通路和微变等效电路如图 2-13 所示。

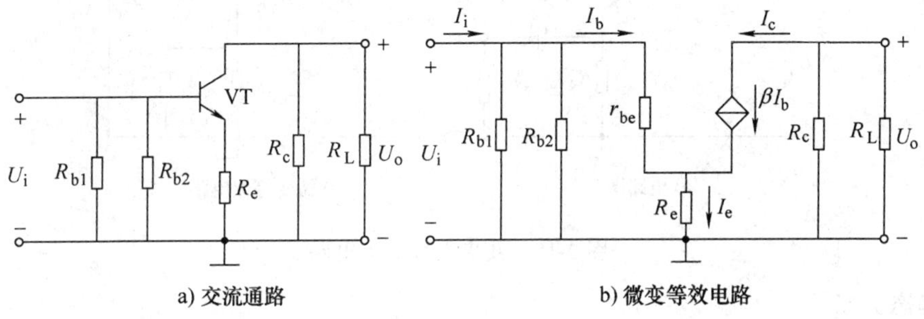

图 2-13　分压式共发射极偏置电路的交流通路和微变等效电路

根据图 2-13b 有

$$U_i = I_b r_{be} + I_e R_e = I_b\ [r_{be} + (1+\beta)\ R_e]$$
$$U_o = -\beta I_b\ (R_c /\!/ R_L)\ = -\beta I_b R_L'$$

因此可得

$$A_u = \frac{U_o}{U_i} = -\beta \frac{R_L'}{r_{be} + (1+\beta)\ R_e} \tag{2-22}$$

由式（2-22）可见，R_e 虽然起到稳定静态工作点的作用，但也使电压放大倍数下降。为保持静态工作点稳定，又不影响放大倍数，可以用电容 C_e（约几十至几百微法）与 R_e 并联，如图 2-14 所示。电容 C_e 对直流可看成开路，不影响 R_e 对静态工作点的稳定作用；对交流则可看成短路，使 R_e 被短接，发射极接地，因而称为旁路电容。接旁路电容 C_e 后，电压放大倍数不受 R_e 影响，其表达式与式（2-15）一致，即

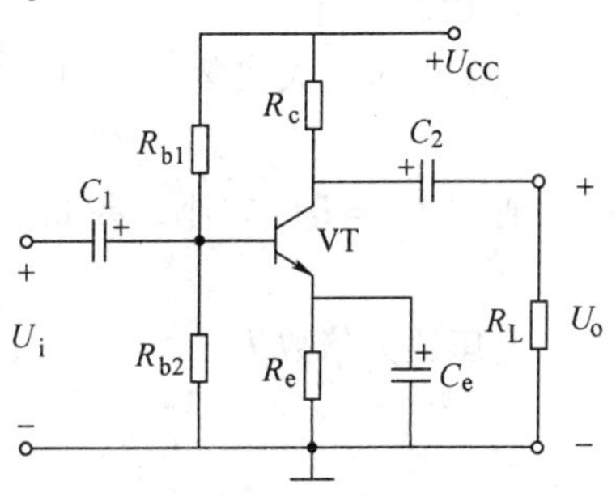

图 2-14　R_e 并联旁路电容 C_e

$$A_u = \frac{U_o}{U_i} = -\beta \frac{R_L'}{r_{be}} \tag{2-23}$$

2.3 其他组态放大电路

2.3.1 共集电极放大电路

共集电极放大电路的电路结构如图 2-15a 所示，晶体管的集电极直接接电源 U_{CC}，发射极接射极电阻 R_e。对交流信号而言，基极是信号的输入端，发射极是输出端，集电极相当于接地，是输入、输出回路的公共端，故称共集电极放大电路。由于信号从发射极输出，所以又称射极输出器。

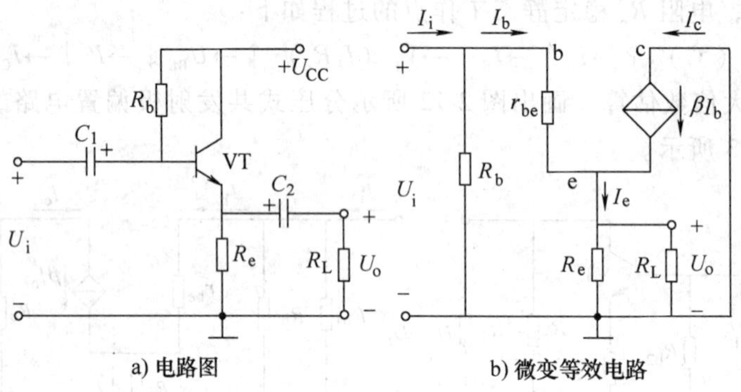

图 2-15 共集电极放大电路

1. 静态分析

由图 2-15a 所示电路的直流通路可得

$$U_{CC}=I_{BQ}R_b+U_{BEQ}+(1+\beta)I_{BQ}R_e$$

则

$$I_{BQ}=\frac{U_{CC}-U_{BEQ}}{R_b+(1+\beta)R_e}\approx\frac{U_{CC}}{R_b+(1+\beta)R_e} \tag{2-24}$$

$$I_{CQ}=\beta I_{BQ} \tag{2-25}$$

$$U_{CEQ}\approx U_{CC}-I_{CQ}R_e \tag{2-26}$$

2. 动态分析

(1) 电压放大倍数　由图 2-15b 所示的微变等效电路可得

$$U_o=U_i-I_b r_{be}$$

通常 $U_{be}=I_b r_{be}$ 很小，因此

$$U_o\approx U_i$$

电压放大倍数为

$$A_u=\frac{U_o}{U_i}\approx 1 \tag{2-27}$$

可见，射极输出器的输出电压与输入电压数值相近、相位相同，即输出信号跟随输入信号的变化。

注意： 虽然射极输出器没有电压放大作用，但输出电流 I_e 是输入电流 I_b 的 $(1+\beta)$ 倍，因此仍具有一定的电流放大和功率放大作用。

（2）输入电阻 由图 2-15b 可以看出射极输出器的输入电阻为

$$R_i = R_b // [r_{be} + (1+\beta) R_L'] \approx R_b // \beta R_L' \tag{2-28}$$

其中

$$R_L' = R_e // R_L$$

射极输出器的输入电阻高，可达几十千欧至几百千欧。

（3）输出电阻 射极输出器的输出能跟随输入的变化，基本不受负载 R_L 变动的影响，说明其输出电阻很小，通常用下式估算：

$$R_o \approx \frac{r_{be}}{\beta} \tag{2-29}$$

射极输出器的输出电阻小，一般为几欧至几百欧。

综上所述，射极输出器具有静态工作点稳定（射极电阻 R_e 具有稳定静态工作点的作用）、电压放大倍数接近于 1、输入电阻高和输出电阻低的特点。

由于射极输出器的输入电阻高而输出电阻低，因而得到广泛应用。例如电子测量仪器中，常用射极输出器作为多级放大电路的输入级，以提高输入电阻，提高测量仪表的准确度。当射极输出器作为多级放大电路的输出级时，可以使放大电路具有很低的输出电阻，从而提高放大电路的带负载能力。在多级放大电路的中间插入射极输出器可以减小后级对前级的影响，称为隔离级或缓冲级。在集成电路中，常用射极输出器组成互补电路作为其输出级。

2.3.2 共基极放大电路

1. 静态分析

在图 2-16a 所示的共基极放大电路中，如果忽略 I_{BQ} 对 R_{b1}、R_{b2} 分压电路中电流的分流作用，则可确定静态工作点参数为

$$U_B \approx \frac{U_{CC} R_{b2}}{R_{b1} + R_{b2}}$$

$$I_{CQ} \approx I_{EQ} = \frac{U_E}{R_e} = \frac{U_B - U_{BEQ}}{R_e} \approx \frac{U_{CC} R_{b2}}{(R_{b1} + R_{b2}) R_e}$$

$$I_{BQ} = \frac{I_{EQ}}{1+\beta}$$

$$U_{CEQ} \approx U_{CC} - I_{CQ} (R_e + R_c)$$

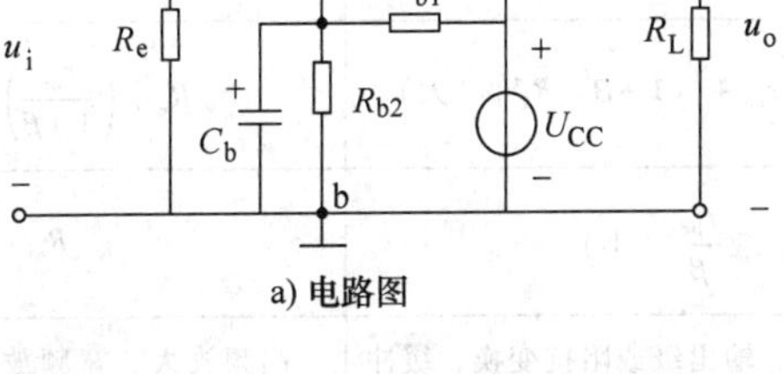

a) 电路图

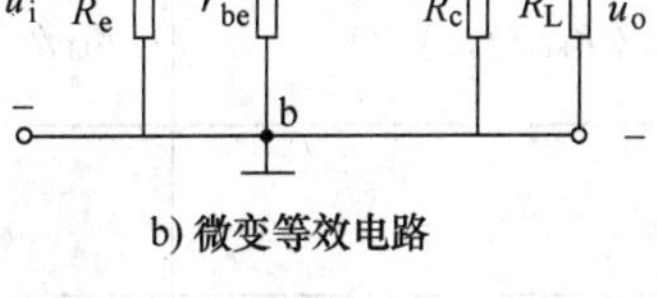

b) 微变等效电路

图 2-16 共基极放大电路

2. 动态分析

(1) 放大倍数　利用图 2-16b 所示的微变等效电路，可得

$$U_o = -I_c R_L' = -\beta I_b R_L'$$

$$U_i = -I_b r_{be}$$

$$A_u = \frac{U_o}{U_i} = \frac{\beta R_L'}{r_{be}}$$

式中，$R_L' = R_c // R_L$。

共基极放大电路的电压放大倍数在数值上与共发射极放大电路相同，但共基极放大电路的输入与输出是同相位的。

(2) 输入电阻　当不考虑 R_e 的并联支路时输入电阻为

$$r_i' = \frac{U_i}{-I_e} = \frac{-r_{be} I_b}{-(1+\beta) I_b} = \frac{r_{be}}{1+\beta}$$

当考虑 R_e 时输入电阻为

$$r_i = r_i' // R_e$$

(3) 输出电阻　在图 2-16b 所示的微变等效电路中，电流源 βi_b 开路，则输出电阻为

$$r_o \approx R_c$$

共基极放大电路的特点是输入电阻很小，电压放大倍数较高，主要用于高频电压放大电路。

2.3.3　三种组态放大电路的特点

归纳三种基本组态放大电路的特点，见表 2-2。

表 2-2　三种基本组态放大电路的特点

	共发射极放大电路	共集电极放大电路	共基极放大电路
电路形式	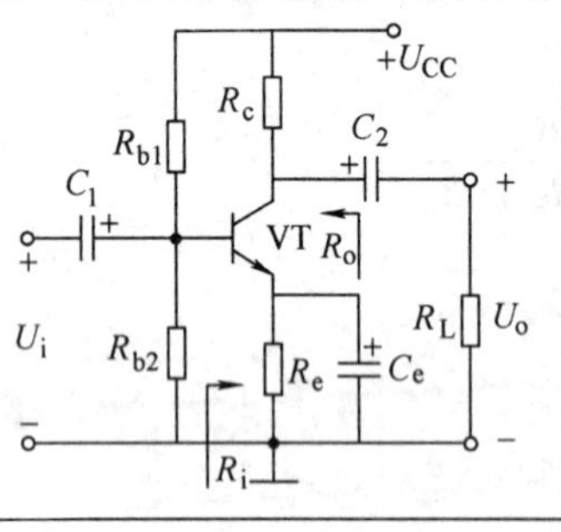	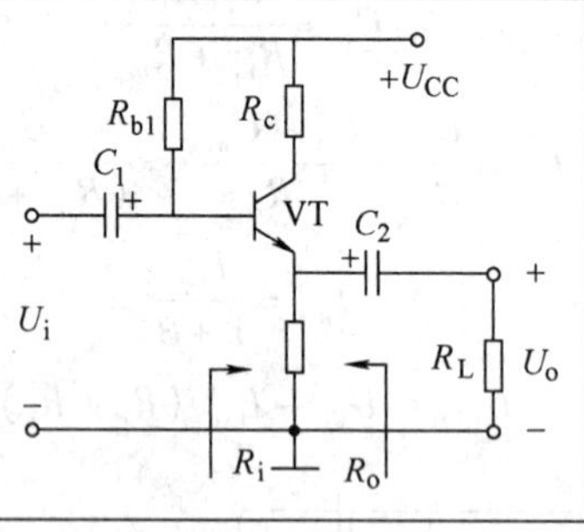	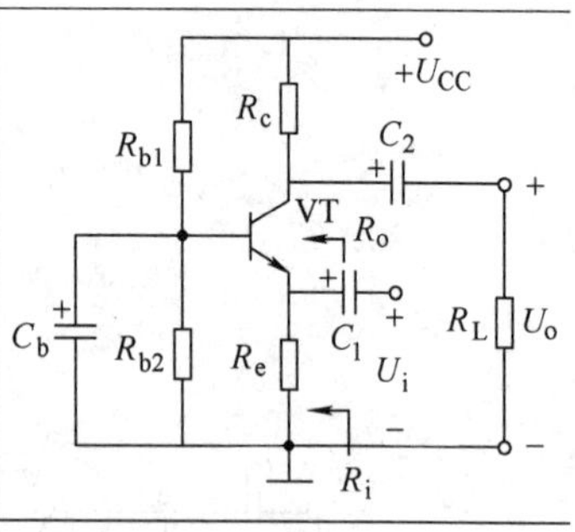
A_u	$-\frac{\beta R_L'}{r_{be}}$	$\frac{(1+\beta)\ R_L'}{r_{be} + (1+\beta)\ R_L'} \approx 1$	$\frac{\beta R_L'}{r_{be}}$
r_i	$R_{b1} // R_{b2} // r_{be}$（中）	$R_{b1} // [r_{be} + (1+\beta)\ R_L']$（大）	$R_e // \left(\frac{r_{be}}{1+\beta}\right)$（小）
r_o	R_c	$\frac{r_{be}}{\beta}$（小）	R_c
应用	一般放大，多级放大电路的中间级	输入级、输出级或阻抗变换、缓冲（隔离）级	高频放大、宽频放大、振荡及恒流源电路

2.4　场效应晶体管放大电路

2.4.1　场效应晶体管放大电路的组成

根据前面讲的场效应晶体管的结构和工作原理，和晶体管（即双极型晶体管）比较可知，场效应晶体管具有放大作用，它的三个极和晶体管的三个极存在着对应关系，即：

G（栅极）→b（基极）S（源极）→e（发射极）D（漏极）→c（集电极）

所以根据晶体管放大电路，可组成相应的场效应晶体管放大电路。但由于两种放大器件各自的特点不同，故不能将晶体管放大电路中的晶体管简单地用场效应晶体管取代而组成场效应晶体管放大电路。

晶体管是电流控制器件，组成放大电路时，应给晶体管设置偏置电流，而场效应晶体管是电压控制器件，故组成放大电路时，应给场效应晶体管设置偏置电压，保证放大电路具有合适的工作点，避免输出波形产生非线性失真。

2.4.2　场效应晶体管放大电路的分析

1. 静态工作分析

由于场效应晶体管种类较多，故采用的偏置电路必须考虑其电压极性。N沟道结型场效应晶体管只能工作在 $U_{GS}<0$；MOS管又分为耗尽型和增强型，增强型工作在 $U_{GS}>0$，而耗尽型工作在 $U_{GS}<0$。

（1）共源极放大电路　图2-17a所示为共源极放大电路，也称为自给偏压偏置电路，它适用于结型场效应晶体管或耗尽型场效应晶体管。它依靠漏极电流 I_D 在 R_S 上的电压降提供栅极偏压，即

$$U_{GS}=-I_DR_S$$

同样，在 R_S 上要并联一个足够大的旁路电容 C_S。

由场效应晶体管的工作原理可知 I_D 是随 U_{GS} 变化的，而现在 U_{GS} 又取决于 I_D 的大小，怎么确定静态工作点的 I_D 和 U_{GS} 的值呢？一般可采用两种方法：图解法和计算法。

1）图解法。首先在图2-17b中作直流负载线，由漏极回路写出方程

$$U_{DS}=U_{DD}-I_D(R_D+R_S)$$

由此在输出特性曲线上做出直流负载线AB，将此直流负载线逐点转到 U_{GS}-I_D 坐标系中，得到对应直流负载线的转移特性曲线 CD，再由 $U_{GS}=-I_DR_S$ 在转移特性坐标中作另一条直线，两线的交点即为 Q 点。

2）计算法。根据图2-17a所示共源极放大电路可知，其漏极电流 I_D 为

$$I_D=I_{DSS}\left(1-\frac{U_{GS}}{U_P}\right)^2$$

式中，U_P 为场效应晶体管的夹断电压。

$$U_{GS}=-I_DR_S$$

【例2.3】 电路如图2-17a所示，场效应晶体管为3DJG，其输出特性曲线如图2-18所示，已知 $R_D=2\text{k}\Omega$，$R_S=1.2\text{k}\Omega$，$U_{DD}=15\text{V}$，试用图解法确定该放大电路的静态工作点。

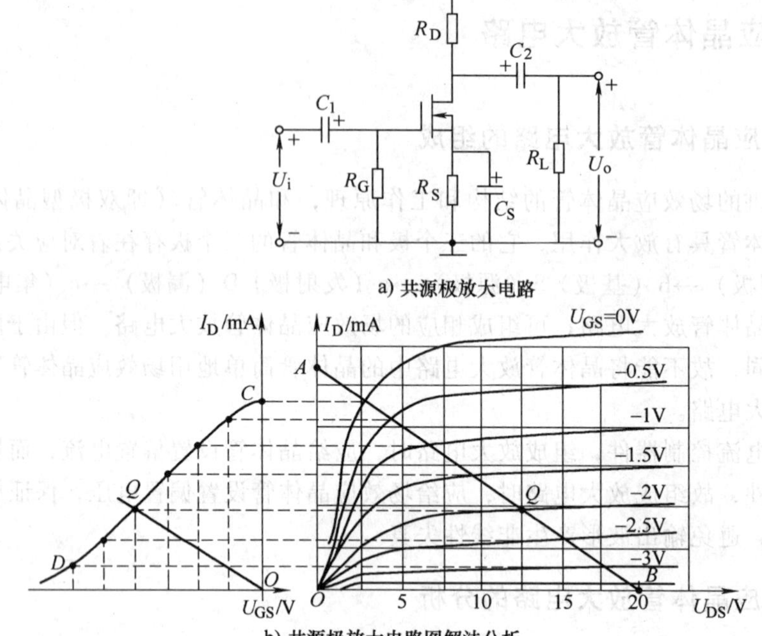

b) 共源极放大电路图解法分析

图 2-17　共源极放大电路及图解法分析电路图解法分析

解：写出输出回路的电压电流方程，即直流负载线方程

$$U_{DS}=U_{DD}-I_D\ (R_D+R_S)$$

设 $U_{DS}=0V$ 时，可以得到

$$I_D=\frac{U_{DD}}{R_D+R_S}=\frac{15V}{2k\Omega+1.2k\Omega}=4.7mA$$

当 $I_D=0mA$ 时，$U_{DS}=15V$。

在输出特性曲线上将上述两点相连即可得直流负载线。

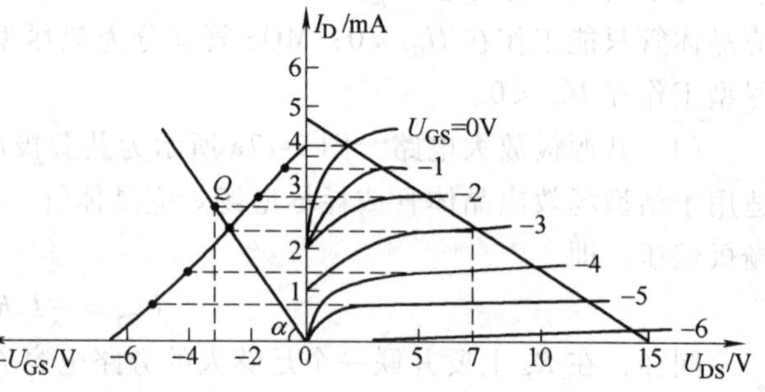

图 2-18　图解法确定工作点

再根据上述直流负载线与输出特性曲线簇的交点，转移到 U_{GS}-I_D 坐标系中，画出相应于该直流负载线的转移特性曲线。

在转移特性曲线上，画出 $U_{GS}=-I_DR_S$ 的曲线。它在 U_{GS}-I_D 坐标系中是一条直线，找出两点即可。

令 $I_D=0$，$U_{GS}=0$；$I_D=3mA$，$U_{GS}=3.6V$。连接这两点，在 U_{GS}-I_D 坐标系中即可得一条直线，此直线与转移特性曲线的交点即为 Q 点，对应 Q 点的值为

$$I_D=2.5mA\qquad U_{GS}=-3V\qquad U_{DS}=7V$$

（2）分压式偏置电路　分压式偏置电路也是一种常用的偏置电路，适用于所有类型的场效应晶体管，为了不使分压电阻 R_1、R_2 对放大电路的输入电阻影响太大，故通过 R_G 与栅极相连，如图 2-19 所示。该电路栅、源电压为

$$U_{GS}=U_G-U_S=\frac{R_2}{R_1+R_2}U_{DD}-I_DR_S$$

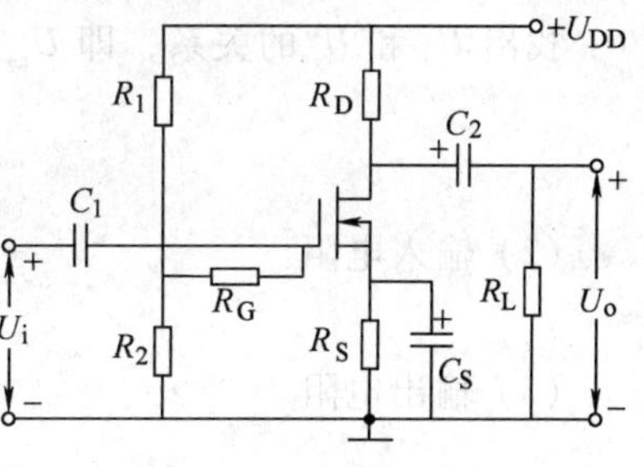

图 2-19 分压式偏置电路

1）图解法。同自给偏压偏置电路，不过 $I_D=0$，U_{GS} 不等于 0，而为

$$U_{GS}=\frac{R_2}{R_1+R_2}U_{DD}$$

2）计算法。计算法可以利用以下方程组求解

$$\begin{cases} U_{GS}=U_G-U_S=\dfrac{R_2}{R_1+R_2}U_{DD}-I_DR_S \\ I_D=I_{DSS}\left(1-\dfrac{U_{GS}}{U_P}\right)^2 \end{cases}$$

【例 2.4】 试计算图 2-19 所示电路的静态工作点。已知 $R_1=50\text{k}\Omega$，$R_2=150\text{k}\Omega$，$R_G=1\text{M}\Omega$，$R_D=R_S=10\text{k}\Omega$，$R_L=1\text{M}\Omega$，$C_S=100\mu\text{F}$，$U_{DD}=20\text{V}$，场效应晶体管为 3DJF，其 $U_P=-5\text{V}$，$I_{DSS}=1\text{mA}$。

解：

$$U_{GS}=\frac{50}{50+150}\times 20\text{V}-10\text{k}\Omega\times I_D,\ I_D=\left(1+\frac{U_{GS}}{5\text{V}}\right)^2$$

即：

$$U_{GS}=5\text{V}-10\text{k}\Omega\times I_D,\ I_D=\left(1+\frac{U_{GS}}{5\text{V}}\right)^2$$

将 U_{GS} 代入 I_D 式可得：

$$I_D=\left(1+\frac{5\text{V}-10\text{k}\Omega\times I_D}{5\text{V}}\right)^2$$

$$4I_D^2-9I_D+4=0$$

$$I_D=0.61\text{mA},\ U_{GS}=5\text{V}-0.61\times 10\text{V}=-1.1\text{V}$$

漏极对地电压为 $U_D=U_{DD}-I_DR_D=20\text{V}-0.61\times 10\text{V}=13.9\text{V}$

2. 动态工作分析

共源极放大电路和微变等效电路如图 2-20 所示。场效应晶体管放大电路的动态分析与晶体管相同，也是求电压放大倍数 A_u、输入电阻 r_i 和输出电阻 r_o。

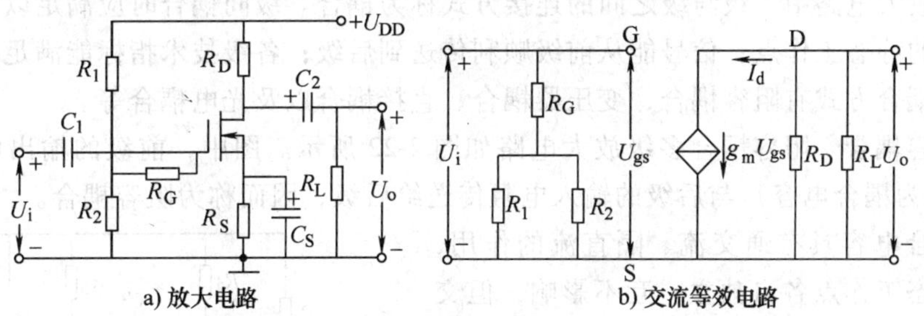

图 2-20 场效应晶体管共源极放大电路

（1）电压放大倍数 根据电压放大倍数的定义：

$$A_u=\frac{U_o}{U_i}$$

由等效电路可得：

$$U_o=-g_mU_{gs}R_L'$$

找出 U_o 和 U_i 的关系，即 U_{gs}和 U_i 的关系，从等效电路可得：

$$U_i = U_{gs}$$

$$A_u = -g_m R_L'$$

（2）输入电阻

$$r_i = R_G + R_1 // R_2$$

（3）输出电阻

$$r_o = R_D$$

2.5 多级放大电路

2.5.1 多级放大电路的组成与耦合方式

实际应用中，放大电路的输入信号都是很微弱的，一般为毫伏级或微伏级。为获得推动负载工作的足够大的电压和功率，需将输入信号放大成千上万倍。由于前述单级放大电路的电压放大倍数通常只有几十倍，所以需要将多个单级放大电路连接起来，组成多级放大电路对输入信号进行连续放大。

1. 多级放大电路的组成

多级放大电路的组成框图如图 2-21 所示。

多级放大电路中，输入级用于接受输入信号。为使输入信号尽量不受信号源内阻的影响，输入级应具有较高的输入电阻，因而常采用高输入电阻的放大电路，例如射极输出器等。中间电压放大级用于小信号电压放大，要求有较高的电压放大倍数。输出级是大信号功率放大，用以输出负载需要的功率。

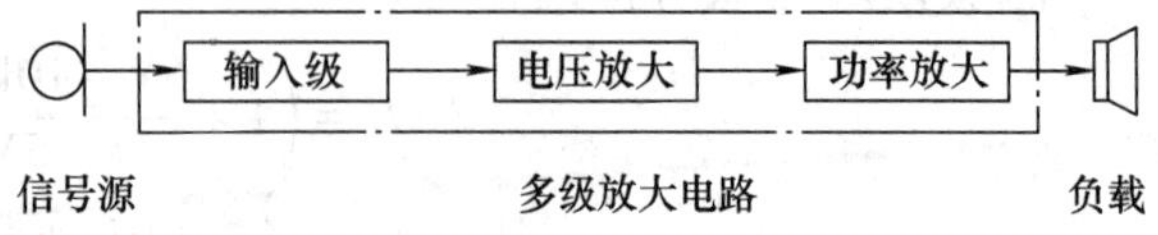

图 2-21 多级放大电路的组成框图

2. 多级放大电路的级间耦合方式及特点

在多级放大电路中，级与级之间的连接方式称为耦合。级间耦合时应满足以下要求：各级要有合适的静态工作点；信号能从前级顺利传送到后级；各级技术指标能满足要求。

常见的耦合方式有阻容耦合、变压器耦合、直接耦合以及光电耦合等。

（1）阻容耦合 阻容耦合多级放大电路如图 2-22 所示。图中，前级的输出电信号通过电容 C_2（称为耦合电容）与后级的输入电阻传送给后级，因而称为阻容耦合。

由于耦合电容具有通交流、隔直流的作用，因而各级静态工作点各自独立，互不影响，但交流输入信号可以在级间顺利传送。为减小传送过程中的信号损耗，耦合电容应有足够大的容量。

阻容耦合结构简单，价格低廉，在多级分立元器件交流放大电路中获得广泛应用。但阻容耦合放大电路不能放大直流和缓变信号，并且集成电路中制造大电容也比较困难，使阻容耦合的应

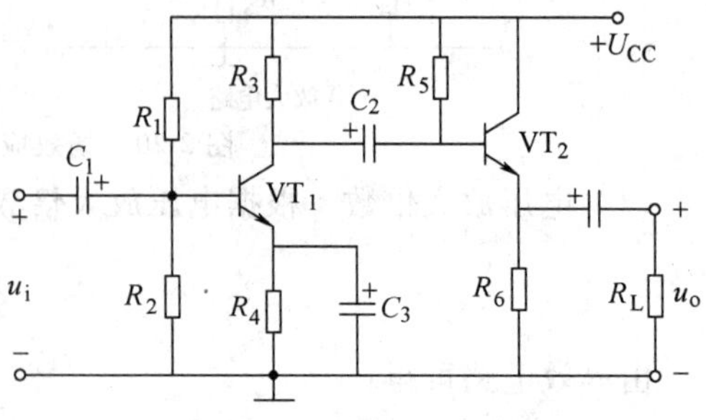

图 2-22 阻容耦合多级放大

用又具有很大的局限性。

（2）变压器耦合 变压器耦合多级放大电路如图2-23所示。图中，前级的输出通过变压器与后级的输入端相连，因而称为变压器耦合。

由于变压器对直流无感应作用，因而各级静态工作点互不影响，而交流信号则可以通过变压器的互感作用，从前级传送到后级。变压器耦合的最大特点是能够进行阻抗变换，实现负载与放大电路之间的阻抗匹配，使负载获得最大功率。

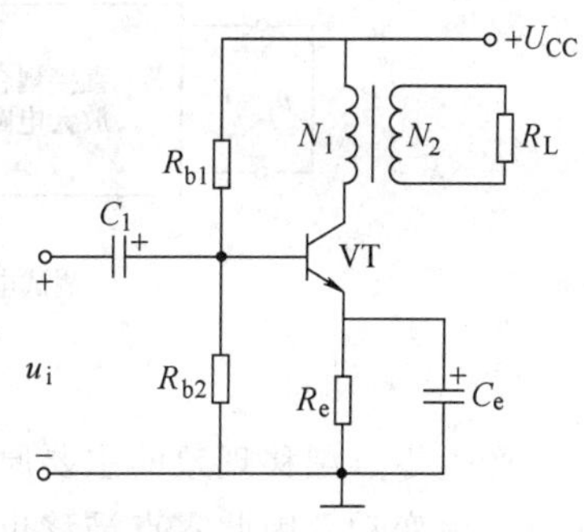

图2-23 变压器耦合电路

由于变压器具有体积大、笨重和频率特性差的缺点，同时也不能放大直流和缓变信号，因此应用较少。

（3）直接耦合 直接耦合多级放大电路如图2-24所示。由图可见，前级的输出端直接与后级的输入端相连，因而称为直接耦合。

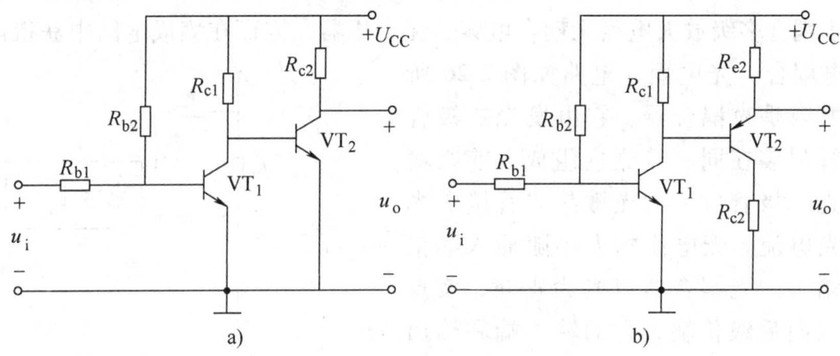

图2-24 直接耦合多级放大电路

直接耦合的多级放大电路具有良好的频率特性，不但能放大交流，还能放大直流和缓变信号，所以又称直流放大电路。但由于前级与后级直接相连，因此需要解决以下两个问题。

1）静态工作点相互牵制。由图2-24a可见，VT_1的集电极电位等于VT_2的基极电位，被钳制在0.7V左右，处于接近饱和状态。同时，VT_2的基极电流由电源U_{CC}经R_{c1}提供，过大的偏流使VT_2深度饱和。可见，静态工作点的互相牵制使两级放大电路均无法进行正常的线性放大。因此，必须采取有效的措施，既保证信号的有效传递，又使每一级有合适的静态工作点。

① 抬高后级发射极电位。在图2-24a中，若在VT_2的发射极接电阻或二极管、稳压管，则VT_2的发射极和VT_1的集电极电位被抬高，只要元器件参数选择适当，放大电路就可以得到合适的工作点。

② 用PNP型和NPN型管配合实现电平移动。上述电路中，VT_2的发射极电位抬高时，其集电极电位相应抬高，从而使输出电压的动态范围减小。为降低输出端的直流电位，可在后级采用PNP型管，因为PNP型管的集电极电位低于基极电位，如图2-24b所示。

2）零点漂移现象。所谓零点漂移现象，就是当直接耦合放大电路的输入端短路，即输入电压为零时，其输出端出现偏离静态值的缓慢无规则变化的输出电压的现象。零点漂移测试电路及漂移电压波形如图2-25所示。

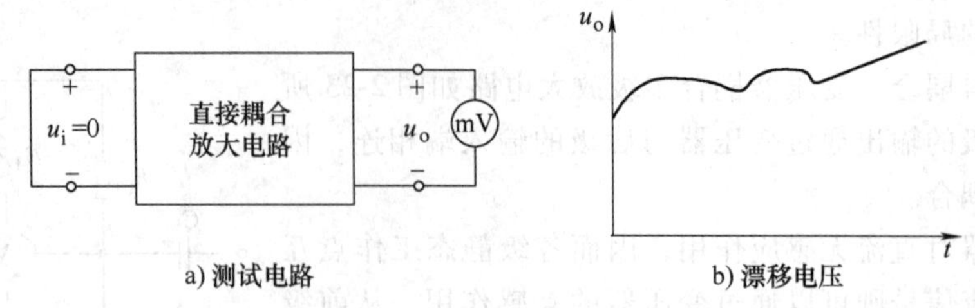

a) 测试电路　　b) 漂移电压

图 2-25　零点漂移

产生零点漂移现象的主要原因是晶体管参数 I_{CBO}、β、U_{BE} 等随温度变化，使各级静态工作点产生变动，因此零点漂移也称为温度漂移。在直接耦合放大电路中，前级与后级直接相连，故前级工作点的微小变化将会逐渐传递、放大，从而在输出端产生一个缓慢变化的漂移电压信号，以致影响整个放大电路工作。放大电路的级数越多，放大倍数越大，零点漂移就越大。在各级漂移中，第一级的漂移对输出的影响最大，因此零点漂移的抑制着重在第一级，常用的方法是在第一级采用差动放大电路（在第 4 章中讨论）。

由于直接耦合多级放大电路无耦合电容、无变压器，因而在集成电路中获得广泛应用。

（4）光电耦合　光电耦合电路如图 2-26 所示，图中方框内是光耦合器。它由发光二极管和光敏晶体管封装在同一管壳内组成。前级输出信号使发光二极管发光，光敏晶体管接受光照后，产生光电流。光电流的大小随输入端信号的增加而增大。光耦合器以光为媒介，实现电信号从前级向后级传输，它的输入端和输出端在电气上绝缘，具有抗干扰、隔噪声等特点，已得到越来越广泛的应用。

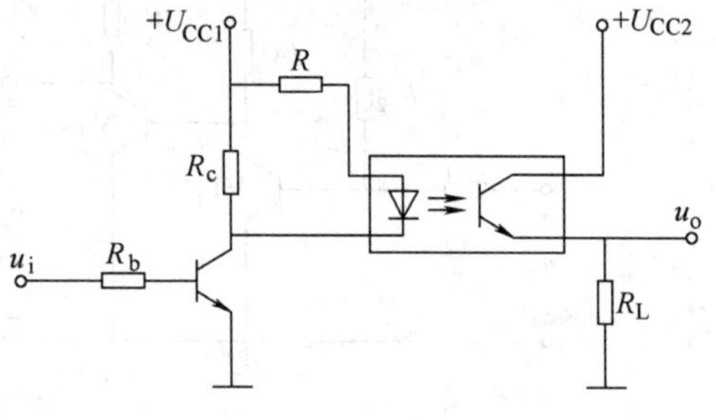

图 2-26　光电耦合电路

2.5.2　多级放大电路的分析和动态参数计算

多级放大电路中的电压放大级属于小信号工作状态，可以用微变等效电路来分析其动态参数。下面以两级放大电路为例进行分析，两级放大电路及其微变等效电路如图 2-27 所示。

分析图 2-27 所示两级放大电路，可用图 2-28 所示框图表示。

1. 电压放大倍数

由图 2-28 可见，前级的输出电压 u_{o1} 就是后级的输入电压 u_{i2}，而后级的输入电阻 R_{i2} 就是前级的负载电阻 R_{L1}，即 $u_{o1}=u_{i2}$，$R_{L1}=R_{i2}$。

前级和后级的电压放大倍数分别为

$$A_{u1}=\frac{U_{o1}}{U_{i1}}=\frac{U_{o1}}{U_i};\ A_{u2}=\frac{U_o}{U_{i2}}=\frac{U_o}{U_{o1}}$$

总的电压放大倍数为

$$A_u=\frac{U_o}{U_i}=\frac{U_{o1}}{U_i}\frac{U_o}{U_{o1}}=A_{u1}A_{u2}$$

经推导，对于 n 级放大电路，有

$$A_u=A_{u1}A_{u2}\cdots A_{un} \tag{2-30}$$

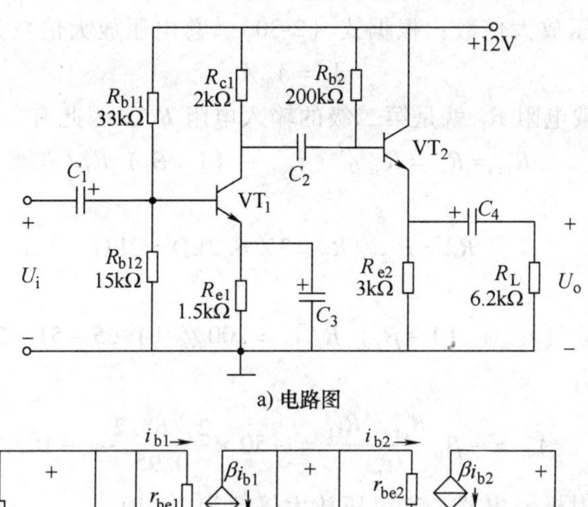

a) 电路图

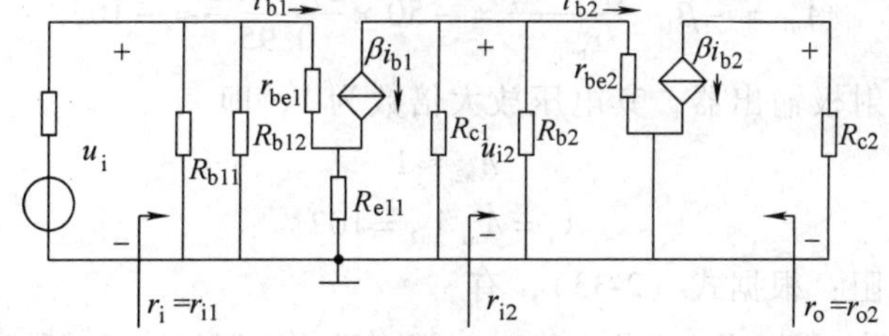

b) 微变等效电路图

图 2-27　两级放大电路

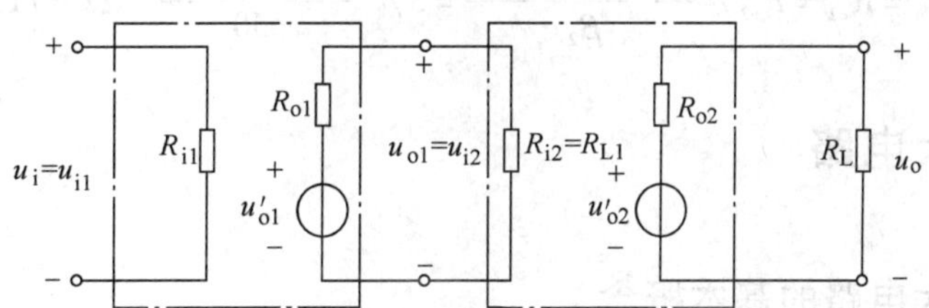

图 2-28　两级放大电路框图

即多级放大电路的总放大倍数为各级电压放大倍数的乘积。

工程上，放大倍数常用分贝（dB）表示，称为增益。表示为

$$A_u\ (\mathrm{dB}) = 20\lg\left|\frac{U_o}{U_i}\right| = 20\lg|A_u| \tag{2-31}$$

用增益表示多级放大电路的总电压放大倍数时，总增益应为各级增益之和，即

$$A_u\ (\mathrm{dB}) = A_{u1}\ (\mathrm{dB}) + A_{u2}\ (\mathrm{dB}) + \cdots + A_{un}\ (\mathrm{dB}) \tag{2-32}$$

2. 输入电阻

由图 2-28 可见，多级放大电路的输入电阻就是第一级的输入电阻，即

$$R_i = R_{i1} \tag{2-33}$$

3. 输出电阻

多级放大电路的输出电阻为最后的第 n 级的输出电阻，即

$$R_o = R_{on} \tag{2-34}$$

【例 2.5】　两级放大电路如图 2-27 所示。试计算总电压放大倍数、输入电阻和输出电阻。已知 $\beta_1=\beta_2=50$，$r_{be1}=0.95\text{k}\Omega$，$r_{be2}=1.65\text{k}\Omega$。

解：（1）计算电压放大倍数：根据式（2-30），总电压放大倍数为

$$A_u = A_{u1}A_{u2}$$

由于第一级的负载电阻 R_{L1} 就是第二级的输入电阻 R_{i2}，因此有

$$R_{L1} = R_{i2} = R_{b2} // [r_{be2} + (1+\beta_2)R'_{L2}]$$

其中

$$R'_{L2} = R_{e2} // R_L = 3 // 6.2\text{k}\Omega \approx 2\text{k}\Omega$$

所以

$$R_{L1} = R_{i2} = R_{b2} // [r_{be2} + (1+\beta_2)R'_{L2}] = 200 // [1.65 + 51 \times 2]\ \text{k}\Omega \approx 68.2\text{k}\Omega$$

根据式（2-23）有

$$A_{u1} = -\beta_1 \frac{R_{c1} // R_{L1}}{r_{be1}} = -50 \times \frac{2 // 68.2}{0.95} \approx -102$$

又因为第二级是射极输出器，其电压放大倍数为 1，即

$$A_{u2} \approx 1$$

所以有

$$A_u = A_{u1}A_{u2} = 102$$

（2）计算输入电阻：根据式（2-33），有

$$R_i = R_{i1} = R_{b11} // R_{b12} // r_{be1} = 33 // 15 // 0.95\text{k}\Omega \approx 0.86\text{k}\Omega$$

（3）计算输出电阻：根据式（2-34），有

$$R_o = R_{o2} = R_{e2} // \frac{r_{be2} + R_{b2} // R_{c1}}{\beta_2} = 3 // \frac{1.65 + 200 // 2}{50}\text{k}\Omega \approx 71\Omega$$

2.6 功率放大电路

2.6.1 功率放大电路的基本概念

功率放大电路是多级放大电路的最后一级，其任务是输出足够大的功率，推动负载工作，例如扬声器发声、继电器动作、电动机旋转等。功率放大电路和电压放大电路都是利用晶体管的放大作用将信号放大，不同的是功率放大电路以输出足够大的功率为目的，工作在大信号状态，而电压放大电路的目的是输出足够大的电压，工作在小信号状态。

功率放大电路应满足以下要求：

1）输出功率足够大。为了获得较大的输出信号电压和电流，往往要求晶体管工作在极限状态。实际应用时，应考虑到晶体管的极限参数 P_{CM}、I_{CM} 和 $U_{(BR)CEO}$。

2）效率高。所谓效率是指功率放大电路向负载输出的信号功率与直流电源提供的功率之比。功率放大电路在输出信号功率的同时，晶体管本身也发热损耗功率，称为管耗。显然，为了提高效率，应尽量减小管耗。

3）非线性失真小。功率放大电路在大信号的工作状态，很容易产生非线性失真，因此需要采取措施，减小非线性失真。

功率放大电路的电路形式很多，按工作状态的不同，可以分为甲类、乙类和甲乙类功率放大电路三种类型，如图 2-29 所示。甲类功率放大电路的静态工作点位于放大区，晶体管在信号的整个周期内都处于导通状态，其静态功耗大，效率低，但失真较小；乙类功率放大

电路的静态工作点位于截止区，晶体管只在半个信号周期内导通，其静态功耗接近于零，效率高，但存在严重的失真；甲乙类功率放大电路的静态工作点接近截止区，晶体管导通时间超过半个信号周期，它可以改善乙类功率放大电路的失真问题，且静态功耗小，效率高，因而获得了广泛使用。

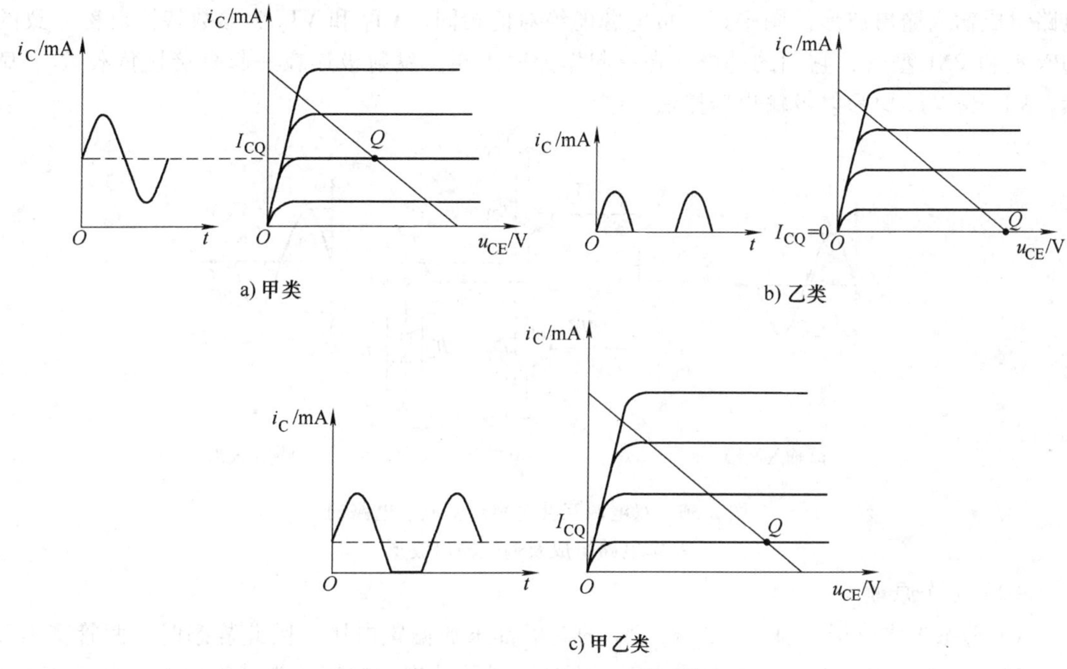

图 2-29　功率放大电路工作状态类别

（1）甲类功率放大电路　如图 2-29a 所示，静态工作点 Q 选在负载线线性段中间，在整个信号周期内都有电流 i_C，导通角为 360°。甲类功率放大电路的电源始终向电路供电，在无输入信号时，电源供给的功率完全消耗在电路内部，并转换成热量散发出去；当有信号输入时，电源提供的功率一部分转换成有用的输出功率给负载，一部分以热量形式散发，电路工作在静态和动态时电源提供的功率不变，而电路存在较大的静态功耗。所以甲类功率放大电路的能量转换效率极低，理想情况下最多也只能达到 50%，故在功率放大电路中基本不采用这类功率放大电路。

（2）乙类功率放大电路　如图 2-29b 所示，若静态工作点 Q 往下移，移到晶体管的截止区，则 i_C 仅在半个信号周期内存在，导通角为 180°，其输出波形被削掉一半。静态电流 I_{CQ} 为 0，所以无静态损耗，能量转换效率高，但非线性失真很大，故基本也不直接使用。

（3）甲乙类功率放大电路　如图 2-29c 所示，在一周期内，有半个周期以上存在电流 i_C，导通角在 180°～360°之间。静态电流 I_{CQ} 较小，静态损耗也小，效率较高，但仍然存在线性失真。

2.6.2　互补对称功率放大电路

通过前面的分析可知，甲类功率放大电路由于其静态工作点选得过高使得功率小，损耗大，效率低；故可以将晶体管静态工作点 Q 下降，使得集电极静态电流 $I_{CQ}=0$，整个电路无静态损耗，效率高，但输出波形将产生严重失真。因此，为保证输出电路波形不失真，可在电路结构上采用上下对称的互补电路。

1. 双电源互补对称功率放大电路

（1）基本电路　双电源互补对称功率放大电路简称 OCL 电路，图 2-30 所示是它的基本电路组成输入输出波形。图中正、负电源的绝对值相同。VT_1 和 VT_2 为参数特性对称一致的 NPN 型和 PNP 型管，它们的基极连在一起作为输入端，发射极连在一起直接接负载 R_L。显然，VT_1 和 VT_2 均为射极输出器接法。

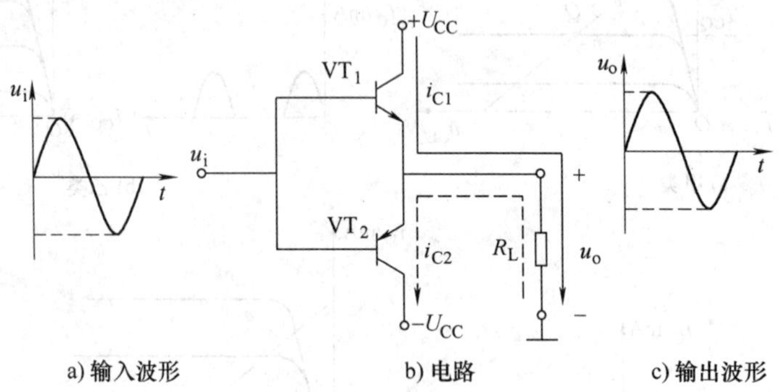

图 2-30　双电源互补对称功率放大电路的基本电路组成及输入输出波形

（2）工作原理

1）静态工作分析。由于 VT_1 和 VT_2 的基极都未加偏置电压，因此静态时，两管都不导通，静态电流为零，管子工作在截止区，电源不供给功率，属于乙类工作状态。由于电路对称，因此发射极电位为零，负载上无电流。

2）动态工作分析。设输入信号为正弦电压 u_i，如图 2-30a 所示。在正半周时，VT_1 发射结正偏导通，VT_2 发射结反偏截止，由 $+U_{CC}$ 提供的电流 i_{C1} 经 VT_1 流向负载，在负载 R_L 上获得正半周输出电压 u_o。同理，在负半周时，VT_1 发射结反偏截止，VT_2 发射结正偏导通，由 $-U_{CC}$ 提供的电流 i_{C2} 从 $-U_{CC}$ 端经负载流向 VT_2，在 R_L 上获得负半周输出电压 u_o。可见，在 u_i 的整个周期内，VT_1 和 VT_2 轮流导通，相互补充，从而在 R_L 上得到完整的输出电压 u_o，故称为互补对称功率放大电路。

由于 VT_1 和 VT_2 均为射极输出器接法，因此 $u_o \approx u_i$，如图 2-30c 所示。

根据功率的定义，输出功率为

$$P_o = U_o I_o = \frac{1}{2} U_{om} I_{om} = \frac{1}{2} \frac{U_{om}^2}{R_L} \tag{2-35}$$

式中，U_{om} 为输出电压 u_o 的峰值。理想条件（不计晶体管饱和压降和穿透电流）下，负载获得最大输出电压时，其峰值接近电源电压 $+U_{CC}$，故负载获得的最大输出功率 P_{om} 为

$$P_{om} \approx \frac{1}{2} \frac{U_{CC}^2}{R_L} \tag{2-36}$$

此时，功率放大电路的效率达到最高，约为 78.5%。

可以证明，功率放大电路中晶体管的最大管耗与最大输出功率 P_{om} 的关系为

$$P_{VT1} = P_{VT2} = 0.2 P_{om} \tag{2-37}$$

因此，在选择功率放大电路中晶体管时，应满足以下条件：

$$P_{CM} \geqslant 0.2P_{om} \tag{2-38}$$

$$U_{(BR)CEO} \geqslant 2U_{CC} \tag{2-39}$$

$$I_{CM} \geqslant \frac{U_{CC}}{R_L} \tag{2-40}$$

（3）消除交越失真的互补对称功率放大电路　在上述乙类互补对称功率放大电路中，VT_1 和 VT_2 的基极都未加偏置电压，静态时 $U_{BE}=0$。由于晶体管有一死区电压，当 u_i 小于死区电压时，两管均不导通，输出为零，只有当 u_i 增加到大于死区电压时，管子才导通，因此，当输入正弦电压 u_i 小于死区电压时，在输出电压 u_o 的正负半周交接处出现失真，如图 2-31a 所示，这种失真称为交越失真。

为了消除交越失真，必须在 VT_1 和 VT_2 的基极设置偏置电压。图 2-31b 所示电路中，利用两个二极管 VD_1 和 VD_2 的直流电压降，作为 VT_1 和 VT_2 的基极偏置电压，使 VT_1 和 VT_2 工作在微导通的甲乙类工作状态，既可消除交越失真，又不会产生过多的管耗。

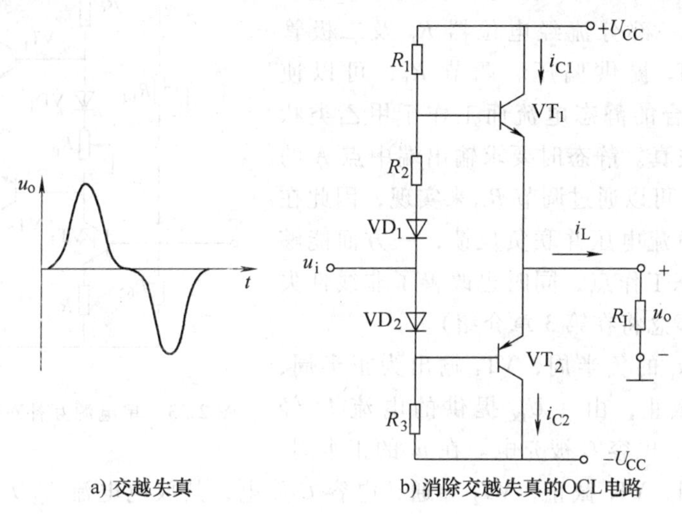

a) 交越失真　　b) 消除交越失真的OCL电路

图 2-31　消除交越失真 OCL 电路

（4）准互补对称功率放大电路　为了使输出信号不失真，要求功率管 VT_1 和 VT_2 的特性参数对称，但不同类型的大功率管很难做到对称，因此实际应用中，常采用复合管（又称达林顿管）作为大功率管，如图 2-32 所示，称为准互补对称功率放大电路。

所谓复合管，就是把两个晶体管按照一定的方式连接起来，作为一个晶体管使用。可以证明，复合管的电流放大系数为两个晶体管电流放大系数的乘积，其管型则取决于推动管。图 2-32 中，推动管 VT_1 和 VT_3 为不同类型的小功率管，其特性容易对称；大功率管 VT_2 和 VT_4 为同类型的晶体管，其特性也容易对称，因此由它们复合成的复合管也能对称。

电阻 R_1 和 R_2 是为减小复合管的穿透电流而设置的。如果没有 R_1 和 R_2，则推动管 VT_1 和 VT_3 的穿透电流将分别全部流入 VT_2 和 VT_4 的基极，并被放大 β 倍（β 为功率管 VT_2、VT_4 的电流放大系数），使复合管的穿透电流较大，从而降低温度稳定性。接入 R_1 和 R_2 后，VT_1 和 VT_3 的穿透电流被分流，则复合管穿透电流减小，温度稳定性相应提高。

图 2-32 中，VT_5 组成电压放大电路，作为功率输出级的推动级。静态时，利用二极管

的 VD_1 和 VD_2 的正向导通电压，给复合管提供正向偏置电压，消除交越失真。

2. 单电源互补对称功率放大电路

单电源互补对称功率放大电路简称 OTL 电路，如图 2-33 所示。与 OCL 电路不同的是，OTL 电路为单电源供电，并且在它的发射极输出端接有一个几百微法的大电容。VT_3 组成共发射极电压放大电路，作为功率输出级的推动级。

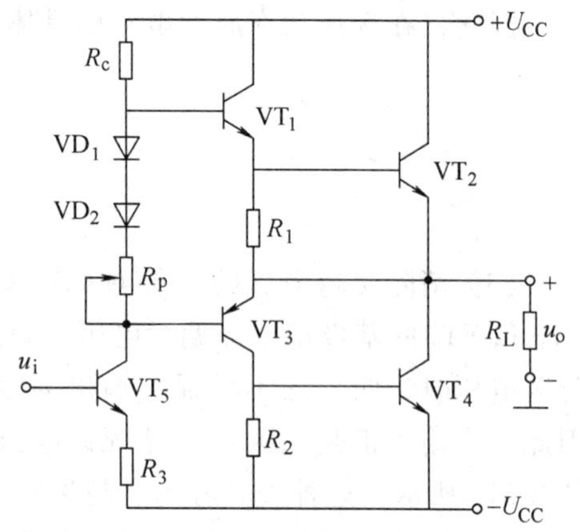

图 2-32　准互补对称功率放大电路

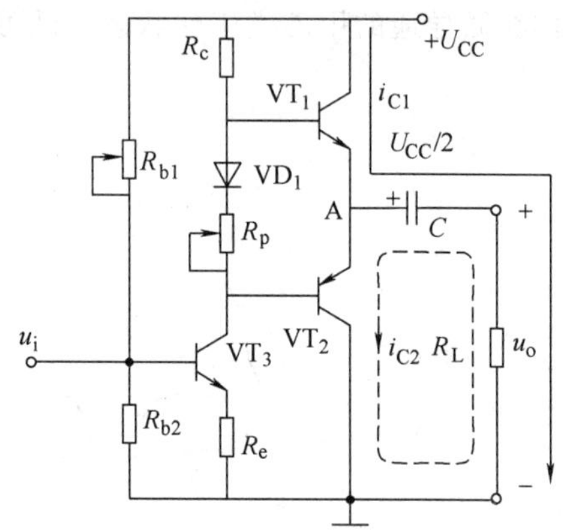

图 2-33　单电源互补对称功率放大电路

其中由晶体管 VT_3 组成推动级，VT_1、VT_2 是一对参数对称的 NPN 和 PNP 型晶体管，它们组成互补推挽 OTL 电路。由于每一个晶体管都接成射极输出器形式，因此具有输出电阻低、负载能力强等优点，适合于作功率输出级。VT_3 工作于甲类状态，它的集电极电流 I_{C3} 的一部分流经电位器 R_P 及二极管 VD_1，给 VT_1、VT_2 提供偏压。调节 R_P，可以使 VT_1、VT_2 得到适合的静态电流而工作于甲乙类状态，以克服交越失真。静态时要求输出端中点 A 的电位 $U_A = U_{CC}/2$，可以通过调节 R_{b1} 来实现，因此在电路中引入交、直流电压并联负反馈，一方面能够稳定放大器的静态工作点，同时也改善了非线性失真（注：反馈的概念将在第 3 章介绍）。

动态时，在 u_i 的负半周，VT_3 输出为正半周，VT_1 导通，VT_2 截止，由 $+U_{CC}$ 提供的电流 i_{C1} 经 VT_1、C 流向负载，电容 C 被充电。在 u_i 的正半周，VT_3 输出为负半周，VT_1 截止，VT_2 导通，电容 C 放电，其放电电流 i_{C2} 从 C 经 VT_2 流向负载。这样，在负载 R_L 上就得到一个完整的输出电压 u_o。

从以上分析可以看出，电容 C 上的电压起着直流负电源的作用，作为 VT_2 的直流供电电源。当 VT_1 导通时，$+U_{CC}$ 对 C 充电；当 VT_2 导通时，C 放电。为使充、放电过程中电容电压保持不变，要求有足够大的电容量，否则将使输出电压 u_o 的正、负半周不对称，产生失真。

可以证明，OTL 电路的最大输出功率为

$$P_{om} \approx \frac{1}{8}\frac{U_{CC}^2}{R_L} \tag{2-41}$$

2.7　放大电路技能训练

2.7.1　技能训练综述

本次技能训练以设计安装扩音机放大电路为主题，扩音机放大电路是最为常见的电子电路，它包含了最基本的放大电路，其原理框图如图 2-34 所示。

从图中可以看出，扩音机除了音量控制和音调控制等辅助电路外，还包含了主要的基本放大电路（前置放大）和功率放大电路。该设备采用常见的晶体管，可供音乐欣赏，也可以作为独立的扩音机，采用收音机、MP3 等音频信号作为信号源，并配合音箱作为扩音系统使用。该机的负载扬声器的阻抗为 8Ω，输出功率约为 5W。依据原理框图设计出的具体扩音机放大电路原理图如图 2-35 所示。

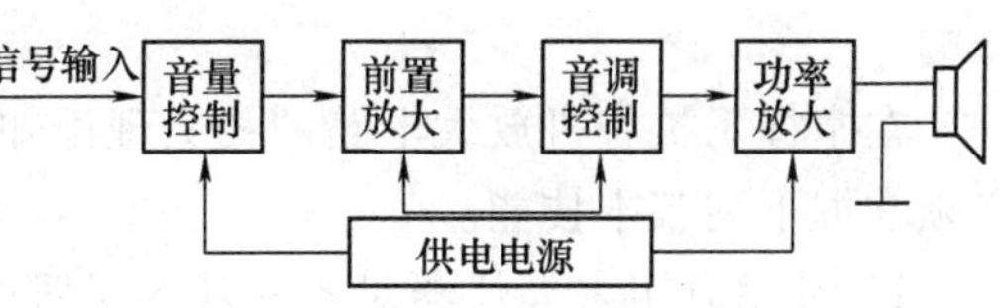

图 2-34　扩音机放大电路原理框图

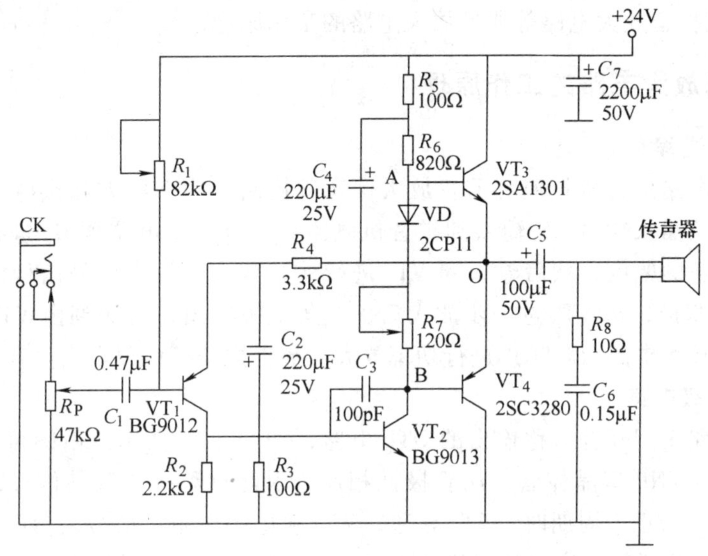

图 2-35　扩音机放大电路原理图

本技能训练的学习内容除了制作扩音机放大电路外，更主要的是掌握扩音机放大电路的工作原理，为扩音机电路调试检测积累理论知识。

扩音机是功率放大电路的俗称，是音响系统中最基本的设备。它的任务是把来自信号源的微弱电信号进行放大以驱动扬声器发出声音，其组成包括基本放大电路和功率放大电路。

按功能不同，扩音机可以分为前置放大电路（又称前级）、功率放大电路（又称后级）与合并式放大电路。将前置放大和功率放大两部分安装在同一个机箱内的放大电路称为合并式放大电路，家用常见的功放机一般都是合并式的。前置放大电路是功放之前的预放大和控制部分，用于增强信号的电压幅度，提供输入信号选择、音调调整和音量控制等功能。前置放大电路也称为前级。

2.7.2　技能训练目的

扩音机放大电路主要电路包括两部分，即基本放大电路和功率放大电路。放大电路是电子设备中应用最普遍的基本单元电路，无论是日常使用的收音机、电视机、音响设备还是精密测试仪器、自动控制系统，其中都有各种各样的放大电路。放大电路的作用是将微弱的电信号变换成较强的电信号，以控制较大功率的负载。

在制作扩音机放大电路之前，要了解放大电路的基本概念及结构组成；熟悉低频小信号放大电路、功率放大器的工作原理；掌握静态工作点的估算法；理解反馈对放大电路性能的影响。

在掌握了扩音机放大电路的相关理论知识后，根据扩音机放大电路原理图制作实物时，必须掌握下列基本技能。

1）利用万用表等仪器对各种基本元器件性能进行检测。

2）了解设计制作扩音机电路板过程（本项目也可以采用面包板安装）。

3）熟练掌握焊接扩音机放大电路的操作规范。

4）利用示波器等仪器对焊接安装好的扩音机进行调试及故障排除。

5）熟练掌握扩音放大电路等典型放大电路的工作原理。

2.7.3 扩音机放大电路的工作原理

1. 电路工作过程

扩音机放大电路由音量控制、前置放大、音调控制、功率放大和供电电源五大部分组成。音频信号源从插入插口 CK 输入到扩音机电路后，首先由电位器 R_P 进行音量控制，R_P 将信号调节到合适的幅度，然后输入到 VT_1 进行前置放大。放大后的信号由 VT_1 的集电极输出，送到 VT_2 基极，经 VT_2 进一步放大后由其集电极输出，再送到由 VT_3 和 VT_4 组成的互补对称式功率放大电路（OTL）进行功率放大，最后推动扬声器发出声音。

2. 功率放大级电路

功率放大电路采用互补对称输出的 OTL 电路，如图 2-35 所示。由图可知，VT_3 为 NPN 型晶体管，VT_4 为 PNP 型晶体管，两管极性相反，因此只需一个激励信号，而不需要倒相电路。当输入信号为正半周期时，VT_3 导通，VT_4 截止；当输入信号为负半周期时，VT_4 导通，VT_3 截止。这样两管轮流工作，使扬声器上能得到完整的信号输出。

电路中主要元器件的作用如下：C_5 为输出耦合电容，R_8、C_6 组成扬声器阻抗补偿电路，使放大电路的负载接近于纯电阻，以改善音质。R_1 为 VT_1 的偏置电阻，R_2 是 VT_1 的集电极电阻，同时也作为 VT_2 的基极偏置电阻，R_3 上产生的电压降 U_{R3} 作为 VT_2 的基极偏压，正常值 U_{R3} 为 0.6～0.7V。输入信号经 VT_1、VT_2 两级放大后，直接送到互补输出管 VT_3、VT_4 的基极。VT_2 的集电极电流在二极管 VD 和电阻 R_7 上的压降 U_{AB} 作为 VT_3、VT_4 的基极偏压，正常值 U_{AB} 约为 1.2V。由于二极管 VD 的正向压降是随温度的升高而降低的，所以 VD 在此又起到了温度补偿的作用。由二极管 VD 和电阻 R_7 组成的偏置电路，能给功率放大级提供适当的偏置，使功率放大级工作在甲乙类放大状态，以克服乙类放大电路带来的交越失真。

3. 前置放大级电路

R_5、C_4 构成自举电路，用以提高电路的输出功率幅度。C_3 为消振电容，可防止音频功率放大电路产生高频自激振荡。R_1 是 VT_1 的偏置电阻。而 VT_2 所需的基极偏置电压则取自 R_3 上的压降。OTL 的输出端中点电位为电源电压的一半，为了稳定输出端中点直流电压 U_o，该电路通过电阻 R_4 引入较强的直流负反馈，其稳定过程如下：

$$U_o\uparrow\rightarrow U_{E1}\uparrow\rightarrow U_{BE1}\uparrow\rightarrow I_{C1}\uparrow\rightarrow U_{C1}\uparrow\ (U_{B2}\uparrow)\ \rightarrow I_{C2}\uparrow\rightarrow U_{C2}\downarrow\rightarrow U_o\downarrow$$

可见，当 U_o 上升时，通过电路的负反馈可使 U_o 降下来；同理，当 U_o 下降时，通过电路的负反馈又可使 U_o 上升，以保持 U_o 恒定。本电路的电压增益基本上只取决于 R_4 与 R_2 的比值，即 $A_u = \frac{R_4 + R_2}{R_2} = \frac{3300 + 100}{100} = 34$，$A_u$ 值与晶体管的具体参数无关，这样就方便了制作后的调试。

2.7.4 扩音机放大电路的制作

1. 晶体管的选用

VT_1 可采用一般的PNP型小功率硅管，如9012或9015；VT_2 是NPN型晶体管，因其需推动互补输出管工作，因此工作电流较大，宜采用9013；VT_3 和 VT_4 是额定功率为10～20W的大功率互补配对管，VT_3 为NPN型，VT_4 为PNP型，可选用2SA1301与2SC3280、2SA1302与2SC3281、2SA1215与2SC2921、2SA1216与2SC2922等晶体管。考虑到电路中仅用一对互补管来产生较大的功率，且器件又要便宜，所以这里推荐使用2SA1301与2SC3280这对组合管。

2. 二极管的选用

VD可选用普通二极管，如1N4148或2CP11。

3. 其他元件的选用

其他元件的选用见表2-3，表中的电阻除 R_5、R_8 必须采用额定功率为1W以上的线绕电阻外，其余的皆可采用一般的碳膜电阻或金属膜电阻。对于各种电容，只需其耐压足够就行。作为音量控制用的电位器 R_P，最好采用指数式电位器，这样调节起来比较符合人耳的听觉特性。

表2-3 扩音机电路元件选用参数

元件	在电路中作用	参数及性能要求	允许范围	元件不良或故障可能引发故障
R_1	偏置电阻调节，输出中点电压	微调电阻82kΩ	47～1002kΩ	声音失真，中点电压失常
R_2	偏置电阻	碳膜电阻2.2kΩ		声音失真或无声
R_3	负反馈电阻	碳膜电阻100Ω		开路声音小
R_4	负反馈电阻	碳膜电阻3.3kΩ		末级中点电位失常
R_5	自举电阻	金属膜电阻100Ω	线绕电阻100Ω/1W以上	开路无声
R_6	负载电阻	金属膜电阻820Ω/1W	线绕电阻820Ω/1W以上	开路无声
R_7	静态工作点调节	碳膜电阻120Ω	微调电阻100Ω	末级静态工作电流失常
R_8	消振网络电阻	绕线电阻10Ω/2W	1.5W以上	音质不良
C_1	输入耦合	涤纶电容0.47μF/25V	0.47～4.7μF/25V	音轻
C_2	交流负反馈	电解电容220μF/25V	220～470μF/25V	功率放大电路增益小，造成声音小
C_3	消振电容	瓷片电容100pF	100～800pF	高频自激，此时整机电流大，末级功率放大管发烫

（续）

元件	在电路中作用	参数及性能要求	允许范围	元件不良或故障可能引发故障
C_4	自举电容	电解电容 220μF/25V	220～1000μF/25V	大声音失真，动态不足
C_5	输出耦合	电解电容 100μF/50V		无声或声音小
C_6	补偿电容	涤纶电容 0.15μF/50V		音质差
C_7	电源滤波	电解电容 2200μF/50V	1000～10000μF/50V	交流噪声大，易自激
R_P	音量控制电位器	电位器 WTH－1，47kΩ	指数型 10～47kΩ	音轻或无声

4. 元器件检测

按照清单拿到制作扩音机电路的元器件后，首先要用万用表检查各元器件的好坏，相关参数是否符合给定的参考值，做到心中有数。

5. 电路板焊接（或面包板插接）

扩音机电路可以采用面包板进行焊接，但考虑到提高扩音机的音质，这里设计了图 2-36 所示的印制电路板。

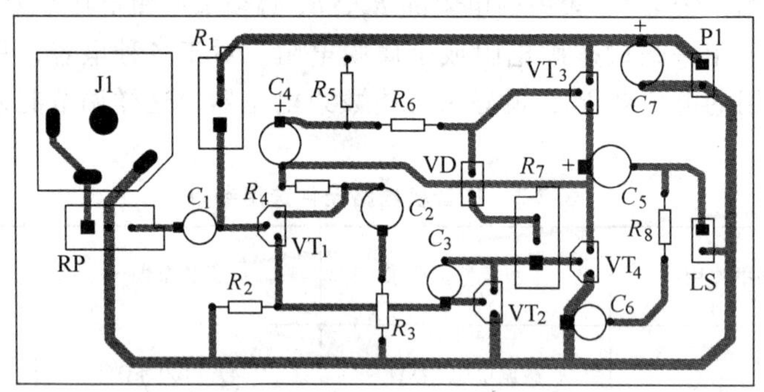

图 2-36 扩音机印制电路板

根据设计好的扩音机印制电路板图，采用激光打印机在热转印纸上打印出电路图，再把图通过热转印机，轧在单面敷铜板上，进行腐蚀去掉多余的敷铜，留出设计的印制导线，通过打孔机钻出焊孔。

拿到扩音机放大电路的元器件和印制电路板后，就可以进行焊接了，良好的焊点有如下基本要求：

1）外形以焊接导线为中心，匀称、成裙形拉开。

2）焊料的连接面呈半弓形凹面，焊料与焊件交界处平滑，接触角尽可能小。

3）表面有光泽且平滑。

4）无裂纹、针孔和夹渣等。

初学者在安装时，先备齐所需元器件，用小刀将各元器件引脚刮干净后即可焊接。焊接时，对照印制电路板图，先装体积较大的电位器、电解电容和输入、输出插口，然后装体积较小的电容、电阻和二极管等，最后安装四个晶体管，晶体管的管脚安装时一定要辨别清楚，以防装错。注意，功率放大级大功率管需安装散热片，散热片可选用市售的 SRZ-201 型散热器，也可采用 2～3mm 厚的铝片自行弯制。整机布局可参照图 2-36 所示。各面板上的插孔、旋钮的位置可根据个人的喜好作适当变化。输入插口、音量调节电位器的连接线要采用金属屏蔽线，这样可以避免感应交流噪声，另外制作扩音机功率放大电路时，接地处理很关键，设计印制电路板时可采用“逐级接地”，而整机装配时应采用“一点通壳”。“一点通壳”即指整个电路只能有一个接地部分接通机壳，其余部位均与机壳绝缘，使机壳不成为信号通路。所以安装时，应注意各个输入、输出插口的接地端不能与机壳相碰，并保持绝缘。为防止滤波电容的充、放电电流和放大电路的输出电流通过地线干扰前级，焊接时应将 C_7 和扬声器的接地端接往印制电路板的“输出地”，然后再由此输出地与机壳相连，做到“一点通壳”。

6. 调试

在调试之前，应先检查印制电路板及各部分连接线有没有错焊、漏焊、短路的地方。对初学者来说，特别应检查有没有晶体管的管脚焊错、电解电容正负引脚接反、印制电路板相邻导线相连、焊点间因有焊锡毛刺而相碰、金属屏蔽线的外线与其他元器件相碰等情况，检查无误后，再用万用表 $R\times1k$ 挡测量 C_7 两端的直流电阻。测量时，将黑表笔接 C_7 的正端，红表笔接 C_7 的负端，正常时测得的阻值应大于5kΩ，若电阻值为 3～5Ω，说明 C_7 被击穿或严重漏电；如无异常可通电调试。

（1）静态调整

1）测直流供电电压：用万用表的直流电压挡测量 C_7 两端电压，在无信号时，测得电源整流输出的直流电压应为24V。

2）输出端中点直流电位调整：先用一根导线短接图2-35中的A、B两点，将万用表置于直流50V电压挡，黑表笔接公共地端，红表笔接功放输出端中点O。接通电源，正常时O点电压应为电源电压的一半，即 U_o 为12V。如果电压偏差一些，可微调电阻 R_1。如果调整无效，参见故障分析（将在2.7.5节中介绍）来检修。

3）功率放大级静态工作电流调整：拆掉A、B两点间的短接线，确认 R_7 的阻值处于最小值（0Ω）。将万用表置于直流电流500 mA挡，然后串接在图2-35中所示 VT_3 集电极回路中，接通电源。调整电阻 R_7，使其阻值由0逐渐增大，确认电流表的读数小于50mA；置万用表为50mA挡，调整电阻 R_7，使万用表读数降低到10mA即可。**注意**：*静态工作点的调整与输出端中点电位的调整会互相影响，即静态工作点调好了，中点电位却随之发生变化。*所以此时要再微调 R_1，调准中点电位。如此反复调节一两次即可。

（2）动态调整　静态调整完成后，便可接上扬声器和音质良好的音源进行动态调整。

1）功率放大电路增益调整：首先将音量控制电位器放在最小的位置，然后打开功率放大电路电源开关，慢慢旋大音量，看看功率放大电路的增益是否合适。正常时，当音量电位器旋到3/4位置时就能得到足够大的输出功率，若增益太小，可减小 R_2 的阻值；反之，当增益太高时，可加大 R_2 的阻值。

2）放音音质调整：播放一段音乐，聆听功率放大电路的放音音质，分别测试在小信号输入和大信号输入时，功率放大电路发音有没有出现明显失真。若小信号输入时出现失真，则要适当加大 R_7 的阻值，即调大功率放大级静态电流便可消除失真。若大信号输入时出现失真，则故障为 C_4 不良或末级互补管严重不对称。若低音明显不足，应检查电容 C_1、C_5 是否失效。

2.7.5 扩音机常见故障的分析与排除

初学者制作的扩音机，往往因元器件质量不好或焊接装配错误而不能正常工作，这时必须先排除故障，然后才可进行下一步的整机调试及投入使用。

1. 完全无声

完全无声的特征是扬声器中无任何响声（包括噪声），其原因大致有两种：一是扬声器中无任何电流通过而不工作；二是功率放大电路不工作。

若扬声器中无电流通过，可能的原因有功率放大电路与扬声器之间的连接插口接触不良、输出端信号线的铜箔开路、扬声器的音圈被烧断或是与扬声器的连线被断开、OTL功率放大电路的输出端耦合电容熔断、OCL功率放大电路的扬声器保护电路产生误动作等。判断是否为扬声器回路方面的故障，可采用万用表的电阻挡测量扬声器回路中各元器件、各环节的阻值情况，以此来确定输出信号被阻断的环节，然后再一一排除。

功率放大电路不工作的可能原因有以下三种：

1）功率放大电路无供电电压，即直流电源无输出电压。此时可用万用表检查电源变压器的二次侧是否开路、整流电路部分的整流二极管及连接线有无开路以及直流滤波电容是否被击穿。如果查得电源熔丝熔断，则应着重检查滤波电容是否被击穿、印制电路板上的元器件有没有相碰，先排除短路性故障，然后才可再次通电。

2）功率放大电路输出端中点无电压。OTL电路单电源正常供电时，其输出端中点的电压为电源电压的一半，若测得输出端中点无电压，最大可能是电源正极性供电端与功率放大电路输出端中点之间的晶体管被击穿开路。

3）信号传输中断，即从信号源电路到功率放大级之间的某一部分电路出现开路故障使信号中断。由于功率放大电路系统是由多级放大电路构成的，因此引起信号传输中断的故障可能存在于信号输入级、前置放大级、功率放大级甚至各级间的耦合通道上，这可利用逐级检查法来迅速判断故障发生在功率放大电路的哪一部分。用螺钉旋具的金属部分从后级往前级分别去碰触功率放大电路各级放大电路的输入端。若该级工作正常，则扬声器应有轻微的“噼啪”声发出，且碰触的地方越靠近前级，声音便越大；若碰触到某级输入端时，该感应声消失或很微弱，则说明故障发生在该级或与该级有直接耦合关系的部分；若是信号输入级的问题，则碰触到前置放大级输入端时扬声器会发出轻微的噪声，此时转动音量电位器则该噪声的大小会随之改变。若用万用表测得各级晶体管的直流工作状态正常，但是无声，则一般是由于级间耦合电容或旁路电容开路所引起。找到引起故障的元器件后，用相同参数的新元器件来替换即可。

2. 声音小

声音小是指重放的声音大小没有达到设计的要求，当音量控制电位器旋到最大时声音仍然很小。造成功率放大设备声音小的原因主要有以下几个方面：信号源送来的信号较弱、直流工作电压偏低、功率放大电路的增益不够大以及扬声器本身有故障等。

对于信号源及扬声器本身的故障，可以用替换法迅速判断出来。如果更换新的信号源和扬声器后，音量并无显著增大，则是功率放大电路本身的问题了。

试听时，如果声音轻到几乎无声的地步，可按前面介绍的“完全无声”的故障来处理检修。如果声音只是偏轻一点，只要适当减小放大电路的负反馈量，就可提高增益。

如果调整后功率放大电路的最大输出功率及音量仍然达不到设计要求，可用万用表进一步检查功率放大电路工作时的直流电源电压。如果直流电源电压低于设计值，则功率放大电路的输出功率必然不足，电压越小，功率放大电路输出的功率越小。有时供电电压太低还会使前置放大级晶体管进入截止状态导致无声，此时应从电源方面检查原因，查找变压器、整流二极管及滤波电容的工作特性，更换有质量问题的元器件。

若电源的供电电压正常，但最大输出功率却不足，故障一般是由于功率放大电路的电源利用系数偏低造成的。此时应检查各级电路的静态工作点及晶体管的放大倍数。例如在大功率输出时，功率输出晶体管严重发热且声音失真，就应换上大功率晶体管。如果功率输出晶体管没有问题，则多为前置放大级激励不足所致，此时可适当减小前置放大级的发射极电阻值。

若电路中晶体管的参数选择不当，例如当功率输出晶体管采用截止频率较低的锗管时，常会出现高频信号的最大输出功率不足的情况，但这时低频输出却基本正常，则用截止频率较高的晶体管来替换便可解决问题。

3. 输出端中点直流电压失常

对于 OTL、OCL 等形式的单端推挽电路来说，其输出端中点的直流电压为一稳定值。单电源供电时，约为电源电压的一半；而双电源对称供电时，中点的直流电压 0V。若偏离上述值，就说明电路工作失常，若偏离得太多，轻则会使声音失真，重则使晶体管损坏，甚至烧毁扬声器。

输出端中点直流电压失常的原因是由于电路静态工作点未调好，或晶体管在使用一段时间后参数发生了变化。遇到这种情况，可从以下两方面来检修。

1）重调放大电路的静态工作点，使中点的直流电压恢复正常。对于直接耦合的 OTL 电路，应调整功率放大电路部分前置放大级的基极偏置电阻（如图 2-35 中的 R_1）。

2）更换电路元器件。功率放大电路使用一段时间后，电路元器件的参数将会发生变化，最常见的是晶体管特性变坏，或由于供电电压波动太大，造成个别的电阻、电容及晶体管损坏。这种情况下应先用万用表检查各个晶体管是否完好，特别是查看功率放大级的晶体管和功率放大级偏置电路中的二极管是否被击穿短路或开路（如图 2-35 中的 VT_3、VD），然后通电检查各级放大电路的工作点是否正常。对于较复杂的 OCL 电路，由于各晶体管的工作点会互相牵连，检查时需对照电路原理图进行分析，并根据输出端中点直流电压失调的极性和大小找出故障发生点，更换上好的元器件。

4. 元器件发热

电路元器件接错、元器件参数不符合要求、电路自激、装配与调整不当等原因，都会使功率放大电路产生大电流，从而使有关元器件发热或烧毁。

（1）电阻发热或冒烟

1）电阻的功率不够。电阻的功率大小由流过该电阻的电流（或加在该电阻两端的正电压）来决定，如果所用电阻的功率不够大，则功率放大电路工作时电阻必然会发烫，严重时还会被烧毁。例如图 2-35 中，电阻 R_5 作为晶体管 VT_2 的集电极负载电阻，要承受静态直流电流所形成的功率；另外由于 R_5 上接有自举电容 C_4，相当于并接在功率放大电路的输出端，所以还要承受输出端送来的交流信号功率。因此 R_5 至少要采用额定功率为 1W 以上的电阻，而不能用小于 1W 的电阻来代替，否则会使电阻发热或烧毁。

2）因元器件损坏而出现大电流。元器件的损坏会使电路的静态特性发生改变，可能导致某些元器件因过电压而产生大电流，进而发热。特别是在功率放大级，如果大功率晶体管因过电压而击穿，那么电源电压会全部加到晶体管发射极的电阻上。由于这些电阻的阻值一般都很小，所以流过的电流必然很大，时间长了，电阻就会发烫直至被烧毁。

3）因功率放大电路自激而产生大电流。功率放大电路由于引入了反馈而存在相移特性，因此如果元器件参数不匹配，就容易出现高频自激。自激的结果可使功率放大级产生大电流，造成晶体管发射极上的电阻发热，使输出端与扬声器并接的消振电阻严重发烫，强烈的高频自激有时还会将功率放大级晶体管（特别是在集成电路中）击穿。

4）因晶体管连接错误而产生大电流。由于许多晶体管没有标记，所以装配时常会出现晶体管极性接错的情况。例如将 PNP 型晶体管与 NPN 型晶体管的型号弄反了，或将它们的 b、c、e 极管脚位置弄错了。如果发生这种情况，在开机的瞬间，将晶体管就会被击穿，从而产生大电流。另外若电源整流管和滤波电解电容的极性接反了，也容易被击穿，出现大电流。

（2）散热器发烫　功率放大电路工作时，其功率放大级晶体管的散热器发热是正常现象，只要温度不高，一般不会影响功率放大电路的性能和安全。但如果温度过高，烫到手不能触摸的程度，就不正常了。散热器发烫的原因有以下几点：

1）功率放大级静态电流过大。散热器发烫说明功率放大级晶体管的集电极耗散功率明显增大，前面介绍的互补推挽输出电路的晶体管设计工作在乙类或接近乙类的状态，因此功率放大级晶体管的静态电流只有几十毫安。如果静态电流显著增大（例如达到几百毫安），那么晶体管的静态功耗便大大增加，原来设计的散热器无法及时散热，时间一长会使大功率晶体管发烫直至被烧毁。对单端输出的互补推挽式功率放大电路而言，功率放大级晶体管的静态电流由偏置电路来决定，如图 2-35 中的 VD 和 R_7。如果这些元器件出现开路（或阻值明显变大），则功率放大级晶体管所得的偏压就会比正常值高出许多，导致功率放大级出现过大的静态电流。

出现这种故障，可用万用表测量晶体管的偏置电压是否与设计值相符。若偏置电路中含二极管，应首先检查二极管是否开路，通电前还应检查偏置电路中各元器件的参数是否正确。如果参数值与原理图不符，那么在静态调整前功率放大级的晶体管可能会出现较大的静态电流，使散热器发烫。由于硅晶体管的输入特性曲线很陡直，所以在调整偏置电路中的可变电阻时，一定要小心缓慢地调整，以防电流迅速增大。

2）输出级晶体管临界击穿。正常情况下，只要所选的晶体管满足给出的参考型号的性能，一般都可以正常工作。但有时有的晶体管的反向特性不好，在放大信号时，便容易出现临界击穿，此时晶体管的功率损耗增加，散热器发烫。晶体管发生临界击穿时，从扬声器里可以听到明显的“咯呖咯呖”怪音，虽然此时晶体管并不会马上被损坏，但应立即排除故障，否则晶体管便会因发烫而最终被击穿损坏。

3）散热条件不良。在装配中，若整机布局不良或装配工艺上存在问题，如散热器被不透风的元器件包围、机壳没开通风孔、晶体管与散热片之间的热传导不良等，都会使晶体管或散热器上的热量无法及时散发出去，而导致晶体管发烫损坏。

出现该类故障，应重新调整布局，适当增大散热片面积，在散热片上方的机壳开设通风孔，在晶体管与云母垫片、散热器之间涂上导热硅胶以增强热传导性能，有条件时可在机箱内的适当位置增设一台小风扇，加强箱内空气的流通。

5. 声音故障

（1）音质不好 “音质不好”是个很抽象的概念，对于功率放大电路是指声音经功率放大电路放大并重放出来后产生了失真，如我们平时所指的声音发破、发硬、发沙、发闷以及层次不清等现象。影响音质的因素很多，如信号源及扬声器的质量不好、听音场所的声学结构欠佳、功率放大电路出现故障或调整不当以及扬声器的安放位置不对等。自制功率放大电路的音质不好主要体现在以下三个方面：

1）低频效果差。耦合电容、旁路电容的容量太小，会使功率放大电路的低频响应下降，低音松弛无力。最常见的是OTL电路中的输出耦合电容干枯和级间耦合电容失效。此时应更换新的电容，或直接并上容量更大的电容。

2）高频响应差，声音不清晰。这种故障是由于晶体管特性不好、截止频率低、消振电容的容量过大造成的，因此在保证功率放大电路不会出现自激的前提下，可通过去除电路中的小容量的消振电容来解决。另外，若电路结构设计得不合理而引起高频自激，也会使高音效果变差，此时应重新调整电路布局。

3）声音频率特性不均匀，声音发闷、发散等。这种情况大多发生在具有音量、音调控制的功率放大电路中，检修时可以先取消音调控制电路看看效果。如果确实是由音调控制电路引起的，应着重检查音调控制电路中各元器件的参数，如调整电位器是否开路、电容容量是否减小或失效、元器件参数是否得当等，找到原因后再加以排除。

（2）噪声大 功率放大电路工作时不可避免地存在噪声，但当放大电路输出的噪音比较大时，就会影响正常的信号输出，导致信号的信噪比下降，影响正常的听音，这种现象就是噪声大。自制功率放大电路中常见以下几类噪声现象：

1）信号中夹杂着不规则的连续“沙沙”声。这是前置放大级的晶体管、电阻等元器件产生的大噪声。

2）间断的“噼呖啪啦”的爆裂声。这可能是因个别元器件断裂、电路跳火、元器件焊接不牢等引起的。

3）低沉、单调的“嗡嗡”声。这是由于电源部分滤波不良、退耦不良或功率放大电路接地线的走向及排列不当引起的交流感应声。

4）较刺耳的交流声。这多半是由于信号输入线的接地端开路或有关元器件的屏蔽不良，使电源变压器的漏磁通和外界一些杂散的电磁场强烈干扰电路而产生的感应噪声。

要排除噪声，首先要确定噪声发生在哪一级，这可采用逐级短路法来判断。将一个1μF左右的电容试接到功率放大电路各级放大电路的输入端与地之间，试接时可从前级往后级逐级试验，如果接到某一级的输入端时噪声明显减少，就说明噪声发生在该级的输入部分或前一级的输出部分。接有输入衰减电位器（例如音量控制电位器）的放大电路，也可将电位器旋到最低位置来试验。有时当某一级输入端通过电容或电位器接地后，噪声反而加大，则说明该噪声是由接地线的干扰而产生的，应调整接地方法。根据以上方法找到噪声发生的地方后，就可凭以上几类噪声的表现形式来判断该噪声属于哪一种类型，进而再仔细查找产生噪声的原因及元器件，然后加以排除。例如更换某些元器件、改变晶体管的工作点、焊断两级之间的“地”连接而改接于其他的“地”位置，直至找到合适的接地点。如仍无效果，则应仔细检查接地屏蔽线是否接地不良，可将屏蔽地线改接于地线的另一位置或将音量控制电位器的外壳接地。

（3）自激啸叫　啸叫故障从广义上讲是一种特殊的噪声故障，因其表现为单一频率的叫声，信号幅度很大，对功率放大电路的安全构成威胁，且在自制功率放大电路中容易出现，所以单独列出进行分析。

啸叫的本质是由于电路存在放大作用而导致自激，即输出的信号通过某种正反馈路径又加到了放大电路的输入端。使信号再一次被放大、反馈、再放大、再反馈……最终导致失控出现单频率啸叫声。自激的现象除了表现为单频率啸叫声外，还可能表现为散热器和一些电阻发烫、功率放大级静态电流无法调整等现象。在自制功率放大电路中，产生自激啸叫的原因主要有以下几点：

1）消振元件开路。为防止功率放大电路自激，功率放大电路中通常都有消振元件，如晶体管集电极与基极之间的小容量电容等。这些元件一旦开路，功率放大电路便容易引起高频自激。对于该类高频自激，可将小容量电容并接在各个高频消振电容和滤波电容的两端便可解决问题。

2）退耦不良。在多级放大电路中一般都设有级间退耦电容，以防止后级的输出信号通过电源电路窜入前级放大电路的输入端而产生不良的正反馈。当退耦电容的容量下降或性能不好时，便会出现低频啸叫声。对于“嘟嘟”的低频自激，可将一只电容（100μF）分别并接在退耦电容上，或将一个2200μF以上的大容量电解电容并接在电源滤波电容上，以减小电源的纹波系数。

本章小结

放大电路应用十分广泛，掌握放大电路的基本原理和分析方法是学习模拟电子技术的基础。放大电路的性能指标主要有放大倍数、输入电阻和输出电阻等。放大倍数是衡量放大能力的最基本指标，输入电阻是衡量放大电路对信号源影响的指标，输出电阻反映放大电路带负载能力的指标。

由晶体管组成的基本单元放大电路有共发射极、共集电极和共基极三种基本形式。共发射极放大电路输出电压与输入电压反相，输入电阻和输出电阻大小适中。由于它的电压、电流和功率放大倍数都比较大，适用于一般放大或多级放大电路的中间级。共集电极放大电路输出电压与输入电压同相，电压放大倍数小于1而近似等于1，但它具有输入电阻高，输出电阻低的特点，多用于多级放大电路的输入或输出级。共基极放大电路输出电压与输入电压同相，电压放大倍数较高，输入电阻很小，输出电阻比较大，适用于高频或宽带放大。场效应晶体管组成的放大电路与晶体管放大电路类似，其分析方法也类似。

主要用于向负载提供功率的放大电路称为功率放大电路。功率放大电路的效率是重要的参数，提高其效率可以减小电源能量的消耗，还对降低功率管管耗、提高功率放大电路工作的可靠性十分有效。因此，低频功率放大电路常采用乙类（或甲乙类）工作状态降低管耗，提高输出功率和效率。甲乙类互补对称功率放大电路由于电路简单、输出功率大、效率高、频率特性好和适于集成化等优点而被广泛应用。

多级放大电路级与级之间的连接方式有直接耦合和电容耦合等，电容耦合由于电容隔断级间的直流通路，用于放大交流，各级静态工作点彼此独立。直接耦合可以放大直流信号，也能放大交流信号，适用于集成化。但直接耦合存在各级静态工作点互相影响和零点漂移问题。多级放大电路的放大倍数等于各级放大倍数的乘积，但在计算每一级放大倍数时要考虑前后级之间的影响。

放大电路的调整与测试主要是进行静态和动态调试。静态调试一般采用万用表直流挡测量放大电路的直流工作点。动态调试的目的是为了使放大电路的增益、输出电压动态范围、输入和输出电阻等指标达到要求。

通过扩音机电路的设计调整及测试技能训练，应掌握放大电路调整与测试的基本方法，提高独立分析和解决问题的能力。

习　题　2

2.1　分别判断图2-37所示各电路中晶体管是否工作在放大状态。

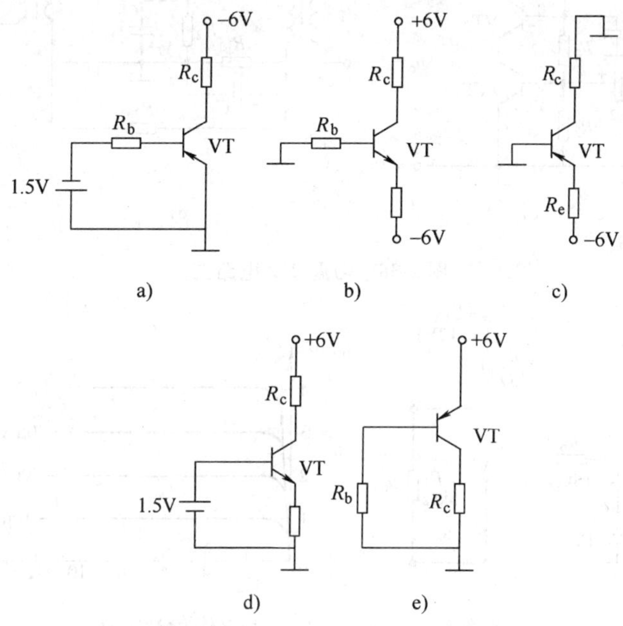

图2-37　习题2.1电路图

2.2　画出图2-38所示各电路的直流通路和交流通路，设所有电容对交流信号均可视为短路。

2.3　电路如图2-39a所示，图2-39b是晶体管的输出特性，静态时$U_{BEQ}=0.7V$。利用图解法分别求出$R_L=\infty$和$R_L=3k\Omega$时的静态工作点和最大不失真输出电压U_{om}（有效值）。

2.4　电路如图2-40所示，已知晶体管$\beta=50$，在下列情况下，用直流电压表测晶体管的集电极电位，应分别为多少？设$U_{CC}=12V$，晶体管饱和管压降$U_{CES}=0.5V$，$U_{BE}=0.7V$。

（1）正常情况；（2）R_{b1}短路；（3）R_{b1}开路；（4）R_{b2}开路；R_c短路。

2.5　基本共发射放大电路如图2-41所示，$R_b=400k\Omega$，$R_c=5.1k\Omega$，$\beta=40$，$U_{CC}=12V$，晶体管为NPN型硅管。

（1）估算静态工作点I_{BQ}、I_{CQ}和U_{CEQ}。

（2）画出其微变等效电路。

（3）估算空载电压放大倍数A_{uo}以及输入、输出电阻r_i和r_o。

（4）当负载$R_L=5.1k\Omega$时，$A_u=?$

2.6　已知图2-42所示电路中晶体管的$\beta=100$，$r_{be}=1k\Omega$。

（1）现已测得静态管压降$U_{CEQ}=6V$，估算R_b约为多少千欧。

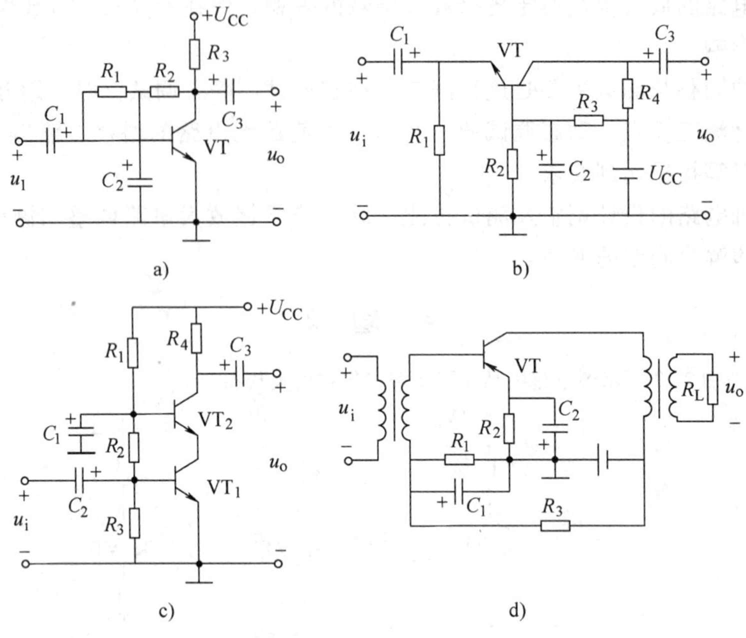

图 2-38　习题 2.2 电路图

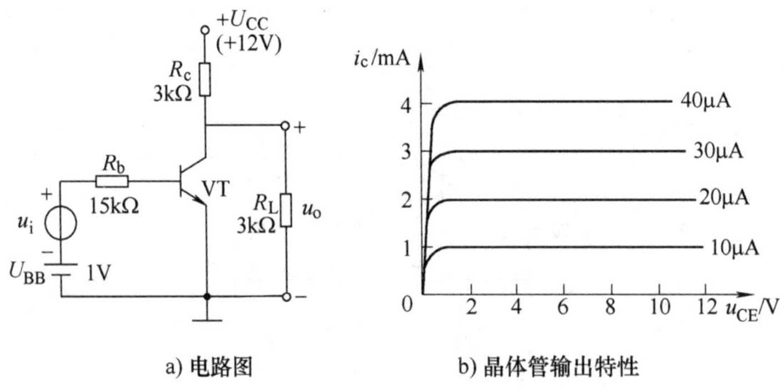

图 2-39　习题 2.3 电路图

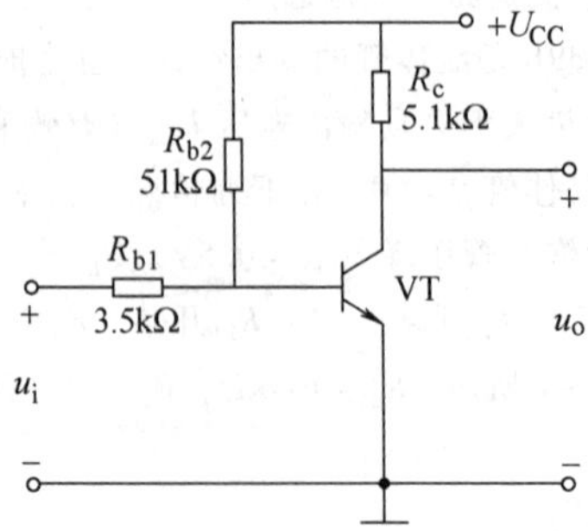

图 2-40　习题 2.4 电路图

（2）若测得 u_i 和 u_o 的有效值分别为 1mV 和 100mV，则负载电阻 R_L 为多少千欧？

2.7　在图 2-41 所示电路中，当 $R_b=400\text{k}\Omega$，$R_c=5\text{k}\Omega$，$\beta=60$，$U_{CC}=12\text{V}$ 时，确定该电路的静态工作点。当调节 R_b 时，可改变其静态工作点。

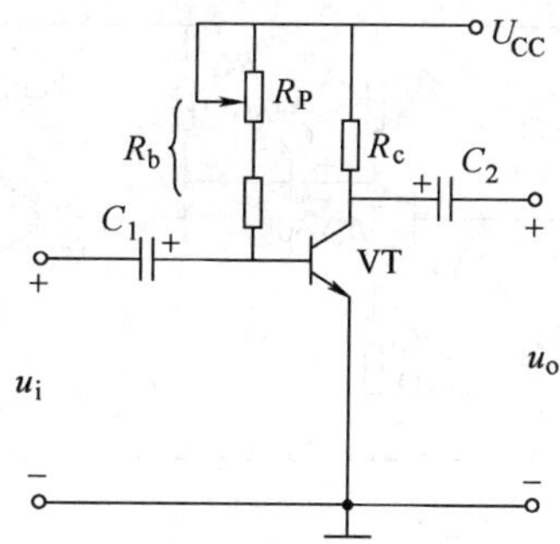

图 2-41　习题 2.5 电路图

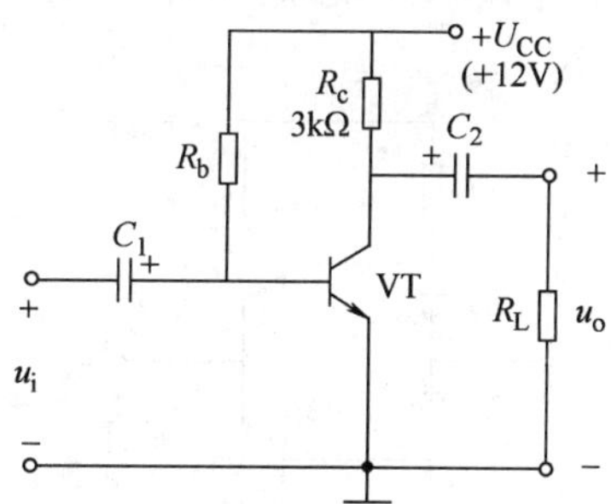

图 2-42　习题 2.6 电路图

（1）如果要求 $I_{CQ}=2mA$，则 R_b 应为多大？

（2）如果要求 $U_{CEQ}=6V$，则 R_b 应为多大？

2.8　分压式共发射极放大电路如图 2-43 所示，$U_{BEQ}=0.7V$，$\beta=50$，其他参数如图中标注。

（1）估算静态工作点 I_{BQ}、I_{CQ}和 U_{CEQ}。

（2）画出其微变等效电路。

（3）估算空载电压放大倍数 A_u'以及输入电阻 r_i 和输出电阻 r_o。

（4）当在输出端接上 $R_L=2k\Omega$ 的负载时，$A_u=$？

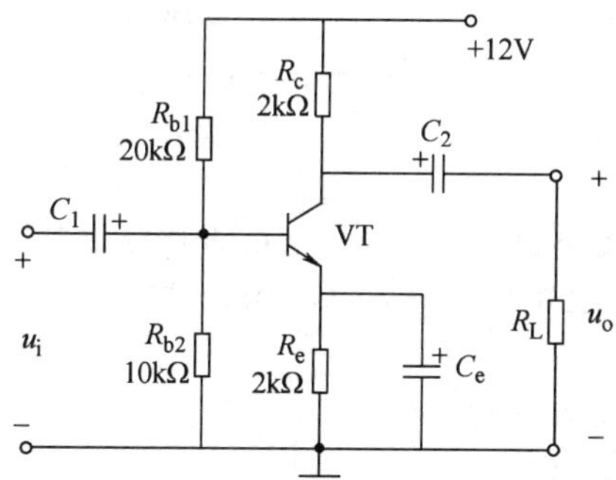

图 2-43　习题 2.8 电路图

2.9　两级放大电路如图 2-44 所示，$\beta_1=\beta_2=50$，$U_{BE1}=U_{BE2}=0.6V$，其他参数如图中标注。

（1）求各级电路的静态工作点。

（2）画出放大电路的微变等效电路。

（3）估算电路总的电压放大倍数 A_u。

（4）计算电路总的输入电阻 r_i 和总的输出电阻 r_o。

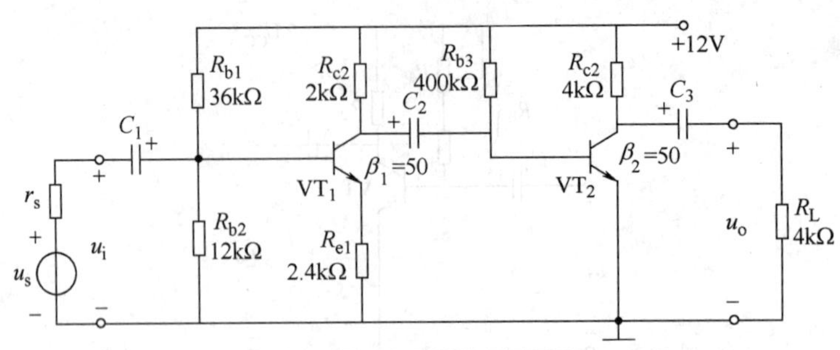

图 2-44 习题 2.9 电路图

2.10 已知电路如图 2-45 所示，VT_1 和 VT_2 的饱和管压降 $|U_{CES}|=3V$，$U_{CC}=15V$，$R_L=8\Omega$，选择正确答案填入空内。

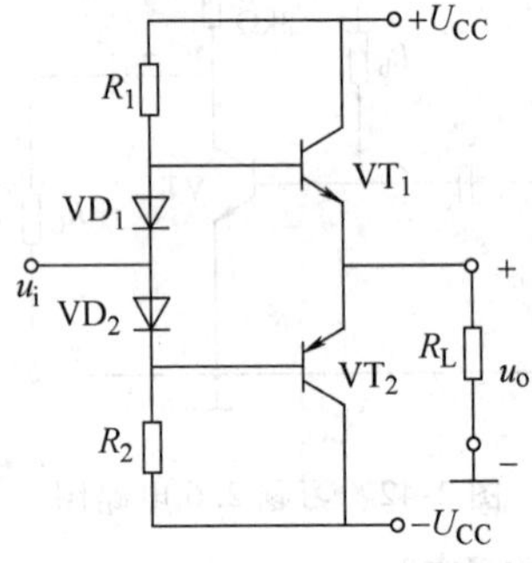

图 2-45 习题 2.10 电路图

(1) 电路中 VD_1 和 VD_2 的作用是消除____。

A. 饱和失真 B. 截止失真 C. 交越失真

(2) 静态时，晶体管发射极电位 U_{EQ}____。

A. >0V B. =0V C. <0V

(3) 最大输出功率 P_{OM}____。

A. ≈28W B. =18W C. =9W

(4) 当输入为正弦波时，若 R_1 虚焊，即开路，则输出电压____。

A. 为正弦波 B. 仅有正半波 C. 仅有负半波

(5) 若 VD_1 虚焊，则 VT_1 管____。

A. 可能因功耗过大烧坏 B. 始终饱和 C. 始终截止

2.11 在图 2-45 所示电路中，已知 $U_{CC}=16V$，$R_L=4\Omega$，VT_1 和 VT_2 的饱和管压降 $|U_{CES}|=2V$，输入电压足够大。试问：

(1) 最大输出功率 P_{om} 和效率 η 各为多少？

(2) 晶体管的最大功耗 P_{Tmax} 为多少？

(3) 为了使输出功率达到 P_{om}，输入电压的有效值约为多少？

2.12 在图 2-46 所示电路中，已知二极管的导通电压 $U_D=0.7V$，晶体管导通时的 $|U_{BE}|=0.7V$，VT_2 和 VT_4 发射极静态电位 $U_{EQ}=0V$。试求：

(1) VT_1、VT_3 和 VT_5 基极的静态电位各为多少？

(2) 设 $R_2=10k\Omega$，$R_3=100\Omega$。若 VT_1 和 VT_3 基极的静态电流可忽略不计，则 VT_5 集电极静态电流为多少？静态时 u_i = ?

(3) 若静态时 $i_{B1}>i_{B3}$，则应调节哪个参数可使 $i_{B1}=i_{B2}$？如何调节？

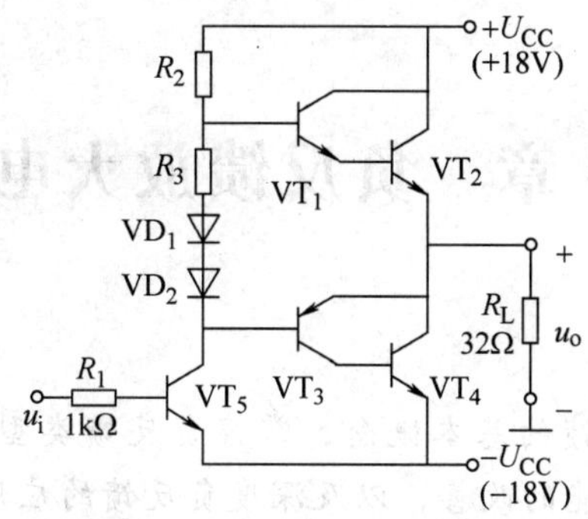

图 2-46　习题 2.12 电路图

（4）电路中二极管的个数可以是 1、2、3、4 吗？你认为哪个最合适？为什么？

2.13　OTL 电路如图 2-47 所示。试求：

（1）为了使最大不失真输出电压幅值最大，静态时 VT_2 和 VT_4 的发射极电位应为多少？若不合适，则一般应调节哪个元器件的参数？

（2）若 VT_2 和 VT_4 的饱和管压降 $|U_{CES}|=3V$，输入电压足够大，则电路的最大输出功率 P_{om} 和效率 η 各为多少？

（3）VT_2 和 VT_4 的 I_{CM}、$U_{(BR)CEO}$ 和 P_{CM} 应如何选择？

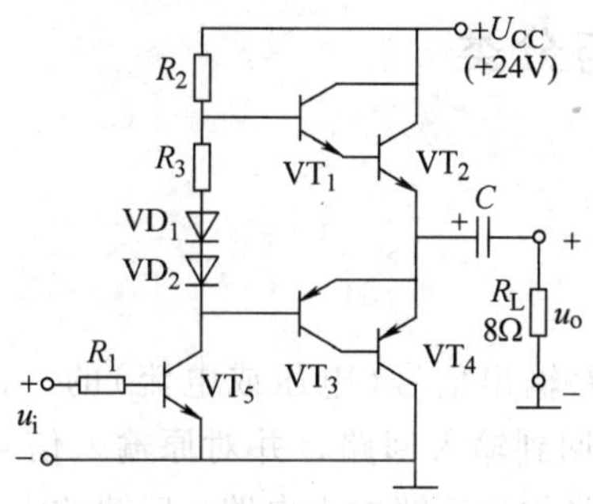

图 2-47　习题 2.13 电路图

第3章　负反馈放大电路

【本章学习要求】

理论：掌握放大电路负反馈的基本概念，掌握负反馈类型的判断；熟悉引入反馈的原则，了解负反馈对放大电路性能的改善，以及深度负反馈的应用。

技能：能应用负反馈技术改善电路性能，正确测试反馈电路参数，掌握电子音量控制电路的制作方法。

反馈在电子技术中有着十分广泛的应用，利用正反馈技术能构成各种振荡器，以获得不同波形和频率的信号源；利用负反馈技术能有效改善放大电路的交、直流性能。本章从反馈的概念及分类入手，讨论负反馈的类型及判断方法，分析负反馈对放大电路性能的改善以及引入反馈的一般原则，介绍深度负反馈的分析方法，最后以一个实用电子音量控制电路的分析为例，讨论负反馈技术的应用。

3.1　反馈的基本概念与分类

3.1.1　反馈的概念

1. 什么是反馈

在电子技术中，将放大电路输出信号(电压或电流)的一部分或全部，通过某些元件或网络(称为反馈网络)，反向送回到输入回路，并对原输入信号(电压或电流)产生影响的过程称为反馈。有反馈的放大电路称为反馈放大电路，反馈放大电路的框图如图3-1所示。

图中，基本放大电路是没有引进反馈的放大电路，用$\dot{A}$表示，信号传输方向如图中所示由左至右，正向传输；反馈网络用$\dot{F}$表示，信号传输方向如图中所示由右至左，反向传输，两者合起来就是引入反馈后的放大电路，称为反馈放大电路，用$\dot{A}_f$表示。符号⊗表示信号叠加；$\dot{X}_i$称为输入信号，由前级电路提供；$\dot{X}_f$称为反馈信号，是由反馈网络送回到输入回路的信号；$\dot{X}_{id}$称为净输入信号或有效控制信号；$\dot{X}_f$的“+”、“-”表示反馈信号与输入信号$\dot{X}_i$叠加时的瞬时极性；$\dot{X}_o$称为输出信号。通常，把输出信号的一部分取出的过程称为“取样”；把$\dot{X}_i$与$\dot{X}_f$的叠加过程称为“比较”。引入

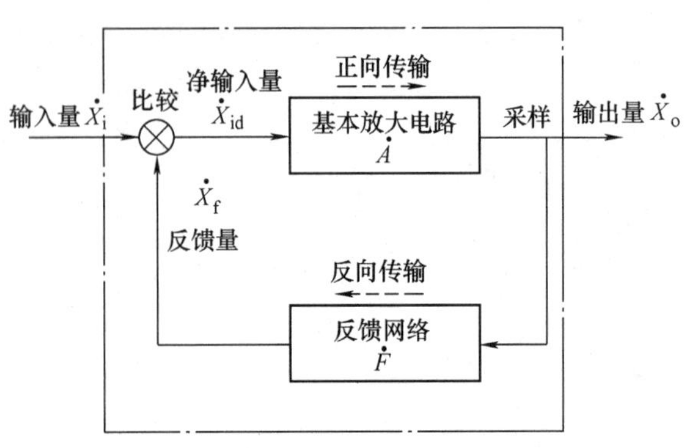

图3-1　反馈放大电路的框图

反馈后，按照信号的传输方向，基本放大电路和反馈网络构成一个闭合环路，所以把引入了反馈的放大电路称为闭环放大电路，而未引入反馈的放大电路称为开环放大电路。

在实用放大电路中，几乎都要引入这样或那样的反馈，以改善放大电路某些方面的性能。例如，第 2 章中的分压式偏置放大电路，正是引进了负反馈，才有效地稳定了静态工作点。图 3-2 所示的单管反馈放大电路，当温度升高时，由于分压的作用 U_B 恒定，会有如下负反馈过程：

$$T(℃)\uparrow \rightarrow I_C \uparrow \rightarrow I_E \uparrow \rightarrow U_{Re} \uparrow \rightarrow U_{BE} \downarrow \rightarrow I_B \downarrow \rightarrow I_C \uparrow$$

该电路的集电极电流 I_C 通过 R_e 的作用产生 U_{Re}，而 $U_{BE} = U_B - U_{Re}$，它与原 U_B 共同控制 U_{BE}，从而达到稳定集电极静态电流 I_C 的目的。

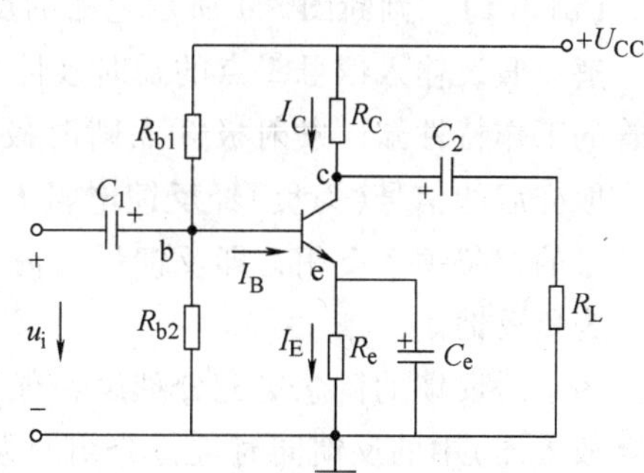

图 3-2　单管反馈放大电路

2. 判断电路是否引进反馈

根据反馈的定义，判断电路是否引进了反馈，主要从两个方面分析：

1）连接方式一：一端接于放大电路的输出回路，另一端接于放大电路的输入回路，用以将输出信号送回输入端。如图 3-3a 所示，图中电阻 R_f 一端接于输出端 a 点，另一端接于输入端 b 点，可见该电路引进了反馈，且 R_f 为反馈网络。

2）连接方式二：同时处于放大电路的输入回路和输出回路中。如图 3-3b 所示，图中的射极电阻 R_e，既有输入信号又有输出信号，因此，R_e 承担了将输出信号送回输入回路的作用。

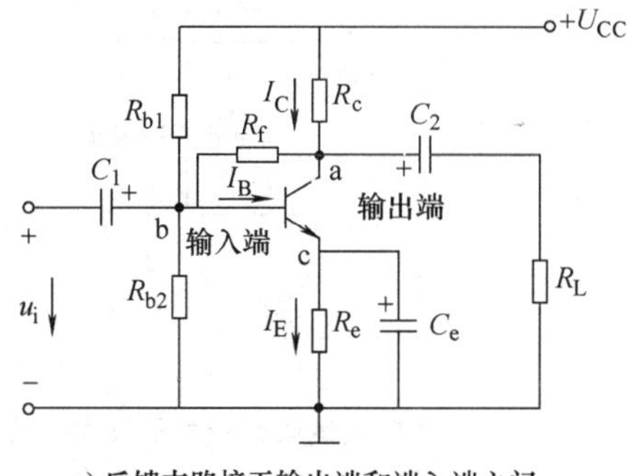

a) 反馈支路接于输出端和端入端之间

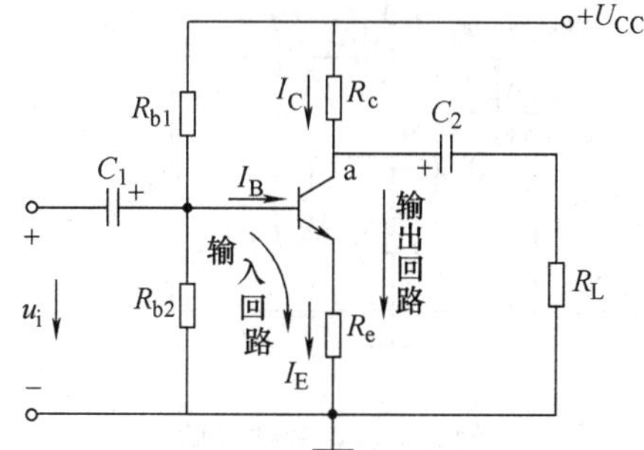

b) 反馈支路同时处于输出和输入回路中

图 3-3　电路中常见的两种反馈形式

3.1.2　反馈的分类

1. 正反馈和负反馈

根据反馈信号对输入信号作用的影响，反馈可分为正反馈和负反馈，通常称反馈极性。凡反馈量使放大电路净输入量得到增强的称为正反馈，使净输入量减弱的称为负反馈。对于分立元器件构成的电路，通常采用“瞬时极性法”来判断是正反馈还是负反馈，其判断步骤如下：

1）假设输入信号某一瞬时的极性，通常假设为正，表明该点的瞬时电位升高，在图中用(+)表示。

2）确定输出信号和反馈信号的瞬时极性。按照信号的传递途径及相位关系逐级标出有关点的瞬时电位是升高还是降低。升高用(+)表示，降低用(-)表示。

3）最后推出反馈信号的瞬时极性。分析净输入量的变化，如果反馈信号使净输入量增强，即为正反馈，反之为负反馈(由反馈信号与输入信号的连接情况分析)。

下面举例说明反馈极性的判断方法。

【例 3.1】 判断图 3-4 所示电路的反馈极性。

解：假设输入信号①点的瞬时极性为正，经电容 C_1 耦合后②点瞬时极性仍为正，由晶体管的工作特性知，发射极③点瞬时极性为正、集电极④点瞬时极性为负，④点即为输出端，取样后的信号(为负)经反馈电阻 R_f 送回到输入端⑤点与输入信号②点比较，输入与输出信号的相位关系反相，即反馈量与输入量叠加后削弱了净输入量，由此判断该电路引进的反馈为负反馈。

为了对反馈的概念更充分理解，现将分立元器件电路中的反馈与集成电路(主要是集成运算放大器)中的反馈同时进行介绍。为此，借用第 4 章介绍的集成运算放大器的符号来表示放大电路，简称集成运放，实际上它也代表一个放大电路，如图 3-5 所示。图中有一个输出端，两个输入端。u_o 为输出端；u_P 为同相输入端，有时也表示为 u_+，当输入信号从此端输入时，输出信号与输入信号极性相同；u_N 为反相输入端，有时也表示为 u_-，当输入信号从此端输入时，输出信号与输入信号极性相反。

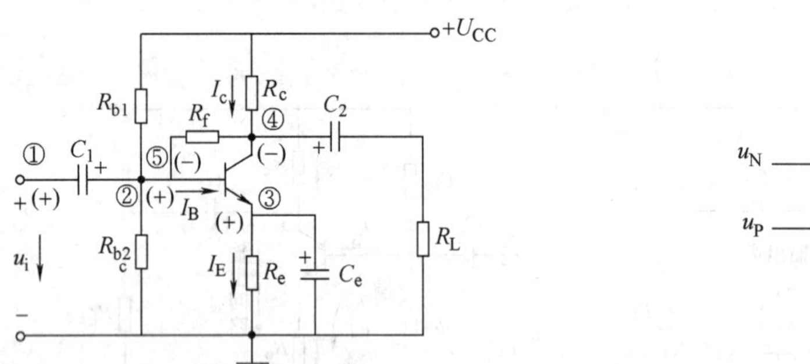

图 3-4 例 3.1 反馈极性判断

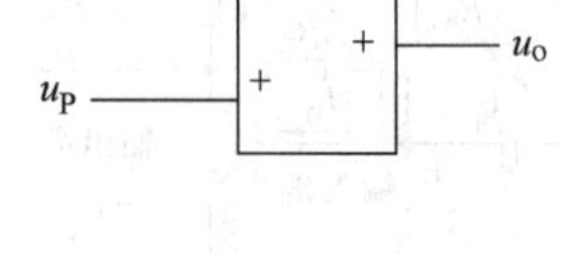

图 3-5 集成运放符号表示放大电路

对于由集成运放构成的放大电路，判断正反馈还是负反馈时“瞬时极性法”仍然适用。

【例 3.2】 判断图 3-6 所示集成运放电路的反馈极性。

解：图 3-6 所示，假定输入信号电压对地瞬时极性为递增(+)，由于输出端与输入端的极性相反，所以此时输出电压 u_o 的瞬时极性为(-)，输出的电压通过反馈支路 R_f 送回到输入端也为负，使得净输入量减小，因此判断该电路为负反馈。

反馈极性判断方法归纳：

1）反馈信号与输入信号在同一个端点时：两者瞬时极性相反为负反馈，如图 3-7a 所示；两者瞬时极性相同为正反馈，如图 3-7b 所示。

2）反馈信号与输入信号不在同一个端点时：两者瞬时极性相同为负反馈，如图 3-7c 所示；两者瞬时极性相反为正反馈，如图 3-7d 所示。

3）对于单级运放电路，反馈信号送回到反相输入端一定为负反馈，如图 3-7a 所示；反馈信号送回到同相输入端一定为正反馈，如图 3-7b、d 所示。

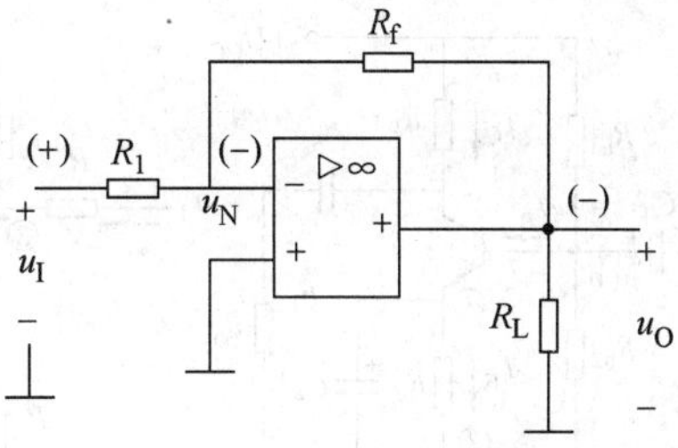

图 3-6　例 3.2 反馈极性判断

2. 直流反馈和交流反馈

如图 3-8a 所示，放大电路的反馈网络由电阻 R_e 承担，从图中可知发射极旁路电容 C_e 将交流信号接地，交流反馈不存在，仅在直流通路中引进了反馈，①、②点之间只有直流电流流过，产生直流反馈信号，仅对放大电路的静态工作点产生影响，称为直流反馈；如图 3-8b 所示，反馈支路③、④点之间只有交流信号才能通过，直流信号被电容 C_f 隔断，不存在直流反馈，放大电路仅在交流通路中引进了反馈，只影响放大电路的交流性能，称为交流反馈；如图 3-8c 所示，放大电路不仅在交流通路中引进了反馈，还在直流通路中也引进了反馈，影响放大电路的交流和直流性能，称为交、直流反馈，图中可知反馈支路⑤、⑥点之间电流流过电阻 R_f，可以同时反馈交流和直流信号。

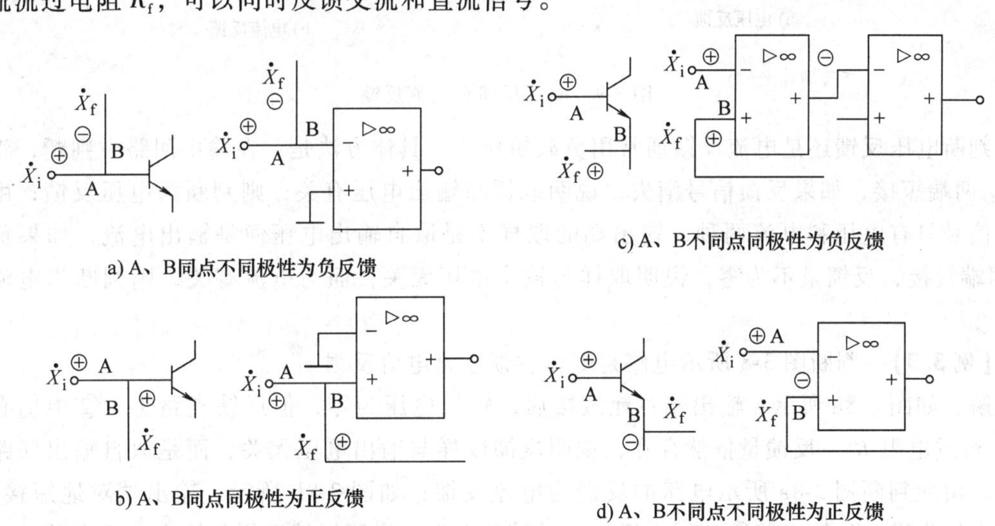

a) A、B同点不同极性为负反馈

b) A、B同点同极性为正反馈

c) A、B不同点同极性为负反馈

d) A、B不同点不同极性为正反馈

图 3-7　反馈极性判断方法归纳

3. 电压反馈和电流反馈

根据在输出回路中取样方式的不同，反馈可分为电压反馈和电流反馈。反馈信号取自输出电压，称为电压反馈，如图 3-9a 所示；反馈信号取自输出电流，称为电流反馈，如图 3-9b 所示。

需要指出的是，在电流反馈电路中，由于直接对电流取样不方便，因而通过间接方式完成对输出电流的取样。如让取样电流通过一个小电阻，把电阻两端电压反馈给输入回路，故称这个小电阻为取样电阻。反馈信号在形式上是电压信号，但这个电压与流过小电阻的电流（这里是输出电流）成正比，因而实质上反馈信号与输出电流成正比，反馈信号取自输出电流。

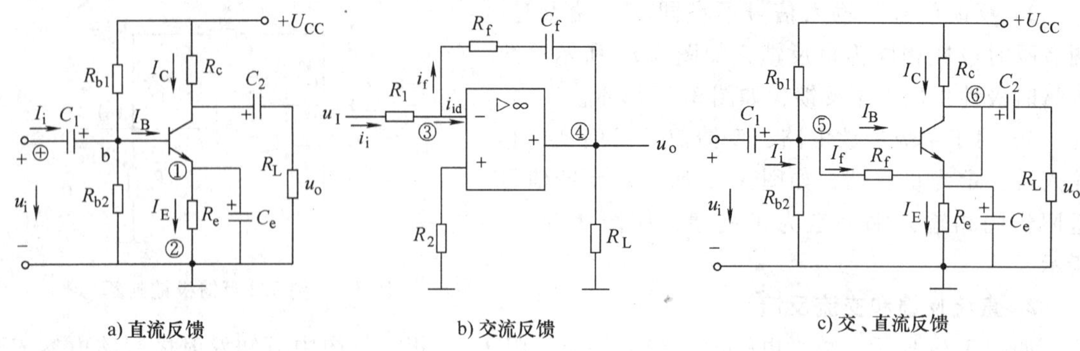

图 3-8　交流反馈和直流反馈

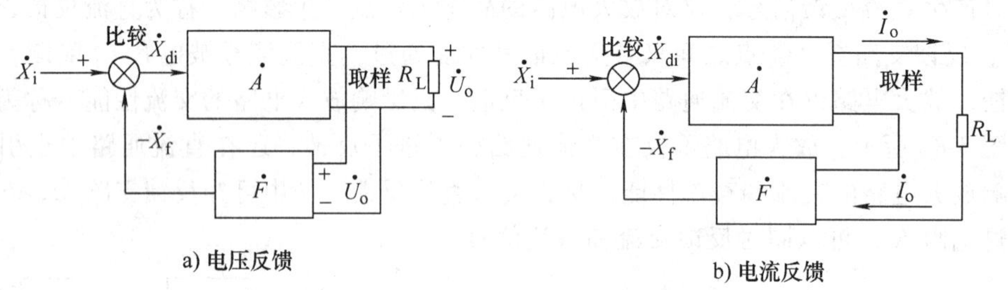

图 3-9　电压反馈和电流反馈

判断电压反馈还是电流反馈通常用负载短接法，具体方法是：在输出回路中判断，将负载 R_L 两端短接，如果反馈信号消失，说明取样与输出电压有关，则判断为电压反馈；由于输出信号只有电压和电流两种，输出端的取样不是取自输出电压便是输出电流，如果负载 R_L 两端短接，反馈量不为零，说明取样与输出电压无关，而与电流有关，则判断为电流反馈。

【例 3.3】 判断图 3-8 所示电路是电压反馈还是电流反馈。

解：如图 3-8a 所示，输出端对地短接后，输出电压为零，但反馈支路①、②中仍有电流 I_E 流过电阻 R_e，反馈量依然存在，说明反馈取样与输出电压无关，而是取自输出回路的电流，由此判断图 3-8a 所示电路的反馈为电流反馈；如图 3-8b 所示，输出端对地短接后，输出电压为零，反馈支路③、④中反馈信号随之消失，说明反馈取样与输出电压有关，由此判断图 3-8b 所示电路的反馈为电压反馈；同理可判断图 3-8c 所示电路的反馈亦为电压反馈。

电压反馈的重要特性是能稳定输出电压。无论反馈信号是以何种方式引回到输入端，实际上都是利用输出电压 u_o 本身通过反馈网络来对放大电路起自动调整作用的，这是电压反馈的实质。

电流反馈的重要特点是能稳定输出电流。无论反馈信号是以何种方式引回到输入端，实际都是利用输出电流 i_o 本身通过反馈网络来对放大电路起自动调整作用的，这就是电流反馈的实质。

4. 串联反馈和并联反馈

根据反馈信号在输入回路中与输入信号比较(叠加)方式的不同，反馈可分为串联反馈和并联反馈。如果反馈信号与输入信号不在一个节点上，必以电压的形式叠加，称为串联反馈，如图 3-10a 所示，输入电压为 $\dot{U}_i = \dot{U}_{id} + \dot{U}_f$；如果反馈信号与输入信号在同一个节点上，必以电流的形式叠加，称为并联反馈，如图 3-10b 所示，输入电流为 $\dot{I}_i = \dot{I}_{id} + \dot{I}_f$。

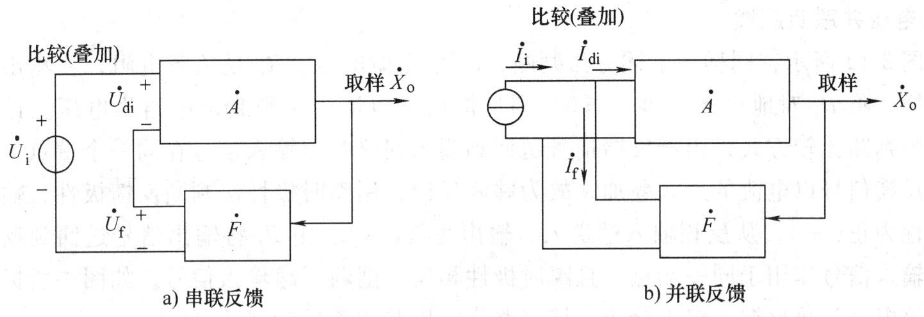

图 3-10　串联反馈和并联反馈

判断电路是串联反馈和并联反馈，应在输入回路中判断，举例说明。

【例 3.4】　判断图 3-8 所示电路是串联反馈还是并联反馈。

解：如图 3-8a 所示，反馈信号 $I_E R_e$ 送回到输入回路后，与输入回路信号叠加的反馈量是电压 U_{Re}，与净输入量 U_{be} 串联，即 $U_i = U_{be} + U_{Re}$，可见反馈信号与输入信号不在同一个端点，在输入回路是以电压形式叠加，由此判断图 3-8a 所示电路的反馈为串联反馈；如图 3-8b 所示，反馈信号 i_f 送回到输入回路后，与输入回路信号叠加的反馈量是电流 i_f，与净输入量 i_i 并联，即 $i_i = i_{id} + i_f$（此电路中，i_f 方向为假定方向，实际方向与之相反，为负反馈），即反馈信号与输入信号在同一个端点，在输入回路是以电流形式叠加，由此判断图 3-8b 所示电路的反馈为并联反馈；同理可判断图 3-8c 电路的反馈亦为并联反馈。

3.2　负反馈放大电路的类型及框图

3.2.1　负反馈类型以及判断方法

在实用放大电路中，几乎都要引入负反馈，以改善放大电路某些方面的性能。负反馈的类型又称反馈的组态。根据输出端的取样方式和输入端的连接方式不同，负反馈电路有四种不同组态，即电压串联负反馈、电压并联负反馈、电流串联负反馈、电流并联负反馈，下面分别介绍。

1. 电压串联负反馈

如图 3-11 所示，R_e 是反馈电阻，R_L 是负载电阻。在输出回路中判断取样，将 R_L 对地短接，即 $u_o = 0$，反馈信号也消失，判断该电路为电压反馈；在输入回路中判断比较方式，由于反馈信号送回到输入回路时与输入信号不在同一个端点上，输入信号与反馈信号以电压的形式叠加，故为串联反馈；用瞬时极性法判断反馈极性，输入信号瞬时极性为正（+），由于 PN 结的作用使得发射极 e 点瞬时极性也为正（+），反馈电压亦为正（+），但与输入信号作用于不同端点，且瞬时极性相同，削弱了净输入信号，如图中所标的各点极性，该电路为负反馈；综上分析，该电路为电压串联负反馈。

电压串联负反馈的特点：

① 由于是电压反馈，故能稳定输出电压。

② 由于是串联反馈，故能提高放大电路的输入电阻。

③ 由于是电压负反馈，故能降低放大电路的输出电阻。

2. 电压并联负反馈

如图 3-12 所示，同样用上述方法判断，R_f 是反馈电阻，R_L 是负载电阻，在输出回路中判断取样，将 R_L 对地短接，即 $u_o=0$，则反馈信号也消失，判断该电路为电压反馈；在输入回路中判断比较方式，由于反馈信号送回到输入回路时与输入信号在同一个端点上，输入信号与反馈信号以电流的形式叠加，故为并联反馈；用瞬时极性法判断反馈极性，输入信号瞬时极性为正(＋)，从反相输入端送入，输出为负(－)，由 R_f 将输出信号送回到反相输入端，与输入信号作用于同一端点，且瞬时极性相反，削弱了净输入信号，如图中所标的各点极性，该电路为负反馈。综上分析，该电路为电压并联负反馈。

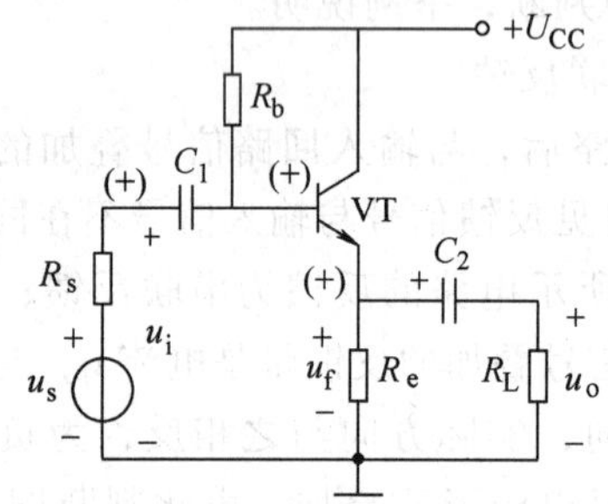

图 3-11　电压串联负反馈

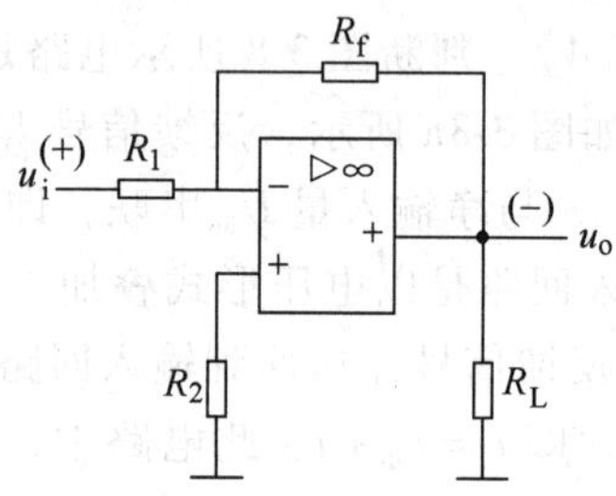

图 3-12　电压并联负反馈

电压并联负反馈的特点：

① 由于是电压反馈，故能稳定输出电压。

② 由于是并联反馈，故能降低放大电路的输入电阻。

③ 由于是电压负反馈，故能降低放大电路的输出电阻。

3. 电流串联负反馈

如图 3-13 所示，在输出回路中判断取样，将 R_L 对地短接，$u_o=0$，反馈信号依然存在，说明反馈取样与输出电压无关，判断该电路为电流反馈；在输入回路中判断比较方式，由于反馈信号送回到输入回路时与输入信号不在同一个端点上，输入信号与反馈信号以电压的形式叠加，故为串联反馈；用瞬时极性法判断反馈极性，输入信号瞬时极性为正(＋)，从同相输入端送入，输出为正(＋)，由 u_f 将输出信号送回到反相输入端，与输入信号作用于不同节点，且瞬时极性相同，削弱了净输入信号，如图中所标的各点极性，该电路为负反馈。综上分析，该电路为电流串联负反馈。

电流串联负反馈的特点：

① 由于是电流反馈，故能稳定输出电流。

② 由于是串联反馈，故能提高放大电路的输入电阻。

③　由于是电流负反馈，故能提高放大电路的输出电阻。

4. 电流并联负反馈

如图 3-14 所示，在输出回路中判断取样，将输出电压对地短接，即 $u_o=0$，反馈信号依然存在，说明反馈取样与输出电压无关，判断该电路为电流反馈；在输入回路中判断比较方式，由于反馈信号送回到输入回路时与输入信号在同一个端点上，输入信号与反馈信号以电流的形式叠加，故为并联反馈；用瞬时极性法判断反馈极性，输入信号瞬时极性为正(+)，由于 PN 结的作用使得 VT_1 的集电极 c 点瞬时极性相反为负(－)，VT_2 的发射极 e 点瞬时极性为负(－)，输出信号被送回到输入端，与输入信号作用于同一端点，且瞬时极性相反，削弱了净输入信号，如图中所标的各点极性，该电路为负反馈。综上分析，该电路为电流并联负反馈。

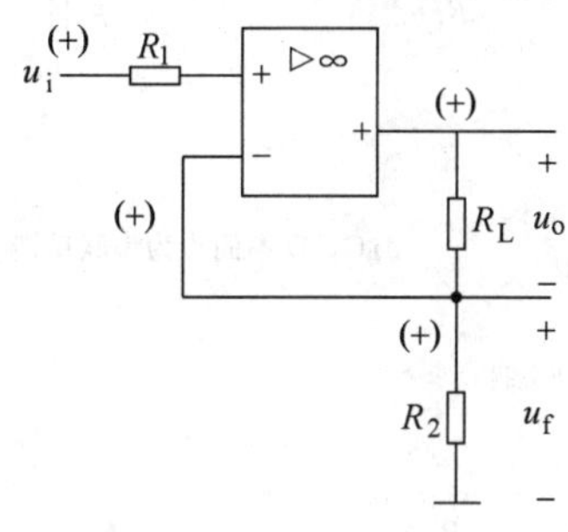

图 3-13　电流串联负反馈

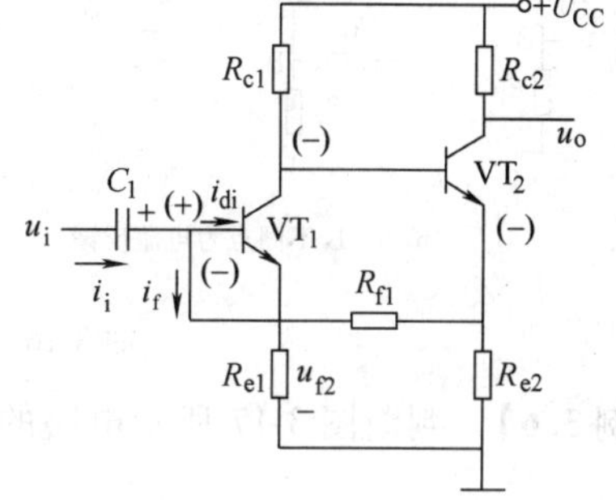

图 3-14　电流并联负反馈

电流并联负反馈的特点：

①　由于是电流反馈，故能稳定输出电流。

②　由于是并联反馈，故能降低放大电路的输入电阻。

③　由于是电流负反馈，故能提高放大电路的输出电阻。

【例 3.5】　判断图 3-15 所示电路的反馈类型。

解：从输出回路看，输出电压对地短接，反馈消失，说明反馈信号取自输出电压，故为电压反馈；从输入端看，反馈信号以电流形式与输入信号叠加，故为并联反馈；通过瞬时极性判断，反馈信号与输入信号作用在同一个端点，且瞬时极性相反，故为负反馈；该电路中交、直流均能通过，故为交、直流反馈。

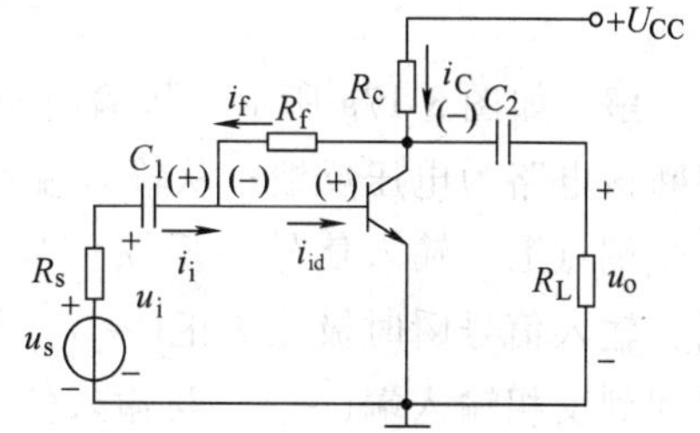

图 3-15　例 3.5 反馈类型判断

结论：该电路引进了交、直流电压并联负反馈。

负反馈类型判断方法归纳：

(1) 取样形式判断(确定电压、电流反馈) 从输出端取样点来看，若取样点与信号输出为同一点，一定为电压反馈；不在同一点为电流反馈，如图 3-16a、b 所示。

(2) 比较形式判断(确定串联、并联反馈) 从输入回路比较点来看，若比较点与信号输入为同一点，一定为并联反馈；不在同一点为串联反馈，如图 3-16c、d 所示。

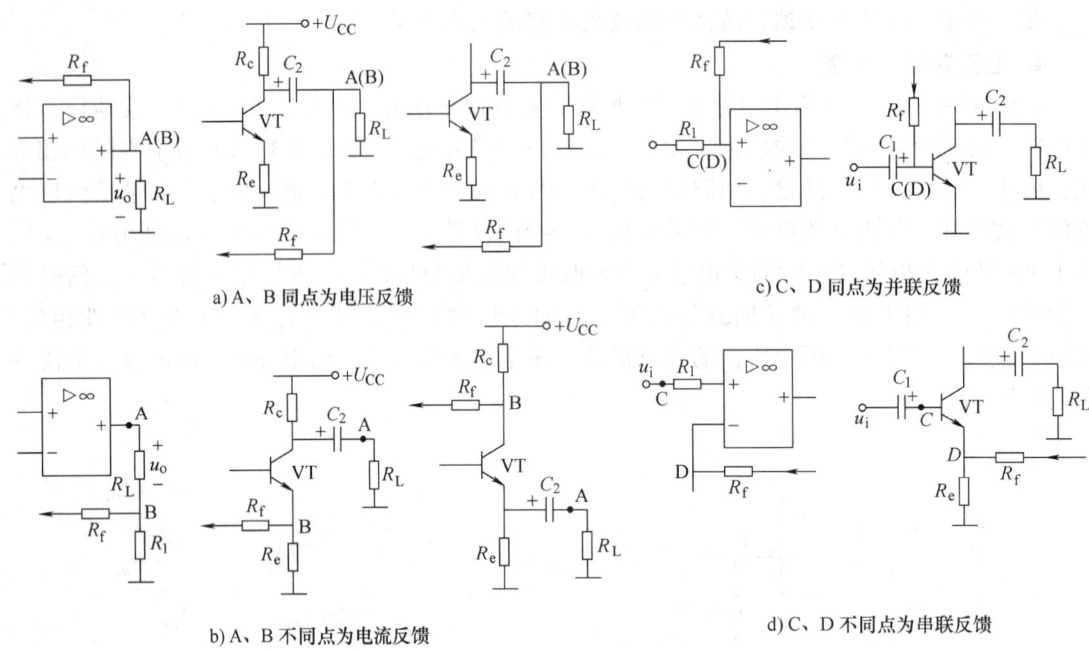

图 3-16 反馈类型判断方法归纳

【例 3.6】 判断图 3-17 所示电路的反馈类型。

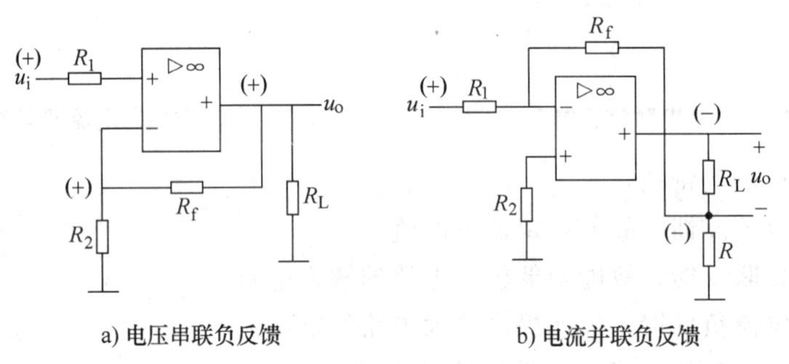

图 3-17 例 3.6 反馈类型判断

解：如图 3-17a 所示，从输出回路看，将 R_L 对地短接，即 $u_o=0$，则反馈信号也消失，判断该电路为电压反馈；从输入端看，由于反馈信号送回到输入回路时与输入信号不在同一个端点上，输入信号与反馈信号以电压的形式叠加，故为串联反馈；通过瞬时极性判断，输入信号瞬时极性为正(+)，从同相输入端送入，输出为正(+)，由 R_f 将输出信号送回到反相输入端(-)，与输入信号作用于不同端点，且瞬时极性相同，削弱了净输入信号，如图中所标的各点极性，该电路为负反馈。结论：该电路引进了交、直流电压串联负反馈。

如图 3-17b 所示，从输出回路看，输出电压对地短接，即 $u_o=0$，反馈信号依然存在，说明反馈取样与输出电压无关，判断该电路为电流反馈；从输入端看，反馈信号与输入在同一节点上，以电流形式叠加，故为并联反馈；通过瞬时极性判断，反馈信号与输入信号作用在同一个节点，且瞬时极性相反，故为负反馈。结论：该电路引进了交、直流电流并联负反馈。

3.2.2　负反馈放大电路的框图

负反馈放大电路的框图，如图 3-18 所示，图中$\dot{A}$表示基本放大电路，$\dot{F}$表示反馈网络，$\dot{X}_i$称为输入信号，$\dot{X}_f$称为反馈信号，$\dot{X}_o$称为输出信号，$\dot{X}_{id}$称为净输入信号或有效控制信号。

3.2.3　负反馈的基本关系式

负反馈放大电路框图所确定的基本关系式有：

净输入量：
$$\dot{X}_{id} = \dot{X}_i - \dot{X}_f \tag{3-1}$$

开环放大倍数：
$$\dot{A} = \dot{X}_o / \dot{X}_{id} \tag{3-2}$$

反馈系数：
$$\dot{F} = \dot{X}_f / \dot{X}_o \tag{3-3}$$

闭环放大倍数：
$$\dot{A}_f = \dot{X}_o / \dot{X}_i \tag{3-4}$$

将式(3-1)、(3-2)代入到式(3-4)，可得

$$\dot{A}_f = \frac{\dot{X}_o}{\dot{X}_i} = \frac{\dot{X}_o}{\dot{X}_{id} + \dot{X}_f} = \frac{\dot{A}\dot{X}_{id}}{\dot{X}_{id} + \dot{A}\dot{F}\dot{X}_{id}} = \frac{\dot{A}}{1 + \dot{A}\dot{F}} \tag{3-5}$$

式(3-5)表明闭环放大倍数$\dot{A}_f$比开环放大倍数$\dot{A}$小，且为原来的$1/(1+\dot{A}\dot{F})$，其中，$1+\dot{A}\dot{F}$称为反馈深度，它的大小反映了反馈的强弱，$1+\dot{A}\dot{F}$越大，反馈越深，$\dot{A}_f$就越小。

如果$1+\dot{A}\dot{F} \gg 1$，则一般认为反馈深度很深，称此时的反馈为深度反馈，则式(3-5)可化简为

$$\dot{A}_f = \frac{\dot{A}}{1 + \dot{A}\dot{F}} \approx \frac{\dot{A}}{\dot{A}\dot{F}} = \frac{1}{\dot{F}} \tag{3-6}$$

上式表明，放大电路一旦引入深度负反馈，其闭环放大倍数仅与反馈系数$\dot{F}$有关，而与放大电路本身的参数无关。

上述各量中，当信号为正弦量时，$\dot{X}_i$、$\dot{X}_f$、$\dot{X}_o$和$\dot{X}_{id}$为相量，$\dot{A}$和$\dot{F}$为复数。在中频段，为了表达简明，可以用实数表示。

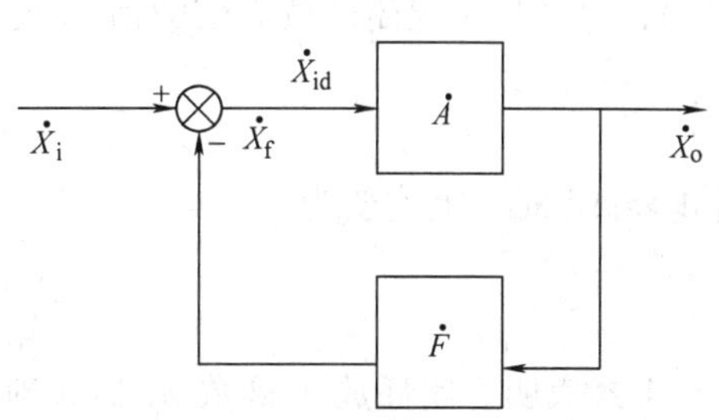

图 3-18　负反馈放大电路的框图

3.3 负反馈对放大电路性能的影响

3.3.1 减小非线性失真

如图3-19所示，虚线①、②为开环的输入输出信号。在开环放大电路中，当放大电路的静态工作点选择不当或输入信号幅度过大时，会使晶体管的动态工作范围进入非线性区域，造成输出信号的非线性失真，输出会得到正半周大、负半周小的失真波形，如图中曲线②所示，当引入负反馈后，将正半周大、负半周小的波形反馈到输入端，如曲线③所示，与输入信号叠加，由于负反馈的作用，使净输入信号削弱，成为正半周略小、负半周略大的波形，如曲线④所示，此信号再经过放大后便正好修正了输出波形的失真，如曲线⑤所示，输出波形得到了有效改善，说明电路引入负反馈后，有减小非线性失真的作用。

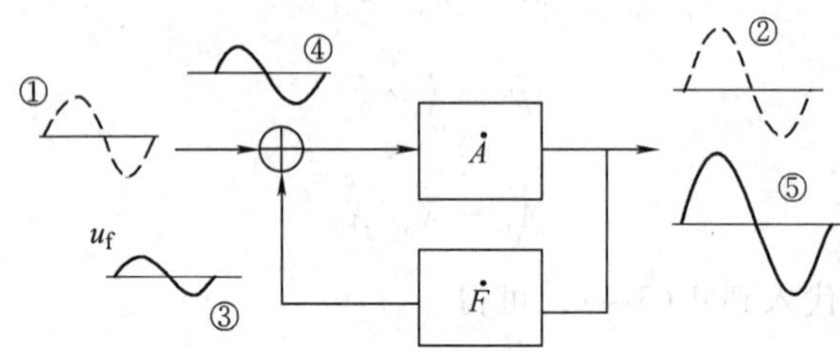

图3-19 减小非线性失真

注意： 如果输入信号本身是失真的，引入负反馈的方法将无效。

3.3.2 提高电路放大倍数的稳定性

一般来说，放大电路的开环放大倍数 A 是不稳定的，如环境温度的变化、元器件的老化和更换以及负载的变化等，都能致使电路元器件参数和放大电路的特性参数发生变化，因而导致放大电路放大倍数的改变。例如，晶体管的 β 随温度变化而变化，必然引起开环放大倍数 A 的变化，但此时闭环放大倍数 A_f 却是稳定的。为了定量地说明放大倍数的稳定性，通常用放大倍数的变化量来衡量。

在中频段，式(3-5)可表示为

$$A_f = \frac{A}{1 + AF} \tag{3-7}$$

由于某种原因，使开环放大倍数由 A 变化为$(A + \Delta A)$，变化量为 ΔA，相对变化量为 $\Delta A/A$，它必将引起闭环放大倍数由 A_f 变为$(A_f + \Delta A_f)$。在反馈系数 F 不变的情况下，可得

$$\frac{\Delta A_f}{A_f} = \frac{1}{1 + (A + \Delta A)F}\frac{\Delta A}{A} \tag{3-8}$$

当 $A >> \Delta A$ 时，上式变为

$$\frac{\Delta A_f}{A_f} = \frac{1}{1 + AF}\frac{\Delta A}{A} \tag{3-9}$$

上式表明，闭环放大倍数 A_f 的相对变化量 $\Delta A_f/A_f$，为开环放大倍数 A 的相对变化量 $\Delta A/A$ 的 $1/(1+AF)$倍。即负反馈使放大倍数降低为无反馈时的 $1/(1+AF)$倍，放大倍数的

稳定性却提高了 $1/(1+AF)$ 倍。

【例3.7】 已知某负反馈放大电路的开环放大倍数 $A=10000$，反馈系数 $F=0.01$，由于晶体管参数的变化使开环放大倍数减小了10%，试求变化后的闭环放大倍数 A_f 及其相对变化量。

解：晶体管参数变化后的开环放大倍数为

$$A = 10000 \times (1 - 10\%) = 9000$$

闭环放大倍数为

$$A_f = \frac{A}{1+AF} = \frac{9000}{1+9000\times 0.01} = 98.9$$

闭环放大倍数 A_f 的相对变化量为

$$\frac{\Delta A_f}{A_f} = \frac{1}{1+AF}\frac{\Delta A}{A} = \frac{1}{1+9000\times 0.01}\times 100\% = 0.11\%$$

由此可见，引入负反馈后，电压放大倍数下降，但其相对变化量却从10%减小到0.11%，大大地降低了变化量，从而提高了电压放大倍数的稳定性。

3.3.3　扩展通频带

根据对放大电路频率特性的分析可知，在阻容耦合放大电路中，由于电路电容因素的影响，在高频段和低频段放大电路的电压放大倍数都要随频率的增高或减小而下降。如果引入负反馈，则负反馈具有抑制放大倍数下降的作用。这样可使放大倍数在高频段或低频段下降的速度变缓，如图3-20所示，在频率变到 f_H 值时，开环放大倍数 A 下降了30%，闭环放大倍数 A_f 的下降却远小于30%，理论证明，负反馈放大电路的上限频率 f_{Hf} 为开环时上限频率的 $(1+AF)$ 倍，负反馈放大电路的下限频率 f_{Lf} 为开环时下限频率的 $1/(1+AF)$。上限频率增大，下限频率减小，因此，闭环电路的通频带大于开环，即负反馈能展宽放大电路的带宽。

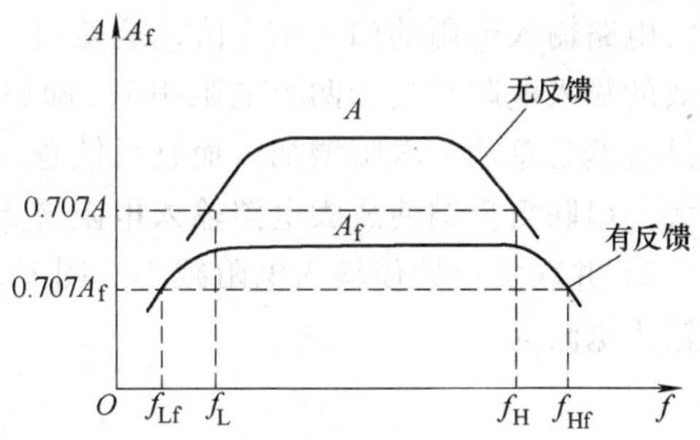

图3-20　扩宽同频带

一般，对于低频放大电路来说，有 $f_{Hf} >> f_{Lf}$，尤其是集成运算放大器，由于集成运放内部采用直接耦合，其下限频率可以看作0，因此对于低频放大电路可以有

$$B_W = f_{Hf} - f_{Lf} \approx f_{Hf} = |1+\dot{A}\dot{F}|\, f_H \approx |1+\dot{A}\dot{F}|\, B_W \tag{3-10}$$

通常，引入负反馈后，电压放大倍数下降了几倍，通频带就近似扩展了几倍。

3.3.4　改变放大电路的输入和输出电阻

引入负反馈后，放大电路的输入电阻和输出电阻都会有一些改变，具体的改变与反馈的类型有关。其中，比较方式的不同表现在放大电路的输入端，因此，比较方式影响反馈放大电路的输入电阻；取样方式的不同表现在放大电路的输出端，所以，取样方式影响放大电路的输出电阻。

（1）对输入电阻的影响　比较方式影响放大电路的输入电阻，而对输出电阻无影响。

1）串联负反馈使输入电阻增大。串联负反馈的框图如图 3-21a 所示。根据输入电阻的定义，基本放大电路的开环输入电阻为

$$r_i = \frac{u_{id}}{i_i}$$

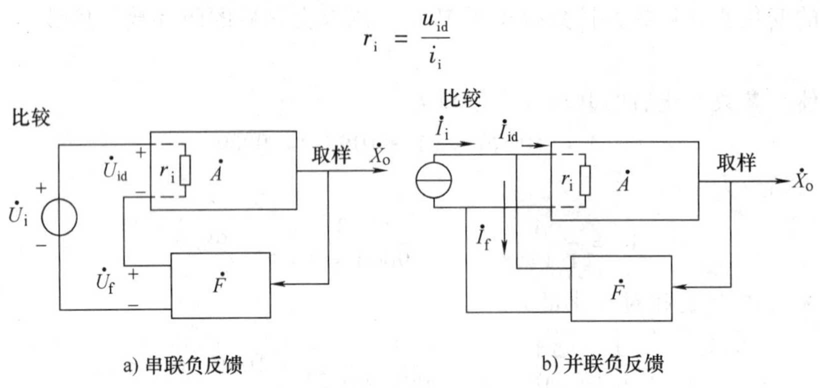

图 3-21 比较方式对输入电阻的影响

引入串联负反馈后的闭环输入电阻为

$$r_{if} = \frac{u_i}{i_i} = \frac{u_{id} + u_f}{i_i} = \frac{u_{id} + AFu_{id}}{i_i} = r_i(1 + AF)$$

上式表明，引入串联负反馈后，反馈放大电路的闭环输入电阻增大，并且为开环时基本放大电路输入电阻的$(1+AF)$倍，这是由于引入串联负反馈后，输入信号与反馈信号串联，等效的输入电阻相当于两个电阻串联（即原放大电路的开环输入电阻和反馈电阻串联），其结果必然是总输入电阻增加。而且反馈越深，输入电阻变得越大，理想情况下可以看成是无穷大。串联负反馈使放大电路输入电阻增大。

2）并联负反馈使输入电阻减小。图 3-21b 所示为并联负反馈的框图。基本放大电路的开环输入电阻为

$$r_i = \frac{u_i}{i_{id}}$$

引入负反馈后，闭环输入电阻 r_{if}为

$$r_{if} = \frac{u_i}{i_i} = \frac{u_i}{i_{id} + i_f} = \frac{u_i}{i_{id} + AFi_{id}} = r_i\frac{1}{1 + AF}$$

上式表明，引入并联负反馈后，反馈放大电路的闭环输入电阻减小，并且为开环时基本放大电路输入电阻的 $1/(1+AF)$倍，这是由于引入并联负反馈后，输入信号与反馈信号相并，等效的输入电阻相当于两个电阻并联（即原放大电路的开环输入电阻和反馈电阻并联），其结果必然是总输入电阻减小。而且反馈越深，输入电阻变得越小，理想情况下可以看成是零。

（2）对输出电阻的影响　取样方式影响放大电路的输出电阻，而对输入电阻无影响。

1）电压负反馈使输出电阻减小。如图 3-22a 所示，电压负反馈具有稳定输出电压的能力，而输出电压的恒定（比如在负载变化的时候）意味着输出电阻较小，因此电压反馈使放大电路的输出电阻减小。

根据电压负反馈的框图和输出电阻的定义，可以推导出闭环输出电阻的表达式为

$$r_{of} = \frac{1}{(1 + AF)}r_o$$

上式说明，引入电压负反馈后，反馈放大电路的闭环输出电阻减小，为开环时基本放大电路输出电阻的$1/(1+AF)$倍，这是由于引入电压负反馈后，输出信号与反馈信号相并，等效的输出电阻相当于两个电阻并联(即原放大电路的开环输出电阻和反馈电阻并联)，其结果必然是总输出电阻减小。而且反馈越深，输出电阻变得越小，理想情况下可以看成是零。

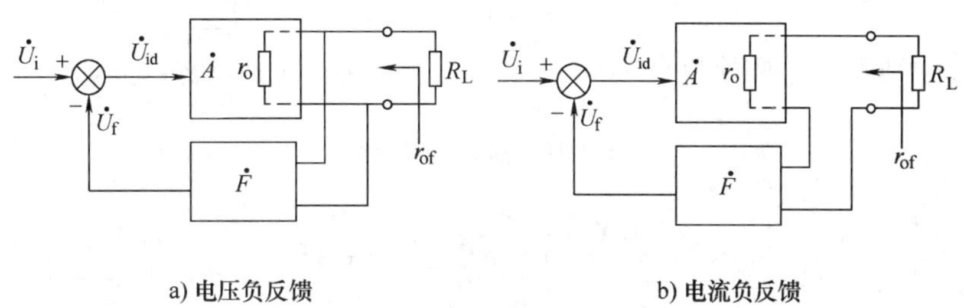

a) 电压负反馈　　b) 电流负反馈

图3-22　取样方式对输出电阻的影响

2）电流负反馈使放大电路的输出电阻增大。如图3-22b所示，电流负反馈具有稳定输出电流的作用，而输出电流的恒定(比如在负载变化的时候)意味着输出电阻较大，因此电流负反馈使放大电路输出电阻增大。同样，利用电流负反馈的框图和输出电阻的定义，可以推导出串联负反馈时闭环输出电阻的表达式为

$$r_{of}=r_o(1+AF)$$

上式说明，引入电流负反馈后，反馈放大电路的闭环输出电阻增大，为开环时基本放大电路输出电阻的$(1+AF)$倍，这是由于引入电流负反馈后，输出信号与反馈信号相串，等效的输出电阻相当于两个电阻串联(即原放大电路的开环输出电阻和反馈电阻串联)，其结果必然是总输出电阻增大。而且反馈越深，输出电阻变得越大，理想情况下可以看成是无穷大。

注意：以上讨论的负反馈放大电路的输入和输出电阻，并不影响反馈环路外的总电阻，也就是说，各种反馈仅影响反馈环路以内的电阻。图3-23所示放大电路的输入端口为并联反馈，在反馈深度足够的情况下，假设闭环输入电阻$r_{if}\to 0$，那么，整个放大电路的输入电阻r_i为电阻R_1与闭环输入电阻的串联，即$r_i=R_1+0=R_1$，可见整个放大电路的输入电阻并不为零，在实际应用中要加以注意。

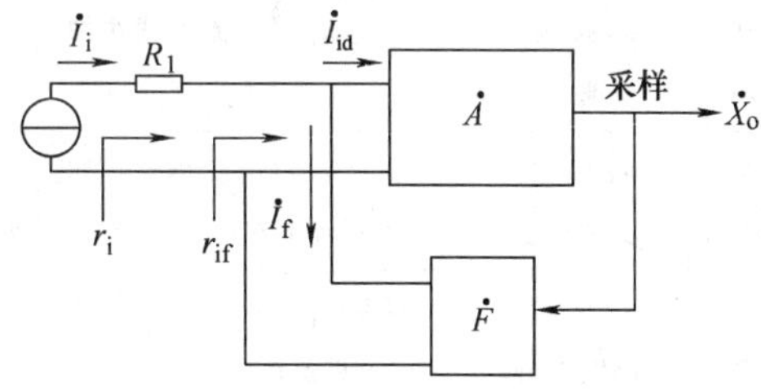

图3-23　放大电路输入电阻的计算

3.3.5　抑制内部干扰和噪声

如图3-24a所示，未引入负反馈时，放大器A_1和A_2之间进入一干扰信号X，令放大倍数A_1和A_2的乘积为A，利用叠加原理可求出此时输出量为

$$X_o=X_i'A+XA_2 \tag{3-11}$$

如图3-24b所示，电路引入负反馈后，有同样的干扰信号时，输出量为

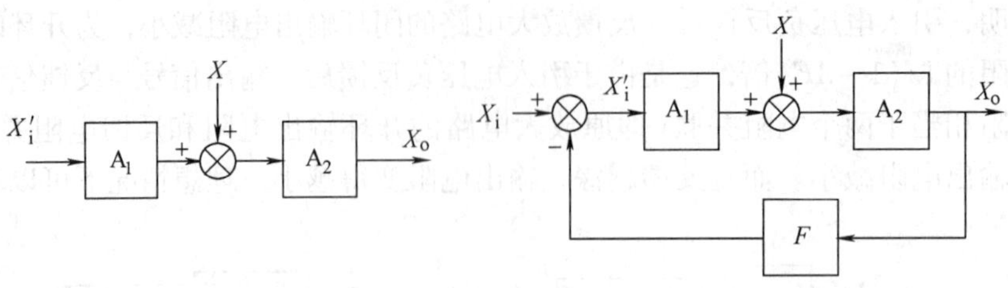

图 3-24 抑制内部干扰

$$X_o = X_i \cdot \frac{A}{1 + AF} + X\frac{A_2}{1 + AF}$$

$$= X'_i A + X\frac{A_2}{1 + AF} \tag{3-12}$$

比较(3-11)、(3-12)两式，可见引入负反馈后，输出量中的干扰部分减小到原来的 1/(1+AF)。

综上所述，负反馈放大电路以放大倍数为代价，换来了对电路诸多性能的改善，因此，在实际的放大电路中，几乎无一不采用负反馈。下面将四种组态的负反馈放大电路性能列于表 3-1 中，便于读者比较和应用。

表 3-1 四种组态负反馈放大电路的性能

反馈类型	判断方法		信号连接特点		输入电阻	输出电阻	适合信号源	稳定输出量	用途
	取样方式（看输出回路）	比较方式（看输入回路）	输出端	输入端					
电压串联	u_o 接地，反馈消失	u_f 与 u_i 以电压形式叠加（两者不在同一端点）	u_f 与 u_o 并联	u_f 与 u_i 串联	大	小	低内阻电压源	电压	输入级电压放大
电压并联	u_o 接地，反馈消失	u_f 与 u_i 以电流形式叠加（两者在同一端点）	u_f 与 u_o 并联	i_f 与 i_i 并联	小	小	高内阻电流源	电压	中间级放大或 i-u 变换
电流串联	u_o 接地，反馈存在	u_f 与 u_i 以电压形式叠加（两者不在同一端点）	u_f 与 u_o 串联	u_f 与 u_i 串联	大	大	低内阻电压源	电流	输入级放大或 u-i 变换
电流并联	u_o 接地，反馈存在	u_f 与 u_i 以电流形式叠加（两者在同一端点）	u_f 与 u_o 串联	i_f 与 i_i 并联	小	大	高内阻电流源	电流	电流放大

3.4 深度负反馈放大电路

3.4.1 深度负反馈的特点

反馈深度 $1+AF$ 是衡量负反馈程度的重要指标，$1+AF$ 越大，负反馈的程度就越深。因此规定，当 $1+AF \gg 1$（一般取 $1+AF>10$）时的负反馈为深度负反馈，此时，由于 $1+AF \approx AF$，因此闭环放大倍数的表达式可近似为

$$A_f = \frac{A}{1 + AF} \approx \frac{A}{AF} = \frac{1}{F} \tag{3-13}$$

1）由式(3-13)可知，深度负反馈的闭环增益 A_f 只由反馈系数 F 来决定，而与开环增益几乎无关。

2）外加输入信号近似等于反馈信号，由式(3-13)可知：

$$A_f = X_o/X_i \approx 1/F$$

则有

$$X_o \approx X_i/F$$

又因

$$X_f = FX_o$$

即

$$X_o = X_f/F$$

$$\frac{X_o}{X_i} \approx \frac{X_o}{X_f}$$

所以

$$X_i \approx X_f$$

上式表明，在深度负反馈条件下，由于 $X_i \approx X_f$，则有 $X_{id} \approx 0$，即净输入量近似为零。对于串联型反馈，取输入电压与反馈电压近似相等，即 $U_i \approx U_f$，因而 $U_{id} \approx 0$；对于并联型反馈，取输入电流与反馈电流近似相等，即 $I_i \approx I_f$，因而 $I_{id} \approx 0$，$U_{id} \approx 0$。

3）闭环输入电阻和输出电阻近似看成零或无穷大。

串联负反馈放大电路的输入电阻为：$R_{if} = R_i(1+AF)$，深度串联负反馈时，$R_{if} \to \infty$。

并联负反馈放大电路的输入电阻为：$R_{if} = R_i/(1+AF)$，深度并联负反馈时，$R_{if} \approx 0$。

电压负反馈放大电路的输出电阻为：$R_{of} = R_o/(1+AF)$，深度电压负反馈时，$R_{of} \approx 0$。

电流负反馈放大电路的输出电阻为：$R_{of} = R_o(1+AF)$，深度电流负反馈时，$R_{of} \to \infty$。

※3.4.2 深度负反馈的分析方法

本节通过实例对深度负反馈电路的参数进行分析和计算（包括电压放大倍数、输入电阻、输出电阻），这些分析均是对放大电路的交流通路而言。

1. 电压串联负反馈

【例3.8】 利用深度负反馈的近似条件，估算图3-25所示电路的闭环电压放大倍数、输入电阻和输出电阻。

解： ① 电压放大倍数：由图3-25知，反馈电阻 R_f、R_{e1} 和反馈电容 C_f 构成了级间交流反馈，判断为电压串联负反馈。根据深度负反馈特点可得：$u_i \approx u_f$，$u_{id} \approx 0$，反馈电压 u_f 取的是射极电阻 R_{e1} 对输出电压 u_o 的分压，即

$$u_f = u_{Re1} = \frac{R_{e1}}{R_f + R_{e1}} u_o$$

对于晶体管来说，u_{id} 就是晶体管的发射结压降，所以有 $u_{be} = u_{id} \approx 0$，则

$$u_i \approx u_f = u_{Re1} = \frac{R_{e1}}{R_f + R_{e1}} u_o$$

可求出闭环电压放大倍数为

$$A_{uf} = \frac{u_o}{u_i} = 1 + \frac{R_f}{R_{e1}}$$

可见，深度电压串联负反馈放大倍数与内部参数无关。

② 输入电阻：输入电阻为

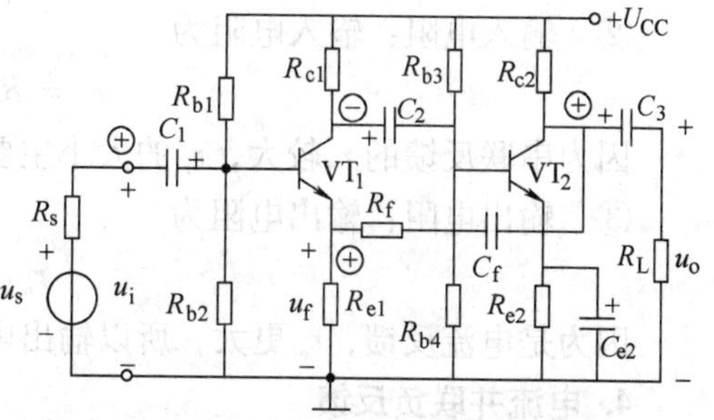

图3-25 例3.8深度电压串联负反馈电路

$$r_i = R_{b1} /\!/ R_{b2} /\!/ r_{if}$$

因为是串联反馈，所以 r_{if} 较大。r_i 主要由 $R_{b1} /\!/ R_{b2}$ 决定。

③ 输出电阻：输出电阻为

$$r_o = R_{c2} /\!/ r_{of} \to 0$$

因为电压串联负反馈放大电路的输入电阻高，对输入电压信号源的衰减小，输出电阻小，带负载能力强，所以这种负反馈组态的应用最广泛。

2. 电压并联负反馈

【例 3.9】 利用深度负反馈的近似条件，估算图 3-26 所示电路的闭环电压放大倍数。

解：图 3-26 中的反馈电阻 R_f 构成了电压并联负反馈。对于电压并联负反馈，在输入端有 $i_i \approx i_F$，$i_{id} \approx 0$，反馈电阻上的电流就是反馈电流。

对于晶体管来说，i_{id} 就是晶体管的基极输入电流，所以有 $i_b \approx 0$，则有

$$\frac{u_i - 0}{R_1} = i_i \approx i_f = \frac{0 - u_o}{R_f}$$

由此可求出闭环电压放大倍数为

$$A_{uf} = \frac{u_o}{u_i} = -\frac{R_f}{R_1}$$

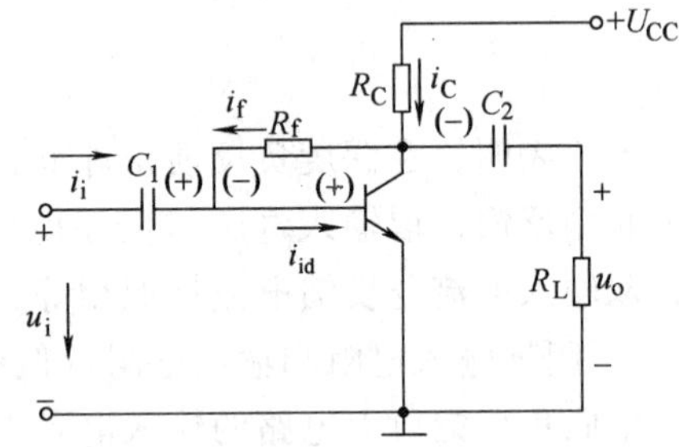

图 3-26 例 3.9 深度电压并联负反馈电路

3. 电流串联负反馈

【例 3.10】 利用深度负反馈的近似条件估算图 3-27 所示电路的闭环电压放大倍数和输入、输出电阻。

解：图 3-27 所示为电流串联负反馈电路，根据深度负反馈特点可得：

① 电压放大倍数：对于电流串联负反馈，在输入端有 $u_i \approx u_f$，$u_{id} \approx 0$，反馈电压 u_f 为射极电阻上的压降。

对于晶体管来说，u_{id} 就是晶体管的发射结压降，所以有：

$$u_f = u_{Re} = i_e R_e \approx i_o R_e$$

$$A_{uf} = \frac{u_o}{u_i} = \frac{-i_o(R_c /\!/ R_L)}{i_e R_e} = -\frac{R_c /\!/ R_L}{R_e}$$

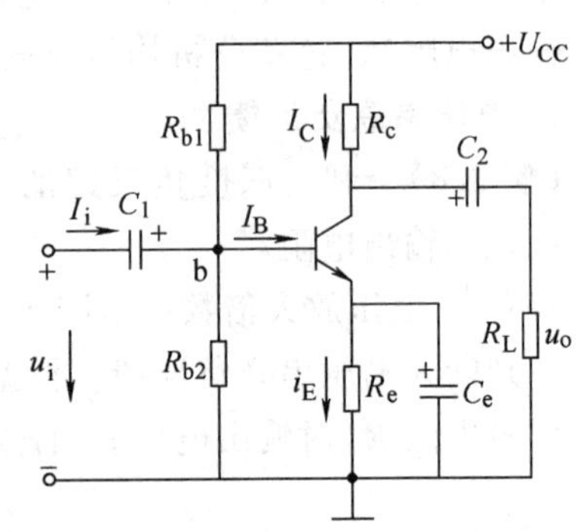

图 3-27 例 3.10 深度电流串联负反馈电路

② 输入电阻：输入电阻为

$$r_i = R_{b1} /\!/ R_{b2} /\!/ r_{if}$$

因为串联反馈的 r_{if} 较大，r_i 的大小主要取决于 $R_{b1} /\!/ R_{b2}$。

③ 输出电阻：输出电阻为

$$r_o = R_c /\!/ r_{of}$$

因为是电流反馈，r_{of} 更大，所以输出电阻为 R_c。

4. 电流并联负反馈

【例 3.11】 估算图 3-28 所示电路的闭环电压放大倍数。

解：图3-28中的反馈电阻 R_f 构成了电流并联负反馈。根据深度负反馈特点可得：

在输入端有 $i_i \approx i_f$，$i_{id} \approx 0$，流过反馈电阻 R_f 的电流就是反馈电流。深度负反馈时，晶体管的基极输入电流 $i_b \approx 0$，则

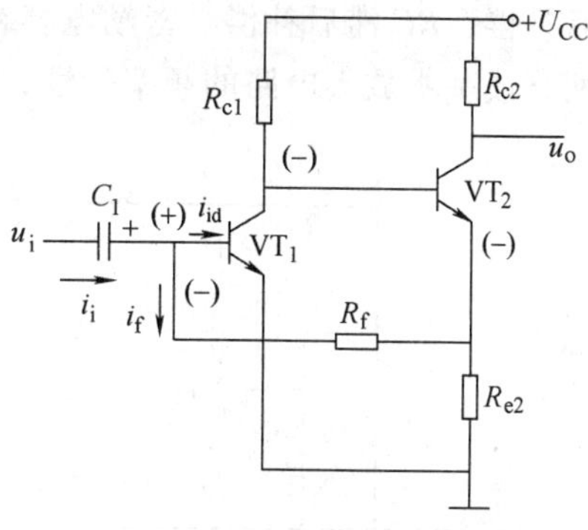

图3-28 例3.11 深度电流并联负反馈电路

$$\frac{u_i}{R_1} = I_i \approx I_f$$

而反馈电流 I_f 可表示为

$$I_f \approx \frac{R_{e2}}{R_{e2} + R_f} I_{e2} \approx \frac{R_{e2}}{R_{e2} + R_f} I_o$$

$$= \frac{R_{e2}}{R_{e2} + R_f} \frac{U_o}{R_{e2}} = \frac{U_o}{R_{e2} + R_f}$$

故闭环电压放大倍数为

$$A_{uf} = \frac{U_o}{U_i} = \frac{R_{e2} + R_f}{R_{e2}} \frac{R_{e2}}{R_1}$$

电流并联负反馈放大电路的输出电阻高，具有稳定输出电流的作用。输出电流为

$$I_o \approx I_{e2} = I_f + I_{Re2} = I_f + \frac{R_f}{R_{e2}} I_f$$

$$= \left(1 + \frac{R_f}{R_{e2}}\right) I_f \approx \left(1 + \frac{R_f}{R_{e2}}\right) I_i$$

可见电流并联负反馈放大电路的输出电流与输入电流成比例，与负载参数无关，在电子电路中，可以作为电流—电流放大电路使用。

3.5 负反馈放大电路的稳定与引入负反馈的原则

3.5.1 负反馈放大电路的稳定

1. 负反馈电路的自激振荡

引入负反馈能有效地改善放大电路的工作性能，改善程度取决于反馈深度。但值得注意的是，这种改善是有限度的，切不可盲目加深负反馈，因为过度加深负反馈可能使放大电路产生自激振荡。由式(3-5)可知，反馈深度 $|1 + \dot{A}\dot{F}| = 0$ 时，有 $|\dot{A}_f| \to \infty$，说明既使放大电路在输入端没有输入信号时，输出端也会产生一定频率和幅度的信号，这种现象称为自激，又称自激振荡。自激振荡的产生会使放大电路工作不稳定，实质上此时附加相移使负反馈变成了正反馈，产生自激的放大电路会妨碍正常信号的放大，使工作状态不稳定，除振荡电路外，一般应设法消除或避免自激。

通过分析可知，产生自激的条件是 $|1 + \dot{A}\dot{F}| = 0$（或 $\dot{A}\dot{F} = -1$），要消除自激，就应设法破坏自激的条件。

2. 负反馈放大电路自激振荡的消除方法

（1）高频自激振荡的消除　在电路中加入 C，或 R、C 元件进行相位补偿，改变电路的

高频特性，从而破坏自激条件。图 3-29 所示为滞后补偿法消除高频自激振荡，分别为电容滞后补偿、*RC* 滞后补偿、密勒电容补偿。图 3-30 所示为超前补偿法，加入补偿电容改变反馈网络或基本放大电路的频率特性，使反馈电压的相位超前于输出电压。

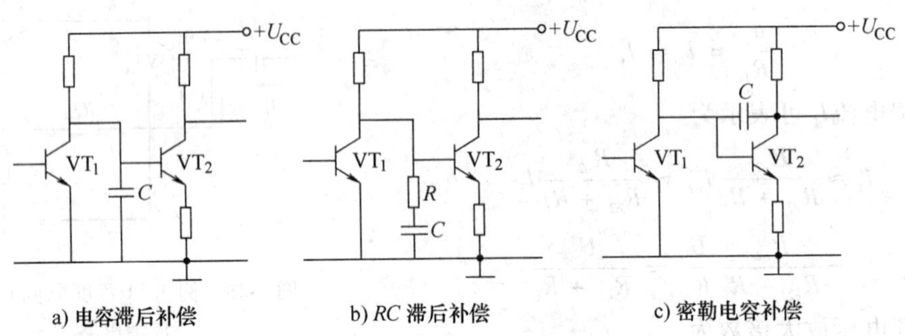

图 3-29 滞后补偿法消除高频自激振荡

（2）低频自激振荡的消除　低频自激振荡一般是由直流电源耦合引起的，所以消除低频自激的方法有两种：一是采用低内阻的稳压电源；二是在电路的电源进线处加去耦电路，如图 3-31 所示。图中 C_1 选小容量的无感电容，用以滤除高频，C_2 选大容量的电解电容，用以滤除低频，*R* 选用几百至几千欧姆的电阻。

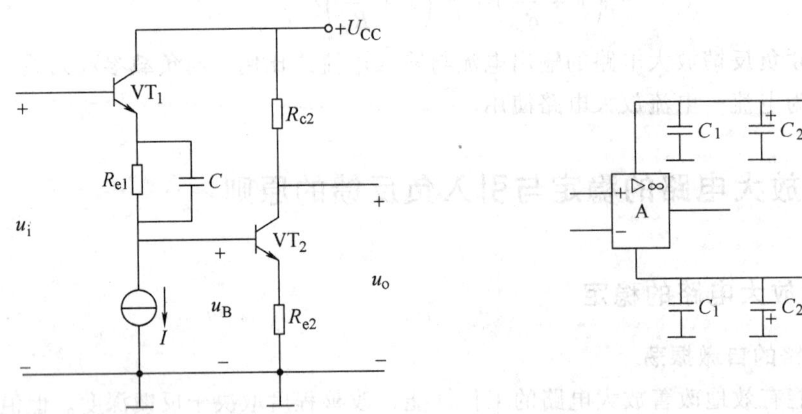

图 3-30 超前补偿法消除高频自激振荡　　　　图 3-31 电源去耦电路

3.5.2 放大电路引入负反馈的原则

不同的反馈类型对放大电路性能的影响大不相同。在实际的电子电路中，要求对不同性能的放大电路，必须根据不同的情况，选用不同类型的负反馈，引入负反馈的一般原则归纳如下：

（1）交直流反馈　如需改善交流性能（如放大倍数的稳定性、通频带、失真、输入电阻和输出电阻），应引入交流负反馈；如需稳定直流量（如静态工作点），应引入直流负反馈。

（2）稳定输出电量　如需稳定输出电压，应引进电压负反馈；如需稳定输出电流，应引入电流负反馈。

(3) 改善输入电阻　如需提高输入电阻，应引入串联负反馈；如需减小输入电阻，应引入并联负反馈。

(4) 改善输出电阻　如需减小输出电阻，应引入电压负反馈；如需提高输出电阻，应引入电流负反馈。

(5) 提高反馈性能　在信号源为电压源时，应引入串联负反馈；在信号源为电流源时，应引入并联负反馈。另外，要想性能改善明显，反馈深度要足够大，但并非反馈深度越大越好。

3.6　负反馈放大电路技能训练

3.6.1　技能训练综述

本技能训练为制作电子音量控制器。电子音量控制器又称压控增益器。它是一种增益受电压控制的电路。本电路通过对音量电位器 R_P 动片的滑动，使恒流管 VT_3 的集电极和发射极之间内阻发生变化，达到调节反馈量的目的，从而实现对电路音量的控制。该电路广泛用于广播电台调音控制、音响自动控制等音量控制应用中。其电路原理图如图 3-32 所示。

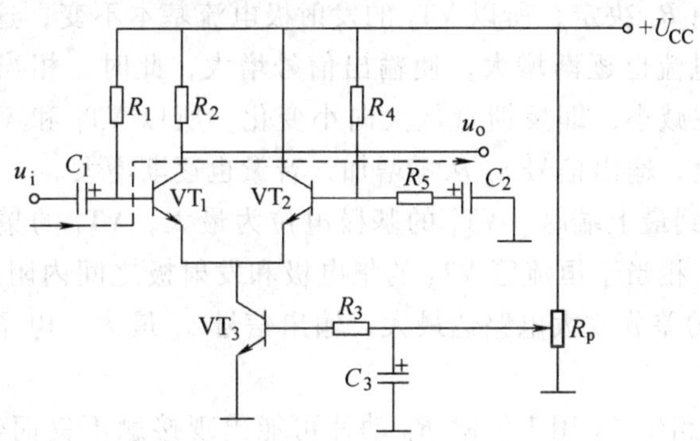

图 3-32　电子音量控制器电路原理图

3.6.2　技能训练目的

在制作电子音量控制器之前，要熟悉负反馈放大电路的原理；了解负反馈对放大电路性能的改善；熟练掌握负反馈对放大电路性能的影响；了解电子音量控制电路基本结构和工作原理及性能。

在掌握了电子音量控制器的相关理论知识后，根据电子音量控制器电路原理制作实物时，应掌握以下技能：

1）掌握电子音量控制器电路工作原理。

2）能正确选用元器件，并能用万用表等仪器对各种基本元器件性能进行检测。

3）了解设计制作电子音量控制器电路板过程，能制作安装电子音量控制器（用万用板焊接，或者面包板插接）。

4）根据电路情况调整电路反馈参数。

5）利用示波器等仪器对焊接安装好的电子音量控制器进行调试及故障排除。

3.6.3 电子音量控制器电路的工作原理

如图 3-32 所示，VT_1、VT_2 构成差分放大电路(将在第 4 章中介绍)，VT_3 为 VT_1 和 VT_2 发射极回路恒流管，构成可控的负反馈电路，不难判断，恒流管 VT_3 的集电极和发射极之间的内阻是差分放大管 VT_1 和 VT_2 共同的发射极负反馈电阻，该电路引入了电流串联负反馈。由于该电路为恒流源差分放大电路，其共模抑制比可达到 60 ~ 120dB。R_P 是音量电位器，u_i 为音频输入信号，u_o 为经过电子音量控制器控制后的输出信号。该电路的音频信号传输线路为：音频信号 u_i 经 C_1 耦合，加到差分放大电路的 VT_1 管基极，经放大和控制后从 VT_1 的集电极输出。信号传输线路如图中虚线所示。

1) VT_1 和 VT_2 发射极电流之和等于 VT_3 的集电极电流，而 VT_3 的集电极电流受 R_P 动片控制。

① 当 R_P 动片滑到最下端时，VT_3 的基极电位为 0V，其集电极电流为零，VT_1 和 VT_2 截止，此时，相当于恒流管 VT_3 的集电极和发射极之间内阻无穷大，即反馈量无穷大，所以 VT_1 和 VT_2 构成的差分放大电路此时无放大能力，输出信号 u_o = 0V，电子音量控制器处于音量关死状态。

② 当 R_P 动片从最下端向上端滑动时，VT_3 的基极电位增大，基极和集电极电流增大，由于 VT_2 的基极电流由 R_4 决定，所以 VT_2 的发射极电流基本不变，这样 VT_3 集电极电流增大导致 VT_1 发射基极电流也逐渐增大，使输出信号增大，此时，相当于恒流管 VT_3 的集电极和发射极之间内阻在减小，即反馈量从大向小变化，所以 VT_1 和 VT_2 构成的差分放大电路的放大能力逐渐增大，输出信号 u_o 从零增加，音量也逐渐增大。

③ 当 R_P 动片滑到最上端时，VT_3 的基极电位为最大，VT_3 的集电极电流和 VT_1 的发射极电流最大，此时，相当于恒流管 VT_3 的集电极和发射极之间内阻最小，即反馈量最小，所以 VT_1 和 VT_2 构成的差分放大电路达最大，输出信号 u_o 最大，电子音量控制器处于最大音量状态。

2) C_3 的作用：电路中 C_3 用来消除 R_P 动片可能出现接触不良而带来的噪声，当 R_P 动片发生接触不良时，由于 C_3 两端的电压不能突变，这样就保证了加到 VT_3 基极电压较为平稳，达到了消除因 R_P 动片接触不良而带来的噪声。另外，从电路中看，音频信号只经过 VT_1 传输而不经过 R_P。

3.6.4 电子音量控制器电路的制作

1. 元器件选择

VT_1、VT_2 一般可采用 NPN 型小功率硅管，如 3DG100A ~ D，对应的国外型号为 2N264；VT_3 可选择 3DG110A ~ F，对应的国外型号为 2N702，2N703。

2. 元器件清单

元器件清单见表 3-2。

3. 元器件检测

按照清单准备元器件。首先用万用表检查各元器件的好坏，按照前面 1.5.4 节方法判断晶体管管脚及参数并确定型号，对照相关参数检查是否符合给定的参考参数。对不同的元器件，检测重点有所不同，通过计算，验证参数是否合理，如：

1）晶体管：极限参数、频率、噪声、功耗。

2）电阻：阻值、额定功率、噪声、温度系数。

3）电容：耐压、介质损耗、频率特性、温度稳定性。

4）电位器：阻值、旋钮、额定功率、温度系数。

表3-2　电子音量控制器元件清单

元器件	名称	型号	参考参数	数量
VT_1	晶体管	3DG100A ~ D	$\beta \geqslant 100$，$I_{CEO} \leqslant 20\mu A$	1
VT_2	晶体管	3DG100A ~ D	$\beta \geqslant 100$，$I_{CEO} \leqslant 20\mu A$	1
VT_3	晶体管	3DG110A ~ F	$\beta \geqslant 100$，$I_{CEO} \leqslant 20\mu A$	1
R_1、R_4	电阻	碳膜电阻	820kΩ/1W	2
R_2、R_3	电阻	金属膜电阻	820Ω/1W	2
R_5	电阻	碳膜电阻	3.3kΩ/1W	1
C_1	电容	电解电容（耐压25V）	0.47 ~ 4.7μF/25V	1
C_2	电容	电解电容（耐压50V）	100 ~ 220μF/50V	1
C_3	电容	电解电容（耐压25V）	220 ~ 470μF/25V	1
R_P	音量电位器	电位器 WTH-1，47kΩ	指数型 10 ~ 47kΩ	1

4. 电路装配准备

本项目电路装配可用万用板焊接，也可在面包板上插接。

1）合理布置元器件的安装位置和走线；信号流向简单，避免往返交叉；输入、输出尽量远离；小信号电路远离电源变压器；电源线与地线阻抗要低，避免形成环状。

2）适当的屏蔽。高阻抗、小信号电路宜加屏蔽；板间连线宜用屏蔽线，屏蔽线采用一头接地。

3）注意电路及板面的地线布局和接地点的选择；各级回路尽量"一点接地"。

5. 焊接制作工艺

1）成形处理：电阻、电容折弯成形为所需跨距，二极管、晶体管高度修剪合适；各管脚可进行去氧化处理，便于焊接。

2）焊接顺序：先焊接电阻、电容、电位器等耐压的元件，再焊接二极管、晶体管等器件（如有集成块的可先安装插座，待调试时再插入集成电路，或者最后焊接集成块，并且焊接时间不宜太长，以免温度过高）。

3）焊接时间：焊接时间长短以焊锡完全熔化产生浸润和扩散形成合金层为原则，看到焊锡浸开、焊点成形即可移开电烙铁。焊接时间一般为3 ~ 5s。电烙铁功率过大和焊接用时过长都容易损坏元器件或万用板。

4）焊接工艺要求：焊点无毛刺、无堆积、无气泡，表面光亮而圆润；焊件与焊面牢固结合，无虚焊和假焊。

6. 整机检测

（1）不通电检测

1）感观检查：核对元器件确保"型号正确、数值准确、极性无误、安装到位"；检查焊接质量（有无漏焊、虚焊、半焊、连焊）；特别要注意焊点间是否有短路。

2）万用表测试：检测万用板是否有短路、断路；二极管、晶体管、电阻、电容是否有损坏，极性是否正确。

（2）通电检测　检查接线无误后，接通电源电压 +6V，首次通电时密切注意稳压电源电压指示是否有跌落，电路板上是否有冒烟、元器件发热等异常现象，如有异常，需排除故障后才允许再次通电。然后用万用表测量各晶体管各点静态电位，一般参数选择正确的情况下，各点电位应该正常。

7. 调试

在音频输入端加入频率为 1kHz，峰-峰值为 5mV 的正弦波信号，将音量电位器下旋至底端，然后将电位器缓慢上旋至顶端，体验声音变化情况，可同时用示波器观察输出端波形，也可以用绝缘螺钉旋具轻轻敲击电路板，检查有无声音间断或自激等异常现象。

故障分析和排除可参考前面 2.7.5 节的内容。

本章小结

多数放大电路中为了改善放大电路的性能，通常引入负反馈。

按反馈性质的不同，反馈有正反馈和负反馈之分，它们可用瞬间极性法来判别；按输出端采样方式的不同，反馈分为电压反馈和电流反馈；按输入端比较对象的不同，反馈分为串联反馈和并联反馈。在放大电路中广泛采用的是负反馈放大电路。

负反馈有四种基本组态：电压串联、电压并联、电流并联、电流串联。电压负反馈可以稳定输出电压，降低输出电阻；电流负反馈可以稳定输出电流，增大输出电阻；串联负反馈可以提高输入电阻；并联负反馈可以降低输入电阻。

负反馈放大电路还对稳定电路的放大倍数、扩展通频带、减小非线性失真等起积极作用。

实际运用时，常用到的是深度负反馈放大电路。对于深度负反馈放大电路，可利用 $A_f \approx 1/F$ 或 $X_i \approx X_f$ 进行估算。

负反馈改善放大电路的性能是以牺牲放大倍数为代价的。反馈越深，性能改善的效果越显著，但是也可能产生自激振荡。对于负反馈放大电路的自激振荡，可采用相位补偿的方法加以消除。

电子音量控制器是一种放大倍数受电压控制的电路，应用非常广泛，该电路引入了负反馈，提高了放大倍数的稳定性。

习　题　3

3.1　何为反馈？何为正反馈？何为负反馈？如何判断电路引入了正反馈还是负反馈？

3.2　电路引入负反馈会使电压放大倍数下降，为什么还要采用负反馈？

3.3　欲增加输入电阻、稳定输出电压，应采用哪种类型的负反馈电路？如果对于输入为高内阻信号源的电流放大电路，应引入什么类型的负反馈？

3.4　判断图 3-33 所示各电路中有无反馈？是直流反馈还是交流反馈？哪些构成了级间反馈？哪些构成了本级反馈？

3.5　判断图 3-33 所示各电路的反馈极性，并指出反馈元件。

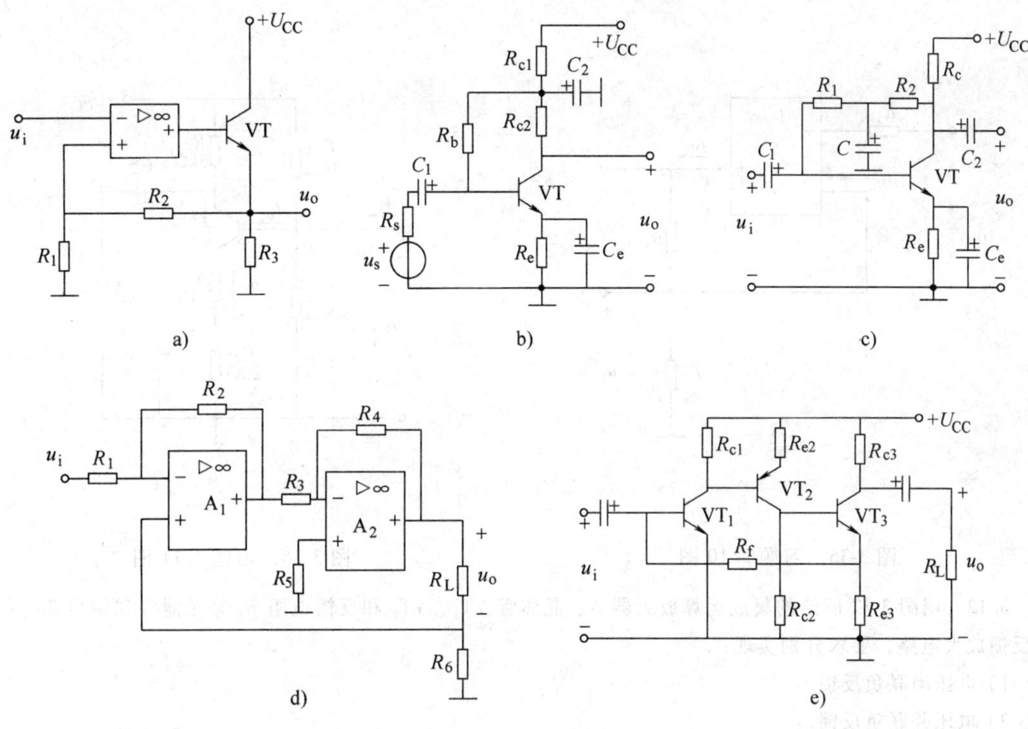

图3-33 习题3.4图

3.6 判断图3-34所示各电路各引入了什么类型的反馈？并判断反馈极性。

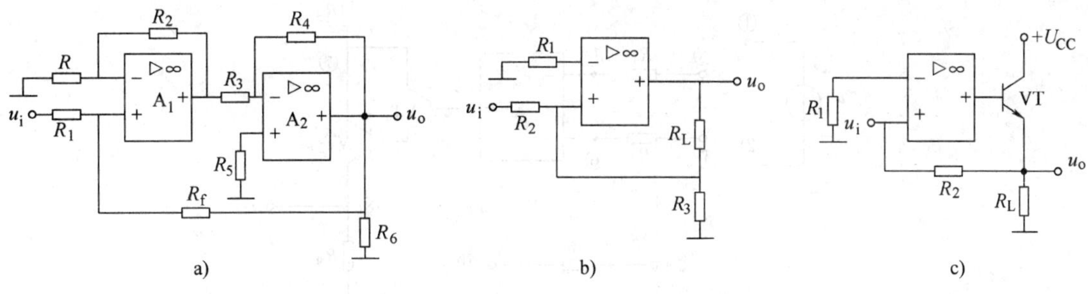

图3-34 习题3.6图

3.7 某放大电路的输入电压信号为10mV，开环时的输出电压为14V，引入反馈系数$F=0.02$的电压串联负反馈后，输出电压变为多少？

3.8 某一放大电路的开环电压放大倍数$A=1000$，引入负反馈后，放大倍数稳定性提高到原来的100倍，试求：1)反馈系数；2)闭环放大倍数：3)A变化±10%时的闭环放大倍数及其相对变化量。

3.9 已知某负反馈放大电路开环增益$A=10^4$，反馈系数$F=0.05$，试求：

1）反馈深度。

2）闭环增益A_f。

3）若开环增益A变化10%，闭环增益A_f变化多少？

3.10 已知电路处于深度负反馈，如图3-35所示，试估算电路的电压放大倍数。

3.11 如图3-36所示，电路为深度负反馈放大电路，试估算其电压放大倍数、输入输出电阻。

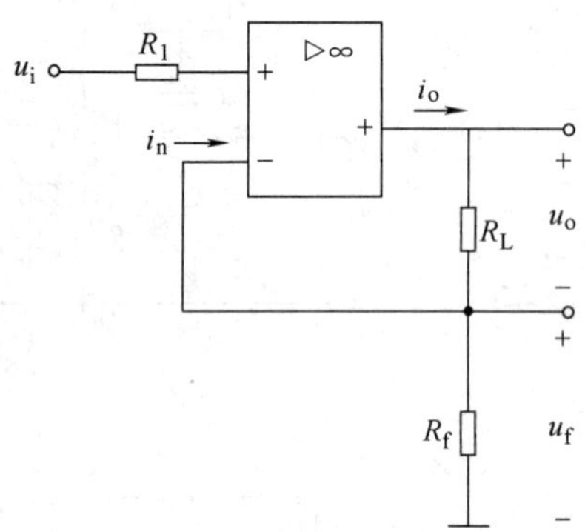

图 3-35 习题 3.10 图

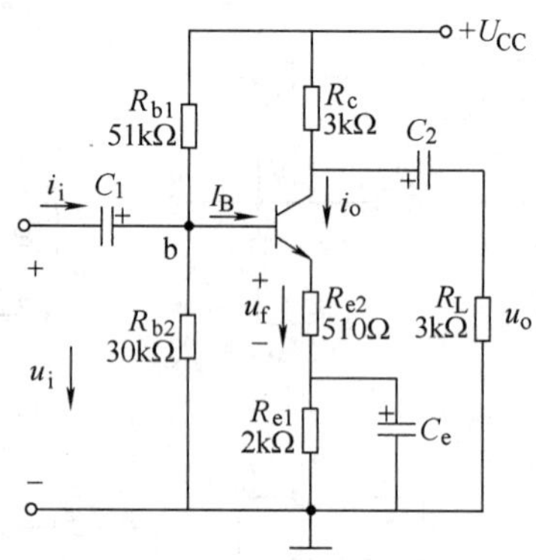

图 3-36 习题 3.11 图

3.12 用图 3-37 所给的集成运算放大器 A、晶体管 VT_1、VT_2 和反馈电阻 R_f 等元器件和信号源一起构成反馈放大电路，要求分别实现：

1）电压串联负反馈。

2）电压并联负反馈。

3）电流串联负反馈。

4）电流并联负反馈。

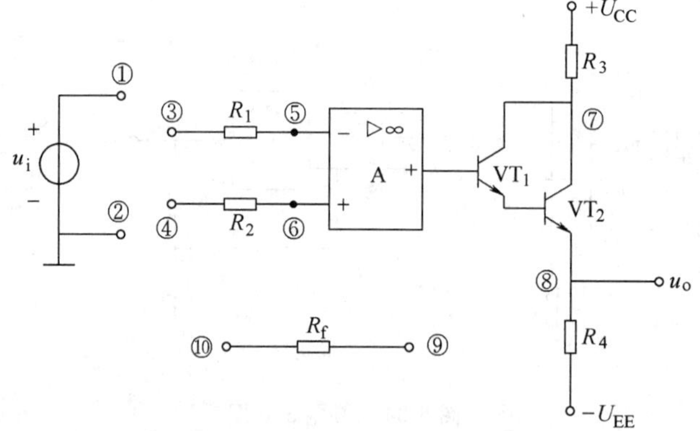

图 3-37 习题 3.12 图

第4章　集成运算放大器及应用

【本章学习要求】

理论：了解差模信号、共模信号的定义与特点。掌握差分放大电路的结构和特点。熟悉集成运放的主要技术指标及集成运算放大电路的一般电路结构。掌握集成运放基本电路的分析方法。

技能：能应用集成运算放大器分析和设计电路，掌握话筒放大器电路的制作调试方法。

4.1　集成运算放大器的基本知识

4.1.1　集成运算放大器的特点

将电路的元器件和连线制作在同一硅片上，就制成了集成电路。随着集成电路制造工艺的日益完善，目前已能将数以千万计的元器件集成在一片面积只有几十平方毫米的硅片上。按照集成度(每一片硅片中所含元器件数)的高低，将集成电路分为小规模集成电路(SSI)、中规模集成电路(MSI)、大规模集成电路(LSI)和超大规模集成电路(VLSI)。

集成运算放大器简称集成运放或运放，实质上是高增益的直接耦合放大电路，集成运算放大器是集成电路的一种，其内部包含几十到数百个晶体管、电阻和电容，但体积只有一个小功率晶体管那么大，功耗也仅有几毫瓦到几百毫瓦。集成运放常用于各种模拟信号的运算，例如比例运算、微分运算、积分运算等，由于它的高性能、低价位，在放大、振荡、电压比较、模拟运放及有源滤波等各种电子电路中得到了广泛应用。

4.1.2　集成运算放大器的组成及原理

1. 集成运算放大器的组成

集成运算放大器是一种集成电路，是20世纪60年代发展起来的半导体器件。集成电路是采用半导体制造工艺，将晶体管、二极管、电阻等元器件集中制造在一小块基片(硅片)上，构成的一个完整电路。与分立元器件电路比较，集成电路体积小、重量轻、耗能低、成本低、可靠性高。

如图4-1所示，集成运算放大器主要由输入级、中间放大级、功率输出级、偏置电路等组成。从结构上看，集成运算放大器是一个高增益的、各级间直接耦合的、具有深度负反馈的多级放大器。

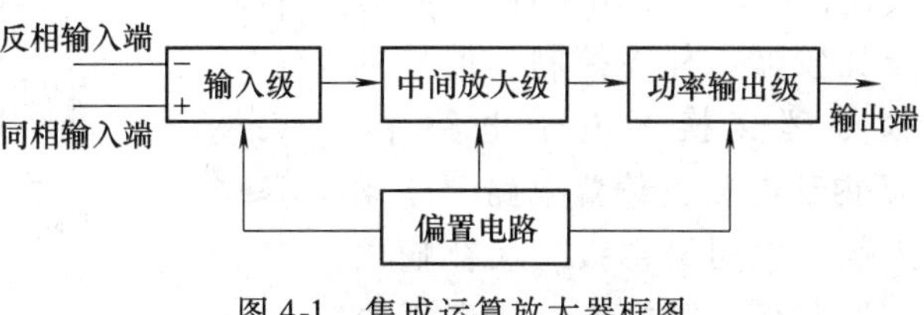

图4-1　集成运算放大器框图

由于基片很小，集成运算放大器内电阻的阻值不宜超过20kΩ，电容不宜超过数十皮法。因为不能装较大电容，所以级间只能直接耦合。集成运算放大器所用的晶体管多是

NPN 型硅管。晶体管除用作放大器外，还用作恒流源以代替高值电阻。

集成运算放大器的输入级通常是晶体管恒流源双端输入差动放大电路。这样可有效控制零点漂移，提高共模抑制比，并可获得较好的输入特性和输出特性。差动放大电路有两个输入端，即集成运算放大器的反相输入端和同相输入端。输入信号由反相输入端输入时，输出信号与输入信号反相。输入信号由同相输入端输入时，输出信号与输入信号同相。

集成运算放大器的中间级是一个高放大倍数的放大电路，常用多级共发射极放大电路组成，该级的放大倍数可达数千乃至数万倍。

集成运算放大器输出级的作用是给负载提供足够的功率，一般采用射极输出器或互补对称功率放大电路，以降低输出电阻，提高带负载能力。

集成运算放大器偏置电路的主要作用是向各级放大电路提供偏置电流，以保证各级放大电路有适当的静态工作点，一般采用电流源电路组成。

除上述几部分外，集成运算放大器还可以装有外接调零电路和相位补偿电路。

2. 集成运放的符号

从集成运放的结构可知，集成运放具有两个输入端 U_P 和 U_N 和一个输出端 U_O，这两个输入端一个称为同相端，另一个称为反相端，这里同相和反相只是输入电压和输出电压之间的关系，若输入正电压从同相端输入，则输出端输出正电压，若输入正电压从反相端输入，则输出端输出负电压。运算放大器的常用符号如图 4-2 所示。

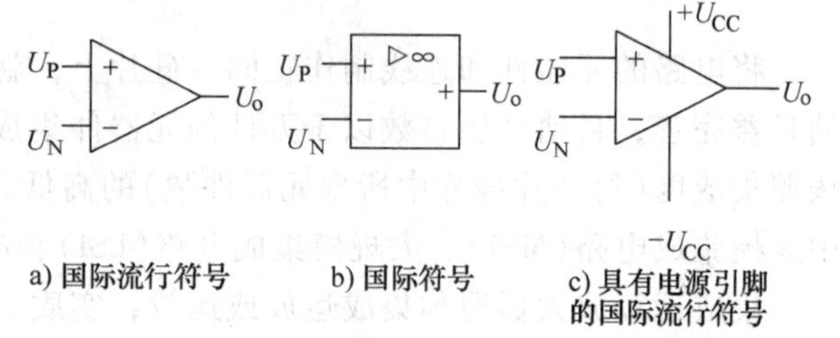

图 4-2 运算放大器常用符号

其中，图 4-2a 是集成运放的国际流行符号，图 4-2b 是集成运放的国标符号，图 4-2c 是具有电源引脚的集成运放国际流行符号。

从集成运放的符号看，可以把它看作是一个双端输入、单端输出且具有高差模放大倍数的、高输入电阻、低输出电阻、抑制温度漂移能力的放大电路。

4.1.3 通用型集成运算放大器简介

图 4-3 所示为各种集成运算放大器的外形图。集成运算放大器品种繁多，内部电路结构也各不相同，但它们的基本组成部分、结构形式、组成原则基本一致。因此，对通用型集成运放电路的分析具有普遍意义。

1. F007 型集成运放的组成及特点

F007（国外型号 μA741）是一款典型的通用单运算放大器，不需外接补偿，广泛用于模拟运算、电压比较器、程序控制、信号的放大处理交换等电子电路中。F007 内部电路由偏置电路、差动输入级、中间增益级、互补输出级、隔离级、保护电路、调零电

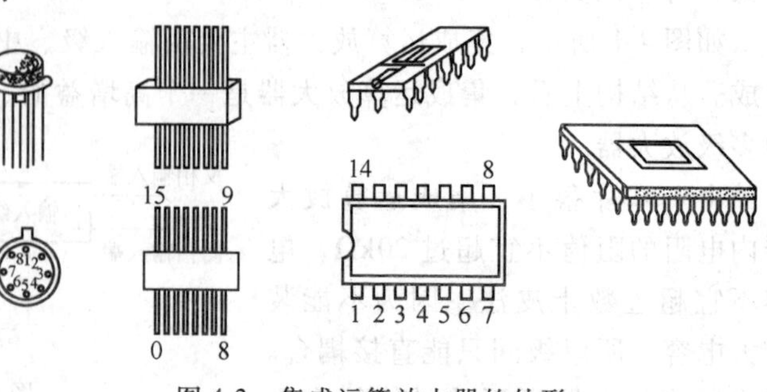

图 4-3 集成运算放大器的外形

路等几部分组成。其特点为不需要外部频率补偿；无阻塞和振荡现象；输入有过电压保护；输出有过载保护。图 4-4 所示为 F007 的电路原理图、两种不同的封装引脚排列及功能和基本接线图。F007 除输入端 IN_-（即 U_N）、IN_+（即 U_P）和输出端 OUT（即 U_O）外，①脚和⑤脚通过外界电位器 RP 的中间滑动触头接 $-U_{EE}$，即可实现电路调零，保证静态时输出为 0。

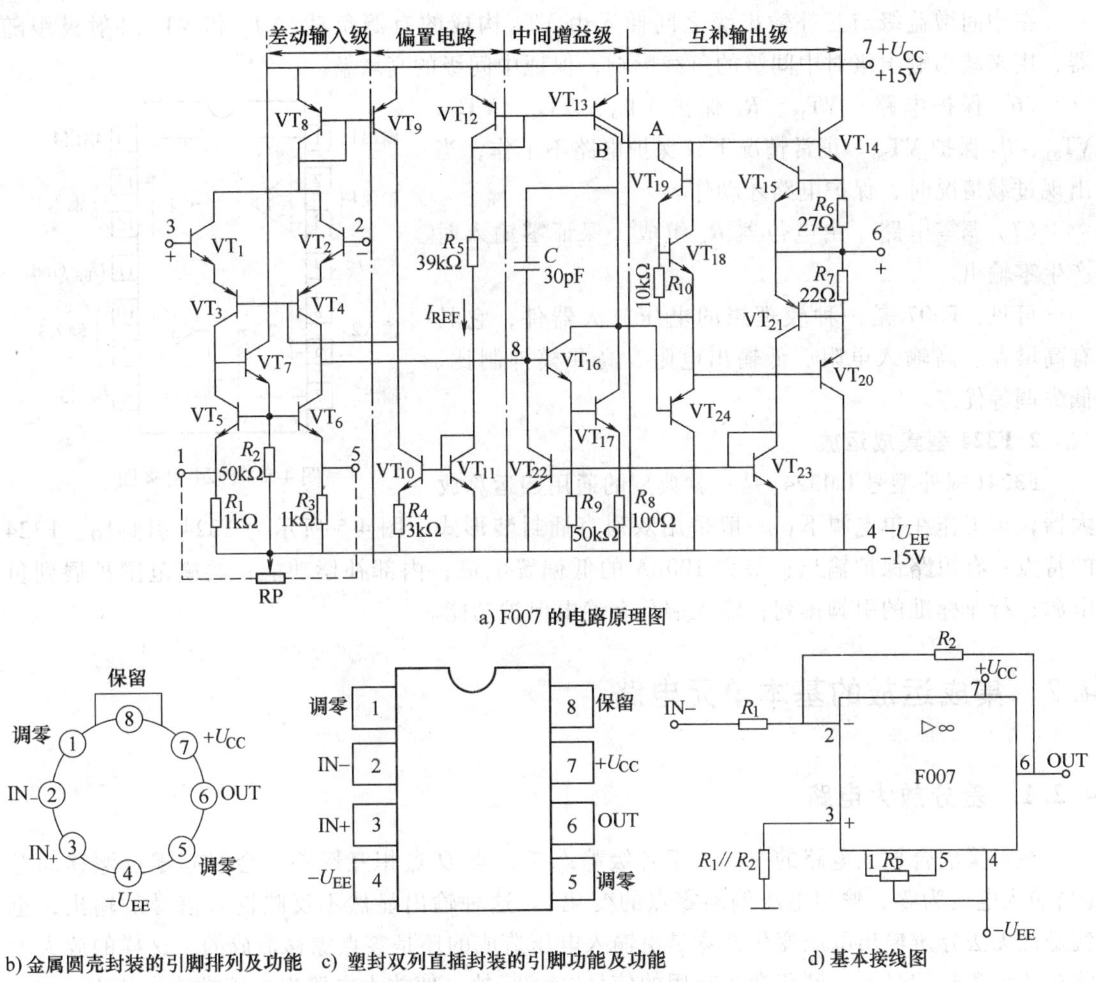

图 4-4　F007 集成运放

（1）偏置电路　偏置电路包含在各级电路中，采用多路偏置的形式，为各级电路提供稳定的恒流偏置和有源负载，其性能的优劣直接影响其他部分电路的性能。其中，VT_{10}、VT_{11} 组成的微电流源作为整个集成运放的主偏置。

（2）差动输入级　由 VT_1、VT_3 和 VT_2、VT_4 组成的共集电极—共基极组合差分放大电路组成，双端输入、单端输出。

由于上述的结构组成，输入级具有共模抑制比高、输入电阻大、输入失调小等特点，是集成运放中最关键的一部分电路。

（3）中间增益级　由 VT_{17} 构成的共发射极电路组成，其中，VT_{13B} 和 VT_{12} 组成的镜像电流源为其集电极有源负载。故本级可获得很高的电压增益。

(4) 互补输出级　由 VT_{14}、VT_{20} 构成的甲乙类互补对称放大电路组成。其中，VT_{18}、VT_{19}、R_{10} 组成的电路用于克服交越失真，VT_{12} 和 VT_{13A} 组成的镜像电流源为其提供直流偏置。输出级输出电压大，输出电阻小，带负载能力强。

(5) 隔离级　在差动输入级与中间增益级之间插入由 VT_{16} 构成的射极跟随器，利用其高输入阻抗的特点，提高输入级的增益。

在中间增益级与互补输出级之间插入由 VT_{24} 构成的有源负载（VT_{12} 和 VT_{13A}）射极跟随器，用来减小输出级对中间级的负载影响，保证中间级的高增益。

(6) 保护电路　VT_{15}、R_6 保护 VT_{14}，VT_{21}、VT_{23}、VT_{22}、R_7 保护 VT_{20}。正常情况下，保护电路不工作，当出现过载情况时，保护电路才动作。

(7) 调零电路　由电位器 R_p 组成，保证零输入时产生零输出。

可见，F007 是一种较理想的电压放大器件，它具有高增益、高输入电阻、低输出电阻、高共模抑制比、低失调等优点。

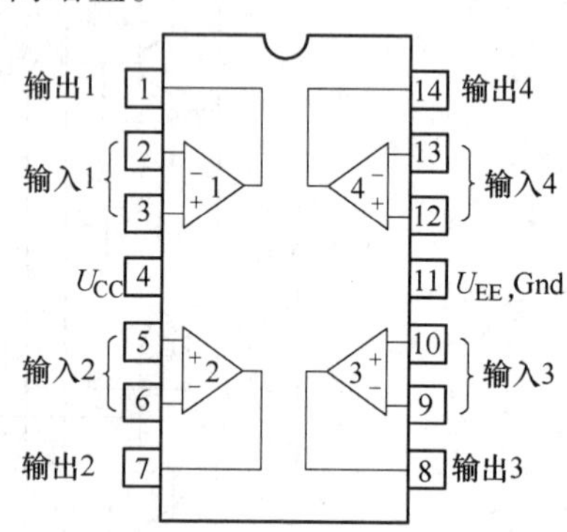

图 4-5　F324 引脚图

2. F324 型集成运放

F324（国外型号 LM324）是一款典型的通用四运算放大器，可工作在单电源下，一般采用双列直插封装形式，图 4-5 所示为 F324 引脚图。F324 的特点：有短路保护输出；最大 100nA 的低偏置电流；内部补偿功能；共模范围扩展到负电源；行业标准的引脚排列；输入端具有静电保护功能。

4.2　集成运放的基本单元电路

4.2.1　差分放大电路

在直接耦合放大电路的中，由于各级静态工作点 Q 点相互影响，会引起零点漂移问题（当输入电压为零，输出电压偏离零点的变化）。这种输出显然不反映输入信号的输出，也就是说无法分辨输出电压变化究竟是由输入电压造成的还是零点漂移造成的。这样的放大电路在放大微弱信号时，漂移会将有用的信号“淹没”掉，使放大电路失去正常放大能力。

产生零漂的原因，主要是因为晶体管的参数受温度的影响。为了解决零漂，人们采取了多种措施，但最有效的措施之一是采用差动放大电路。

1. 差动放大电路的组成及静态分析

差动放大电路是集成运放内部电路的主要组成部分，也是一种使用十分广泛的单元电路。

(1) 电路组成　图 4-6 所示是基本的差动放大电路，它由两个完全相同的单管放大电路组成。该电路采用两个对称的共发射极放大电路，且 $R_{b1}=R_{b2}$，电路具有两个输入端 u_{i1}、u_{i2}，由于两个晶体管 VT_1、VT_2 的特性完全一样（称为差分对管），外接电阻也完全对称相等，输入信号从两管的基极输入，输出信号则从两管的集电极之间输出。采用正负电源供电，$|U_{CC}|=|U_{EE}|$。

（2）静态分析 静态时，即 $u_{i1}=u_{i2}=0$ 时，差动放大电路的直流通路如图4-7所示。

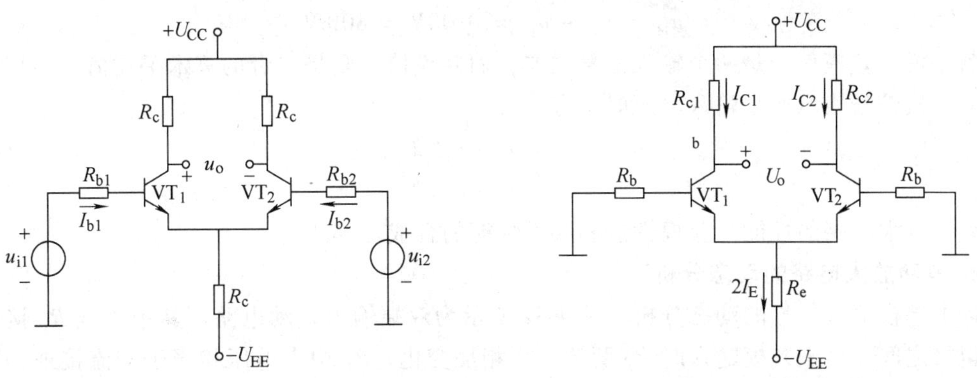

图4-6 差动放大电路　　图4-7 差动放大电路的直流通路

当没有输入信号，即 $u_{i1}=u_{i2}=0$ 时，由于电路完全对称，$I_{C1}=I_{C2}$，所以有 $R_{C1}I_{C1}=R_{C2}I_{C2}$，则有

$$U_O=U_{C1}-U_{C2}=0 \tag{4-1}$$

即静态时，差动放大电路具有零输入、零输出的特点。

（3）差模信号、共模信号及其放大倍数

1）差模信号和差模电压放大倍数。设差动放大电路两输入端分别作用一对大小相等，极性相反的信号电压，即 $u_{i1}=-u_{i2}$，则称它们为一对差模信号，用下标d表示：

$$u_{id}=u_{id1}-u_{id2}=2u_{id1}$$

$$u_{id1}=-u_{id2}=u_{id}/2 \tag{4-2}$$

在只有差模输入信号 u_{id} 作用时，差动放大电路的输出电压为差模输出电压 u_{od}，且把输入一对差模信号时的电压放大倍数称为差模电压放大倍数，用 A_{ud} 表示，即

$$A_{ud}=u_{od}/u_{id} \tag{4-3}$$

2）共模信号及共模电压放大倍数。设差动放大电路两输入端分别作用一对大小相等，极性相同的信号，即 $u_{i1}=u_{i2}$，则称它们为一对共模信号，用下标c表示：

$$u_{ic}=u_{ic1}=u_{ic2} \tag{4-4}$$

通常，共模信号都是无用信号。只在共模信号 u_{ic} 作用时差动放大电路的输出电压称为共模输出电压 u_{oc}，把输入共模信号时电路的电压放大倍数称为共模电压放大倍数，用 A_{uc} 表示，即

$$A_{uc}=u_{oc}/u_{ic} \tag{4-5}$$

一般情况下，单纯的差模信号和共模信号是不存在的，但任何信号都可以分解成差模信号和共模信号两种。其中，差模信号是有用信号，共模信号是无用信号。实际输出电压不仅取决于两个输入信号 u_{i1}、u_{i2} 的差模信号 u_{id}，而且还与两个输入信号的共模信号 u_{ic} 有关，它们分别表示为

$$u_{id}=u_{i1}-u_{i2} \tag{4-6}$$

$$u_{ic}=(u_{i1}+u_{i2})/2 \tag{4-7}$$

【例4.1】 已知差动放大电路的 $u_{i1}=10.04\text{V}$，$u_{i2}=9.96\text{V}$，试求差模和共模输入电压。

解：由式(4-6)和式(4-7)可得

$$u_{ic} = (u_{i1} + u_{i2})/2 = 10\text{V}$$

$$u_{id} = u_{i1} - u_{i2} = 0.08\text{V} = 80\text{mV}$$

就是说，差模信号是两个输入信号之差，而共模信号则是二者的算术平均值。当用共模信号和差模信号表示两个输入电压时，有

$$u_{i1} = u_{ic} + u_{id}/2 \tag{4-8}$$

$$u_{i2} = u_{ic} - u_{id}/2 \tag{4-9}$$

差动放大电路的性能是差模性能和共模性能的合成。

2. 差动放大电路的动态分析

(1) 差模输入信号的动态分析　图4-8a所示为双端输出差动电路，其中负载R_L接在两管集电极之间，由于差模输入时R_L两端电压相反变化，R_L中点电压相当于交流接地，差模交流通路如图4-8b所示，因为流过R_e的电流$I_{E1} = -I_{E2}$，故差模信号在电阻值R_e产生的电压降等效为零。

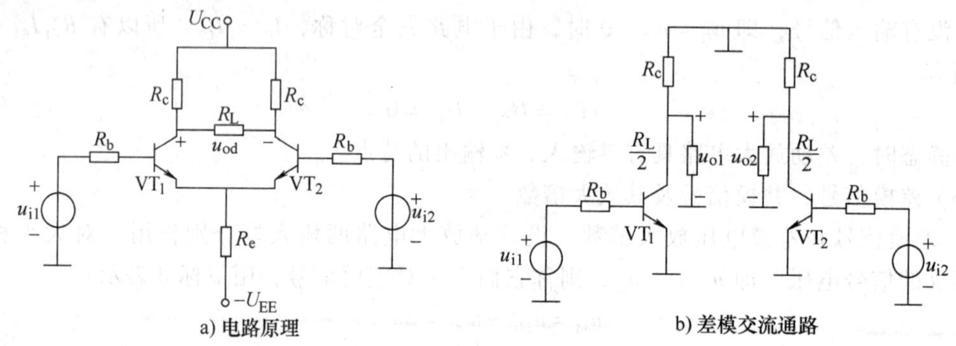

图4-8　双端输出差动放大电路

差模电压放大倍数为

$$A_{ud} = \frac{u_{od}}{u_{id}} = \frac{u_{o1} - u_{o2}}{u_{i1} - u_{i2}} = \frac{2u_{o1}}{2u_{i1}} = A_{u1} = -\frac{\beta R_L'}{R_b + r_{be}} \tag{4-10}$$

式中，$R_L' = R_c // (R_L/2)$，u_{od}是双端输出时差模输出电压，它等于两管输出电压信号之差；A_{u1}为单管共发射极放大电路的电压放大倍数。从式(4-10)中可知，双端输出的差动放大电路，其电压放大倍数和单管放大电路的电压放大倍数相同。

电路的输入电阻则是从两个输入端看进去的等效电阻，从图4-8b可知

$$R_i = 2(R_b + r_{be}) \tag{4-11}$$

电路的输出电阻为

$$R_o = 2R_c \tag{4-12}$$

(2) 共模输入信号的动态分析　图4-8a所示电路的共模交流通路如图4-9所示。如果电路完全对称，在输入共模信号时，总有$\Delta u_{c1} = \Delta u_{c2}$，$R_L$中没有电流流过，可视为开路，故

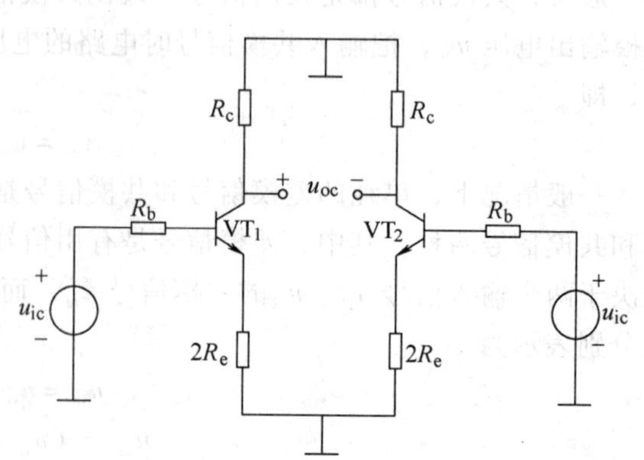

图4-9　共模交流通路

$$A_{uc} = u_{oc}/u_{ic} = 0 \tag{4-13}$$

由式(4-13)可知，差动放大电路对共模信号具有抑制作用。为了更好地反映此能力，引入共模抑制比 K_{CMRR}，定义为

$$K_{CMRR} = |A_{ud}/A_{uc}| \text{ 或 } K_{CMRR} = 20\lg|A_{ud}/A_{uc}| \text{ dB(分贝表示形式)} \tag{4-14}$$

K_{CMRR}越大，差动放大电路的共模抑制能力越强。由式(4-14)可知，在理想情况下双输出共模抑制比趋近无穷大。

以上分析的差动放大电路为双端输入双端输出电路，根据差动放大电路的结构和特点，它还有双端输入单端输出、单端输入双端输出、单端输入单端输出的工作方式。双端输入的分析方法也同样适合于单端输入情况。请读者自行分析相关电路。

【例 4.2】 图 4-6 所示的电路中，设 $R_{b1} = 25\text{k}\Omega$，$R_{b2} = 20\text{k}\Omega$，其余完全对称，$I_{b1} = I_{b2} = 1.5\mu\text{A}$，若差模放大倍数 $A_{ud} = 100$，共模放大倍数为 $A_{uc} = 0$，求差模输出电压 U_{od}。

解：各管基极偏流在输入端电阻上的压降形成输入电压：

$$U_1 = I_{b1}R_{b1} = 1.5\mu\text{A} \times 25\text{k}\Omega = 37.5\text{mV}$$

$$U_2 = I_{b2}R_{b2} = 1.5\mu\text{A} \times 20\text{k}\Omega = 30\text{mV}$$

$$U_{id} = U_1 - U_2 = 7.5\text{mV}$$

$$U_{od} = A_{ud}U_{id} = 100 \times 7.5\text{mV} = 0.75\text{V}$$

4.2.2　输出级电路

输出级电路需要输出电阻小、负载能力强。集成电路的输出级通常采用互补推挽功率放大电路，可参见本书第 2 章相关内容。这里介绍复合管输出级电路形式。

在图 2-30 所示的双电源互补对称功率放大电路中，要求输出管为一对特性相同的异型管，实际中往往很难实现，为此常用复合管来实现异型管的配对。即用两只或两只以上的晶体管按一定方式连接在一起，构成复合管。几种常用的复合管电路及特性见表 4-1。

表 4-1　常用的复合管电路及特性

VT_1-VT_2	NPN-NPN 型	PNP-PNP 型	NPN-PNP 型	PNP-NPN 型
复合管电路结构及类型	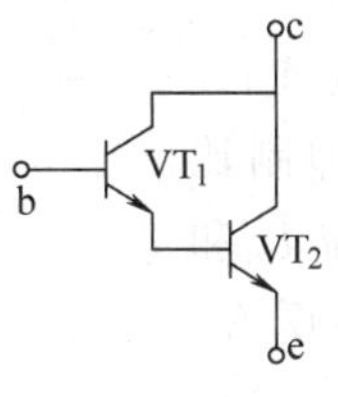 b, c, e, VT_1, VT_2	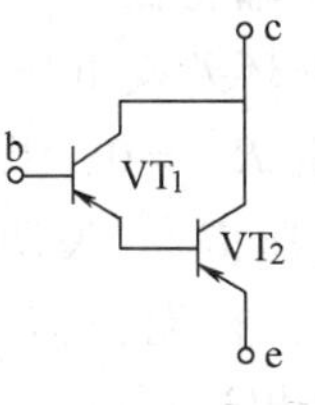 b, c, e, VT_1, VT_2	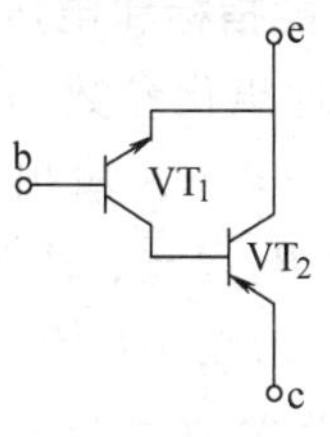 b, e, c, VT_1, VT_2	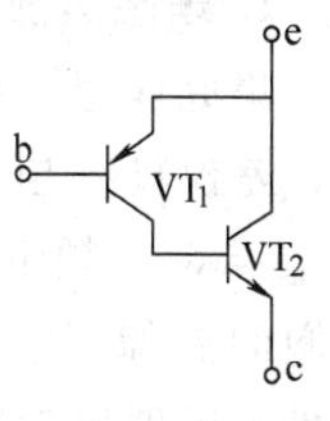 b, e, c, VT_1, VT_2
等效类型	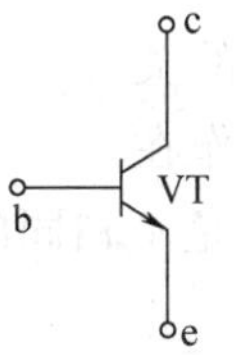 b, c, e, VT NPN 型	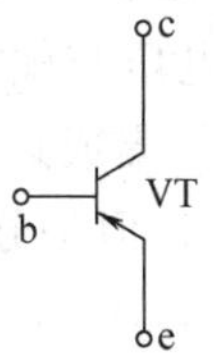 b, c, e, VT PNP 型	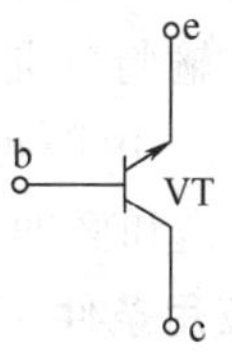 b, e, c, VT NPN 型	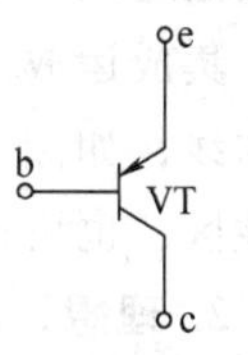 b, e, c, VT PNP 型
u_{BE}	$u_{BE} = u_{BE1} + u_{BE2}$		$u_{BE} = u_{BE1}$	
β	$\beta \approx \beta_1\beta_2$			
r_{be}	$r_{be} = r_{be1} + (1+\beta_1)r_{be2}$		$r_{be} = r_{be1}$	

复合管和单管相比，具有以下的特点(以两只晶体管复合成的复合管为例)：

1）同型或异型的晶体管都可以参与复合，但复合管的类型一定和第一只晶体管 VT_1 相同。这是因为 VT_1 的基极电流决定了复合管的基极电流方向，基极电流流入复合管的为 NPN 型管，反之，就必然是 PNP 型管。

2）复合管的电流放大系数约等于 VT_1 和 VT_2 的电流放大系数之积，即 $\beta \approx \beta_1\beta_2$。

3）如果 VT_1 的发射极接 VT_2，则 VT_2 相当于 VT_1 的射极电阻，复合管的输入电阻 $r_{be} = r_{be1} + (1+\beta_1) r_{be2}$；如果 VT_1 的集电极接 VT_2，此时的 VT_2 相当于 VT_1 的集电极电阻，复合管的输入电阻 $r_{be} = r_{be1}$。

以表 4-1 复合管 NPN-NPN 为例，证明 $\beta \approx \beta_1\beta_2$。由电路结构可知：

$$i_c = i_{c1} + i_{c2} = \beta_1 i_{b1} + \beta_2 i_{b2} = \beta_1 i_{b1} + \beta_2 i_{e1} = \beta_1 i_{b1} + \beta_2(1+\beta_1) i_{b1} = (\beta_1 + \beta_2 + \beta_1\beta_2) i_{b1}$$

所以：

$$\beta = \frac{i_c}{i_b} = \frac{i_c}{i_{b1}} = \beta_1 + \beta_2 + \beta_1\beta_2 \approx \beta_1\beta_2$$

晶体管复合能增大电流放大系数 β，用在电压放大级能增大电压放大倍数，用在输出级能增大电路的负载能力。

4.3 集成运放的应用

4.3.1 集成运放的理想化条件

利用集成运放作为放大电路，引入各种不同的反馈，就可以构成具有不同功能的实用电路。在分析各种实用电路时，通常都将集成运放的性能指标理想化，即将其看成理想运放。尽管集成运放的应用电路多种多样，但其工作区域却只有两个。在电路中，它们不是工作在线性区，就是工作在非线性区。下面所介绍的不同工作区的基本特点是集成运放应用的基础。

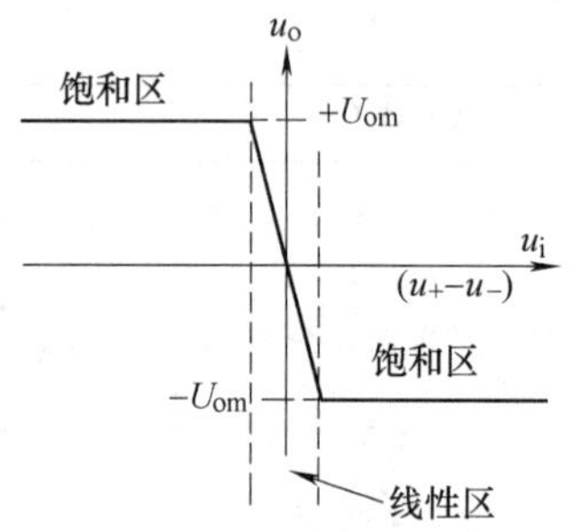

图 4-10 集成运放的电压的传输特性

1. 理想运放的性能指标和电压的传输特性

集成理想运放的理想化参数是：开环差模电压增益 $A_{od} = \infty$，差模输入电阻 $R_{id} = \infty$，输出电阻 $R_{od} = 0$，共模抑制比 $K_{CMRR} = \infty$，频带宽度 $B_W = \infty$，失调电压 U_{IO}、失调电流 I_{IO} 和它们的温漂 dI_{IO}/dT、dU_{IO}/dT 均为零，且无任何内部噪音。满足上述理想参数的运算放大器称为理想运算放大器。

集成运放的电压传输特性是指输出电压与输入电压的关系曲线，如图 4-10 所示。由图可以看出，集成运放可工作在线性区，也可以工作在饱和区即非线性区，但是分析方法是不相同的。

2. 理想运放线性应用条件

集成运放具有线性和非线性两种工作状态，把集成运放接成负反馈电路是集成运放线性应用的必要条件。把集成运放看成理想运放，集成运放线性应用时有以下两个特性，即：

(1) 虚短　如图 4-11 所示，输出电压 u_o 与反相输入端输入电压 u_-、同相输入端输入电压 u_+ 满足下列关系式：

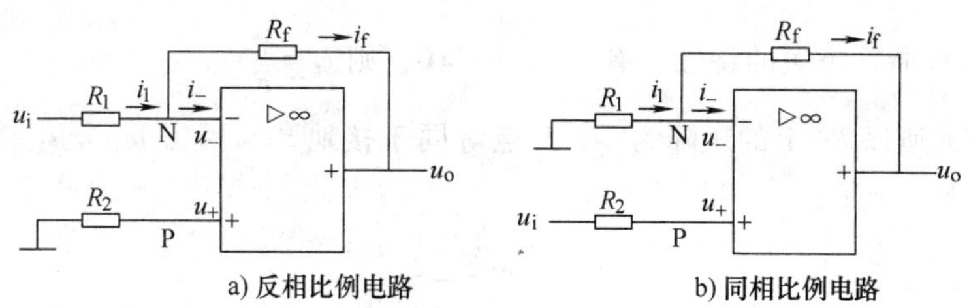

图 4-11　比例运算电路

$$u_o = A_{uo}(u_+ - u_-) \tag{4-15}$$

式中，A_{uo}为集成运放开环放大倍数。

由式(4-15)可得：

$$u_+ - u_- = u_o/A_{uo} \tag{4-16}$$

由于u_o为有限值，对于理想运放$A_{od} = \infty$，因而可以认为集成运放的两个输入端电压相等，即$u_+ \approx u_-$。称两个输入端“虚短路”，简称“虚短”。所谓“虚短”是指集成运放两个输入端电位无穷接近，但不是真正的短路。

(2) 虚断　因为集成运放的输入电阻无穷大，所以它的输入端就相当于开路，集成运放基本不向前级索取电流，即$i_+ \approx i_- \approx 0$。换言之，从集成运放输入端看进去相当于断路，称两个输入端“虚断路”，简称“虚断”。所谓“虚断”是指集成运放两个输入端的电流趋近于零，但不是真正的断路。

应当特别指出，“虚短”和“虚断”是非常重要的概念。对于集成运放工作在线性区的应用电路，“虚短”和“虚断”是分析其输入信号和输出信号关系的两个基本依据。

3. 集成运放非线性运用条件

在电路中，集成运放处于开环状态(即没有引入反馈)，或只引入了正反馈，则表明集成运放工作在非线性区。对于理想运放，由于差模增益无穷大，输入信号即使很小，也足以使运算放大器输出饱和，输出电压为U_{om}数值略低于电源电压，处于非线性工作状态。集成运放处于非线性工作状态的电路统称为非线性应用电路。这种电路大量地被用于信号比较、信号转换和信号发生，以及自动控制系统和测试系统中。

理想运放工作在非线性区的两个特点是：①输出电压u_o只有两种可能的情况，分别为$\pm U_{om}$。当$u_+ > u_-$时，$u_o = +U_{om}$；当$u_+ < u_-$时，$u_o = -U_{om}$。②由于理想运放的差模输入电阻无穷大，故净输入电流为零，即$i_+ = i_- = 0$。可见，理想运放工作在非线性区时不存在“虚短”，但仍具有“虚断”的特点，但其净输入电压不再为零，而取决于电路的输入信号。对于运放工作在非线性区的应用电路，上述两个特点是分析其输入信号和输出信号关系的基本出发点。

4.3.2　集成运放的三种基本电路

对于集成运放工作在线性区的应用电路，是建立在“虚短”和“虚断”两个重要特性基础之上的。

1. 比例运算电路

图 4-11a 所示为反相比例电路。图中，R_1 是信号输入电阻，R_2 是直流平衡电阻，R_f 是

反馈电阻。根据虚断、虚短的特性，有 $u_- = u_+ = 0$，则 $i_1 = \frac{u_i}{R_1}$。

由于 $i_- = 0$，所以 R_2 上的压降为零，P 点等同于接地，又因为 $u_+ = u_-$，故 N 点为“虚地”也等同于接地，于是：

$$i_1 = i_f，即 \frac{u_i}{R_1} = -\frac{u_o}{R_f}。$$

由此得到 $\frac{u_o}{u_i} = -\frac{R_f}{R_1}$，$u_o = -\frac{R_f}{R_1}u_i$。当 $R_f = R_1$ 时，$u_o = -u_i$，称为反相器。为了保证集成运放差动输入级静态平衡，要求平衡电阻 $R_2 = R_1 /\!/ R_f$。该比例电路的反馈是深度电压并联负反馈，其输入电阻不高、输出电阻低。

图 4-11b 所示为同相比例电路。因为 $i_- = 0$，所以有 $i_1 = i_f$，又因为 $u_- = u_+ = u_i$，所以有 $\frac{0 - u_i}{R_1} = \frac{u_i - u_o}{R_f}$，$\frac{u_o}{u_i} = 1 + \frac{R_f}{R_1}$，$u_o = \left(1 + \frac{R_f}{R_1}\right)u_i$。当 $R_f = 0$ 时，$u_o = u_i$，称为电压跟随器。为了保证集成运放差动输入级静态平衡，也要求平衡电阻 $R_2 = R_1 /\!/ R_f$。该比例电路的反馈是深度电压串联负反馈，其输入电阻很高、输出电阻低。

由上述比例电路可知，集成运算放大器的闭环放大倍数决定于外围元件的参数，与开环放大倍数无关。

2. 加、减法电路

（1）加法电路　图 4-12a 所示为反相加法电路。根据虚短、虚断的特性，有 $i_{11} + i_{12} + i_{13} = i_f$ 和 $u_- = u_+ = 0$，可求得：

$$u_o = -\left(\frac{R_f}{R_{11}}u_{i1} + \frac{R_f}{R_{12}}u_{i2} + \frac{R_f}{R_{13}}u_{i3}\right)$$

如取 $R_{11} = R_{12} = R_{13} = R_f$，可得 $u_o = -(u_{i1} + u_{i2} + u_{i3})$。平衡电阻为 $R_2 = R_{11} /\!/ R_{12} /\!/ R_{13} /\!/ R_f$。

图 4-12b 所示为同相加法电路。根据虚短、虚断的特性，有 $i_{21} + i_{22} + i_{23} = 0$ 和 $u_- = u_+ = \frac{R_1}{R_1 + R_f}u_o$，可求得：

$$u_+ = \frac{\frac{u_{i1}}{R_{21}} + \frac{u_{i2}}{R_{22}} + \frac{u_{i3}}{R_{23}}}{\frac{1}{R_{21}} + \frac{1}{R_{22}} + \frac{1}{R_{23}}}$$

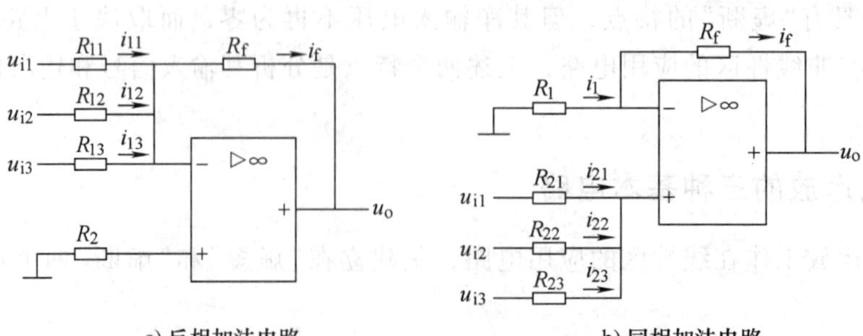

a) 反相加法电路　　b) 同相加法电路

图 4-12　加法电路

$$u_o = \left(1+\frac{R_f}{R_1}\right)\frac{\dfrac{u_{i1}}{R_{21}}+\dfrac{u_{i2}}{R_{22}}+\dfrac{u_{i3}}{R_{23}}}{\dfrac{1}{R_{21}}+\dfrac{1}{R_{22}}+\dfrac{1}{R_{23}}}$$

如取 $R_{21}=R_{22}=R_{23}$、$R_f=R_1/2$，可得 $u_o=u_{i1}+u_{i2}+u_{i3}$。电阻平衡条件为 $R_{21}/\!/R_{22}/\!/R_{23}=R_1/\!/R_f$。

（2）减法电路　图4-13所示为典型的减法电路。根据虚断的特性，有 $i_1=i_f$，可得 $\frac{u_{i1}-u_-}{R_1}=\frac{u_--u_o}{R_f}$，$u_o=-\frac{R_f}{R_1}u_{i1}+\left(1+\frac{R_f}{R_1}\right)u_-$。又根据虚短的特性，有 $u_-=u_+=\frac{R_3}{R_2+R_3}u_{i2}$，所以 $u_o=-\frac{R_f}{R_1}u_{i1}+\left(1+\frac{R_f}{R_1}\right)\frac{R_3}{R_2+R_3}u_{i2}$。

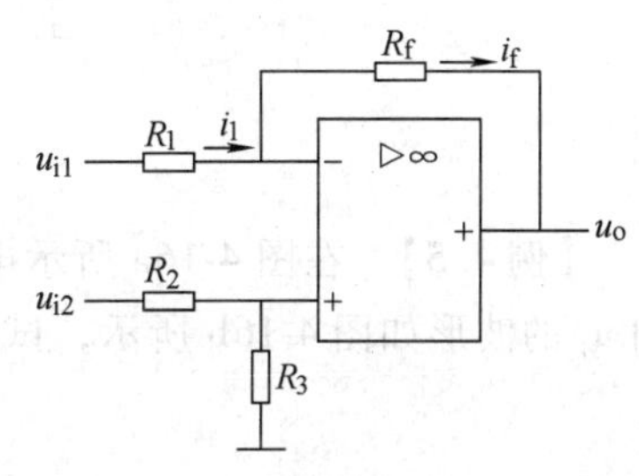

图4-13　减法电路

该结果也可用叠加方法求得。u_{i1} 单独作用时，可得 $u_o'=-\frac{R_f}{R_1}u_{i1}$；$u_{i2}$ 单独作用时，可得 $u_o''=\left(1+\frac{R_f}{R_1}\right)u_+=\left(1+\frac{R_f}{R_1}\right)\frac{R_3}{R_2+R_3}u_{i2}$。$u_o=u_o'+u_o''$，即上述结果。

【例4.3】　求图4-14所示电路的输出电压和平衡电阻。

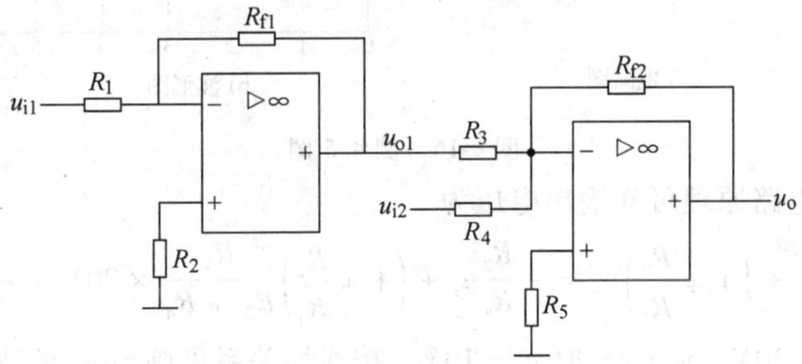

图4-14　例4.3图

解： 第一级为反相比例电路，$u_{o1}=-\frac{R_{f1}}{R_1}u_{i1}$。第二级为反相加法电路，$u_o=-\left(\frac{R_{f2}}{R_3}u_{o1}+\frac{R_{f2}}{R_4}u_{i2}\right)=\frac{R_{f1}R_{f2}}{R_1R_3}u_{i1}-\frac{R_{f2}}{R_4}u_{i2}$。平衡电阻为 $R_2=R_1/\!/R_{f1}$、$R_5=R_3/\!/R_4/\!/R_{f2}$。

【例4.4】　试用图4-15所示两级集成运放设计 $u_o=5u_{i1}+2u_{i2}-0.5u_{i3}$。已知 $R_{11}=R_3=R_4=20\text{k}\Omega$。

解： 应用两级反相加法电路，得

$$u_{o1}=-\left(\frac{R_{f1}}{R_{11}}u_{i1}+\frac{R_{f1}}{R_{12}}u_{i2}\right)\quad u_o=\frac{R_{f1}R_{f2}}{R_{11}R_3}u_{i1}+\frac{R_{f1}R_{f2}}{R_{12}R_3}u_{i2}-\frac{R_{f2}}{R_4}u_{i3}$$

由 $\frac{R_{f1}R_{f2}}{R_{11}R_3}=5$、$\frac{R_{f1}R_{f2}}{R_{12}R_3}=2$、$\frac{R_{f2}}{R_4}=0.5$ 求得 $R_{12}=2.5R_{11}=50\text{k}\Omega$，$R_{f2}=0.5R_4=10\text{k}\Omega$，$R_{f1}=200\text{k}\Omega$。又因为平衡电阻为 $R_2=R_{11}/\!/R_{12}/\!/R_{f1}$，$R_5=R_3/\!/R_4/\!/R_{f2}$，可得 $R_2=13.3\text{k}\Omega$、$R_5=5\text{k}\Omega$。

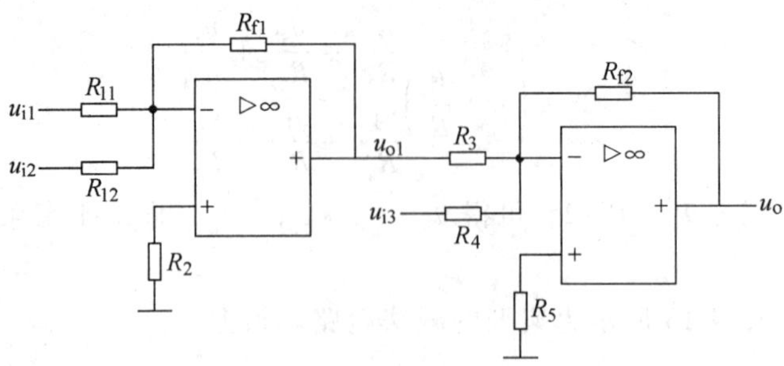

图 4-15　例 4. 4 图

【例 4. 5】　在图 4-16a 所示电路中，已知 $R_1=R_4=R$、$R_2=R_3=5R$，求输出电压。如已知 u_i 的波形如图 4-16b 所示，试画出 u_o 的波形。

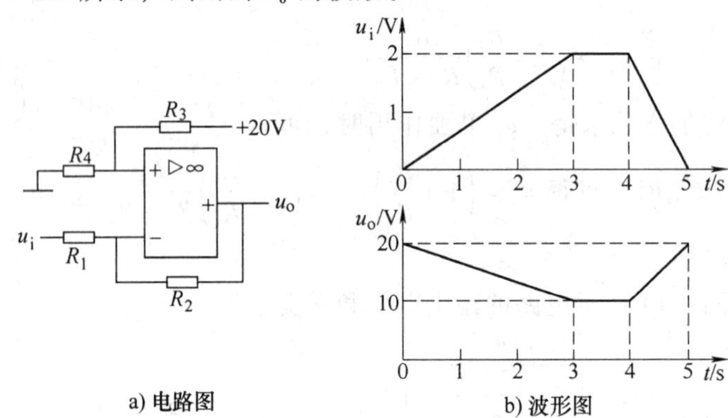

a) 电路图　　b) 波形图

图 4-16　例 4. 5 图

解： 根据减法电路原理可知输出电压为

$$u_o=-\frac{R_2}{R_1}u_i+\left(1+\frac{R_2}{R_1}\right)u_+=-\frac{R_2}{R_1}u_i+\left(1+\frac{R_2}{R_1}\right)\frac{R_4}{R_3+R_4}\times 20\mathrm{V}=-5u_i+20\mathrm{V}$$

由 $u_i=0$ 时 $u_o=20\mathrm{V}$，$u_i=2\mathrm{V}$ 时 $u_o=10\mathrm{V}$，按线性关系可画出 u_o 的波形。

3. 微分、积分电路

（1）微分电路　在图 4-17a 所示电路中，根据虚短和虚断的特性，有 $u_-=u_+=0$，$i_1=i_f$，又因为 $i_1=C\dfrac{\mathrm{d}u_i}{\mathrm{d}t}$，$i_f=-\dfrac{u_o}{R_f}$，可求得 $u_o=-R_fC\dfrac{\mathrm{d}u_i}{\mathrm{d}t}$。$u_o$ 是 u_i 的微分。该电路称为微分运算电路。

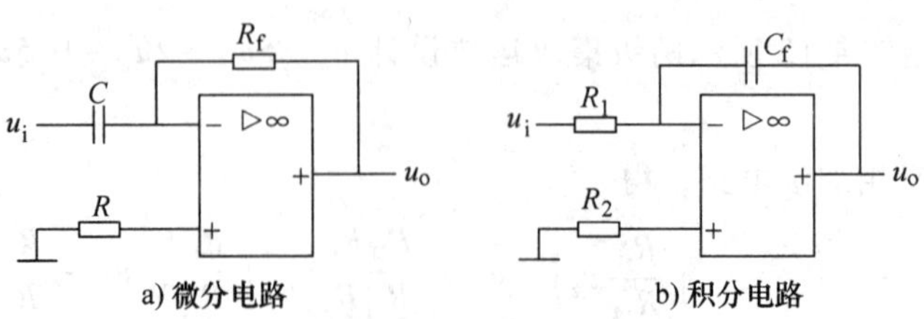

a) 微分电路　　b) 积分电路

图 4-17　微分电路和积分电路

（2）积分电路　在图 4-17b 所示电路中，根据虚短和虚断的特性，有 $u_-=u_+=0$，$i_1=i_f$，又因为 $i_1=\dfrac{u_i}{R_1}$，$i_f=-C_f\dfrac{\mathrm{d}u_o}{\mathrm{d}t}$，可求得 $u_o=-\dfrac{1}{R_1C_f}\int u_i\mathrm{d}t$。$u_o$ 是 u_i 的积分。该电路称为积分

运算电路。

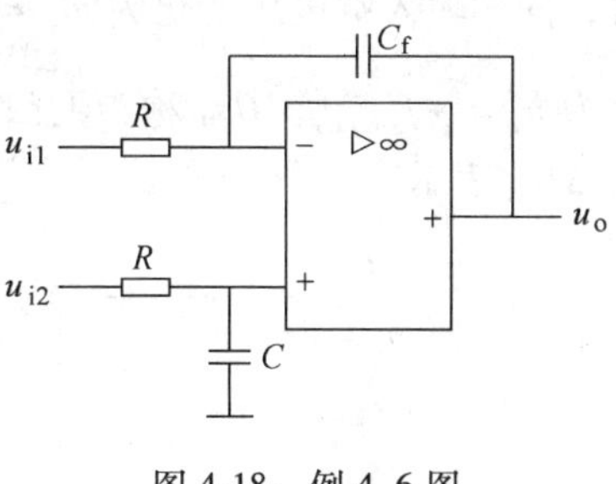

图 4-18 例 4.6 图

【例 4.6】 求图 4-18 所示电路的输出电压(设电容上初始电压为零)。

解：可用叠加法求解。当 $u_{i2}=0$ 时，u_{i1} 单独作用，可得 $\frac{u_{i1}}{R}=-C\frac{\mathrm{d}u_o'}{\mathrm{d}t}$，输出 $u_o'=-\frac{1}{RC}\int_0^t u_{i1}\mathrm{d}t$。当 $u_{i1}=0$ 时，u_{i2} 单独作用，可得，$\frac{u_{i2}}{R}=C\frac{\mathrm{d}u_o''}{\mathrm{d}t}$，输出 $u_o''=-\frac{1}{RC}\int_0^t u_{i2}\mathrm{d}t$。当 u_{i1}、u_{i2} 同时作用时，输出 $u_o=u_o'+u_o''=\frac{1}{RC}\int_0^t (u_{i2}-u_{i1})\mathrm{d}t$。

4.3.3 集成运放的其他应用电路

当集成运放处于开环状态或正反馈状态时，将很快达到饱和，输出负饱和值或正饱和值。饱和值接近电源电压。这时，u_o 与 u_i 不再保持线性关系。使集成运放工作在非线性状态，可以构成多种应用电路。在此只讨论比较器和方波发生器。

1. 比较器

(1) 电压比较器　图 4-19a 所示为电压比较器。U_R 为基准电压，当 $u_i<U_R$ 时，$u_o=-U_{o(sat)}$；当 $u_i>U_R$ 时，$u_o=+U_{o(sat)}$。如基准电压 $U_R=0$，则与零值比较，为过零比较器。相应的 $u_o\sim u_i$ 如图 4-19b、c 所示。

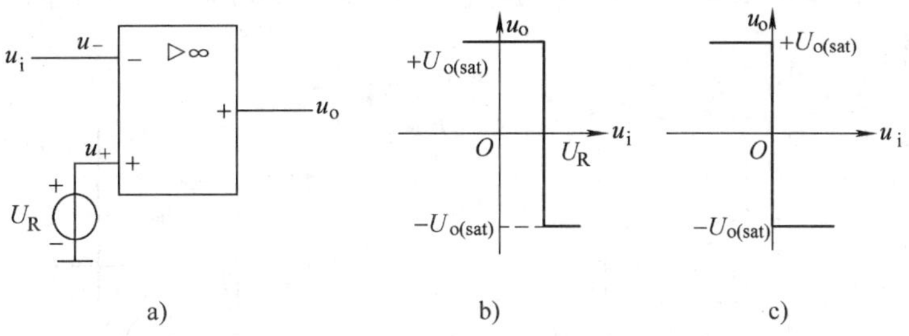

图 4-19 电压比较器

(2) 限幅比较器　限幅比较器的作用是当电压超过稳压管两端的额定稳压值时，将其电压稳定在这个安全值上。图 4-20 所示两种类型的限幅比较器的电路和波形。图中忽略了晶体管的正向管压降。

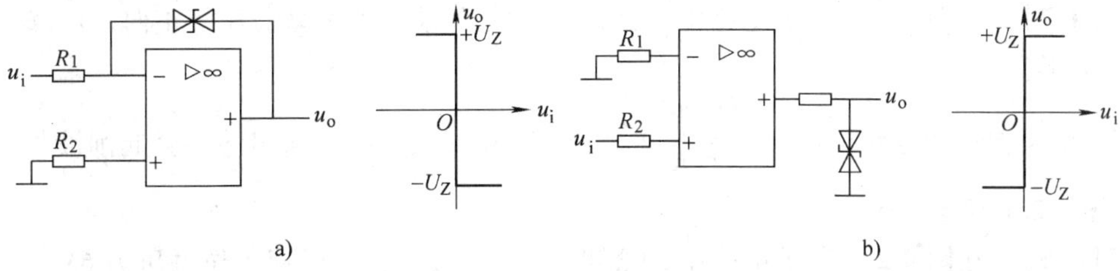

图 4-20 限幅比较器

(3) 滞回比较器　图 4-21 所示为滞回比较器的电路和波形。如比较器输出 $u_o=+U_{o(sat)}$，则 $u_+=\frac{R_2}{R_f+R_2}(u_o+U_R)=U_{TH1}$，当 $u_i>U_{TH1}$ 时，输出电压变化为 $u_o=-U_{o(sat)}$。这

时，同相输入端电压变化为 $u_+ = \frac{R_2}{R_f + R_2}(-U_{o(sat)} + U_R) = U_{TH2}$，当 $u_i < U_{TH2}$ 时，输出电压变化为 $u_o = +U_{o(sat)}$。U_{TH1} 称为上门限电压，U_{TH2} 称为下门限电压，两者的差值称为回差电压，用 ΔU_{TH} 表示。

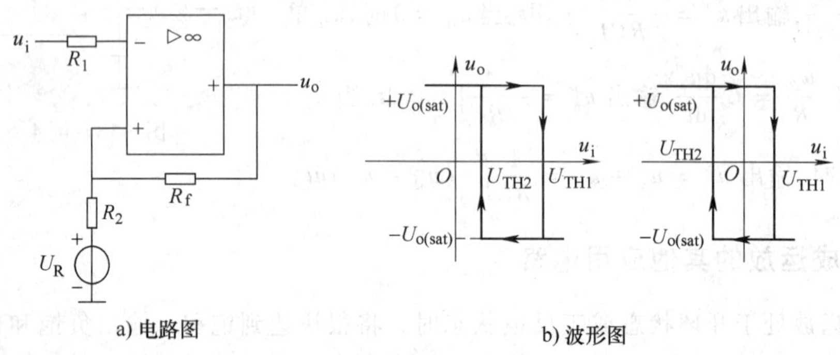

图 4-21　滞回比较器的电路和波形

2. 方波发生器

图 4-22 所示为方波发生器的电路和波形。如 $t=0$ 时，$u_C=0$，则 $u_o = +U_{o(sat)}$，且 $u_+ = \frac{R_2}{R_1+R_2}U_{o(sat)} = \eta u_{o(sat)}$；此时，电容开始充电；当充电至 $u_+ = u_C > \eta u_{o(sat)}$ 时，$u_o = -U_{o(sat)}$，且电容开始放电；当放电至 $u_+ = u_C < -\eta u_{o(sat)}$ 时，再次得到 $u_o = +U_{o(sat)}$。如此循环下去，构成方波发生器。

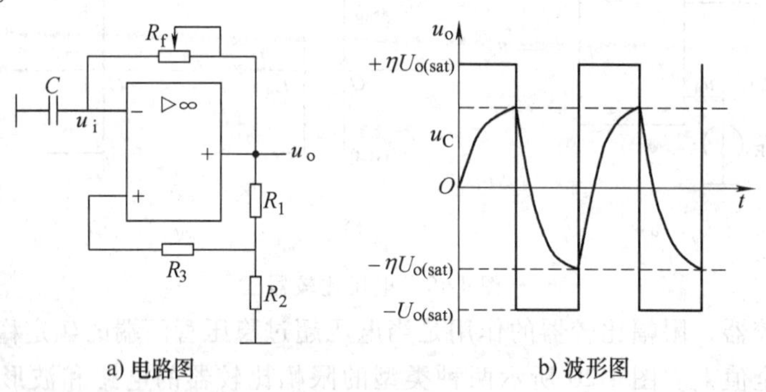

图 4-22　方波发生器的电路和波形

【例 4.7】　在图 4-23a 所示电路中，已知 u_i 为正弦波，如忽略稳压管正向管压降，试绘制 u_o 的波形。

解： 由反向比例电路可得 $u_o' = -\frac{R_f}{R_1}u_i$，双向稳压二极管接于输出端，会起削波作用，$u_o$ 输出如图 4-23b 所示。

【例 4.8】　在图 4-24a 所示电路中，已知 $u_i = 10\sin\omega t$V，稳压管工作电压为 6V、正向管压降为 0.7V，试绘制 u_o 的波形。

解： $u_+ = \frac{10}{20+10}u_o$，翻转电压约为 ±2.2V，输出电压为 ±6.7V，u_o 的波形如图 4-24b 所示。

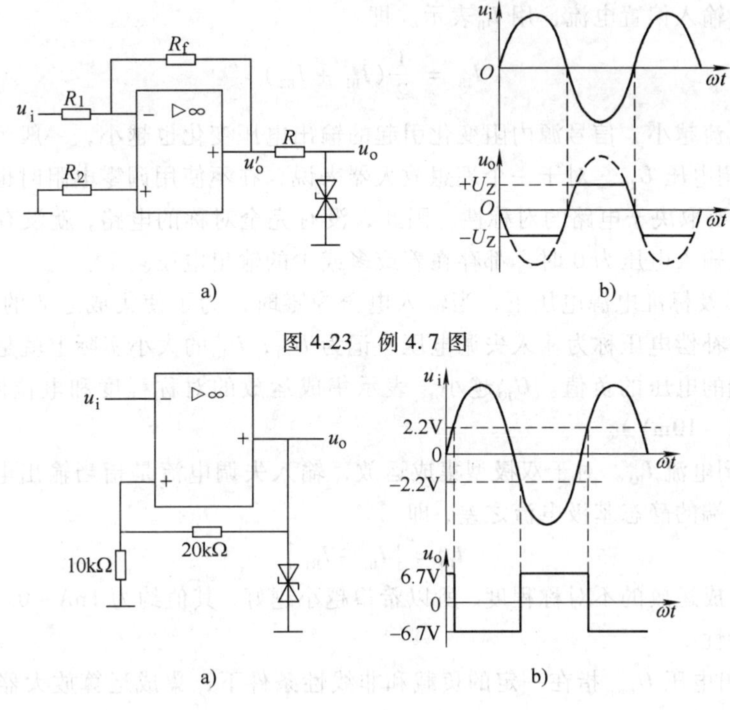

图 4-23　例 4.7 图

图 4-24　例 4.8 图

4.4　集成运放的型号命名及使用

4.4.1　集成运放的特性参数

集成运放的特性参数是评价运放性能优劣的依据，包括极限参数和电气参数。

1. 极限参数

(1) 供电电压($+U_{CC}$和 $-U_{EE}$或 $+U_s$ 和 $-U_s$)范围　加到集成运放上最小和最大允许的安全工作电源电压，称为集成运放的供电电压范围。

(2) 功耗 P_D　集成运放在规定的温度范围工作时，可以安全耗散的功率称为功耗。

(3) 工作温度范围　能保证集成运放在额定的参数范围内工作的温度称为它的工作温度范围。

(4) 最大差模输入电压 U_{idmax}　能安全地加在集成运放的两输入端之间最大的差模电压称为最大差模输入电压。

(5) 最大共模输入电压 U_{icmax}　能安全地加在集成运放的两个输入端的短接点与集成运放地线之间的最大电压称为最大共模输入电压。

2. 电气参数

(1) 输入特性

1) 差模输入电阻 r_{id}。集成运算放大器开环时从两个差动输入端之间看进去的等效交流电阻，称为差模输入电阻，表示为 r_{id}。高质量的集成运放的差模输入电阻可达几兆欧姆。

2) 输入偏置电流 I_{IB}。对于双极型集成运放，静态时输入级两差放管基极电流 I_{B1} 和 I_{B2}

的平均值，称为输入偏置电流，用 I_{IB} 表示。即

$$I_{IB} = \frac{1}{2}(I_{B1} + I_{B2})$$

输入偏置电流越小，信号源内阻变化引起的输出电压变化也越小，一般为 10nA ~ 1μA。

3）输入失调电压 U_{IO}。对于一个理想放大器来说，在不使用调零电阻时也应具有零入零出的特性，这主要取决于电路的对称性。因此，没有完全对称的电路，就没有完全的零入零出，集成运放在输入电压为 0 时，都存在着或多或少的输出电压。

在室温 25℃及标准电源电压下，当输入电压为零时，为了使集成运放的输出电压为 0，在输入端所加的补偿电压称为输入失调电压，记为 U_{IO}，U_{IO} 的大小实际上就是此时的输出电压折合到输入端的电压的负值。U_{IO} 越小，表示集成运放的对称程度和电位匹配情况越好，其值一般为 ±(1 ~ 10mV)。

4）输入失调电流 I_{IO}。对于双极型集成运放，输入失调电流是指当输出电压为 0 时，流入放大器两输入端的静态基极电流之差，即

$$I_{IO} = |I_{B2} - I_{B1}|$$

它反映了集成运放的不对称程度，所以希望越小越好，其值约为 1nA ~ 0.1μA。

（2）输出特性

1）最大输出电压 U_{omax} 指在一定的负载和非线性条件下，集成运算放大器输出的最大电压幅度。

2）最大输出电流 I_{omax} 指在一定的负载和非线性条件下，集成运算放大器输出的最大电流值。

3）输出电阻 r_o。从集成运放的输出端和地之间看进去的等效交流电阻，称为集成运放的输出电阻，记为 r_o。

（3）增益特性

1）差模电压放大倍数 A_{od}。差模电压放大倍数是指集成运放在开环（无反馈）情况下的直流差模电压放大倍数，即开环输出直流电压与差模输入电压之比，用 A_{od} 表示。集成运放的开环差模电压放大倍数通常很大，经常用 dB 表示。

2）共模电压放大倍数 A_{oc}。共模电压放大倍数是指集成运放在开环（无反馈）情况下的直流共模电压放大倍数，即开环输出直流电压与共模输入电压之比，用 A_{oc} 表示。集成运放的开环差模电压放大倍数通常很小。

3）共模抑制比 K_{CMRR}。K_{CMRR} 是差模电压放大倍数与共模电压放大倍数之比，即 $K_{CMRR} = |A_{od}/A_{oc}|$，其含义与差动放大器中所定义的 K_{CMRR} 相同，高质量集成运放的 K_{CMRR} 可达 160dB。共模抑制比用分贝表示为

$$K_{CMRR} = 20\lg\left|\frac{A_{ud}}{A_{uc}}\right|$$

（4）频率特性

1）开环带宽 B_W。当工作频率增加时，集成运算放大器的开环电压增益从直流增益下降 3dB 时所对应的信号频率称为开环带宽，由于开环增益测量比较困难，往往采用单位增益带宽。

2）单位增益带宽 B_{WG}。当开环电压增益下降到 1（电压放大倍数为 0dB）时所对应的频

率，称为单位增益带宽，记为 B_{WG}。除此之外，还有已经介绍过的带宽以及其他参数，在具体使用时可查阅相关的手册、说明等，以获得正确和最佳的使用方法。

3）转换速率 S_R 指集成运放在额定输出电压下，输出电压的最大变化率，即

$$S_R = \left|\frac{du_o}{dt}\right|_{max}$$

它反映了运算放大器对于高速变化的输入信号响应的快慢，又称压摆率，表示为 S_R。

4.4.2　集成运放器件的型号

1. 国产集成电路的型号识别

集成运放器件是集成电路(IC)的一种，集成电路的型号命名有国家标准。这一标准是 1979 年以后陆续制定的。在使用、检修、识别和进行电路分析时，都需要了解集成电路的型号。一般来说，集成电路的型号都印在器件的外壳上。根据最新的国标规定，国产的集成电路型号由 5 部分组成，其型号的含义如下：

C	F	××××	C	D
|	|	|	|	|
第一部分	第二部分	第三部分	第四部分	第五部分
字头符号	电路类型	电路型号数	温度范围	封装形式

(1) 第一部分含义　集成电路型号中的第一部分用一个字母 C 表示符合国家标准的集成电路。

(2) 第二部分含义　集成电路型号中的第二部分用字母表示电路的类型，可以是一个字母，也可以是两个字母，具体含义见附录 B。

(3) 第三部分含义　集成电路型号中第三部分的数字或字母表示产品的代号，与国外同功能集成电路保持相同的代号，即国产的集成电路与国外的集成电路第三部分代号相同时，为全仿制集成电路。不仅电路结构、引脚分布规律等与国外产品相同，还可以直接与国外产品代换使用。

(4) 第四部分含义　集成电路型号中的第四部分用一个大写字母表示工作温度，其含义见附录 B。

(5) 第五部分含义　集成电路型号中的第五部分用一个大写字母表示封装形式，其具体含义见附录 B。例如常见的国产集成运放有 CF741 等。

2. 国外集成运放供应商

目前我国可以生产很多型号的集成运放，可以满足大部分的芯片需求，除了我国之外，世界上还有很多知名公司生产集成运放，常见的公司见表 4-2。

表 4-2　集成芯片制造公司列表

公司名称	首　标	举　例
美国仙童公司	混合电路首标：SH 模拟电路首标：μA	μA741
日本日立公司	模拟电路首标：HA 数字电路首标：HD	HA741

（续）

公司名称	首　标	举　例
日本松下公司	模拟 IC：AN 双极数字 IC：DN MOS IC：MN	DN74LS00
美国摩托罗拉公司	有封装 IC：MC	MC1503
美国微功耗公司	器件首标：MP	MP4346
日本电气公司	NEC 首标：μP 混合元件：A 双极数字：B 双极模拟：C MOS 数字：D	μPD7220
美国国家半导体公司	模拟/数字：AD 模拟混合：AH 模拟单片：AM CMOS 数字：CD 数字/模拟：DA 数字单片：DM 线性 FET：LF 线性混合：LH 线性单片：LM MOS 单片：MM	LM101
美国无线电公司	线性电路：CA CMOS 数字：CD 线性电路：LM	CD4060
日本东芝公司	双极线性：TA CMOS 数字：TC 双极数字：TD	TA7173

一般情况下，无论哪个公司的产品，除了首标不同外，只要编号相同，功能基本上是相同的。例如，CA741、LM741、MC741、μA741、μPC741 等芯片具有相同的功能。

4.4.3 集成运放的简单测试

1. 集成运放的检查和粗略测试

可以用万用表或示波器对集成运放进行检测。根据集成运放的原理电路和引脚，像检查晶体管一样利用万用表的电阻挡可以大致判断集成运放是否损坏，或检查引脚是否错误等。但是应当注意，万用表的电阻挡量程必须合适，过大或过小的量程可能因万用表内部的高电压电池或通过运放的电流过大而损坏集成运放。

2. 集成运放在开环下进行检查

由于漂移的影响，输出电压始终在摆动而难于读数。对于高增益集成运放，这种情况就更为严重。如果采用直流闭环、交流开环的方法，上述情况可以得到一些改善。即利用直流闭环来削弱漂移的影响，而利用交流开环由交流输入信号来测定开环情况下的一些特性。

3. 集成运放在闭环下进行检查

如果把集成运放接成闭环，利用万用表可以很方便地检查集成运放能否调零以及正、负方向的输出幅度和线性度等。利用示波器观察集成运放的传输特性也可达到上述目的。图4-25是利用辅助放大器测试集成运放的原理电路，该电路是把辅助放大器 A_2、待测集成运放 A_1 一起构成闭环运用。

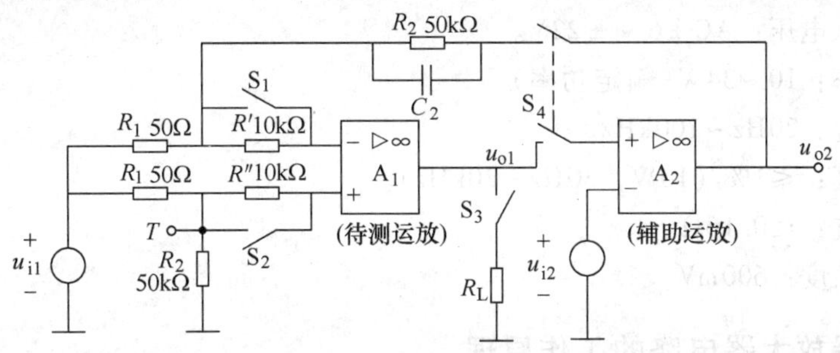

图4-25　利用辅助放大器测试集成运放

以上粗略地检查对于组装、调试和筛选等要求来说常常是不够的，这时就需要测试集成运放的性能参数。但是在实用中，一般并不需要逐个测试集成运放的各项参数，通常只要测定一些主要参数就可以了。

集成运放的参数基本上可以归纳成两类：一类是直流参数例如 A_0、U_{OS}、I_B、r_{id}、r_0 和 K_{CMRR}(共模抑制比)等；另一类是交变参数，如 f_0、S_R、t_s 等。对于通用型集成运放，主要测试直流参数，根据这些开环直流参数和回路增益能够预示出许多闭环特性。对于高速型集成运放，主要测试交变参数。其他特殊类型的集成运放，可根据其设计的侧重点来选择主要的测试项目。由于近代集成运放的 A_0 和 K_{CMRR} 已高达到 $10^5 \sim 10^8$，故直流参数的测定涉及极大量和极小量的测量。因此直流参数的精确测量并不是很容易的。

目前已有许多测试集成运放参数的专用仪器，也有许多测试方法，但各种参数测试电路出入很大。为了用统一的测量电路来自动测定集成运放的主要直流参数，通常利用前面介绍的辅助放大器的测试方法。这是目前比较完善的一种方法并由国际电气技术委员会(IEC)通过，被列为国际通用的测试方法。

4.5　集成运算放大器技能训练

4.5.1　技能训练综述

本技能训练要完成集成送话器放大器和集成功率放大器(集成功放)的设计和制作。送话器放大器是对送话器输入的信号进行放大的设备，这里选用运算放大器制作一个简单的送话器放大器。

4.5.2　技能训练目的

1. 理论目标

1）了解相关集成电路结构，查找并阅读相关集成电路资料。

2）掌握集成运放反馈类型及组态的判断方法，了解负反馈对放大电路工作性能的影响。

3）熟悉“虚短”、“虚断”的概念，并掌握集成运放线性应用的分析方法。

4）熟悉功率放大器原理和特点，掌握集成功率放大器的使用。

5）掌握 LM386 型集成电路使用及电路设计、调试。

2. 技能目标

集成功率放大电路的技能指标如下：

1）交流输入电压：AC ±6 ~ ±22V。

2）输出功率：10 ~ 34W(额定功率)。

3）频率响应：20Hz ~ 100kHz。

4）谐波失真：≤1%（10W，30Hz ~ 20kHz）。

5）输出阻抗：≤0.16Ω。

6）输入灵敏度：600mV。

4.5.3　送话器放大器电路的工作原理

LM386 是一种低电压通用型低频集成功放。该电路功耗低、允许的电源电压范围宽、通频带宽、外接元件少，广泛用于收录音机、对讲机、电视伴音等系统中。

LM386 为双列直插塑料封装。引脚功能为：②、③脚分别为反相、同相输入端；⑤脚为输出端；⑥脚为正电源端；④脚接地；⑦脚为旁路端，可外接旁路电容以抑制纹波；①、⑧脚为电压增益设定端。

当①、⑧脚开路时，负反馈最深，电压放大倍数最小，设定为 $A_{uf}=20$。

当①、⑧脚间接入 10μF 电容时，内部 1.35kΩ 电阻被旁路，负反馈最弱，电压放大倍数最大，$A_{uf}=200$(46dB)。

当①、⑧脚间接入电阻 R 和 10μF 电容串联支路时，调整 R 可使电压放大倍数 A_{uf} 在 20 ~ 200间连续可调，且 R 越大，放大倍数越小。当 $R=1.24\text{k}\Omega$ 时，$A_{uf}=50$。

LM386 的典型应用如图 4-26 所示。

图 4-26a 所示电路为增益 20 的情况，图 4-26b 所示电路在①、⑧脚间加一个 10μF 的电容即可使增益变成 200，在图 4-26b 中，10kΩ 的可变电阻用来调整扬声器音量大小，若直接将 U_{in} 输入接入，就为最大音量状态。

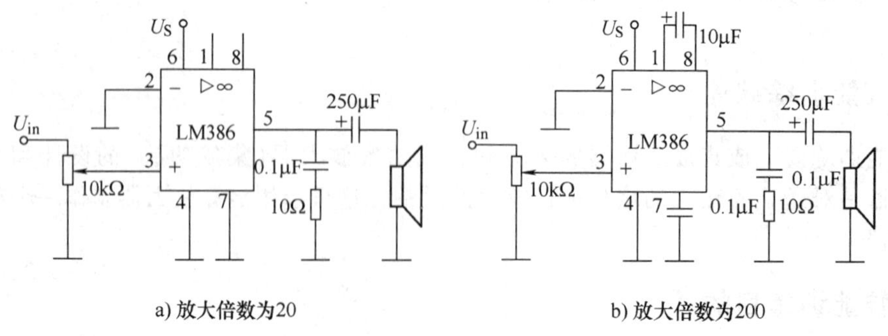

a) 放大倍数为20　　b) 放大倍数为200

图 4-26　LM386 典型应用电路

图 4-27 将 LM386 与电容式送话器结合的具体电路图，可在输出引脚上接上扬声器或耳机并调整可变电阻，就会产生类似于助听器的效果。

另外，将上述电路稍作变动，如在①、⑤脚间接入 R、C 串联支路，则可以构成带低音提升的功率放大电路。

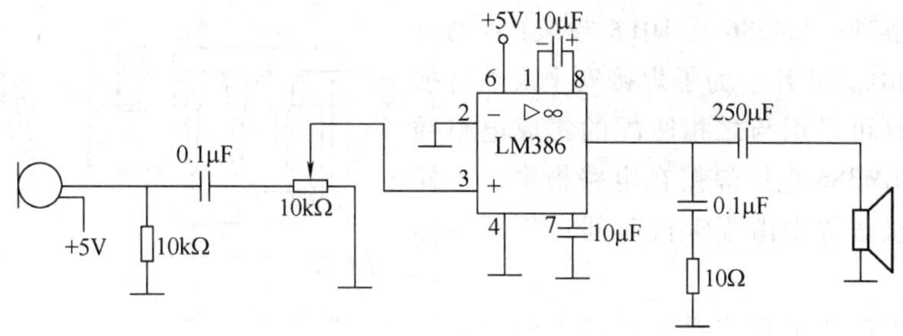

图 4-27 送话器放大器电路

4.5.4 送话器放大器电路的制作

1. 元器件检测

送话器放大器电路中的核心器件是 LM386 型集成电路，这里就重点介绍 LM386 芯片的检测，检测之前要掌握 LM386 引脚排列。其他元器件的检测方法同前所述。

（1）用万用表电阻挡测试 LM386 的方法 将 LM386 从电路板上拿下来（不要带电操作），用万用表电阻挡测试 LM386 各引脚相对接地端的阻值，将测试结果与标准值进行比较，以判断 LM386 的好坏。测量时为了安全，最好选用 $R\times1$k 挡。

（2）用万用表直流电压挡测试 LM386 的方法 将 LM386 接在电路板上，并接通电源。将万用表置于直流电压挡，根据电路中电源电压大小选择量程。若不清楚电压大小，应先用最高电压挡测量，逐渐换用低电压挡。然后，将万用表的红表笔接在 LM386 芯片的各引脚，黑表笔接在电路的接地点上，即测量 LM386 芯片各引脚与地之间的电压，并将测量数据标准值比较，以判断 LM386 的好坏。

2. 电路装配

（1）安装的技术要求

1）凡有文字标示名称和特性的元器件，在安装后应能方便地看到文字标志。

2）元器件在印制电路板上的分布应尽量均匀、整齐、不允许斜排、立体交叉和重叠排列。

3）有安装高度的元器件要符合规定要求，同一规格的元器件应尽量安排在同一高度上。

4）安装顺序一般为先低后高，先轻后重，先易后难，先一般元器件的后特殊元器件。

5）元器件引脚成形必须利用镊子、尖咀钳等工具。不得随意弯曲，以免损伤元器件。

6）印制电路板要保持干净，以免焊盘氧化生锈，导致焊接困难和虚焊。

7）各元器件焊接在电路板上，焊盘上的元器件引脚不高出电路板面 2mm，高出的部分用斜口钳或其他剪切工具剪下。焊点大小应均匀整洁，焊锡适量，剪切高度一致，元器件摆放位置合适、整齐。

（2）安装步骤 认真做好焊接装配前的准备工作：

1）仔细阅读相关电路资料；

2）认清各种元器件及元器件代号；

3）准备好焊接装配工具、器材；

4）点清各种元器件。

(3) 注意事项　LM386 是 DIP8 封装(双列直插8脚封装)的⑧脚芯片。为了焊接安全及器件损坏后便于更换，可采用与之相匹配的集成电路插座，而不用将 LM386 直接焊接在电路板中，这样也可以防止焊接过程中由于焊接时间过长而烧坏 LM386 芯片。

在装配此类芯片中要注意引脚的方向性，面对芯片表面有一半圆缺口的一方朝左，则下方左边第一个引脚为芯片的第一个引脚，沿着逆时针方向，下面一排引脚从左往右引脚号依次递增，上面一排引脚号从右往左依次递增排列。集成电路插座的引脚分布与芯片一样。

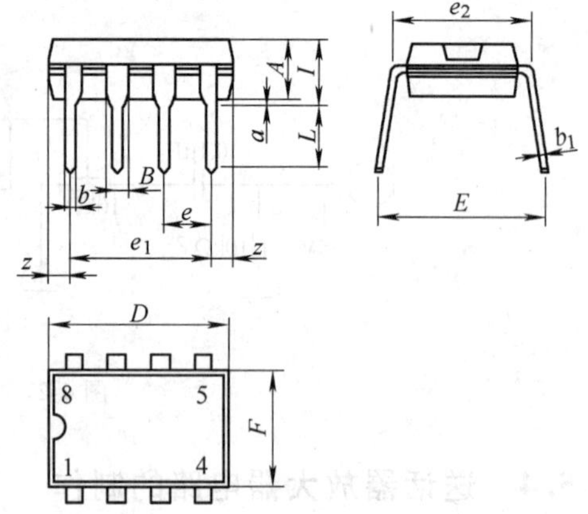

图 4-28　DIP8 封装集成电路封装图

图 4-28 和表 4-3 是 DIP8 封装集成电路的封装图和封装尺寸。

表 4-3　DIP8 封装集成电路封装尺寸

尺寸	mm			in		
	最小值	典型值	最大值	最小值	典型值	最大值
A		3.32			0.131	
a	0.51			0.02		
B	1.15		1.65	0.045		0.065
b	0.356		0.55	0.014		0.022
b_1	0.204		0.304	0.008		0.012
D			10.92			0.43
E	7.95		9.75	0.313		0.384
e		2.54			0.1	
e_3		7.62			0.3	
e_4		7.62			0.3	
F			6.6			0.26
i			5.08			0.2
L	3.18		3.81	0.125		0.15
Z			1.52			0.06

3. 电路调试

(1) 调试步骤　根据电子电路的复杂程度，调试可分步进行。对于较简单系统，调试步骤是：电源调试→单板调试→联调。对于复杂的系统，调试步骤是：电源调试→单板调试→分机调试→主机调试→联调。由此可知调试步骤如下：

1）不论简单系统还是复杂系统，调试都是从电源开始入手的。

2）调试方法一般是先局部(单元电路)后整体，先静态后动态。

3）一般要经过测量→调整→再测量→再调整的反复过程。

(2) 具体步骤

1）通电观察。通电后首先观察电路有无异常现象，如有无冒烟现象，有无异常气味，手摸集成电路外封装是否发烫等。如果出现异常现象，应立即切断电源，待排除故障后再通电。

2）静态调试。静态调试一般是指在不加输入信号，或只加固定的电平信号条件下所进行的直流测试，可用万用表进行，采用直接测量、间接测量或组合测量方法，测出电路中各关键点的电参量，结合对电路原理的分析，判断电路直流工作状态是否正常。查看 LM386 的芯片手册(datasheet)可知，电源电压为 4 ~ 12V 或 5 ~ 18V(LM386N—4)；静态消耗电流为 4mA；电压增益为 20 ~ 200dB；在①、⑧脚开路时，带宽为 300kHz；输入阻抗为 50kΩ；音频功率为 0.5W。用万用表检测，若发现电路中相关电参量有偏差，可通过更换器件或调整电路元件参数，使电路直流工作状态符合设计要求。

3）动态调试。动态调试是在静态调试的基础上进行的，在电路的输入端加入合适的信号，如把低频信号发生器产生的 1kHz 正弦波输入到 U_{in}，按信号的流向，顺序检测各测试点的输出信号，本电路中，可使用示波器，检测 LM386 的⑤脚信号波形，最好把示波器的信号输入方式置于“DC”挡，通过直流耦合方式，可同时观察被测信号的交、直流成分。若⑤脚信号波形不是正弦波，则要检测②、④脚是否良好接地；若⑤脚正弦波信号出现失真现象，可调整 0.1μF 电容的容值和 10Ω 电阻的阻值。通过不断排除故障，再进行调试，直到满足要求。

4. 噪声抑制

尽管 LM386 的应用非常简单，但稍不注意，特别是器件上电、断电瞬间，甚至工作稳定后，一些操作(如插拔音频插头、旋音量调节钮)都会带来瞬态冲击，在输出扬声器上会产生非常讨厌的噪声。

1）通过接在①脚、⑧脚间的电容(①脚接电容 + 极)来改变增益，断开时增益为 20dB。因此用不到大的增益，该电容可以去掉，不光节省了成本，同时还会减少噪音干扰。

2）在设计印制电路板时，所有外围元件尽可能靠近 LM386；地线尽可能粗一些；输入音频信号通路尽可能平行走线，输出亦如此。

3）选好调节音量的电位器。质量太差的不选用，否则会影响音质；阻值不要太大，10kΩ 比较合适，阻值过大也会影响音质。

4）⑦脚的旁路电容(0.1μF)不可少。实际应用时，⑦脚必须外接一个电解电容到地，起滤除噪声的作用。工作稳定后，该引脚电压值约等于电源电压的一半。增大这个电容的容值，可以减缓直流基准电压的上升、下降速度，有效抑制噪声。在器件上电、掉电时的噪声就是由该偏置电压的瞬间跳变所致。

本章小结

差分放大电路是抑制零点漂移最有效的电路形式，其特点是电路对称。

由于集成运算放大器的电压放大倍数很高，因此其电压传输特性的线性区很陡(输出与输入呈线性关系的区域很窄)，很小的输入信号就会使输出达到饱和值，必须加入深度负反馈才能使其稳定工作于线性状态。

集成运放的理想化条件，就是认为开环电压放大倍数为无穷大，即 $A_o \to \infty$；输入电阻为无穷大，即 $r_i \to \infty$；输出电阻为零，即 $r_o \to 0$。用理想运算放大器来分析各种电路，所引起的误差是允许的，这样就可大大简化分析过程。

集成运放是一种高增益直接耦合放大器，掌握集成运放理想化条件是分析集成运放在线性和非线性应用时的基本概念和重要原则。理想运放线性应用时，若反相输入则有 $u_{-}=u_{+}=0$、$i_{-}=i_{+}$；若同相输入或差分输入则有 $u_{-}=u_{+}$、$i_{-}=i_{+}$。

基本运算电路是集成运放的线性应用的一部分。应理解几种基本运算电路的有关结论，并掌握其分析方法。

电压比较器是集成运算电路的非线性应用的一部分，它的基本功能是对两个输入电压的大小进行比较，在输出端显示比较的结果。应理解单限电压比较器和滞回比较器的工作原理和有关结论。

习 题 4

注：本章习题中的集成运放均为理想运放。

4.1 分别选择“反相”或“同相”填入下列各空内。

（1）____比例运算电路中集成运放反相输入端为虚地，而____比例运算电路中集成运放两个输入端的电位等于输入电压。

（2）____比例运算电路的输入电阻大，而____比例运算电路的输入电阻小。

（3）____比例运算电路的输入电流等于零，而____比例运算电路的输入电流等于流过反馈电阻中的电流。

（4）____比例运算电路的比例系数大于1，而____比例运算电路的比例系数小于零。

4.2 填空：

（1）____运算电路可实现 $A_u>1$ 的放大器。

（2）____运算电路可实现 $A_u<0$ 的放大器。

（3）____运算电路可将三角波电压转换成方波电压。

（4）____运算电路可实现函数 $Y=aX_1+bX_2+cX_3$，a、b 和 c 均大于零。

（5）____运算电路可实现函数 $Y=aX_1+bX_2+cX_3$，a、b 和 c 均小于零。

4.3 电路如图 4-29 所示，集成运放输出电压的最大幅值为 ±14V，填表 4-4。

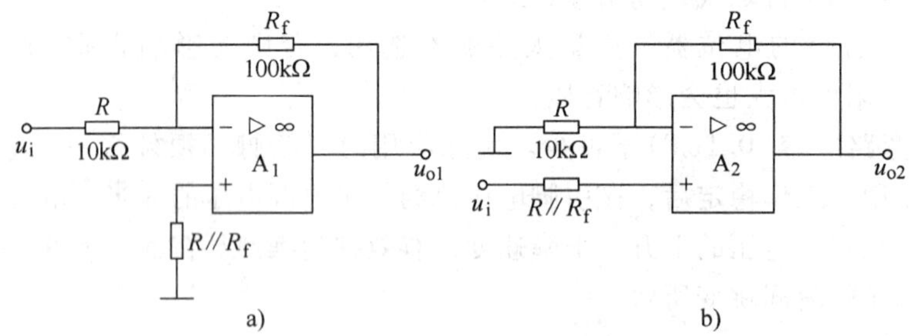

图 4-29 习题 4.3 图

表 4-4

u_i/V	0.1	0.5	1.0	1.5
u_{o1}/V				
u_{o2}/V				

4.4 电路如图 4-30 所示，试求：

（1）输入电阻；

（2）比例系数。

4.5　电路如图 4-31 所示，VT_1、VT_2 和 VT_3 的特性完全相同，填空：

（1）$I_1 \approx$____ mA，$I_2 \approx$____ mA；

（2）若 $I_3 \approx 0.2\text{mA}$，则 $R_3 \approx$____ kΩ。

4.6　试求图 4-32 所示各电路输出电压与输入电压的运算关系式。

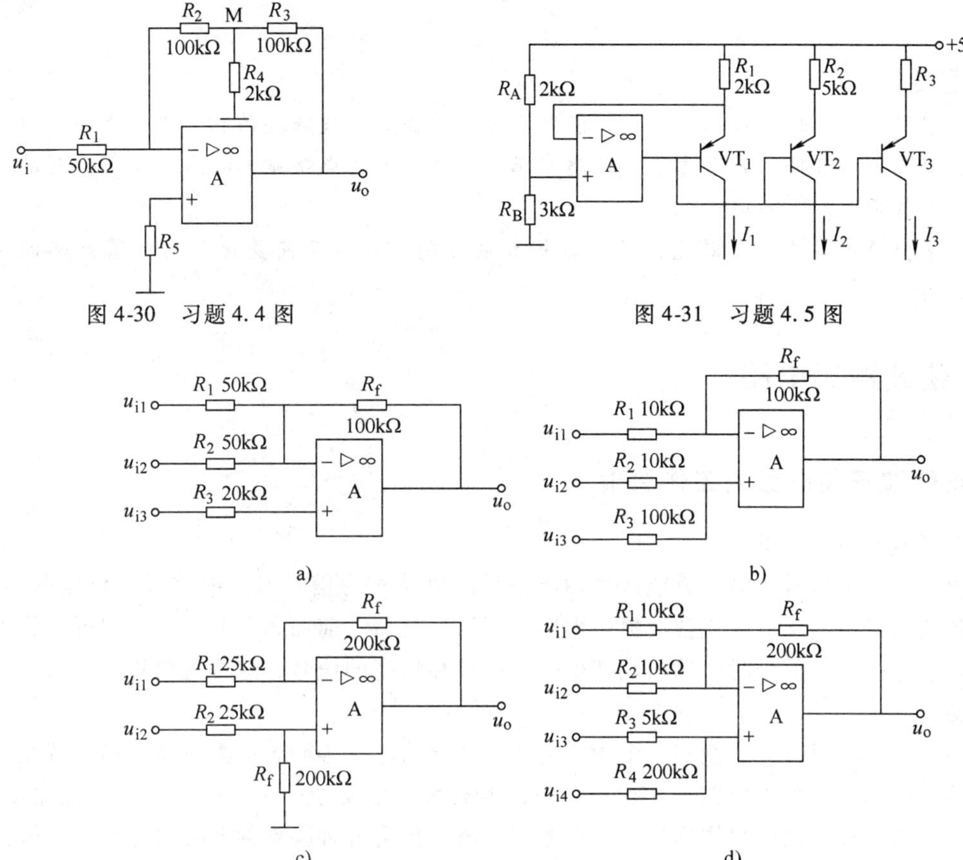

图 4-30　习题 4.4 图

图 4-31　习题 4.5 图

图 4-32　习题 4.6 图

4.7　在图 4-33 所示电路中，已知 $U_{CC}=16\text{V}$，$R_L=4\Omega$，VT_1 和 VT_2 的饱和管压降 $|U_{CES}|=2\text{V}$，输入电压足够大。试问：

（1）最大输出功率 P_{om} 和效率 η 各为多少？

（2）晶体管的最大功耗 P_{max} 为多少？

（3）为了使输出功率达到 P_{om}，输入电压的有效值约为多少？

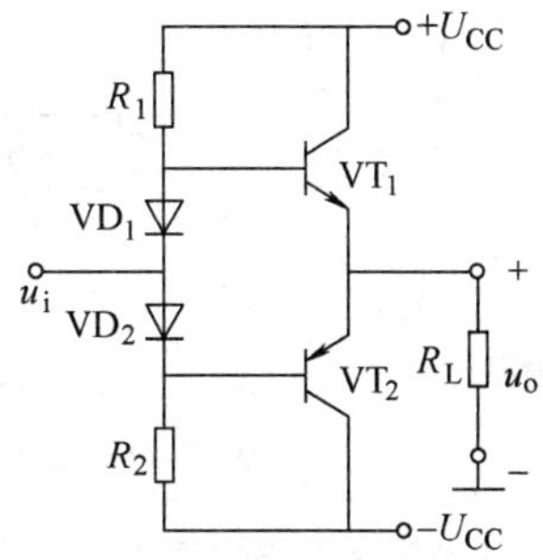

图 4-33　习题 4.7 图

第5章　信号发生电路

【本章学习要求】

理论：掌握振荡电路的结构特点、功能和原理，掌握正弦波振荡的相位平衡条件和幅值平衡条件，以及平衡条件的判断方法，熟悉非正弦波信号产生电路结构特点，了解石英晶体振荡电路的工作原理。

技能：掌握简易信号发生器元器件的选择和电路制作，以及简易信号发生器电路的调试、测试方法。

5.1　正弦波振荡电路

5.1.1　正弦波振荡电路的工作原理

1. 振荡产生的基本原理

不需要外加激励信号，电路就能产生输出信号的电路称为信号发生电路或波形振荡器。能产生正弦波信号的电路称为正弦波振荡电路或正弦振荡器。前面3.5节中已介绍过，放大电路在输入端没有输入信号时，输出端产生一定频率和幅度的信号，这种现象称为自激，也叫自激振荡。

当电路与电源接通时，会激起一个很小的电流变化信号，等同于放大电路的输入端获得一个微弱的电压 u_i，经放大电路放大、正反馈，再放大、再反馈……，就能产生自激振荡，如此循环，输出信号的幅度很快增加。这个微弱的电压包含各种频率的谐波成分，为了能得到需要的频率信号，必须增加选频网络，使符合要求的频率信号能通过，不符合要求的频率信号被排除掉，在输出端就会得到图5-1a中 ab 段所示的起振波形；另外，当振荡电路的输出达到一定幅度后，就需要维持一个相对稳定的稳幅振荡，如图5-1a中 bc 段所示，这就需要稳幅环节。由此得到正弦波振荡电路是由放大电路、正反馈网络、选频网络和稳幅环节组成的，其结构框图如图5-1b所示。

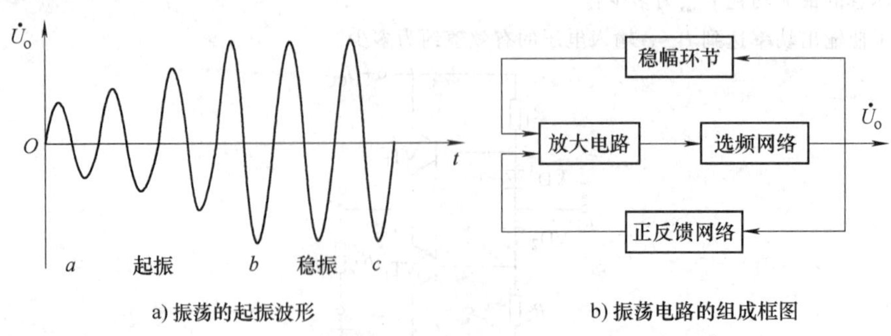

a) 振荡的起振波形　　b) 振荡电路的组成框图

图5-1　正弦波振荡电路振荡产生的基本原理

2. 振荡的平衡条件和起振条件

（1）振荡平衡条件 振荡的平衡条件包括振幅平衡条件和相位平衡条件。

设振荡电路输入电压为 u_i，反馈电压为 u_f，输出电压为 u_o，则振荡时，$\dot{U}_i = \dot{U}_f$，即 $\dfrac{\dot{U}_f}{\dot{U}_i} = \dfrac{\dot{U}_o}{\dot{U}_i}\dfrac{\dot{U}_f}{\dot{U}_o} = 1$，即 $\dot{A}\dot{F} = 1$（$\dot{A}$ 表示为放大器的开环放大倍数 $\dfrac{\dot{U}_o}{\dot{U}_i}$，$\dot{F}$ 表示反馈网络的反馈系数 $\dfrac{\dot{U}_f}{\dot{U}_o}$）。$\dot{A}\dot{F} = AF\angle\varphi_a + \varphi_f = 1$。

1）振幅平衡条件：要求振荡电路的反馈电压 u_f 与输入电压 u_i 的幅值要相等，这是振荡电路能够振荡所必需的第一个条件。

反馈电压 u_f 与输入电压 u_i 的幅值要相等，即 $|\dot{U}_f| = |\dot{U}_i|$，又因为 $\dot{U}_f = \dot{A}\dot{F}\dot{U}_i$。所以振幅平衡条件又可以表示为

$$|\dot{A}\dot{F}| = 1 \tag{5-1}$$

2）相位平衡条件：要求振荡电路的反馈电压 u_f 与输入电压 u_i 相位必须相同，也就是说，必须保证反馈电路是正反馈，这是振荡电路能够振荡所必需的第二个条件。

反馈电压 u_f 与输入电压 u_i 相位必须相同表示输入信号经过放大电路产生的相移 φ_a 和反馈网络的相移 φ_f 之和为 0，2π，4π，…，2nπ，即

$$\varphi_a + \varphi_f = 2n\pi(n = 0,1,2,3,\cdots) \tag{5-2}$$

（2）振荡的起振条件 为使振荡电路在接通直流电源后能够自动起振，则在相位上要求反馈电压 u_f 与输入电压 u_i 同相，在幅度上要求 $U_f > U_i$，因此振荡的起振条件也包括相位条件和振幅条件两个方面，即振幅起振条件为

$$|AF| > 1 \tag{5-3}$$

相位起振条件为

$$\varphi_a + \varphi_f = 2n\pi(n = 0,1,2,3,\cdots) \tag{5-4}$$

3. 正弦波振荡电路的组成及作用

图5-1b所示正弦波振荡电路由放大电路、正反馈网络、选频网络和稳幅环节四部分组成：

（1）放大电路 在振荡电路中，放大电路主要作用是满足振荡电路的振幅条件，如果没有放大信号，振荡电路就会逐渐衰减，不能产生持续的正弦波振荡。

（2）正反馈网络 正反馈网络的主要作用是形成正反馈，满足振荡电路的相位条件。

（3）选频网络 选频网络的主要作用是选取单一频率的正弦波信号。选频网络所确定的频率一般就是正弦波振荡电路的振荡频率。

（4）稳幅环节 稳幅环节的主要作用是使电路起振后满足 $|AF| = 1$，振荡幅值稳定，改善波形，通过负反馈实现。

4. 正弦波振荡电路能否振荡的判断方法

1）检查电路是否具有放大电路、正反馈网络、选频网络和稳幅环节。

2）检查放大电路是否工作在放大状态。

3）分析电路是否满足自激振荡条件。先检查相位平衡条件，主要看能否构成正反馈，一般用瞬时极性法判断，若输入信号和反馈信号同相位，则平衡条件满足。再看振幅平衡条件，主要看晶体管能否正常工作，能否工作在放大工作状态。若不满足条件，可改变放大电路的放大倍数或反馈系数，使电路满足 $|AF|>1$。一般来说：

若 $|AF|<1$，不可能振荡。

若 $|AF|>1$，能振荡，稳定后 $|AF|=1$。

5. 正弦波振荡电路类型

正弦波振荡电路根据选频网络所使用的元件不同，可分为 *RC* 振荡电路、*LC* 振荡电路和石英晶体振荡电路三种。

（1）*RC* 振荡电路　选频网络由 *R*、*C* 元件组成。*RC* 振荡电路工作频率较低，一般工作在 1Hz～1MHz。常用于低频电子设备中。

（2）*LC* 振荡电路　选频网络由 *L*、*C* 元件组成。*LC* 振荡电路工作频率较高，一般在 1MHz 以上。常用于高频电子电路和设备中。

（3）石英晶体振荡电路　选频作用主要依靠石英晶体谐振器来完成。振荡电路的工作频率取决于石英晶体的振荡频率，频率稳定度较高，多用于时基电路和电子测量设备中。

5.1.2　*RC* 正弦波振荡电路

RC 正弦波振荡电路一般用来产生 1Hz 到数百千赫兹的低频信号，常用的低频信号源大多采用这种电路形式。其电路结构简单，性能稳定，常用的 *RC* 振荡电路有 *RC* 桥式振荡电路和 *RC* 移相式振荡电路。

1. *RC* 桥式振荡电路

（1）*RC* 串并联网络的选频特性　*RC* 串并联网络由 R_2 和 C_2 并联后与 R_1 和 C_1 串联组成，如图 5-2 所示。设 R_1、C_1 的串联阻抗用 Z_1 表示，R_2 和 C_2 的并联阻抗用 Z_2 表示，则：

$$Z_1 = R_1 + \frac{1}{j\omega C_1} \tag{5-5}$$

$$Z_2 = \frac{R_2}{1 + j\omega C_2 R_2} \tag{5-6}$$

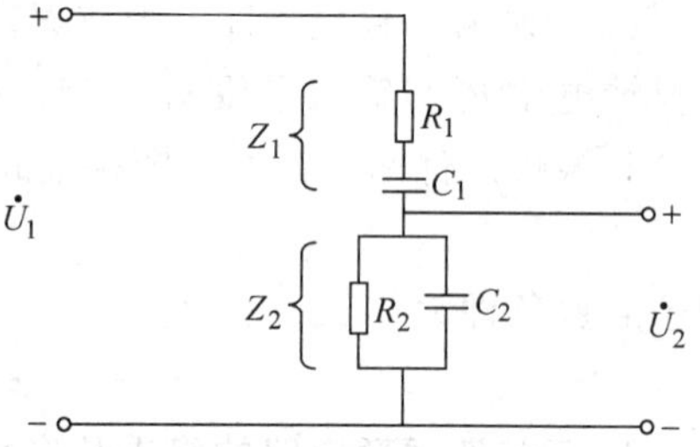

图 5-2　*RC* 串并联网络

输出电压与输入电压之比为 *RC* 串并联网络电压传输系数（即用作反馈时的反馈系数），记为 *F*，则

$$\dot{F} = \frac{\dot{U}_2}{\dot{U}_1} = \frac{Z_2}{Z_1 + Z_2} = \frac{\dfrac{R_2}{1 + j\omega C_2 R_2}}{R_1 + \dfrac{1}{j\omega C_1} + \dfrac{R_2}{1 + j\omega C_2 R_2}} = \frac{1}{\left(1 + \dfrac{R_1}{R_2} + \dfrac{C_2}{C_1}\right) + j\left(\omega R_1 C_2 - \dfrac{1}{\omega R_2 C_1}\right)} \tag{5-7}$$

在实际电路中取 $C_1 = C_2 = C$，$R_1 = R_2 = R$，则上式可简化为

$$\dot{F} = \frac{1}{3 + j\left(\omega RC - \dfrac{1}{\omega RC}\right)} \tag{5-8}$$

其模值为

$$F = |\dot{F}| = \frac{1}{\sqrt{3^2 + \left(\omega RC - \frac{1}{\omega RC}\right)^2}} \tag{5-9}$$

相角为

$$\varphi_F = -\arctan\frac{\omega RC - \frac{1}{\omega RC}}{3} \tag{5-10}$$

取：

$$\omega_0 = 2\pi f_0 = \frac{1}{RC}$$

则：

$$f_0 = \frac{1}{2\pi RC} \tag{5-11}$$

将式（5-11）分别代入式（5-9）和式（5-10），并将角频率 ω 变换为由频率 f 表示，得到：

$$F = \frac{1}{\sqrt{3^2 + \left(\frac{f}{f_0} - \frac{f_0}{f}\right)^2}} \tag{5-12}$$

$$\varphi_F = -\arctan\frac{\frac{f}{f_0} - \frac{f_0}{f}}{3} \tag{5-13}$$

由式（5-12）、(5-13）分析可知：

1）$f = f_0$ 时，电压传输系数最大，$F = 1/3$，$\varphi_F = 0$。此时，输出电压与输入电压同相位。

2）$f \ll f_0$ 时，电压传输系数趋于零，$F \to 0$，$\varphi_F \to +90°$。

3）$f \gg f_0$ 时，电压传输系数趋于零，$F \to 0$，$\varphi_F \to -90°$。

结论：在 $f \neq f_0$ 时，$F < 1/3$，且 $\varphi_F \neq 0$，此时输出电压的相位滞后或超前于输入电压。故 RC 串并联网络只在 $f = f_0 = \frac{1}{2\pi RC}$ 时输出幅度最大，而且输出电压与输入电压同相，即相位移为零。所以，RC 串并联网络具有选频特性。

根据式（5-12）和式（5-13）可作出 RC 串并联网络的频率特性曲线如图5-3所示。

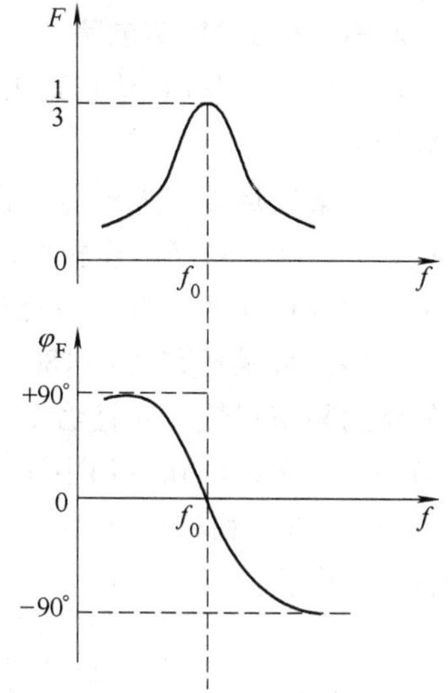

图5-3　RC 串并联网络的频率特性曲线

（2）RC 桥式振荡电路的原理及特点　RC 桥式振荡电路如图5-4所示，实际上是一个具有正反馈的两级阻容耦合放大电路。

1）电路组成及原理。RC 桥式振荡电路由两级放大电路和选频网络构成。当电路工作在中频段时，VT_1 的输入电压与输出电压反相，VT_2 的输入电压和输出电压也反相。因此输入电压 u_i 和输出电压 u_o 同相。但要考虑到选频性，不是直接将输出电压反馈到输入端，而是通过 C_1、R_1、C_2、R_2 所组成的串并联选频电路反馈回去，输入电压 u_i 是从 $R_2 /\!/ C_2$ 的两端取出的，它是输出电压 u_o 的一部分。

2）电路特点。对 R_1、C_1、R_2、C_2 选频电路来讲，u_o 是输入电压，而 u_i 是输出电压。若取 $R_1 = R_2 = R$，$C_1 = C_2$

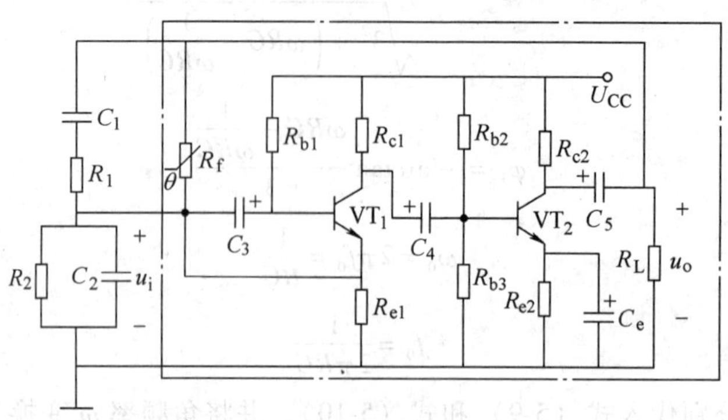

图 5-4 *RC* 桥式振荡电路

$=C$，只有当 $f=f_0=\dfrac{1}{2\pi RC}$时，u_o 和 u_i 同相，且 $u_i/u_o=1/3$。

RC 桥式振荡电路具有以下特点：

① R_1、C_1、R_2、C_2 串并联电路具有选频特性，当选频网络的参数选定后，只能对一个频率的信号产生自激振荡（如果没有 C_1、C_2，对任何频率都能产生自激振荡），输出为正弦信号。

② 电路采用两级结构，每一级的相位移为180°，能满足自激振荡的相位条件。

③ 为满足幅度条件，要求放大电路的放大倍数 $A\geqslant 3$。

电路引入串联电压负反馈，R_f 为反馈电阻，为了克服温度和电源电压等参数变化对振荡幅度的影响，R_f 选用具有负温度系数的热敏电阻。当振荡幅度增大时，R_f 的电流增大，R_f 温度升高阻值将减小，这样会使负反馈电压增高，结果使振荡幅度回落；反之，振荡幅度减小时，也会使其回升。

2. *RC* 移相式振荡电路

图 5-5 所示为 *RC* 移相式正弦波振荡电路，该电路采用三级 *RC* 移相电路作为选频和正反馈网络。

由于集成运算放大器的相移为180°，若要求满足振荡相位条件，必须在三级 *RC* 移相网络中也移相180°，但一级 *RC* 移相电路的相移在0°~90°，不能满足振荡的相位条件；两级 *RC* 移相电路的最大相移可达180°，但在接近180°时，超前 *RC* 移相网络的频率很低，并且输出电压接近于零，也不能满足振荡幅值条件，所以实际应用中至少要用三级 *RC* 移相电路，三级 *RC* 移相电路的相移在0°~270°才能满足振荡条件。该频率即为振荡频率 f_0：

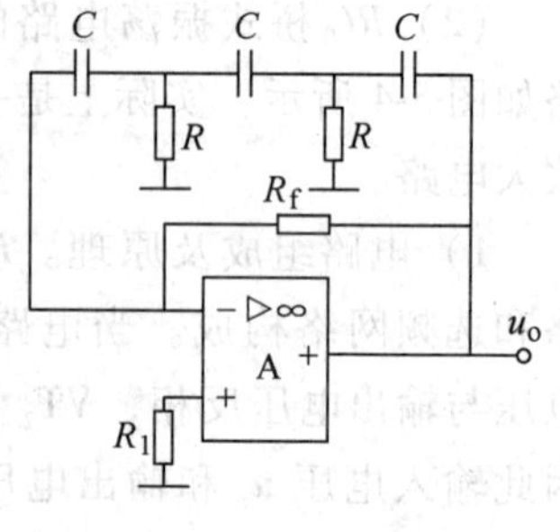

图 5-5 *RC* 移相式正弦波振荡电路

$$f_0=\frac{1}{2\pi\sqrt{6}RC} \tag{5-14}$$

RC 移相式正弦波振荡电路结构简单、成本低，但失真较大又不便调节频率，因此只适用于固定频率且对输出波形要求不高的场合。

5.1.3　LC 正弦波振荡电路

LC 正弦波振荡电路是以 LC 谐振电路作为选频网络的振荡电路，常用来产生频率比较高的正弦波。可分为变压器反馈式、电感三点式和电容三点式。

1. 变压器反馈式 LC 正弦波振荡电路

（1）电路组成　图 5-6 为变压器反馈式 LC 正弦波振荡电路。振荡电路由放大电路、变压器反馈电路和 LC 选频电路三部分组成。图中三个线圈作变压器耦合，并联回路 L_1C_2 作为 VT 的集电极负载，是振荡电路的选频网络；VT、R_{b1}、R_{b2}、R_e、C_e、C_1 构成共发射极放大电路；L_2 引入正反馈，L_3 与负载相连。

（2）振荡条件

1）相位平衡条件。由图 5-6 可以看出，集电极输出信号与基极相位差为 180°，通过变压器的适当连接，使之从 L_2 两端引回的交流电压又产生 180°的相移，所以满足相位条件。当产生并联谐振时，谐振频率为

$$f_0 = \frac{1}{2\pi\sqrt{LC}} \tag{5-15}$$

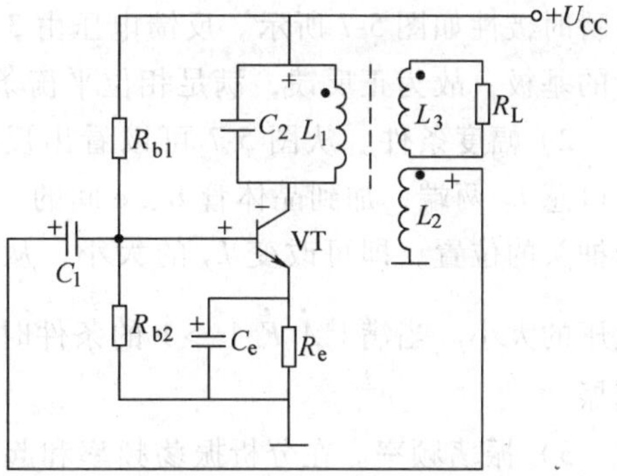

电路振荡时 $f=f_0$，LC 回路的谐振阻抗是纯电阻性，由图 5-6 中 L_1 及 L_2 同名端可知，反馈信号与输出电压极性相反，即 $\varphi_F=180°$。于是 $\varphi_A+\varphi_F=360°$，保证了电路的正反馈，满足振荡的相位平衡条件。

图 5-6　变压器反馈式 LC 正弦波振荡电路

对频率 $f\neq f_0$ 的信号，LC 回路的阻抗不是纯阻抗，而是感性或容性阻抗。此时，LC 回路对信号会产生附加相移，造成 $\varphi_F\neq180°$，那么 $\varphi_A+\varphi_F\neq360°$，不能满足相位平衡条件，电路也不可能产生振荡。由此可见，LC 振荡电路只有在 $f=f_0$ 这个频率上，才有可能振荡。

2）幅度条件。若要满足 $AF\geqslant1$ 的幅度条件，可以选 β 值较大的晶体管或增加反馈线圈的匝数，反馈线圈匝数越多，耦合越强，电路越容易起振，或者调整变压器一次绕组和二次绕组之间的位置以提高耦合程度。

需指出的是：线圈 L_2 形成正反馈电路，其极性（即同名端）是关键，不能接错，如果没有正反馈电路，反馈信号将很快衰减，所以使用中要特别注意。

（3）电路的应用特点

1）电路结构简单，易起振，输出电压较大。由于采用变压器耦合，易满足阻抗匹配的要求。

2）调频方便，一般在 LC 回路中采用接入可变电容器的方法来实现振荡频率的调节，改变电容的大小可以方便地调节频率。调频范围较宽，工作频率通常在几兆赫兹左右。

3）输出波形不理想，由于反馈电压取自电感两端，它对高次谐波的阻抗大，反馈也强，因此在输出波形中含有较多高次谐波成分。

这类振荡电路工作频率不太高，输出正弦波形不理想。针对这些缺点，改进电路常采用电感三点式 LC 振荡电路。

2. 电感三点式 LC 振荡电路

（1）电路组成　如图 5-7 所示，L_1、L_2 和 C 组成振荡回路，其作用是选频和反馈，实际就是一个具有抽头的电感线圈，类似于自耦变压器。电感线圈 L_1、L_2 和三个抽头分别与晶体管的三个电极连接，故称为电感三点式 LC 振荡电路，因为反馈电压取自电感 L_2 上的电压，所以也叫电感反馈式振荡电路或哈特莱振荡电路。

（2）振荡条件分析

1）相位条件。设基极瞬时极性为正，由于放大电路的倒相作用，集电极电位为负，与基极相位相反，则电感的 3 端为负，2 端为公共端，1 端为正，各瞬时极性如图 5-7 所示。反馈电压由 3 端引至晶体管的基极，故为正反馈，满足相位平衡条件。

2）幅度条件。从图 5-7 可以看出反馈电压是取自电感 L_2 两端，加到晶体管 b、e 间的。所以改变线圈抽头的位置，即可改变 L_2 的大小，从而调节反馈电压的大小。当满 $|\dot{A}\dot{F}|>1$ 的条件时，电路便可起振。

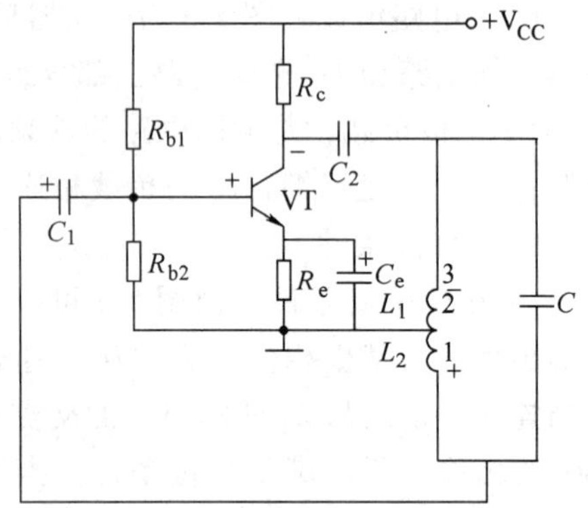

图 5-7　电感三点式 LC 正弦波振荡电路

3）振荡频率。在分析振荡频率和起振条件时，可以认为 LC 回路的 Q（品质因数）值很高，且电路产生并联谐振。根据谐振条件，电路的振荡频率为

$$f_0=\frac{1}{2\pi\sqrt{LC}}=\frac{1}{2\pi\sqrt{(L_1+L_2+2M)C}} \tag{5-16}$$

式中，L_1+L_2+2M 为 LC 回路的总电感，M 为 L_1 与 L_2 之间的互感耦合系数。

（3）电路的应用特点

1）容易起振，由于 L_1 和 L_2 之间耦合很紧，故电路易起振，输出幅度大。

2）调频方便，电容 C 若采用可变电容器，就能获得较大的频率调节范围。

3）由于反馈电压取自电感 L_2 两端，它对高次谐波的阻抗大，反馈也强，因此在输出波形中含有较多高次谐波成分，输出波形不理想；振荡频率的稳定性较差。一般电感反馈式振荡电路用于收音机的本机振荡以及高频加热器等。

3. 电容三点式 LC 振荡电路

（1）电路组成　如图 5-8 所示，电容三点式 LC 振荡电路与电感三点式 LC 振荡电路相比，只是把 LC 回路中的电感和电容的位置互换。电容三点式 LC 振荡电路又称为考毕兹振荡电路，C_2 为反馈电容。

（2）振荡条件分析

1）相位条件。设基极瞬时极性为正，由于放大电路的倒相作用，集电极电位为负，与基极相位相反，电容的 3 端为负，2 端为公共端，1 端为正，各瞬时极性如图 5-8 所示。反馈电压由 1 端引至晶体管的基极，为正反馈，满足相位平衡条件。

2）幅度条件。由图 5-8 所示电路可以看出，反馈电压取自电容 C_2 两端，所以适当地选择 C_1、C_2 的数值，并使放大电路有足够大的放大量，电路便可起振。

3）振荡频率为

$$f_0=\frac{1}{2\pi\sqrt{LC}} \tag{5-17}$$

其中，$C=\frac{C_1C_2}{C_1+C_2}$。

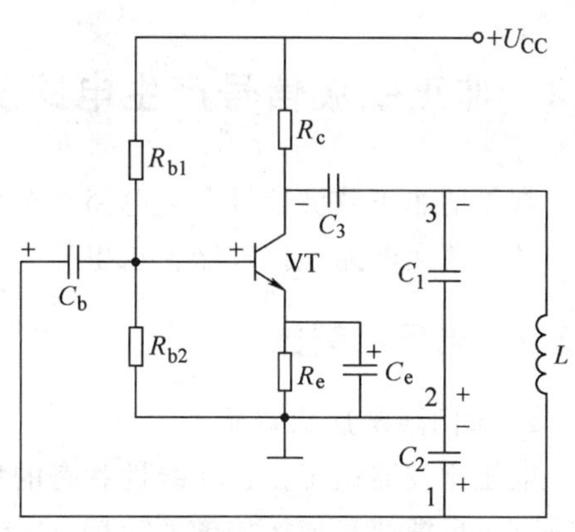

图 5-8 电容三点式 LC 振荡电路

（3）电路的应用特点

1）振荡波形较好，由于反馈电压取自电容 C_2，它对高次谐波分量的阻抗较小，所以波形较好。

2）频率稳定性较高，与电感三点式 LC 振荡电路相比受晶体管极间电容的影响比较小，故稳定。

3）频率调节不便，调节范围较小。一般只用于高频振荡器中。为了克服调节范围小的缺点，常在 L 支路中串联一个容量较小的可调电容，用它来调节振荡频率。

电容三点式 LC 振荡电路适用于频率固定的高频振荡电路。

4. 串联改进型电容三点式 LC 振荡电路

为了使电容三点式 LC 振荡电路易于调节频率，可在电感 L 支路串联一个电容量较小的电容 C_3，构成串联改进型电容三点式 LC 振荡电路，又称克拉泼振荡电路，如图 5-9 所示。C_3 用来决定振荡频率。该电路的振荡频率为

$$f_0=\frac{1}{2\pi\sqrt{LC}}\approx\frac{1}{2\pi\sqrt{L\left(\frac{1}{C_1}+\frac{1}{C_2}+\frac{1}{C_3}\right)}} \tag{5-18}$$

用 C_Σ 表示回路总电容，式（5-18）又可表示为

$$f=f_0=\frac{1}{2\pi\sqrt{LC_\Sigma}} \tag{5-19}$$

当 $C_3 \ll C_1$，$C_3 \ll C_2$ 时，$C_\Sigma\approx C_3$。

电路特点：

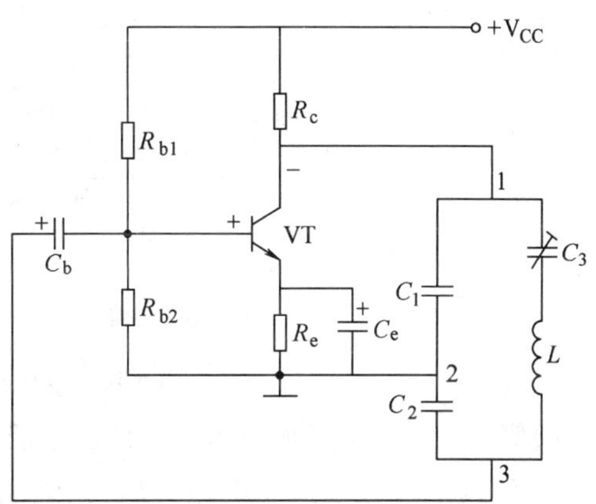

图 5-9 克拉泼振荡电路

1）由于电容 C_3 远小于电容 C_1、C_2，所以电容 C_1、C_2 对振荡器的振荡频率影响不大，因此可以通过调节 C_3 来调节振荡频率。

2）由于反馈回路的反馈系数仅由 C_1 与 C_2 的比值决定，所以调节振荡频率不会影响反馈系数。

3）由于晶体管的极间电容与 C_1、C_2 并联，因此极间电容的变化对振荡频率的影响很小。

4）当通过调节 C_3 调节振荡频率时，负载电阻将随之改变，导致放大器的增益变化，因此调节频率时有可能因电路增益不足而停振，故主要用于固定频率或窄带的场合。

5.2 非正弦波信号产生电路及波形变换电路

常见的非正弦波信号产生电路有矩形波（方波）、三角波发生器，由于非正弦波发生电路的基本单元电路是比较器，这里先介绍电压比较器的基本工作原理。

5.2.1 电压比较器

1. 单门限电压比较器

电压比较器由工作在非线性状态的集成运放构成，或是开环状态，或是正反馈状态。由于没有负反馈使集成运放的两个输入端处于"虚短"状态，集成运放的开环电压放大倍数又非常高，因此只要两输入端的信号有微小的不同，集成运放的输出值就立即饱和，输出电压不是处于正向输出最大值（U_{OH}），就是处于负向输出最大值（U_{OL}），因此只有两种输出状态。

电压比较器的基本功能是对输入的两个模拟电压信号进行鉴别与比较，并根据比较结果，输出一定的电平（高电平或低电平）。电路可用于报警器电路、自动控制电路、测量电路，也可用于 V/F 变换电路、A-D（模-数）转换电路、高速采样电路、电源电压监测电路、振荡电路及压控振荡电路、过零检测电路等。

图 5-10a 所示为最简单的单门限电压比较器，电路中无反馈环节，集成运放工作在开环状态。输入电压 u_i 接于反相输入端，参考电压 U_{REF} 接于同相输入端，U_{REF} 可以是正、负或零。电压比较器的输出电压 u_o 与输入电压 u_i 之间的函数关系 $u_o=f(u_i)$，一般用曲线来描述，称为电压传输特性。图 5-10b 所示为单门限电压比较器的传输特性。

电压比较器工作时，当集成运放"+"输入端电压高于"-"输入端时，电压比较器输出为高电平；当"+"输入端电压低于"-"输入端时，电压比较器输出为低电平。即

$$u_o = A_{od}(u_p - u_n) = A_{od}(U_{REF} - u_i) = \begin{cases} +U_{OH}, \text{当 } U_{REF} > u_i \text{ 时} \\ -U_{OL}, \text{当 } U_{REF} < u_i \text{ 时} \end{cases} \tag{5-20}$$

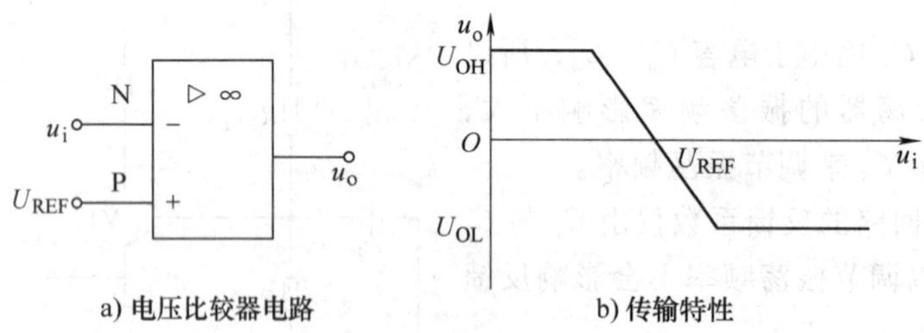

a) 电压比较器电路　　b) 传输特性

图 5-10　电压比较器及其传输特性

阈值电压，又称门槛电压，是使比较器输出电压发生跳变时的输入电压值，简称阈值，用符号 U_{TH} 表示，在图 5-10b 中，$U_{TH}=U_{REF}$。

单门限电压比较器电压传输特性的三个要素：

1）输出高电平 U_{OH} 和输出低电平 U_{OL}。

2）阈值电压 U_{TH}。

3）输入电压过阈值电压时输出电压跃变的方向，即是从 U_{OH} 跃变为 U_{OL}，还是从 U_{OL} 跃

变为 U_{OH}。

2. 过零电压比较器

过零电压比较器是参考电压为零的比较器。按输入方式的不同可分为反相输入和同相输入两种零电位比较器，如图 5-11 所示。

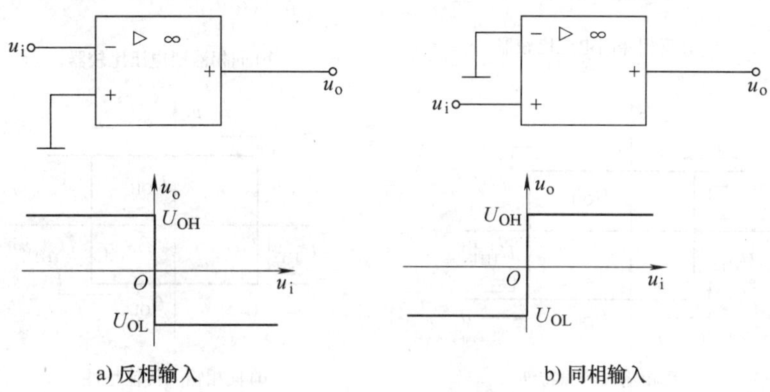

图 5-11　过零比较器及其传输特性

估算单门限电压比较器的阈值电压主要应抓住输入信号使输出电压发生跳变时的临界条件。这个临界条件是集成运放两个输入端的电压相等，即 $u_+=u_-$。对于图 5-11a 所示电路来说，$u_-=u_i$，$u_+=0$，即 $U_{TH}=0$。

3. 滞回电压比较器

前面介绍的比较器，当输入电压在门限电压附近有微小的干扰信号时，会导致输出状态不稳定或状态翻转，为克服单门限电压比较器抗干扰能力差的缺点，在比较器电路中引入了正反馈，构成抗干扰能力较强的滞回电压比较器，又称双门限电压比较器、施密特触发器或迟滞比较器。

滞回电压比较器与单门限电压比较器的区别是引入了正反馈，门限电压将由参考电压和输出饱和电压共同决定。这种比较器的特点是当输入信号 u_i 逐渐增大或逐渐减小时，它有两个阈值，且不相等，其传输特性具有“滞回”曲线的形状。滞回电压比较器也有反相输入和同相输入两种方式。U_{REF}是某一固定电压，改变 U_{REF}值能改变阈值电压及回差大小。以图 5-12a 所示的反相滞回电压比较器为例，计算阈值电压并画出传输特性。

（1）正向过程（输入电压由小到大）　如图 5-12a 所示，由于信号从反相端输入，当输入 u_i 足够小时，必有 $u_i=u_-<u_+$，则 $u_o=U_{OH}$。可应用叠加原理计算出对应于 U_{OH}时的同相端电压，即上门限电压为

$$U_{TH1}=\frac{R_3U_{REF}+R_2U_{OH}}{R_2+R_3}=\frac{R_3U_{REF}+R_2U_Z}{R_2+R_3} \tag{5-21}$$

随着 u_i 的不断增大，当 $u_i>u_+$和 $u_i=u_+$时，集成运放的差动输入电压为负，比较器输出由高电平变为低电平，即 u_o 翻转到 U_{OL}，形成电压传输特性的 *abcd* 段，如图 5-12c 所示。值得注意的是，随着输出电压的翻转，门限电压也发生了变化，对应于输出 U_{OL}时的门限电压较小，为

$$U_{TH2}=\frac{R_3U_{REF}+R_2U_{OL}}{R_2+R_3}=\frac{R_3U_{REF}-R_2U_Z}{R_2+R_3} \tag{5-22}$$

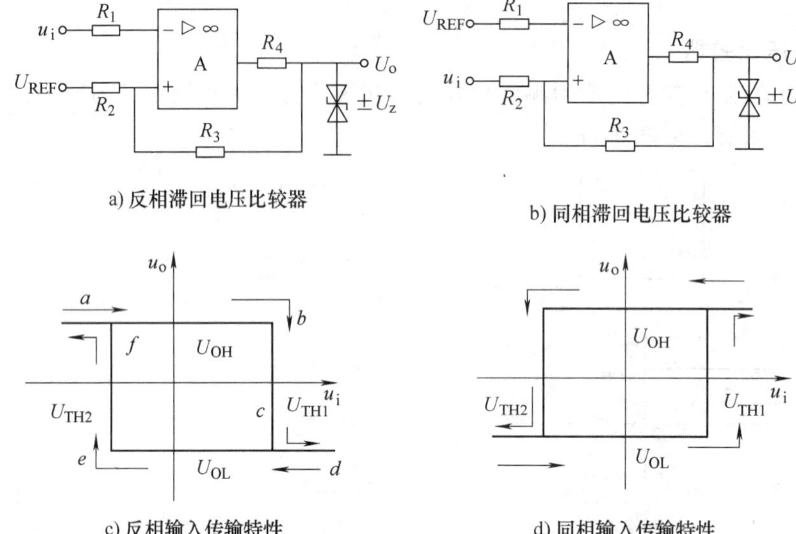

a) 反相滞回电压比较器　b) 同相滞回电压比较器

c) 反相输入传输特性　d) 同相输入传输特性

图 5-12　滞回比较器及其传输特性

（2）负向过程（输入电压由大到小）　当输入 u_i 足够大时，集成运放的净输入电压为负，所以有 $u_o = U_{OL}$。此时的门限电压为 U_{TH2}。显然，输入减小到小于 U_{TH1}，且大于 U_{TH2} 之前，u_o 仍然为 U_{OL}，相应的传输特性如图 5-12c 中的 *de* 段所示。

当输入继续减小到略小于 U_{TH2} 时，u_o 翻转为 U_{OH}，同样，门限电压随之发生变化，由 U_{TH2} 变为 U_{TH1}。

如果输入 u_i 继续下降，输出将保持 U_{OH} 不变，相应的传输特性如图 5-12c 中的 *efa* 段所示。U_{TH1} 和 U_{TH2} 的差值定义为回差电压（也称门限宽度）ΔU_{TH}，即

$$\Delta U_{TH} = U_{TH1} - U_{TH2} \tag{5-23}$$

利用求阈值的临界条件和叠加定理，不难计算出图 5-12b 所示的同相滞回比较器的两个阈值为

$$U_{TH1} = \left(1 + \frac{R_2}{R_3}\right)U_{REF} - \frac{R_2}{R_3}U_{OL} \tag{5-24}$$

$$U_{TH2} = \left(1 + \frac{R_2}{R_3}\right)U_{REF} - \frac{R_2}{R_3}U_{OH} \tag{5-25}$$

由式（5-24）、（5-25）可知，改变 R_2 值可改变回差大小，调整 U_{REF} 可改变 U_{TH1} 和 U_{TH2} 的大小，但不影响回差大小。即滞回电压比较器的传输特性将平行右移或左移，滞回曲线宽度不变。

5.2.2　多谐波振荡器

产生的信号中含有极丰富的谐波分量的振荡电路称为多谐振荡器。多谐振荡器是一种自激振荡电路，因其没有稳定的工作状态，所以又称为无稳态电路。

1. 矩形波发生器

矩形波发生器可以产生矩形波信号或方波信号，是数字系统常用的一种信号源。矩形波发生器及其波形如图 5-13 所示。矩形波高电平持续的时间与信号周期的比值 T_1/T 称为占空

比 δ，习惯上将占空比小于或大于50%的波形称为矩形波，占空比等于50%的波形称为方波。

矩形波发生器可由集成运放构成，也可由数字电路中的门电路或其他电路组成。图5-13中集成运放和 R_1、R_2 组成反相滞回电压比较器；R_3 和 VS 用来对输出电压幅度双向限幅；R_f 和电容 C 组成积分电路，用来将比较器输出电压的变化反馈到集成运放的反相输入端，以控制输出波形的周期。

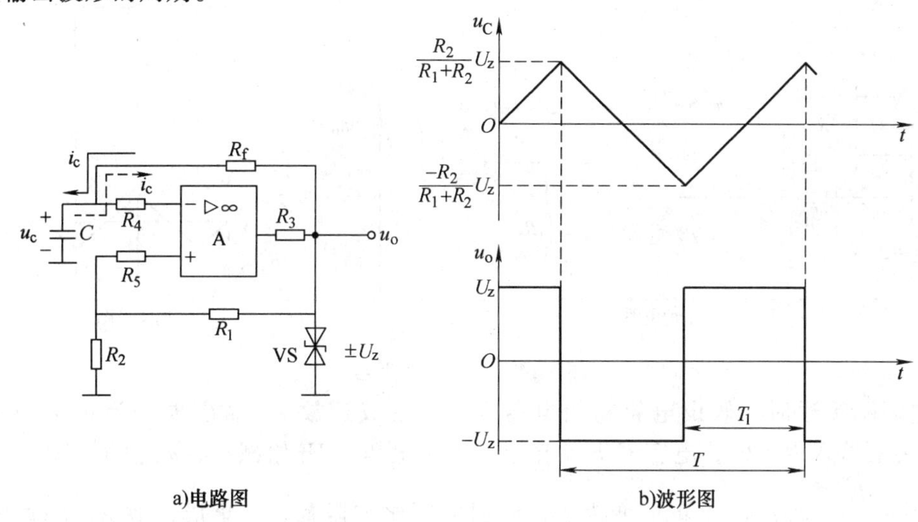

图5-13 矩形波发生器及其波形

（1）工作原理 在图5-13a中，电容 C 上的电压加在集成运放的反相输入端，集成运放工作在非线性区，输出只有两个值：$+U_Z$ 和 $-U_Z$。设在刚接通电源时，电容 C 上的电压为零，输出为正饱和电压 $+U_Z$，同相端的电压为

$$u_+ = \frac{R_2}{R_1 + R_2}U_Z \tag{5-26}$$

电容 C 在输出电压 $+U_Z$ 的作用下开始充电，充电电流 i_C 经过电阻 R_f 到达输出端，如图5-13a的实线所示。当充电电压 u_C 升至 $\frac{R_2}{R_1 + R_2}U_Z$ 值时，由于集成运放输入端 $u_- > u_+$，于是电路翻转，输出电压由 $+U_Z$ 值翻至 $-U_Z$，同相端电压变为 $-\frac{R_2}{R_1 + R_2}U_Z$，电容 C 开始放电，u_C 开始下降，放电电流 i_C 如图5-13a中虚线所示。电容电压 u_C 降至 $-\frac{R_2}{R_1 + R_2}U_Z$ 时，由于 $u_- < u_+$，于是输出电压又翻转到 $u_o = +U_Z$ 值。如此周而复始，在集成运放的输出端便得到了图5-13b所示的输出电压的波形。

（2）参数计算 电路输出的矩形波电压的周期 T 取决于充、放电的 R_fC 时间常数。可以证明其周期为

$$T = 2.2R_fC\ln(1 + 2R_2/R_1) \tag{5-27}$$

则振荡频率为

$$f = \frac{1}{2.2R_fC} \tag{5-28}$$

改变 R_fC 值就可以调节矩形波的频率。

2. 三角波发生器

（1）工作原理　三角波发生器的基本电路如图 5-14a 所示。集成运放 A_1 构成滞回电压比较器，其反相端接地，同相端的电压由 u_o 和 u_{o1} 共同决定。集成运放 A_2 和 C、R_3、R_4 构成积分运算电路。

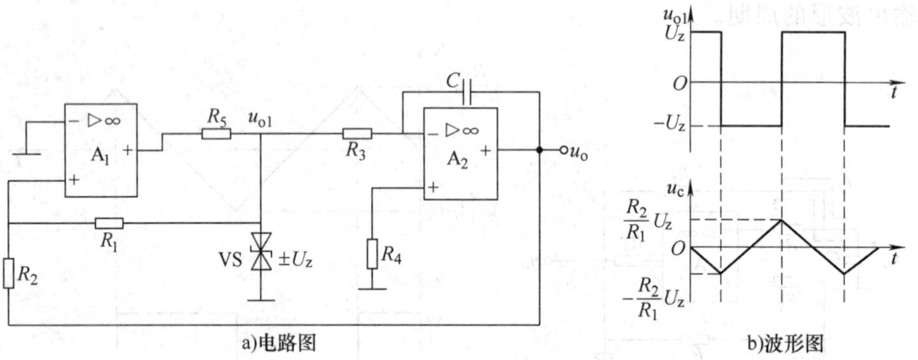

a)电路图　　b)波形图

图 5-14　三角波发生器

在电源刚接通时，假设电容初始电压为零，集成运放 A_1 输出电压为正饱和电压值 $+U_Z$，积分器输入为 $+U_Z$，电容 C 开始充电，输出电压 u_o 开始减小，u_+ 值也随之减小，当 u_o 减小到 $-\frac{R_2}{R_1}U_Z$ 时，u_+ 由正值变为零，滞回电压比较器翻转，集成运放 A_1 的输出 $u_{o1}=-U_Z$。

当 $u_{o1}=-U_Z$ 时，积分器输入负电压，输出电压 u_o 开始增大，u_+ 值也随之增大，当 u_o 增加到 $\frac{R_2}{R_1}U_Z$ 时，u_+ 由负值变为零，滞回电压比较器翻转，集成运放 A_1 的输出 $u_{o1}=+U_Z$。

当 $u_+>0$ 时，$u_{o1}=+U_Z$；当 $u_+<0$ 时，$u_{o1}=-U_Z$。滞回电压比较器的同相输入端的电压为

$$u_+=u_{o1}\frac{R_2}{R_1+R_2}+u_o\frac{R_1}{R_1+R_2}$$

即

$$u_+=\frac{R_2}{R_1+R_2}(\pm U_Z)+u_o\frac{R_1}{R_1+R_2}$$

u_+ 由比较器的输出电压 $\pm U_Z$ 和积分器的输出电压共同决定。而比较器的翻转发生在 $u_+=0$ 的时刻，此时比较器的输入电压（即积分器的输出电压 u_o）应该为

$$u_o=\pm\frac{R_2}{R_1}U_Z$$

也就是比较器的阈值电压，即 $\pm U_{TH}=\pm\frac{R_2}{R_1}U_Z$。

（2）参数计算　根据图 5-14b 可知，图中方波和三角波的振荡频率相同。可以证明：

振荡周期为
$$T=\frac{4R_2}{R_1}R_3C \tag{5-29}$$

振荡频率为
$$f=\frac{R_1}{4R_2R_3C} \tag{5-30}$$

调节电路中 R_1、R_2、R_3 的阻值和 C 的容量，可改变振荡频率。

方波的幅度由稳压管限幅电路决定，为 $\pm U_Z$；三角波的正负向峰值为

$$U_{om} = \pm \frac{R_2}{R_1} U_Z \tag{5-31}$$

由式（5-31）可知，改变 R_1、R_2 的阻值，可改变三角形的幅值。

3. 锯齿波发生器

若改变三角波发生器中 C 的充放电时间常数，使图 5-14a 所示电路中积分电路正向积分的时间常数远大于反向积分的时间常数，或者反向积分的时间常数远大于正向积分的时间常数，那么输出电压上升和下降的斜率相差很多，就可以获得锯齿波。锯齿波发生器的电路如图 5-15a 所示。

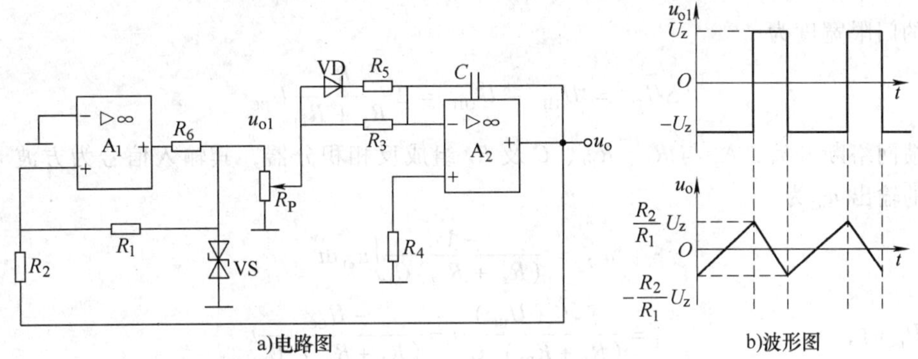

图 5-15　锯齿波发生器

锯齿波发生器的工作原理与三角波发生器基本相同，只是在集成运放 A_2 的反相输入电阻 R_3 上并联由二极管 VD 和电阻 R_5 组成的支路，使积分器的正向积分和反向积分的速度明显不同，当 $u_{o1} = -U_Z$ 时，VD 反偏截止，正向积分的时间常数为 R_3C；当 $u_{o1} = +U_Z$ 时，VD 正偏导通，负向积分常数为（$R_3 /\!/ R_5$）C。若取 $R_5 > R_3$，则负向积分时间小于正向积分时间，形成图 5-16b 所示的锯齿波。

※5.2.3　波形变换电路

1. 方波变三角波电路

如果用线性积分电路将方波发生器中的 RC 积分电路代替，则在电容两端就可获得理想的三角波输出，如图 5-16 所示。

若反馈网络断开，运算放大器 A_1 与 R_1、R_2 及 R_3、R_{P1} 组成电压比较器，C 为加速电容，可加速比较器的翻转。A_1 的反相输入端接基准电压，即 $u_- = 0$，同相输入端接输入电压 u_i，R_1 为平衡电阻。假设电压比较器的输出 u_{o1} 的高电平等于正电源电压 $+U_{CC}$，

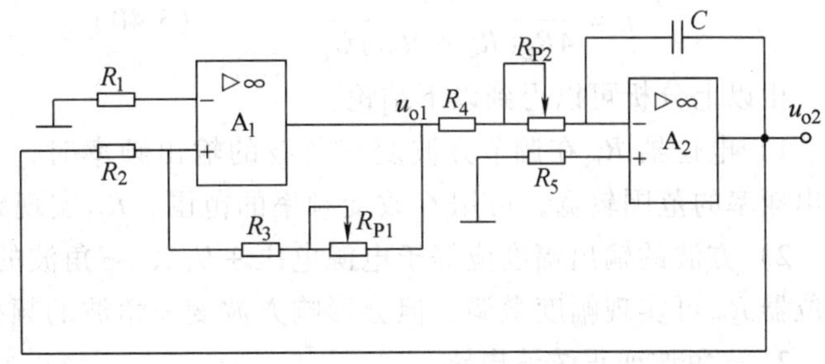

图 5-16　方波变三角波电路

低电平等于负电源电压 $-U_{EE}$（$|+U_{CC}|=|-U_{EE}|$），当电压比较器的 $u_+=u_-=0$ 时，比较器翻转，输出 u_{o1} 从高电平跳到低电平 $-U_{EE}$，或者从低电平 $-U_{EE}$ 跳到高电平 U_{CC}。

设 $u_{o1}=+U_{CC}$，则有

$$u_+=\frac{R_2}{R_2+R_3+R_{P1}}(+U_{CC})+\frac{R_3+R_{P1}}{R_2+R_3+R_{P1}}u_i=0 \tag{5-32}$$

将上式整理，得电压比较器翻转的下门限电位为

$$U_{TH1}=\frac{-R_2}{R_3+R_{P1}}(+U_{CC})=\frac{-R_2}{R_3+R_{P1}}U_{CC} \tag{5-33}$$

若 $u_{o1}=-U_{EE}$，则电压比较器翻转的上门限电位为

$$U_{TH2}=\frac{-R_2}{R_3+R_{P1}}(-U_{EE})=\frac{R_2}{R_3+R_{P1}}U_{CC} \tag{5-34}$$

比较器的门限宽度为

$$\Delta U_{TH}=U_{TH2}-U_{TH1}=2\frac{R_2}{R_3+R_{P1}}U_{CC} \tag{5-35}$$

反馈网络断开后，A_2 与 R_4、R_{P2}、C 及 R_5 组成反相积分器，其输入信号为方波 u_{o1}，则积分器的输出 u_{o2} 为

$$u_{o2}=\frac{-1}{(R_4+R_{P2})C_1}\int u_{o1}\mathrm{d}t \tag{5-36}$$

$u_{o1}=+U_{CC}$ 时，
$$u_{o2}=\frac{-(+U_{CC})}{(R_4+R_{P2})C_1}t=\frac{-U_{CC}}{(R_4+R_{P2})C_1}t \tag{5-37}$$

$u_{o1}=-U_{EE}$ 时，
$$u_{o2}=\frac{-(-U_{EE})}{(R_4+R_{P2})C_1}t=\frac{U_{CC}}{(R_4+R_{P2})C_1}t \tag{5-38}$$

可见积分器的输入为方波时，输出是一个上升速度与下降速度相等的三角波，其波形关系如图 5-17 所示。

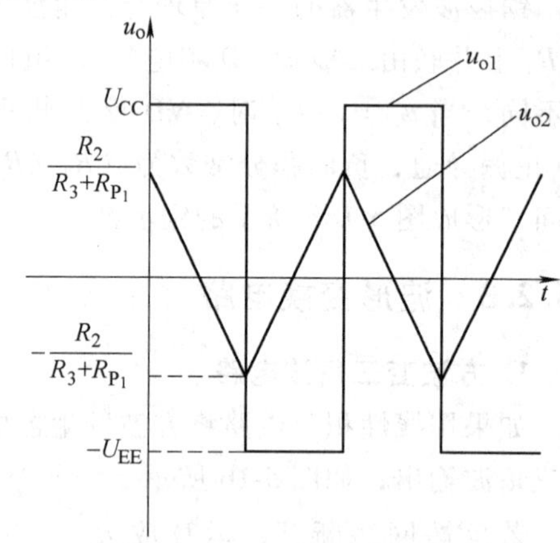

图 5-17 电路输出波形

反馈网络闭合，即比较器与积分器首尾相连，形成闭环电路，则自动产生方波、三角波。

三角波的幅度为

$$U_{o2m}=\frac{R_2}{R_3+R_{P1}}U_{CC} \tag{5-39}$$

方波变三角波的频率为

$$f=\frac{R_3+R_{P1}}{4R_2(R_4+R_{P2})C_1} \tag{5-40}$$

由以上分析可以得到以下结论：

1）电位器 R_{P2} 在调节方波变三角波的输出频率时，不会影响输出波形的幅度，若要求输出频率的范围较宽，可用 C 改变频率的范围，R_{P2} 实现频率微调。

2）方波的输出幅度应等于电源电压 $+U_{CC}$，三角波的输出幅度应不超过电源电压 $+U_{CC}$，电位器 R_{P1} 可实现幅度微调，但会影响方波变三角波的频率。

2. 三角波变正弦波电路

电路如图 5-18 所示，三角波变正弦波的电路主要由差分放大电路来完成。差分放大电

路具有工作点稳定、输入阻抗高、抗干扰能力强等优点，特别是作为直流放大器，可以有效抑制零点漂移，因此可将频率很低的三角波变换成正弦波。波形变换的原理是利用差分放大器传输特性曲线的非线性。分析表明，差分放大器传输特性曲线的表达式为

$$I_{C1} = \alpha I_{E1} = \frac{\alpha I_0}{1 + e^{-\frac{U_{id}}{U_T}}}$$

$$I_{C2} = \alpha I_{E2} = \frac{\alpha I_0}{1 + e^{\frac{U_{id}}{U_T}}} \tag{5-41}$$

式中，$\alpha = \frac{I_C}{I_E} \approx 1$；$I_0$ 为差分放大器的恒定电流（约为 1mA）；U_T 为温度的电压当量，当室温为 25℃ 时，$U_T \approx$ 26mV。

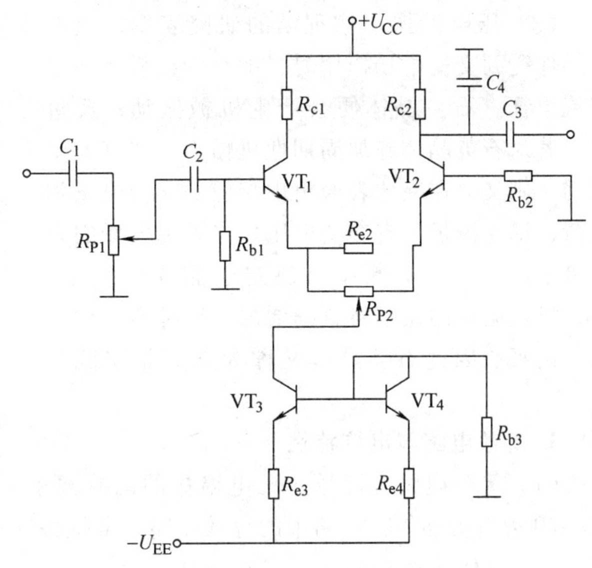

图 5-18　三角波变正弦波电路

如果 U_{id}为三角波，设表达式为

$$U_{id} = \begin{cases} \frac{4U_m}{T}\left(t - \frac{T}{4}\right) & \left(0 \leqslant t \leqslant \frac{T}{2}\right) \\ -\frac{4U_m}{T}\left(t - \frac{3T}{4}\right) & \left(\frac{T}{2} \leqslant t \leqslant T\right) \end{cases} \tag{5-42}$$

式中，U_m 为三角波的幅度；T 为三角波的周期。

在三角波变正弦波电路中 R_{P1} 调节三角波的幅度，R_{P2} 调整电路的对称性，其并联电阻 R_{e2}用来减小差分放大器的线性区。电容 C_1、C_2、C_3 为隔直电容，C_4 为滤波电容，以滤除谐波分量，改善输出波形。

5.3　石英晶体振荡器

5.3.1　石英晶体的基本特征

1. 基本结构

石英晶体是硅石的一种，其化学成分是二氧化硅，有稳定的物理特性。从一块晶体上按一定的方位角切下的薄片称为晶片（可以是正方形、矩形或圆形等），然后在晶片两个对应表面上涂敷银层并装上一对金属板，一般用金属外壳封装，就构成了石英晶体产品。

石英晶体谐振器是晶振电路的核心元件，其结构和外形如图 5-19 所示。

2. 石英晶体的压电效应

（1）压电效应　在石英晶片的两个电极间加一电场，可使晶片产生机械变形；反之，若在极板上施加机械力，则在相应的方向上会产生电场，此现象称为压电效应。

（2）压电谐振　物理学的研究表明，当石英晶体受到交变电场作用时，即在两极板上加以交流电压，石英晶体便会产生机械振动；反过来，若对石英晶体施加周期性机械力，使其发生振动，则又会在晶体表面出现相应的交变电场和电荷，即在极板上有交变电压。当外加电场的频率等于晶体的固有频率（决定于晶片的尺寸）时，机械振动的振幅将急剧增加，这种现象称为压电谐振。因此石英晶体又称为石英晶体振荡器。

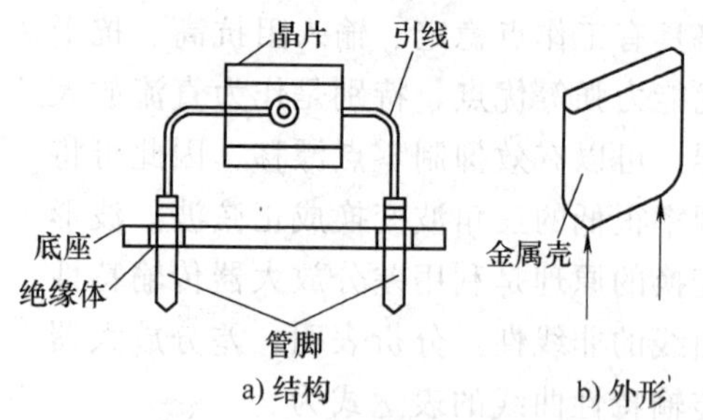

图 5-19　石英晶体谐振器

3. 等效电路与电抗特性

（1）等效电路与符号　压电谐振的固有频率与石英晶体的外形尺寸及切割方式有关。图 5-20 为石英晶体在电路中的等效电路、电抗特性和符号。

石英晶体谐振器是一个二端元件，等效电路中的 C_0 代表静态电容，与晶片的几何尺寸及极板面积有关，一般 C_0 约为几～几十皮法；L 代表机械振动的惯性，一般 L 为几十毫亨到几百亨；C 代表晶片的弹性，一般为 0.0002～0.1pF，非常小；R 代表晶片振动时因摩擦产生的损耗，一般 R 约为 100Ω。在上述参数中，L 很大，C 很小，R 小，可见电路的 $Q=L/RC$ 值很大，Q 可达 10^4～10^6。

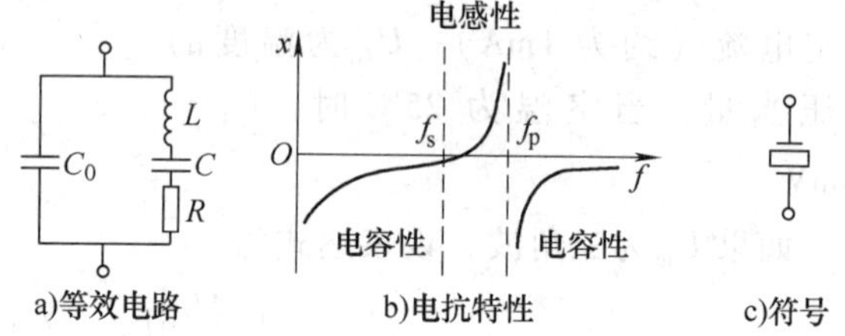

图 5-20　石英晶体的电抗特性、等效电路和符号

（2）电抗特性　由图 5-20b 所示电抗特性可知：

1）当 $f_s<f<f_p$ 时，晶体呈感性，等效为电感。

2）当 $f=f_s$ 时，呈阻性；L、C、R 串联支路发生谐振，$X_L=X_C$，它的等效阻抗 $Z_o=R$，为最小值，串联谐振频率为

$$f_s=\frac{1}{2\pi\sqrt{LC}} \tag{5-43}$$

3）当 $f=f_p$ 时，呈阻性；L、C、R 支路可与电容 C_0 产生并联谐振，并联谐振频率为

$$f_p=\frac{1}{2\pi\sqrt{LC'}}=\frac{1}{2\pi\sqrt{L\dfrac{CC_0}{C+C_0}}}=f_s\sqrt{1+\frac{C}{C_0}} \tag{5-44}$$

式中，$C'=\dfrac{CC_0}{C+C_0}$，由于 $C\ll C_0$，所以 f_p 非常接近 f_s。

4）当 $f<f_s$ 或 $f>f_p$ 时，电路呈容性。

5.3.2　石英晶体振荡电路

1. 并联型石英晶体振荡电路

它是利用石英晶体谐振器工作在 f_s 和 f_p 之间，把石英晶体谐振器当做电感，与电容并

联构成电容三点式振荡电路，并联型石英晶体振荡电路如图5-21所示。

电路振荡频率为

$$f_0 = \frac{1}{2\pi\sqrt{L\dfrac{C(C_0+C')}{C+C_0+C'}}} \tag{5-45}$$

式中，$C'=\dfrac{C_1C_2}{C_1+C_2}$。因为$(C_0+C')>>C$，所以有

$$f_0 \approx \frac{1}{2\pi\sqrt{LC}} = f_s \tag{5-46}$$

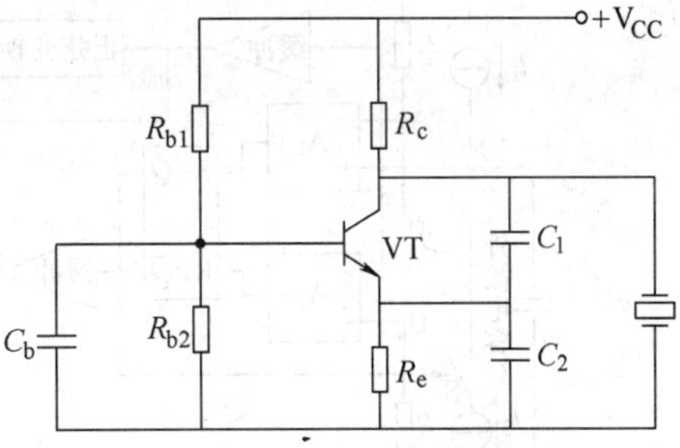

图5-21　并联型石英晶体振荡电路

可见，电路的谐振频率f_0略高于f_s，C_1、C_2对f_0的影响很小，电路的振荡频率由石英晶体决定，改变C_1、C_2的值可以在很小的范围内微调f_0。

2. 串联型石英晶体振荡电路

如图5-22所示，它是利用石英晶体谐振器工作在$f=f_s$处，这时，阻抗为R最小，把石英晶体谐振器串联在正反馈支路中，只有在$f=f_s$时正反馈最强，才形成振荡，电路的振荡频率为

$$f = f_s = \frac{1}{2\pi\sqrt{LC}} \tag{5-47}$$

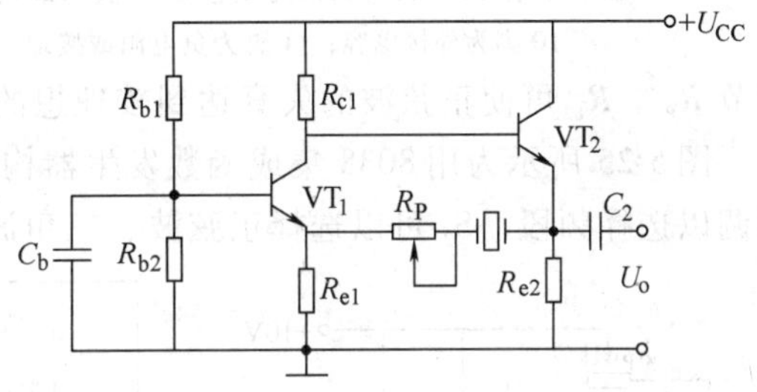

图5-22　串联型石英晶体振荡电路

石英晶体正弦波振荡电路的振荡频率是由石英晶体谐振器的谐振频率决定的，所以振荡频率非常稳定，$\dfrac{\Delta f}{f_0}$可达$10^{-7}\sim10^{-9}$，可用它作为定时标准。因此石英晶体振荡电路适用于要求频率稳定度高的场合。

※5.4　集成函数发生器8038简介

集成函数发生器8038是一种多用途的波形发生器，可以产生方波、三角波、锯齿波和正弦波，其频率可以通过外加的直流电压进行调节，使用方便，性能可靠。

1. 8038的电路组成与工作原理

8038内部由电阻分压器，电压比较器A_1、A_2，触发器，恒流源I_1、I_2，电子开关S和正弦波变换器组成。其内部原理电路如图5-23a所示，图5-23b所示为其引脚排列。8038的封装形式为双列直插式封装。

2. 8038的典型应用

图5-24为8038集成函数发生器构成的可以产生方波、三角波和正弦波的波形发生器。

如图5-24所示，当电位器R_{P1}滑动端在中间位置，并且⑦脚与⑧脚短接时，②、③脚和⑨脚的输出分别为正弦波、三角波和方波。已证明，电路的振荡频率约为

$$f_0 = \frac{0.3}{\left[\left(R_1+\frac{1}{2}R_{P1}\right)C\right]}$$

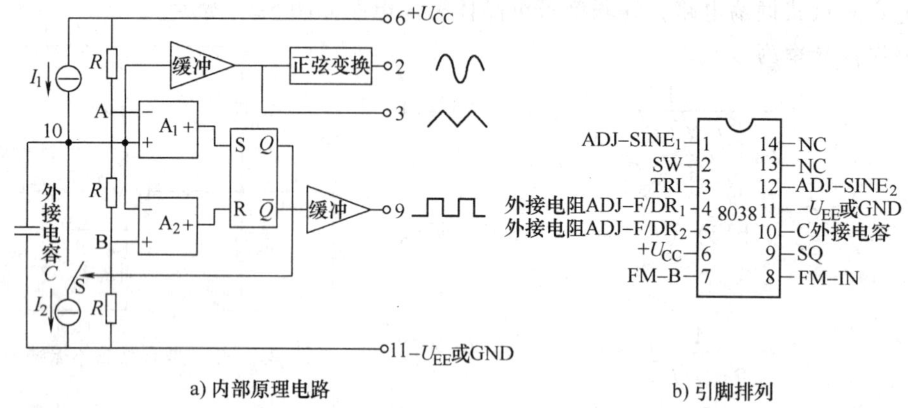

a) 内部原理电路　　b) 引脚排列

图 5-23　集成函数发生器 8038 的内部原理电路和外引脚排列

1 脚为正弦波线性调节；2 脚为正弦波输出；3 脚为三角波输出；4、5 脚为恒流源调节（频率、占空比调节）；6 脚为正电源；7 脚为调频偏置电压；8 脚为调频控制输入端；9 脚为方波输出（集电极开路输出）；10 脚为外接电容；11 脚为负电源或接地；12 脚为正弦波线性调节；13、14 脚为空脚。

调节 R_{P1}、R_{P2} 可使正弦波的失真达到较理想的程度。

图 5-25 所示为用 8038 集成函数发生器构成的多种函数信号发生器。波段开关 S_1 作频率粗调以选择频段。S_2 可以选择正弦波、三角波或方波输出。

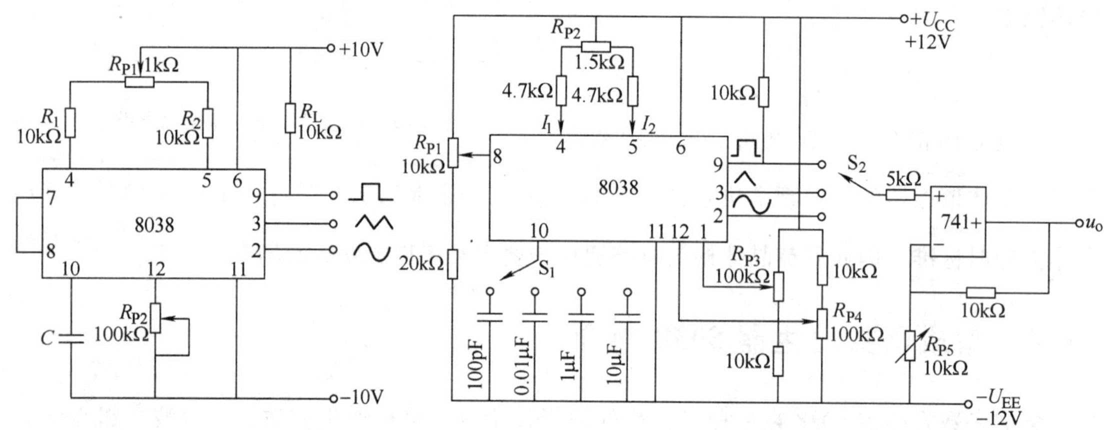

图 5-24　8038 接成波形发生器　　图 5-25　由 8038 构成的多种函数信号发生器

5.5　信号发生电路技能训练

5.5.1　技能训练综述

本次技能训练是进行简易函数信号发生器的制作与调试。该信号发生器能够产生方波、三角波和正弦波。其原理框图如图 5-26 所示。

从图中可以看出，信号发生器由比较器和积分器组成方波变三角波电路，比较器输出的方波经积分器得到三角波，三角波到正弦波的变换电路可由运放电路或差分放大电器来完成。在此选用差分放大电路，差分放大电路具有工作点稳定，输入阻抗高，抗干扰能力较强等优点，特别是作为直流放大器时，可以有效地抑制零点漂移，因此可将频率很低的三角波变换为正弦波。本次技能训练要求：

1）掌握产生各个波形的电路组成及其原理。

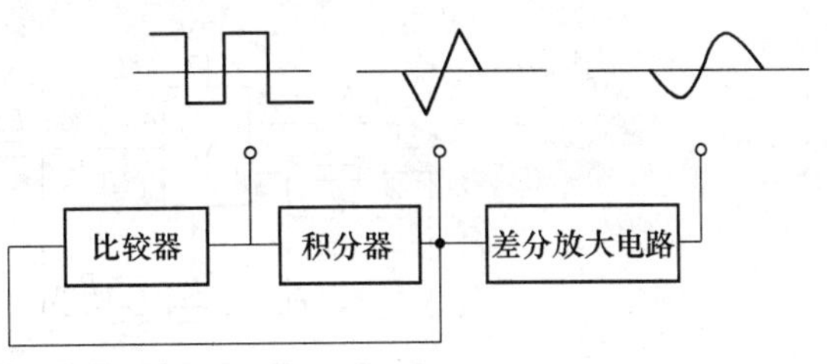

图5-26　信号发生器原理框图

2）掌握波形之间的转换方法。

3）培养综合应用所学知识来指导实践的能力。

5.5.2　技能训练目的

简易函数信号发生器主要能产生三种信号，方波、三角波和正弦波。在设计之前要熟悉各种振荡电路，熟练掌握方波、三角波和正弦波这几种信号产生的方法和原理。

在掌握了信号发生器相关理论知识后，根据信号发生器原理制作实物时，必须掌握下列基本技能。

1）利用万用表等仪表对各种基本元器件性能进行测试检测。

2）了解信号发生器设计制作过程。

3）利用示波器等仪器对焊接安装好的信号发生器进行调试及故障排除。

4）设计要求：

①　输出波形：正弦波、方波、三角波等。

②　频率范围：1～10000Hz。

③　输出电压：方波峰峰值电压为 $U_{p-p}=24V$，三角波峰峰值电压为 $U_{p-p}=8V$，正弦波峰峰值电压为 $U_{p-p}=1V$。

④　波形特征：方波 $t_r<10s$（1kHz，最大输出时），三角波失真系数 $THD<2\%$，正弦波失真系数 $THD<5\%$。

5.5.3　信号发生器电路的设计

信号发生器又称信号源或振荡器，在生产实践和科技领域中有着广泛的应用。能够产生多种波形，如三角波、锯齿波、矩形波（含方波）、正弦波的电路被称为函数信号发生器。各种波形曲线均可以用三角函数方程式来表示。函数信号发生器在电路实验和设备检测中具有十分广泛的用途。例如在通信、广播、电视系统中，都需要射频（高频）发射，这里的射频波就是载波，才能把音频（低频）、视频信号或脉冲信号运载出去，这就需要能够产生高频载波的振荡器。在工业、农业、生物医学等领域内，如高频感应加热、熔炼、淬火、超声诊断、核磁共振成像等，都需要功率或大或小、频率或高或低的振荡器。

信号发生器的电路原理图如图5-27所示。

5.5.4　信号发生器电路的制作

1. 电路的参数选择及计算

1）差分放大电路元器件参数确定。因为正弦波 U_{p-p} 等于1V，所以差分放大电路输出

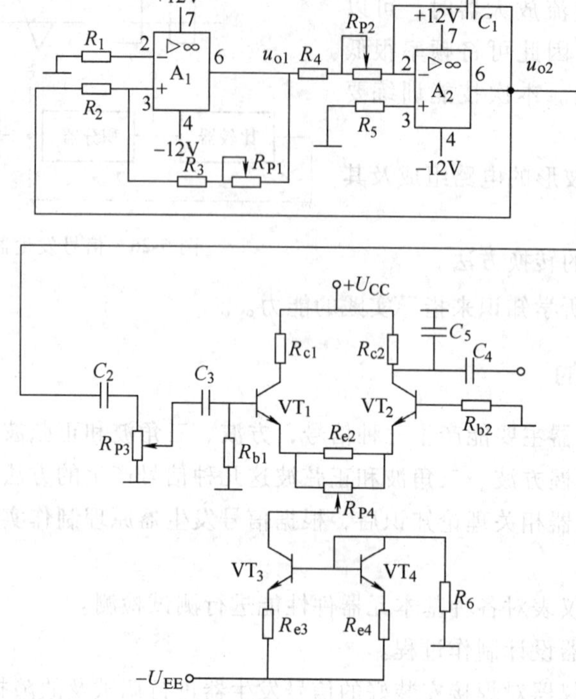

图 5-27 信号发生器的电路原理图

电压为 $U_o=0.5U_{p-p}\geqslant\frac{1}{2}$V（有效值），即输出电压 $u_o>0.5$V，取 $R_{c1}=R_{c2}=1\text{k}\Omega$，根据差分放大电路交流通路，可知集电极交流电流有效值的计算过程如下：

$$I_{CQ}=\frac{0.5\text{V}}{1\text{k}\Omega}=0.5\text{mA}$$

$$I_C=2I_{CQ}=1\text{mA}$$

取 $R_{e3}=R_{e4}=10\text{k}\Omega$，则 $I_C=I_{REF}$，又因为

$$I_{REF}=\frac{U_{EE}-U_{BE}}{R_{e4}+R_7}=\frac{(11.3-0.7)\text{V}}{10\text{k}\Omega+R_7}=1\text{mA}$$

可得 $R_7=1.3\text{k}\Omega$。

2）方波—三角波电路元件参数确定。比较器 A_1 与积分器 A_2 的元件参数计算过程如下：

因为 U_{o2} 为三角波输出电压，三角波信号的 $U_{p-p}=8$V，所以 U_{o2m} 为 4V。由式（5-39）可得

$$U_{o2m}=\frac{R_2}{R_3+R_{P1}}U_{CC}$$

即

$$\frac{R_2}{R_3+R_{P1}}=\frac{U_{o2m}}{U_{CC}}=\frac{4}{12}=\frac{1}{3}$$

取 $R_2=10\text{k}\Omega$，则 $R_3+R_{P1}=30\text{k}\Omega$，取 $R_3=20\text{k}\Omega$，R_{P1} 为 $47\text{k}\Omega$ 的电位器。取平衡电阻 $R_1=R_2$ //（R_3+R_{P1}）$\approx8.2\text{k}\Omega$。由式（5-40）$f=\frac{R_3+R_{P1}}{4R_2(R_4+R_{P2})C_1}$，即

$$R_4+R_{P2}=\frac{R_3+R_{P1}}{4R_2C_1f}$$

① 当$1Hz \leqslant f \leqslant 10Hz$时，取$C_1=10\mu F$，则$R_4+R_{P2}=(75\sim7.5)k\Omega$，取$R_4=5.1k\Omega$，$R_{P2}$为100kΩ电位器。

② 当$10Hz \leqslant f \leqslant 100Hz$时，取$C_1=1\mu F$，则$R_4+R_{P2}=(75\sim7.5)k\Omega$以实现频率波段的转换，$R_4$及$R_{P2}$的取值不变。平衡电阻$R_5=10k\Omega$。

③ 当$100Hz \leqslant f \leqslant 1000Hz$时，取$C_1=0.1\mu F$，则$R_4+R_{P2}=(75\sim7.5)k\Omega$，取$R_4=5.1k\Omega$，$R_{P2}$为100kΩ电位器。

④ 当$1000Hz \leqslant f \leqslant 10000Hz$时，取$C_1=0.01\mu F$，$R_4+R_{P2}=(75\sim7.5)k\Omega$，以实现频率波段的转换，$R_4$及$R_{P2}$的取值不变。平衡电阻$R_5=10k\Omega$。

3）三角波—正弦波电路元件参数确定。该电路参数选择原则是：隔直电容C_2、C_3、C_4要取得较大，因为输出频率很低，取$C_2=C_3=C_4=470\mu F$，滤波电容C_5视输出的波形而定，若含高次谐波成分较多，C_5可取得较小，C_5一般为几十皮法至$0.1\mu F$。$R_{e2}=100\Omega$与$R_{P4}=100\Omega$相并联，以减小差分放大器的线性区。差分放大电路的静态工作点可通过观测传输特性曲线，并调整R_{P4}及电阻R_7确定。

4）电路中$U_{CC}=12V$，$U_{EE}=-12V$。

2. 电路所用元器件

信号发生器电路所用元器件见表5-1。

表5-1　函数发生器电路所用器件清单

元器件	名称	型号	参考参数	数量
A_1、A_2	运算放大器	LM741	$A_{od}=100\sim180$ $K_{CMR}=(80\sim90)$	2
R_{P1}	电位器	碳膜	47kΩ/1W	1
R_{P2}、R_{P3}	电位器	碳膜	100kΩ/1W	2
R_{P4}	电位器	碳膜	100Ω/1W	1
R_1	电阻	碳膜	8.2kΩ/1W	1
R_2、R_5、R_{e3}、R_{e4}	电阻	碳膜	10kΩ/1W	4
R_3、R_b	电阻	碳膜	20kΩ/1W	2
R_4	电阻	碳膜	5.1kΩ/1W	1
R_7	电阻	碳膜	1.3kΩ/1W	1
R_{b2}	电阻	碳膜	100kΩ/1W	1
R_{c1}、R_{c2}	电阻	碳膜	1kΩ/1W	2
R_{e2}	电阻	碳膜	100Ω/1W	1
VT_1、VT_2、VT_3、VT_4	晶体管	9013	$\beta \geqslant 100$	4
C_1	电容	瓷片电容	$0.01\mu F/100V$，$1000Hz \leqslant f \leqslant 10000Hz$	1
		涤纶电容	$0.1\mu F/100V$，$10Hz \leqslant f \leqslant 1000Hz$	1
		涤纶电容	$1\mu F/100V$，$10Hz \leqslant f \leqslant 100Hz$	1
		钽电解电容	$10\mu F/100V$，$1Hz \leqslant f \leqslant 10Hz$	1
C_2、C_3、C_4	电容	钽电解电容	$470\mu F/100V$	3
C_5	电容	涤纶电容	$0.1\mu F/100V$	1

3. 电路的安装与调试

（1）方波—三角波电路的安装与调试

1）安装：

① 把两块 LM741 集成块插入面包板，注意布局；

② 分别把各电阻放入适当位置，尤其注意电位器的接法，安装电位器 R_{P1} 与 R_{P2} 之前，要先将其调整到设计值，否则电路可能会不起振。

③ 按图 5-27 接线，注意直流源的正负极性及接地端。

2）调试：

① 接入电源后，用示波器进行双踪观察；

② 调节 R_{P1}，使三角波的幅值满足指标要求；

③ 调节 R_{P2}，微调波形的频率；

④ 观察示波器，各指标达到要求后进行下一步安装。

（2）三角波—正弦波电路的安装与调试

1）安装：

① 在面包板上接入差分放大电路，注意晶体管的各管脚的接线；

② 接生成直流源电路时，注意 R_6 的阻值选取；

③ 接入各电容及电位器时，注意 C_5 的选取；

④ 按图 5-27 接线，注意直流源的正负及接地端。

2）调试：

① 接入直流源后，把 C_3 接地，利用万用表测试差分放大电路的静态工作点；

② 测试 VT_1、VT_2 的电容值，当不相等时调节 R_{P4} 使其相等；

③ 测试 VT_3、VT_4 的电容值，使其满足实验要求；

④ 在 C_3 端接入三角波信号源，利用示波器观察，逐渐增大输入电压，当输出波形刚好不失真时记入其最大不失真电压。

（3）总电路的安装与调试

1）把两部分的电路接好，进行整体测试、观察。

2）针对各阶段出现的问题，逐个排查校验，使其满足实验要求，即正弦波的峰峰值大于 1V。

4. 调试中遇到的问题及解决的方法

如果输出电压正弦波生失真现象，则应调节和改善相关参数。例如发生线性失真，这是三角波传输特性区线性度差引起的失真，主要是受到运放的影响。可在输出端加滤波网络改善输出波形。

5. 性能指标测量与误差分析

1）方波输出电压 $U_{p-p} \leqslant 2U_{cc}$，因为运放输出极是由 NPN 型和 PNP 型两种晶体管组成复合互补对称电路，输出方波时，两管轮流截止与饱和导通，由于导通时输出电阻的影响，使方波输出电压小于电源电压值。

2）方波的上升时间 T，主要受运算放大器转换速率的限制。可接加速电容，一般电容取值为几十皮法。用示波器或脉冲示波器测量 T。

本章小结

本章主要介绍了正弦波振荡电路、非正弦波信号发生器、石英晶体振荡器和信号发生器技能训练。具体内容如下：

1. 正弦波振荡电路

正弦波振荡电路是由放大电路、正反馈网络、选频网络和稳幅环节组成的，根据选频网络所使用的元件不同，可分为 *RC* 振荡器、*LC* 振荡器和石英晶体振荡器 3 种。

RC 正弦波振荡电路结构简单，性能可靠，用来产生几兆赫兹以下的低频信号，常用的 *RC* 振荡电路有 *RC* 桥式振荡电路和 *RC* 移相式振荡电路。*RC* 桥式振荡电路实际上是一个具有正反馈的两级阻容耦合放大器。*RC* 移相式振荡电路中反馈网络由三级 *RC* 移相电路构成，三级相移网络对不同频率的信号所产生的相移是不同的，但其中总有某一个频率的信号，通过此相移网络产生的相移刚好为 180°，满足相位平衡条件而产生振荡。

LC 正弦波振荡电路是以 *LC* 谐振电路作为选频网络的振荡电路，常用来产生频率比较高的振荡。可分为变压器反馈式、电感三点式和电容三点式。它们的振荡频率 f_0 由 *LC* 谐振回路决定。

2. 非正弦波信号产生电路

电压比较器是组成非正弦波发生电路的基本单元电路，能够将模拟信号转换成两值信号。

过零电压比较器是将参考电压作为零的比较器。滞回电压比较器又称施密特触发器，或迟滞比较器，其传输特性具有“滞回”曲线的形状。

在矩形波发生器中，通过改变 *RC* 值就可以调节矩形波的频率。在三角波发生器中，调节 R_1、R_2、R_3 的阻值和 C 的容量，可改变振荡频率；调节 R_1、R_2 的值，可改变三角波的幅值。同样改变三角波发生器中 C 的充放电时间常数就可以获得锯齿波。

3. 石英晶体振荡器

石英晶体谐振器是晶振电路的核心元件，具有压电效应。当 $f_s < f < f_p$ 时，电路呈感性；当 $f = f_s$ 时，电路呈阻性；当 $f = f_p$ 时，电路呈阻性，；当 $f < f_s$ 或 $f > f_p$ 时，电路呈容性。

石英晶体振荡电路有并联型和串联型两种。并联型石英晶体振荡电路的谐振频率 f_0 应略高于 f_s，C_1、C_2 对 f_0 的影响很小，电路的振荡频率由石英晶体决定，改变 C_1、C_2 的值可以在很小的范围内微调 f_0。串联型石英晶体振荡电路振荡频率非常稳定，适用于要求频率稳定度高的场合。

4. 信号发生电路技能训练

通过简易信号发生器的制作，使学生掌握简易信号发生器元器件选择和电路制作，以及简易信号发生器电路的调试、测试方法。

习　题　5

5.1　判断下列说法是否正确，用“√”或“×”表示判断结果。

（1）图 5-28 所示框图中，若 $\varphi_F = 180°$，则只有当 $\varphi_A = \pm 180°$时，电路才能产生正弦波振荡。（　　）

（2）只要电路引入了正反馈，就一定会产生正弦波振荡。（　　）

（3）凡是振荡电路中的集成运放均工作在线性区。（　　）

（4）非正弦波振荡电路与正弦波振荡电路的振荡条件完全相同。（　　）

（5）在 *RC* 桥式正弦波振荡电路中，若 *RC* 串并联选频网络中的电阻均为 R，电容均为 C，则其振荡频率 $f_0 = 1/RC$。（　　）

（6）电路只要满足 $|\dot{A}\dot{F}|=1$，就一定会产生正弦波振荡。（　　）

（7）负反馈放大电路不可能产生自激振荡。（　　）

5.2　现有电路如下：

A. *RC* 桥式正弦波振荡电路

B. *LC* 正弦波振荡电路

C. 石英晶体正弦波振荡电路

选择合适答案填入空内，只需填入 *A*、*B* 或 *C*。

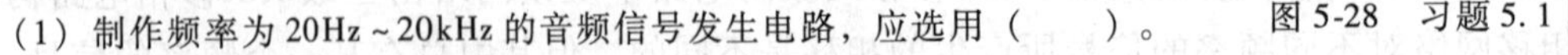

（1）制作频率为 20Hz ~ 20kHz 的音频信号发生电路，应选用（　　）。

（2）制作频率为 2MHz ~ 20MHz 的接收机的本机振荡器，应选用（　　）。

（3）制作频率非常稳定的测试用信号源，应选用（　　）。

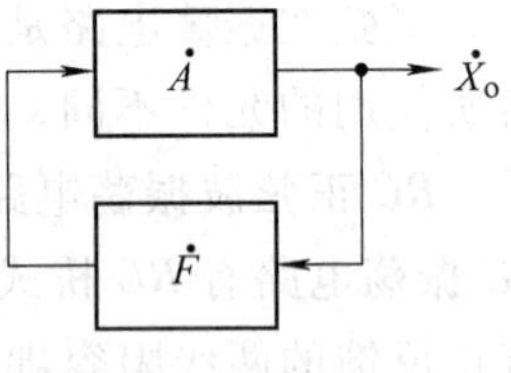

图 5-28　习题 5.1 图

5.3　选择下面一个答案填入空内，只需填入 A、B 或 C。

A. 容性　B. 阻性　C. 感性

（1）*LC* 并联网络在谐振时呈（　　），在信号频率大于谐振频率时呈（　　），在信号频率小于谐振频率时呈（　　）。

（2）当信号频率等于石英晶体的串联谐振频率或并联谐振频率时，石英晶体呈（　　）；当信号频率在石英晶体的串联谐振频率和并联谐振频率之间时，石英晶体呈（　　）；其余情况下石英晶体呈（　　）。

（3）当信号频率 $f=f_0$ 时，*RC* 串并联网络呈（　　）。

5.4　改错：改正图 5-29 所示各电路中的错误，使电路可能产生正弦波振荡。要求不能改变放大电路的基本接法（共发射极、共基极、共集电极）。

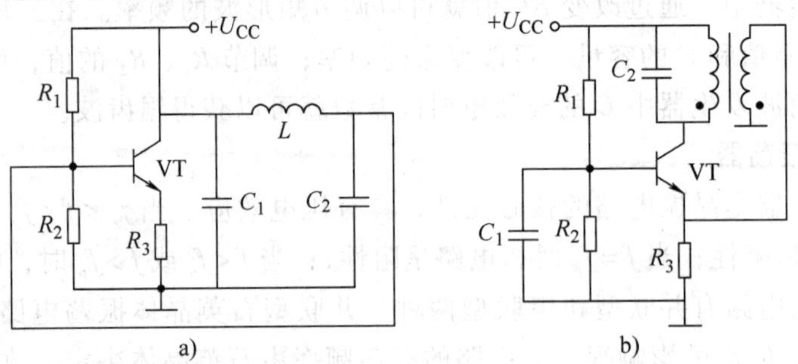

图 5-29　习题 5.4 图

5.5　试将图 5-30 所示电路合理连线，组成 *RC* 桥式正弦波振荡电路。

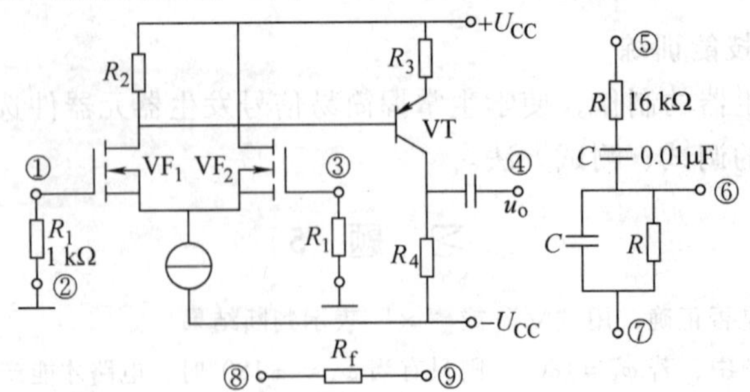

图 5-30　习题 5.5 图

5.6　已知图 5-31a 所示框图，各点的波形如图 5-31b 所示，填写各电路的名称。

电路 1 为（　　），电路 2 为（　　），电路 3 为（　　），电路 4 为（　　）。

5.7　电路如图 5-32 所示。

（1）为使电路产生正弦波振荡，标出集成运放的“+”和“-”端；并说明电路是哪种正弦波振荡电

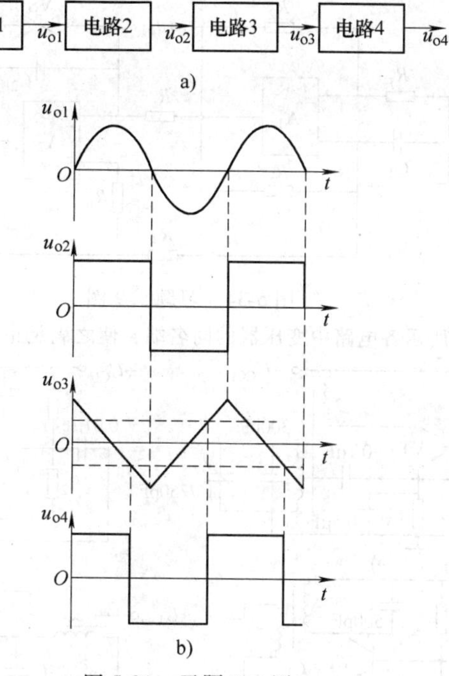

图 5-31 习题 5.6 图

路。

(2) 若 R_1 短路，则电路将产生什么现象？

(3) 若 R_1 断路，则电路将产生什么现象？

(4) 若 R_f 短路，则电路将产生什么现象？

(5) 若 R_f 断路，则电路将产生什么现象？

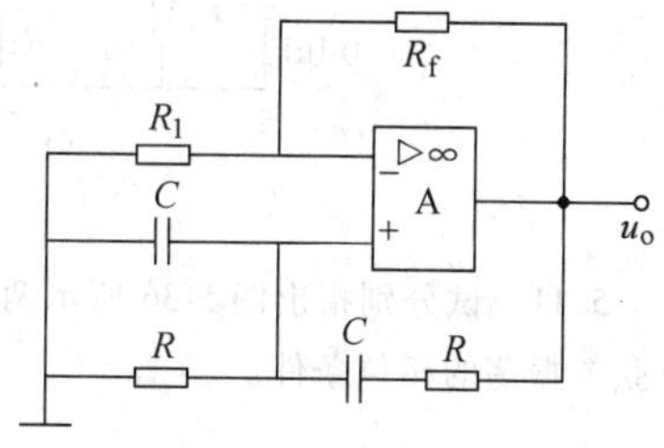

图 5-32 习题 5.7 图

5.8 电路如图 5-33 所示。

(1) A_1 和 A_2 各构成哪种基本电路？

(2) 求出 u_{o1} 与 u_o 的关系曲线 $u_{o1}=f(u_o)$；

(3) 求出 u_o 与 u_{o1} 的运算关系式 $u_o=f(u_{o1})$；

(4) 定性画出 u_{o1} 与 u_o 的波形；

(5) 说明若要提高振荡频率，则可以改变哪些电路参数？如何改变？

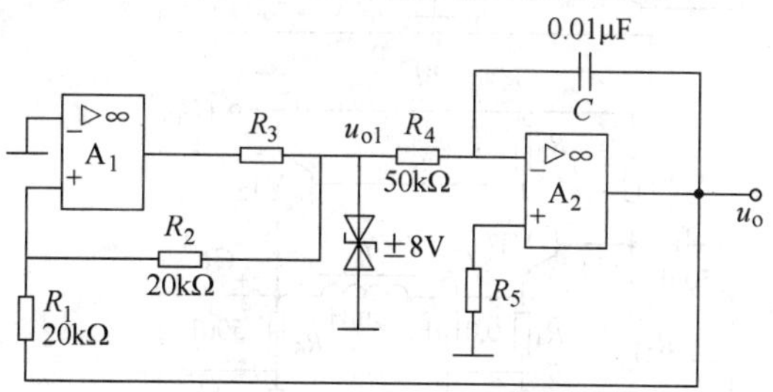

图 5-33 习题 5.8 图

5.9 图 5-34 所示电路为正弦波振荡电路，它可产生频率相同的正弦信号和余弦信号。已知稳压管的稳定电压 $\pm U_Z=\pm 6V$，$R_1=R_2=R_3=R_4=R_5=R$，$C_1=C_2=C$。

(1) 试分析电路为什么能够满足产生正弦波振荡的条件；

(2) 求出电路的振荡频率；

(3) 画出 u_{o1} 和 u_{o2} 的波形图，要求表示出它们的相位关系，并分别求出它们的峰值。

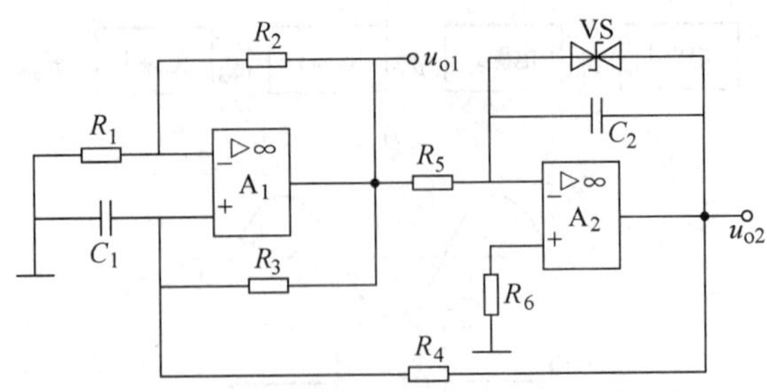

图 5-34　习题 5.9 图

5.10　分别标出图 5-35 所示各电路中变压器的同名端，使之满足正弦波振荡的相位条件。

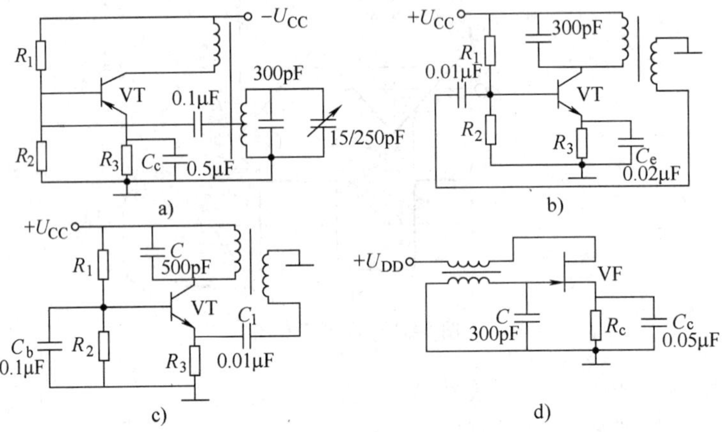

图 5-35　习题 5.10 图

5.11　试分别指出图 5-36 所示两电路中的选频网络、正反馈网络和负反馈网络，并说明电路是否满足正弦波振荡的相位条件。

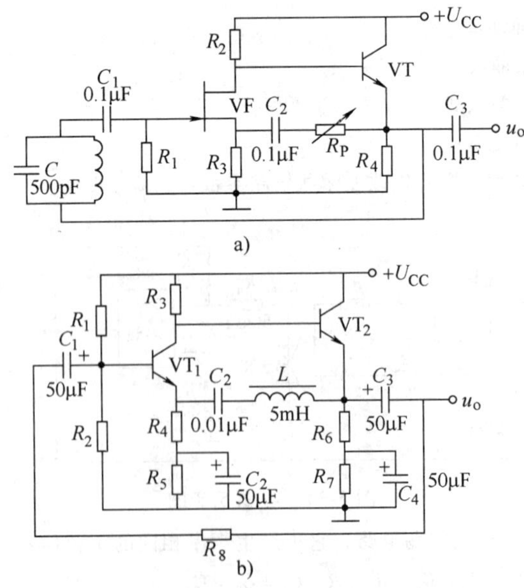

图 5-36　习题 5.11 图

5.12　图 5-37 所示为光控电路的一部分，它将连续变化的光电信号转换成离散信号（即不是高电平，就是低电平），电流 I 随光照的强弱而变化。

（1）在 A_1 和 A_2 中，哪个工作在线性区？哪个工作在非线性区？为什么？

（2）试求出表示 u_o 与 i 关系的传输特性。

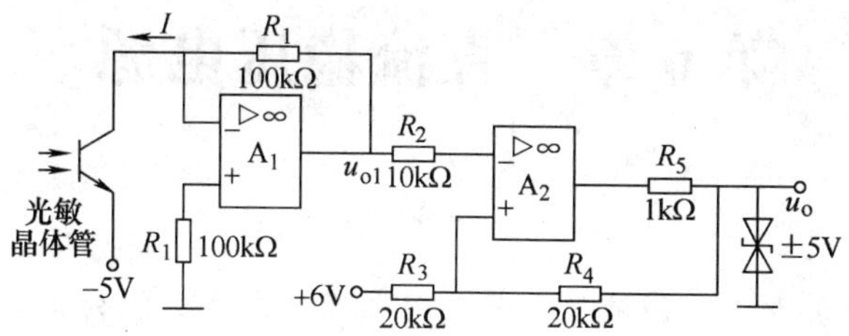

图 5-37　习题 5.12 图

5.13　在图 5-38 所示电路中，已知 $R_1=10\text{k}\Omega$，$R_2=20\text{k}\Omega$，$R=100\text{k}\Omega$，$C=0.01\mu\text{F}$，集成运放的最大输出电压幅值为 ±12V，二极管的动态电阻可忽略不计。

（1）求出电路的振荡周期；

（2）画出 u_o 和 u_C 的波形。

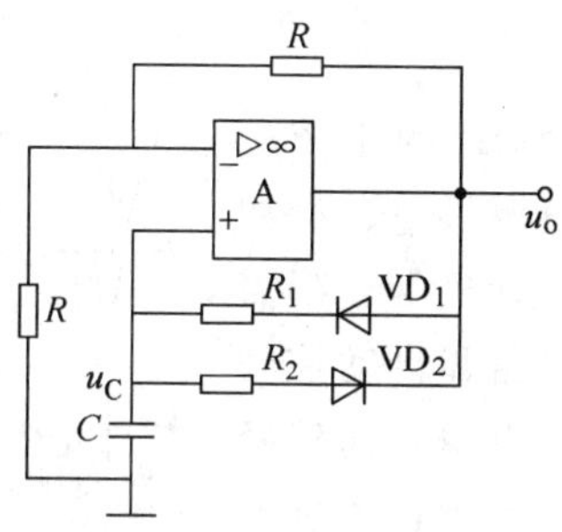

图 5-38　习题 5.13 图

5.14　图 5-39 所示电路为某同学所接的方波发生电路，试找出图中的三个错误，并改正。

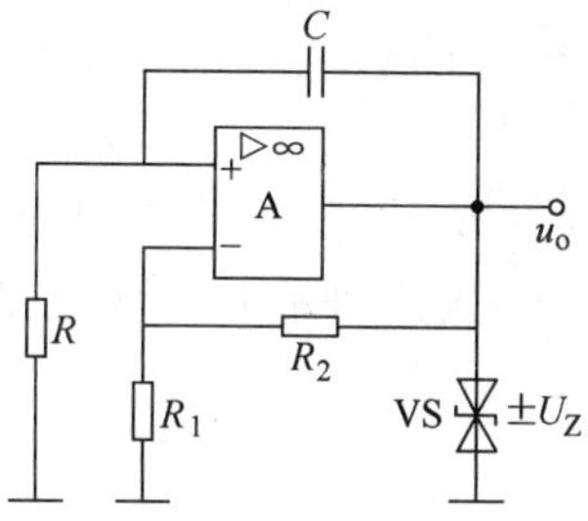

图 5-39　习题 5.14 图

第 6 章　直流稳压电源

【本章学习要求】

理论：掌握分析计算整流、滤波及稳压电路参数的方法，能分析各电路输出波形，理解直流稳压电源的工作原理，了解直流稳压电源的组成。

技能：掌握整流二极管和滤波电容的选择，能够判断直流稳压电源的故障，理解集成稳压器的使用，并能进行简单应用。

6.1　概述

在我国，电网主要提供的是 50Hz 的正弦交流电，但很多电气设备需要直流电源供电，例如电解、电镀、蓄电池充电、直流电动机等，都需要直流电源供电；此外，在电子线路和自动控制装置中还需要电压非常稳定的直流电源。比较经济实用的方法是利用电网提供的交流电经过变换，将其变为直流电。小功率的线性直流稳压电源主要由电源变压器、整流电路、滤波电路和稳压电路四部分组成，其组成框图如图 6-1 所示。

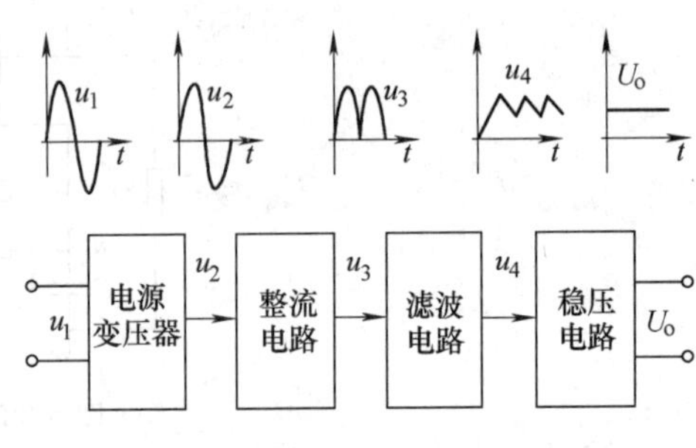

图 6-1　直流稳压电源的组成框图

1. 电源变压器

电网提供的交流电一般为 220V（或 380V），而各种电子设备所需要直流电压的幅值却各不相同。电源变压器的作用是将电网电压提供的交流电变换成符合整流电路所需要的交流电压。

2. 整流电路

整流电路是利用具有单向导电性的整流器件（如整流二极管、晶闸管），将大小、方向随时间变化的正弦交流电压变成单向脉动的直流电压。但这种单向脉动的直流电压含有很大的脉动成分，距离理想的直流电压还相差很远，一般不能直接应用。

3. 滤波电路

经整流后的输出电压，除了含有直流成分外，还包含有较大的谐波分量，即交流成分。一般不能直接作为直流稳压电源，为了满足电子设备正常工作的需要，必须采用滤波电路。滤波电路常由电容、电感等储能元件组成。滤波电路的主要作用是滤去单向脉动直流电压中的交流成分，保留直流成分，减少脉动程度，供给负载平衡的电压。但是当电网电压或负载电流发生变化时，滤波电路输出的直流电压的幅值也将随之而变化，在对电源稳定性要求比较高的电子设备中，这种情况是不符合要求的，需要在滤波电路的后面加上稳压电路。

4. 稳压电路

稳压电路是一种自动调节电路，在电网电压、负载电流发生变化和温度发生变化的时候通过自身调节，保证输出直流电压的稳定。

6.2　整流与滤波电路

6.2.1　单相整流电路

二极管具有单向导电性，利用二极管的这一特性组成整流电路，将交流电压变成单向脉动电压。在小功率直流电路中，常见的整流电路有单相半波整流电路、单相全波整流电路和单相桥式整流电路。

1. 单相半波整流电路

单相半波整流电路如图6-2a所示。图中T为电源变压器，VD为整流二极管，R_L代表需要利用直流电源的负载。

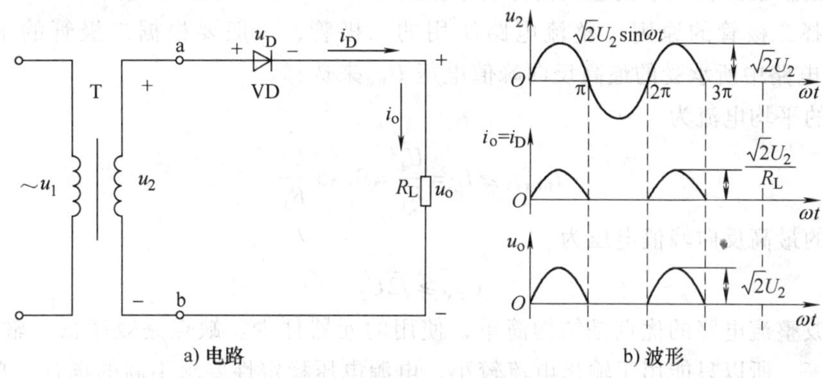

图6-2　单相半波整流电路及波形图

（1）工作原理　电压u_2为变压器二次电压，设$u_2=\sqrt{2}U_2\sin\omega t$。在$u_2$的正半个周期，a点电位高于b点电位，二极管因正向偏置而导通，此时有电流流过负载，并且和流过二极管的电流相等。因为有电流流过负载，所以在负载上就可以得到电压u_o。若忽略二极管的导通电压，此时$u_o=u_2$。在u_2的负半个周期，b点电位高于a点电位，二极管因反向偏置而截止，流过二极管的电流近似等于零，流经负载的电流也近似为零，所以负载上的电压$u_o=0$，u_2全部加于二极管两端，此时二极管VD承受反向电压，其反向电压最大值$U_{RM}=\sqrt{2}U_2$。此后不断重复上述过程。负载电阻R_L上的电压始终是上正下负，而且只有在u_2的正半周才有波形输出，从而实现了半波整流。

半波整流电路中各点的波形如图6-2b所示。因为这种电路只在交流电压的半个周期内才有电流流过负载，所以称为单相半波整流电路。

（2）电路参数

1）输出平均电压$U_{O(AV)}$。$U_{O(AV)}$是指输出电压u_o在一个周期内的平均值，即：

$$U_{O(AV)}=\frac{1}{2\pi}\int_0^{\pi}\sqrt{2}U_2\sin\omega t\mathrm{d}(\omega t)=U_2\frac{\sqrt{2}}{\pi}\approx 0.45U_2 \tag{6-1}$$

2）输出电流平均值$I_{O(AV)}$。在u_2正半周时二极管导通，负载上的电流等于流过二极管的电流，即：$i_O=i_D=\frac{U_2}{R_L}$。在u_2负半周期时二极管截止，电流为零，即$i_O=i_D=0$。输出

电流平均值 $I_{O(AV)}$ 是指一个周期内流过负载 R_L 的电流的平均值，即：

$$I_{O(AV)} = I_{D(AV)} = \frac{U_{O(AV)}}{R_L} \approx 0.45\frac{U_2}{R_L} \tag{6-2}$$

式中，$I_{D(AV)}$ 为二极管的平均电流值。

3）二极管承受的最高反向电压 U_{RM}。在 u_2 负半周期时二极管截止，$u_D = u_2$。因此二极管承受的最高反向电压 U_{RM} 等于 u_2 电压的幅值，即

$$U_{RM} = \sqrt{2}U_2 \tag{6-3}$$

4）二极管最大整流电流 I_F。二极管的最大整流电流 I_F 指二极管长期运行时允许通过的最大正向直流电流。在半波整流电路中其值应大于等于输出电路的最大值 $\frac{\sqrt{2}U_2}{R_L}$。

5）脉动系数。整流输出电压的脉动系数定义为输出电压交流分量的基波最大值与输出直流电压之比。已证明，半波整流的脉动系数为157%，脉动成分很大。

（3）选择二极管的原则　整流电路所用的二极管，一般要根据二极管的平均电流值 $I_{D(AV)}$ 和它在电路中所承受的最高反向峰值电压 U_{RM} 来选择。

二极管的平均电流为

$$I_{D(AV)} \geqslant I_L = \frac{U_L}{R_L} = 0.45\frac{U_2}{R_L}$$

二极管的最高反向峰值电压为

$$U_{RM} \geqslant \sqrt{2}U_2$$

单相半波整流电路的优点是结构简单，使用的元器件少。缺点是效率低，输出脉动大，直流成分低等。所以只能用于输出电流较小、电源电压稳定性要求不高的场合。单相半波整流电路一般很少单独用做直流电源。

【例 6.1】　有一单相半波整流电路如图 6-2a 所示。已知负载电阻 $R_L = 750\Omega$，变压器二次电压有效值 $U_2 = 20V$，试求输出平均电压 $U_{O(AV)}$、输出电流平均值 $I_{O(AV)}$ 及二极管承受的最高反向电压 U_{RM}，并选用二极管。

解：由式（6-1）和式（6-2）可得输出平均电压、输出电流平均值为

$$U_{O(AV)} = 0.45U_2 = 0.45 \times 20V = 9V$$

$$I_{O(AV)} = U_{O(AV)}/R_L = 0.012A$$

由式（6-3）可得最高反向电压为

$$U_{RM} = \sqrt{2}U_2 = \sqrt{2} \times 20V = 28.2V$$

由上面的计算可知，所用整流元件的额定电流应大于 12mA，最高反向电压大于 28.2V。故通过查阅相关半导体器件手册，二极管应选用 2AP4（16mA，50V）。在实际中，为了使用安全，二极管的反向电压 U_{RM} 要选得比计算值大一倍左右。

2. 单相全波整流电路

为提高电源的利用率，可将两个半波整流电路合起来组成一个全波整流电路，如图6-3a 所示。

（1）工作原理　设 $u_2 = \sqrt{2}U_2\sin\omega t$。在 u_2 的正半周期，VD_1 导通，VD_2 截止，忽略二极管的正向导通电压时，R_L 上电压 $u_o = u_2$，方向是上正下负。在 u_2 的负半周期，VD_2 导通，

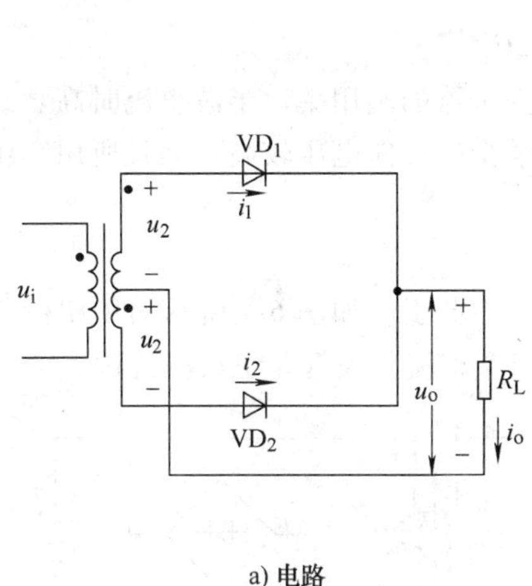

a) 电路

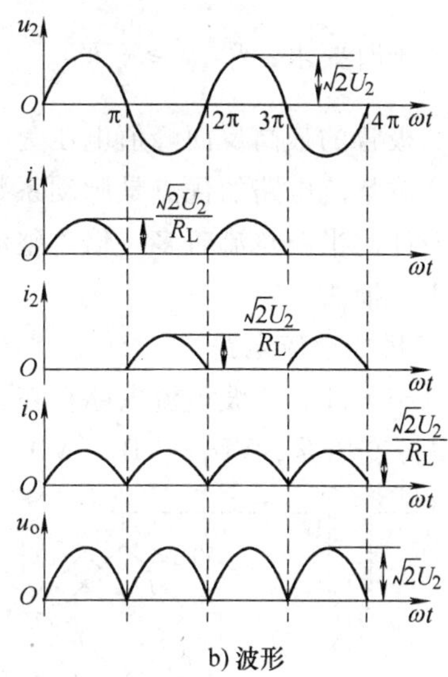

b) 波形

图 6-3　单相全波整流电路及波形图

VD_1 截止，忽略二极管的正向导通电压时，R_L 上电压大小和 u_2 一样，方向同样是上正下负。故在正、负半周期内负载上均有输出电压。通过负载 R_L 的电流和输出电压的波形如图 6-3b 所示。

（2）电路参数

1）输出平均电压 $U_{O(AV)}$。由输出波形可看出，全波整流输出波形是半波整流时的两倍，所以输出平均电压也为半波整流时的两倍，即：

$$U_{O(AV)}=2U_2\frac{\sqrt{2}}{\pi}\approx 0.9U_2 \tag{6-4}$$

2）输出电流平均值 $I_{O(AV)}$。输出电流平均值是指一个周期内流过负载 R_L 的电流的平均值，即

$$I_{O(AV)}=\frac{U_{O(AV)}}{R_L}\approx 0.9\frac{U_2}{R_L} \tag{6-5}$$

3）二极管承受的最高反向电压 U_{RM}。无论 u_2 是正半周还是负半周，均是一个管截止，而另一个管导通，故变压器二次侧的两个绕组的电压全部加至其中截止二极管的两端，全波整流电路每管承受的反向峰值电压 U_{RM} 为 u_2 的峰值电压的两倍，即：

$$U_{RM}=2\sqrt{2}U_2 \tag{6-6}$$

4）二极管最大整流电流 I_F。单相全波整流电路中，每只整流二极管的导通时间与半波整流电路相同，故其最大整流电流 I_F 应大于等于输出电路的最大值$\frac{\sqrt{2}U_2}{R_L}$。

5）脉动系数。已证明，全波整流电路的脉动系数为 67%。

（3）选择二极管的原则　由于二极管 VD_1、VD_2 轮流导通，故流过每个管子的平均电流为输出平均电流的一半，即：

$$I_{D(AV)}=\frac{1}{2}I_{O(AV)}$$

所以选择管子时要求：$I_{D(AV)} \geqslant \frac{1}{2} I_o$

要求二极管的最高反向峰值电压为 $U_{RM} \geqslant 2\sqrt{2} U_2$

单相全波整流电路的优点是脉动系数较小，变压器的利用率比半波整流时高。缺点是使用的整流器件比半波整流时多一倍，整流器件所承受的反向电压较高，并且所用变压器二次绕组需有中心抽头。

3. 单相桥式整流电路

由于单相半波、全波整流电路存在一些不足，因此引入如图 6-4 所示的单相桥式整流电路。T 为电源变压器，VD_1、VD_2、VD_3、VD_4 为四个整流二极管，组成整流桥。

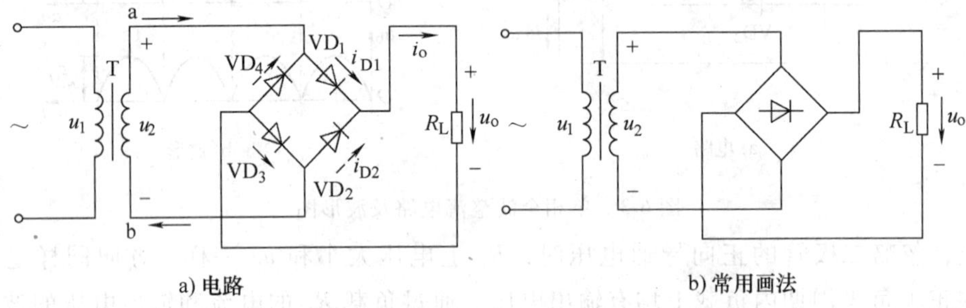

图 6-4 单相桥式整流电路

（1）工作原理　设 $u_2 = \sqrt{2} U_2 \sin\omega t$。在 u_2 的正半个周期，VD_1、VD_3 导通，VD_2、VD_4 截止，忽略二极管的正向导通电压时，输出电压 $u_o = u_2$，R_L 上电压方向上正下负，电流从变压器二次侧 a 端出发，经过负载 R_L 之后由 b 端返回，即：a→VD_1→R_L→VD_3→b。

在 u_2 的负半个周期，VD_2、VD_4 导通，VD_1、VD_3 截止，忽略二极管的正向导通电压时，输出电压 $u_o = u_2$，方向同样是上正下负，电流从变压器二次侧 b 端出发，经过负载 R_L 之后由 a 端返回，即：b→VD_2→R_L→VD_4→a。

由此可见，当电源电压变换一个周期时，整流二极管在正半周期和负半周期各导通一次。通过负载 R_L 的电流和输出电压的波形如图 6-5 所示。

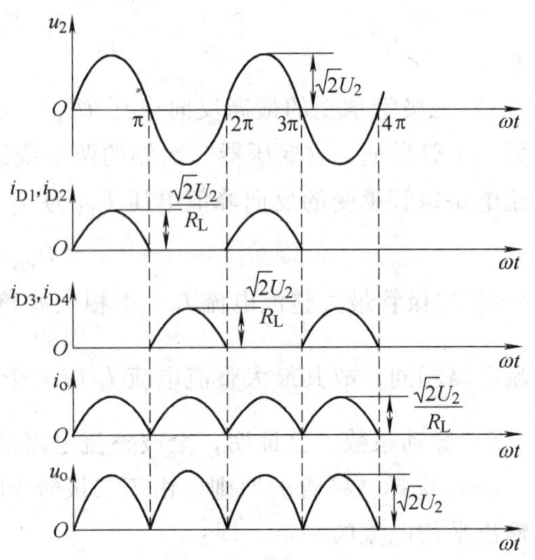

图 6-5 输出电流、电压波形

（2）电路参数

1）输出平均电压 $U_{O(AV)}$。由 u_o 的波形可知，桥式整流的输出电压是半波整流的 2 倍，即：

$$U_{O(AV)} = U_2 \frac{2\sqrt{2}}{\pi} \approx 0.9 U_2 \tag{6-7}$$

2）输出电流平均值 $I_{O(AV)}$ 和流过二极管的电流平均值 $I_{D(AV)}$。由 i_o 的波形可知，流过负载 R_L 的电流同样为半波整流的两倍，即：

$$I_{O(AV)} = \frac{U_{O(AV)}}{R_L} \approx 0.9 \frac{U_2}{R_L} \tag{6-8}$$

在桥式整流电路中，由于四个二极管轮流

导通，所以流过二极管的电流平均值为输出电流平均值 $I_{O(AV)}$ 的二分之一，即：

$$I_{D(AV)}=\frac{I_{O(AV)}}{2}\approx 0.45\frac{U_2}{R_L} \tag{6-9}$$

3）二极管承受的最高反向电压 U_{RM}。在 u_2 的正半个周期，VD_1、VD_3 导通，VD_2、VD_4 截止，VD_2、VD_4 相当于并联后接在 u_2 上，因此二极管承受的最高反向电压为

$$U_{RM}=\sqrt{2}U_2 \tag{6-10}$$

同理可知，在 u_2 的负半个周期也有 $U_{RM}=\sqrt{2}U_2$。

4）脉动系数。与全波整流电路脉动系数相同，即单相桥式整流电路的脉动系数为 67%。

（3）选择二极管的原则　在桥式整流电路中，由于四个二极管轮流导通，所以流过二极管的电流平均值为

$$I_{D(AV)}=\frac{I_{O(AV)}}{2}\approx 0.45\frac{U_2}{R}$$

所以选择二极管时要求：　$I_F\geqslant I_{D(AV)}=\frac{1}{2}I_O$

要求二极管的最高反向峰值电压为 $U_{RM}\geqslant\sqrt{2}U_2$

单相桥式整流电路比全波整流电路多用了两个二极管，由于二极管的反向耐压值要求较低，加上市场上已有集成的整流桥（把四个整流二极管做在一个集成块里，性能参数比较好）供应，因此单相桥式整流电路应用较为广泛。

【例 6.2】　有一单相桥式整流电路如图 6-4 所示。要求输出电压平均值 $U_{O(AV)}=110V$，$R_L=80\Omega$，如何选用整流二极管？

解：（1）由已知条件可知：

$$I_{O(AV)}=\frac{U_{O(AV)}}{R_L}=\frac{110V}{80\Omega}=1.4A$$

流过整流二极管的平均电流为 $I_{D(AV)}=\frac{1}{2}I_{O(AV)}=0.7A$

变压器二次电压有效值为 $U_2=\frac{U_{O(AV)}}{0.9}=1.1U_{O(AV)}=122V$

整流二极管承受的最大反向电压为 $U_{RM}=\sqrt{2}U_2=\sqrt{2}\times 122V=172V$

因此所选用的整流器件，其额定整流电流应大于 0.7A，最高工作反向电压应大于 172V，由此通过查阅相关手册可选最大整流电流 1A、最高反向电压为 300V 的 2CZ12C 型二极管。

6.2.2　单相滤波电路

经过整流，输出电压是直流电压，但直流成分里含有较大的脉动成分，这样的直流电压不能保证仪器仪表的正常工作，因此需要降低其输出电压中的脉动成分，同时还要尽量保留其中的直流成分，从而使得输出的电压更加平滑，滤波电路就是实现这种功能的。滤波电路一般由电容、电感、电阻等元件组成。常用的滤波电路有电容滤波、电感滤波和复式滤波等。

1. 电容滤波电路

在整流电路的输出端，把一个大容量的电容与负载电阻相并联，如图 6-6a 所示，就构成了电容滤波电路。其工作原理是利用了电容两端的电压在电路状态改变时不能跃变的特性。

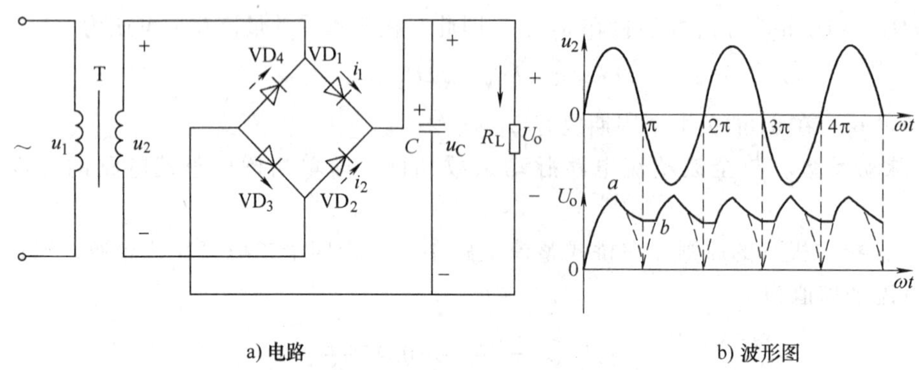

a) 电路　　b) 波形图

图 6-6　桥式整流电容滤波电路及波形

（1）工作原理　设电容 C 的初始电压值为零，在 u_2 的正半周期，u_2 先逐渐增大，VD_1、VD_3 导通，电源一方面给负载供电，另一方面对电容 C 充电。如果忽略二极管导通的正向压降，在 u_2 达到峰值前，始终有 $u_o = u_C \approx u_2$。当 u_C 充电到 u_2 的最大值$\sqrt{2}U_2$ 时，到达图 6-6b 中的 a 点，u_2 开始下降，因为电容两端的电压在电路状态改变时不能跃变，此时 $u_C > u_2$，VD_1、VD_3 截止，电容 C 经负载 R_L 放电。放电时间常数 $\tau_{放电} = R_L C$，故放电较慢，并以指数规律下降，直到 u_2 的负半周；在 u_2 的负半周，当 $|u_2| \geqslant u_C$ 时，过了 b 点，u_2 使 VD_2、VD_4 导通，电容再次被充电，当 u_C 充电到 u_2 的最大值时，u_2 开始下降，电容再次经过负载电阻 R_L 放电。随着 u_2 的变化，电容反复被充放电，可得到图 6-6b 所示的电压波形图。

（2）电路参数

1）直流输出电压。由上述分析可知，在二极管截止时电容向负载电阻放电缓慢，所以输出电压的脉动减少，输出电压较为平滑。由图形可知，输出电压 u_o 在 $0.9U_2 \sim \sqrt{2}U_2$ 范围内波动，在工程上计算直流输出电压一般采用估算公式：

$$U_o = 1.2U_2 \tag{6-11}$$

2）二极管的最大整流电流 I_F。加上电容滤波器后，整流二极管的最大整流电流 I_F 一般应大于流过二极管的平均电流 $I_{D(AV)}$ 的两倍，一般选为 $I_F = (2 \sim 3)\ I_{D(AV)}$。

3）滤波电容。放电时间常数 $R_L C$ 越大，滤波的效果越好，为了取得良好的效果，一般取放电时间常数 $\tau_{放电}$大于 u_2 的周期 T，即：

$$\tau_{放电} = R_L C \geqslant (3 \sim 5)\ \frac{T}{2} \tag{6-12}$$

由此可得滤波电容为

$$C \geqslant (3 \sim 5)\ \frac{T}{2R_L}$$

4）脉动系数 S。已证明，桥式整流电容滤波电路的脉动系数为 11% ~20%。

【例 6.3】　一单相桥式整流电容滤波电路，已知交流电源的频率 $f = 50\text{Hz}$，要求输出电压有效值 $U_o = 30\text{V}$，负载电流为 250mA，试选择整流二极管的参数和滤波电容 C 的大小。

解：1）选择整流二极管：

流过二极管的平均电流为 $I_{D(AV)}=\frac{I_{O(AV)}}{2}=\frac{I_L}{2}=\frac{1}{2}\times 250mA=125mA$

变压器二次电压有效值为　　$U_2=\frac{U_o}{1.2}=\frac{30V}{1.2}=25V$

二极管所承受的最高反向工作电压为 $U_{RM}=\sqrt{2}U_2=35V$

考虑有滤波电容，选择参数为 $I_F=300mA$，$U_{RM}=50V$ 的整流二极管。

2）选滤波电容：

负载电阻为　　$R_L=\frac{U_o}{I_L}=0.12k\Omega$

交流电源周期为　　$T=\frac{1}{f}=0.02s$

由 $R_LC\geqslant(3\sim5)\frac{T}{2}$ 可得：　　$C=\frac{5T}{2R_L}=417\mu F$

电容滤波结构简单，缺点是负载电流不能过大，否则会影响滤波效果，所以电容滤波适用于负载变动不大、电流较小的场合。

2. 其他类型的滤波电路

除了电容滤波电路外，还可以采用 $RC\Pi$ 型滤波器、电感滤波器和 $LC\Pi$ 型滤波器等。$RC\Pi$ 型滤波器如图 6-7 所示。

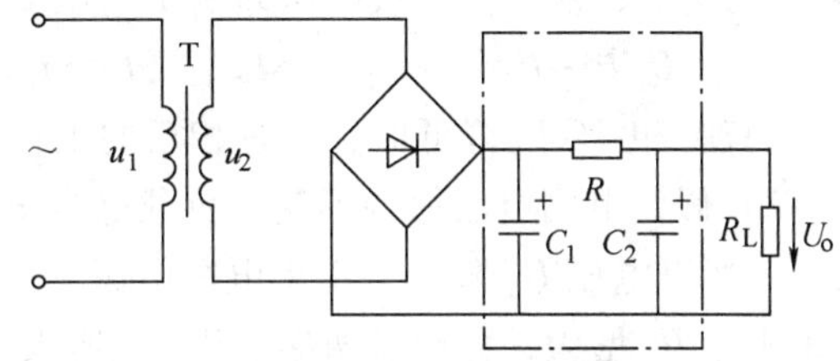

图 6-7　$RC\Pi$ 型滤波器

$RC\Pi$ 型滤波采用简单的电阻、电容元件可以进一步使输出电压趋于平滑，但是这种电路的缺点是在 R 上有直流压降，所以只适合于小电流的场合。当负载电流比较大时，可以考虑采用 $LC\Pi$ 型滤波器如图 6-8 所示和电感滤波器如图 6-9 所示。

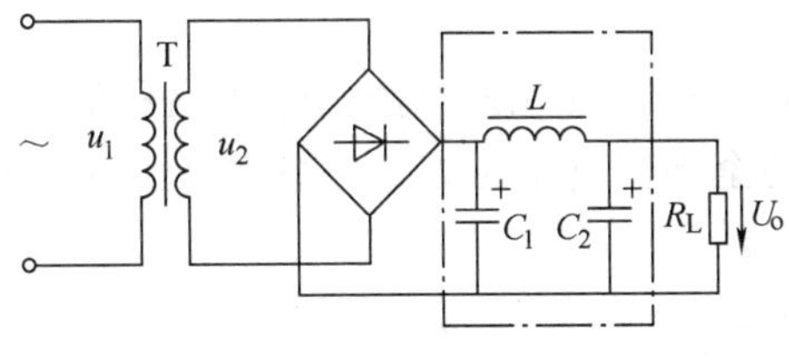

图 6-8　$LC\Pi$ 型滤波器

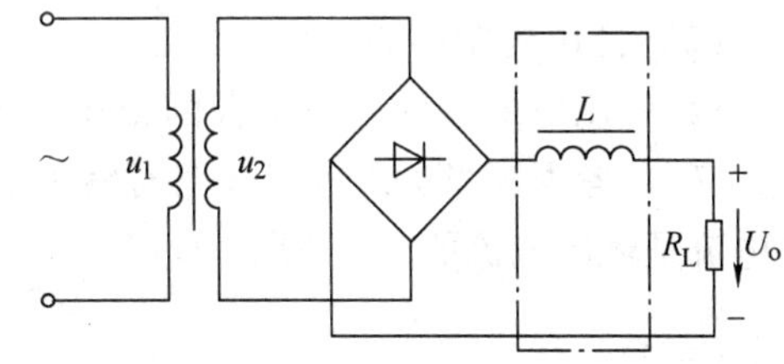

图 6-9　电感滤波器

电感滤波器的优点是整流管的导通角较大，峰值电流很小，输出电压比较平坦。其缺点是体积大，易引起电磁干扰。因此，电感滤波器一般只适用于低电压、大电流的场合。

6.3　直流稳压电路

经整流和滤波后的电压往往会随交流电源电压的波动和负载的变化而变化。电压的不稳定有时会产生测量和计算的误差，从而引起控制装置的工作不稳定，甚至使其无法正常工作。特别是精密电子测量仪器、自动控制、计算装置及晶闸管的触发电路等都要求有很稳定的直流电源供电。因此，需要一种稳压电路，使输出电压在电网波动或负载变化时基本稳定在某一数值。

6.3.1 硅稳压管直流稳压电路

最简单的直流稳压电路是硅稳压管稳压电路，如图 6-10 所示，经过桥式整流电路整流和电容滤波电路滤波得到电压 U_i，再经过限流电阻 R 和稳压管 VS 构成的稳压电路接到负载电阻 R_L 上。负载电阻 R_L 上得到的就是一个比较稳定的直流电压 U_o，由于 VS 与 R_L 并联，所以也称并联稳压电路。

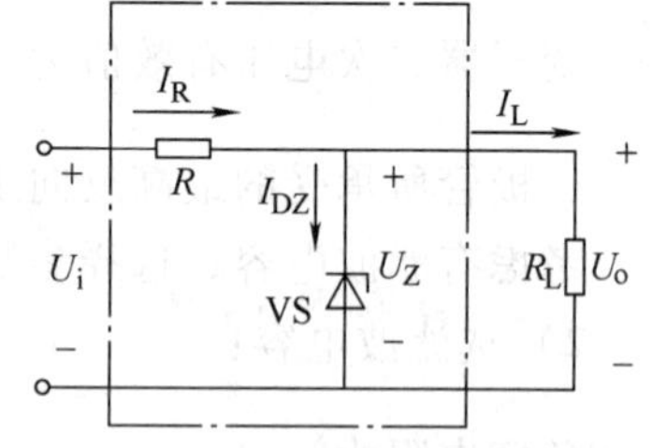

图 6-10 硅稳压管稳压电路

（1）工作原理 引起输出电压不稳定的主要原因是交流电源电压的波动和负载电流的变化。下面分析这两种情况下稳压电路的作用。

1）当负载电阻不变，电网电压上升时，将使 U_i 增加，U_o 随之增加，由稳压管反向特性知，I_{DZ}将显著增加，于是电流 I_R（$I_R=I_{DZ}+I_L$）加大，结果使电阻 R 的压降增大，以抵消 U_i 的增加，从而使负载电压即输出电压 U_o 的数值基本保持不变。这一稳压过程可表示为

$$U_i\uparrow \rightarrow U_o\uparrow \rightarrow I_{DZ}\uparrow \rightarrow I_R\uparrow \ (I_R=I_{DZ}+I_L) \rightarrow U_R\uparrow \rightarrow U_o\downarrow \rightarrow \text{输出电压稳定}$$

同理，电压 U_i 降低时，通过相反的工作过程，也能达到稳定 U_o 的目的。

2）假设电网电压保持不变，负载电阻 R_L 增加，则引起负载电流 I_L 减小，于是电流 I_R 减小，所以电压 U_R 降低，由于电源电压不变，所以 U_i 也不变，而 $U_i=U_R+U_o$，因而负载输出电压 U_o 增大，稳压管两端电压 U_{DZ}增大，I_{DZ}将显著增加，使 I_R 增大，U_R 增大，补偿了 I_L 的减小，从而使输出电压 U_o 基本上没有变化。这一稳压过程可表示为

$$R_L\uparrow \rightarrow I_L\downarrow \rightarrow I_R\downarrow \rightarrow U_R\downarrow \rightarrow U_o\uparrow \ (U_i=U_R+U_o) \rightarrow$$
$$U_{DZ}\uparrow \rightarrow I_{DZ}\uparrow \rightarrow I_R\uparrow \rightarrow U_R\uparrow \rightarrow U_o\downarrow \rightarrow \text{输出电压稳定}$$

同理，负载电阻 R_L 减小时，通过相反的工作过程，也能达到稳定 U_o 的目的。

（2）稳压元器件的选择

1）稳压管的选择。稳压管的稳压值 U_{DZ}就是硅稳压管稳压电路的输出电压值 U_o，即：$U_{DZ}=U_o$。考虑到当负载电阻开路时输出电流可能全部流过稳压管，一般取稳压管的最大稳压电流是输出电流的 2～3 倍。即：

$$I_{DZmax}=(2\sim3)\ I_L$$

2）限流电阻 R 的选择。在稳压过程中，限流电阻 R 是实现稳压的关键，限流电阻 R 的选取就十分重要，必须满足两个条件：

① 当输入电压最小（U_{imin}）而负载电流最大（I_{Lmax}）时，流过稳压管的电流最小，这个电流应大于稳压管稳压范围内的最小工作电流 I_{DZmin}，即：

$$\frac{U_{imin}-U_o}{R}-I_{Lmax}\geqslant I_{DZmin}$$

② 当输入电压最高（U_{imax}）而负载电流最小时（I_{Lmin}）时，流过稳压管的电流最大，这个电流应小于稳压管稳压范围内的最大工作电流 I_{DZmax}，即：

$$\frac{U_{imax}-U_o}{R}-I_{Lmin}\leqslant I_{DZmax}$$

由此可见限流电阻 R 的选择范围为 $$\frac{U_{\mathrm{imax}}-U_{\mathrm{o}}}{I_{\mathrm{DZmax}}+I_{\mathrm{Lmin}}}\leqslant R\leqslant\frac{U_{\mathrm{imin}}-U_{\mathrm{o}}}{I_{\mathrm{DZmin}}+I_{\mathrm{Lmax}}} \quad (6\text{-}13)$$

此外，经整流滤波电路后得到的直流电压 U_{i} 高，R 大，稳定性能就好，但这样电路损耗也就大。一般取 U_{i} 为输出电压 U_{o} 的 2～3 倍，即：$U_{\mathrm{i}}=(2\sim3)\,U_{\mathrm{o}}$。

【例 6.4】　选择图 6-10 所示稳压电路所用稳压管，确定输入电压和限流电阻。要求：U_{i} 波动范围为 ±5%，$U_{\mathrm{o}}=10\mathrm{V}$，$I_{\mathrm{L}}=0\sim10\mathrm{mA}$。

解：(1) 选择稳压管，由于

$$U_{\mathrm{DZ}}=U_{\mathrm{o}}=10\mathrm{V}$$

$$I_{\mathrm{DZmax}}=(2\sim3)\,I_{\mathrm{L}}=2I_{\mathrm{Lmax}}=2\times10\times10^{-3}\mathrm{A}=20\mathrm{mA}$$

则选 2CW7 管：$U_{\mathrm{DZ}}=9\sim10.5\mathrm{V}$，$I_{\mathrm{DZmax}}=23\mathrm{mA}$，$I_{\mathrm{DZmin}}=5\mathrm{mA}$。

(2) 确定 U_{i}：

$$U_{\mathrm{i}}=(2\sim3)\,U_{\mathrm{o}}=2.5\times10=25\mathrm{V}$$

(3) 选择 R，由于 U_{i} 波动范围为 ±5%，所以

$$U_{\mathrm{imax}}=1.05U_{\mathrm{i}}=26.25\mathrm{V}\qquad U_{\mathrm{imin}}=0.95U_{\mathrm{i}}=23.75\mathrm{V}$$

由式 (6-13) 可得：

$$\frac{26.25\mathrm{V}-10\mathrm{V}}{23\mathrm{mA}+0}\leqslant R\leqslant\frac{23.75\mathrm{V}-10\mathrm{V}}{5\mathrm{mA}+10\mathrm{mA}}$$

即：$706\Omega\leqslant R\leqslant916\Omega$，可取 $R=900\Omega$。

硅稳压管稳压电路结构简单，使用元件少，在输出电压不需要调节和负载电流比较小的情况下效果较好，所以在小型的电子设备中经常采用这种电路。但是这种电路的输出电压由稳压管的稳压值决定，不能任意调节；另外电网电压和负载电流变化较大时，电路将不适用。为此引入了串联型稳压电路。

6.3.2　串联型稳压电路

1. 电路组成

串联型稳压电路是目前较为通用的稳压电路类型，通常由取样环节、基准电压环节、比较放大环节、调整环节组成，图 6-11a 为其构成框图，串联型稳压电路如图 6-11b 所示。

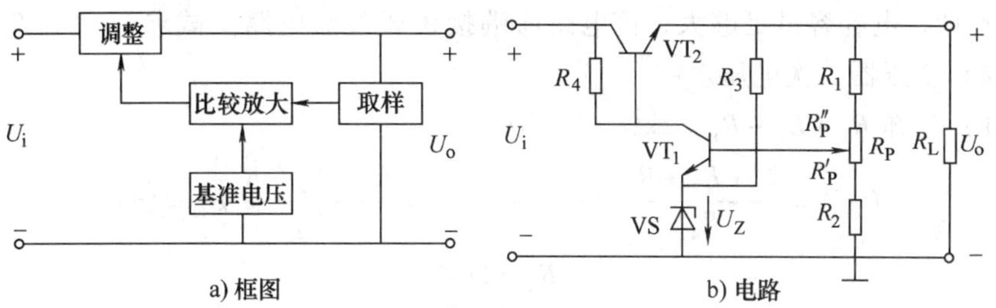

图 6-11　串联型稳压电路

取样环节的作用是对输出电压进行取样，用以检测输出电压的变化。在电路中取样环节由电阻 R_1、R_2 和 R_{P} 组成。

基准电压环节是产生一个温度稳定性很高的参考电压，它对整个稳压器的输出直流电压的稳定起着十分重要的作用。在电路中，基准电压环节由 R_3 和 VS 组成。稳压管 VS 提供基

准电压，由采样环节取得的输出电压的变化与基准电压相比较，并把比较结果送入比较放大电路。

比较放大环节由 VT_1 单管直流放大电路构成，作用是把比较结果进行放大，并送到调整管 VT_2。

调整环节（也称控制电路）是用已放大的电压差值信号去调整输出电压使其保持稳定，由调整管 VT_2 构成。

2. 工作原理

由图 6-11b 可知，当电网电压升高或负载电流减小，使输出电压 U_o 增加时，经取样环节，VT_1 的基极电位 U_{B1} 升高。由于 U_{E1} 被稳压管 VS 稳住而基本不变，又因为 $U_{BE1}=U_{B1}-U_{E1}$，因此 U_{BE1} 也升高。该电压经 VT_1 放大引起 I_{C1} 增加并使 U_{C1} 下降。而 $U_{C1}=U_{B2}$，因为 $U_{BE2}=U_{B2}-U_{E2}=U_{C1}-U_o$，所以 VT_2 的 U_{BE2} 下降，I_{B2} 减小，使 U_{CE2} 增大，从而使输出电压 U_o 减小，保持输出电压 U_o 基本不变。稳压过程可表示为

$$U_o\uparrow\rightarrow U_{B1}\uparrow\rightarrow U_{BE1}\uparrow\rightarrow I_{B1}\uparrow\rightarrow I_{C1}\uparrow\rightarrow U_{C1}\downarrow\rightarrow U_{BE2}\downarrow\rightarrow I_{B2}\downarrow\rightarrow U_{CE2}\uparrow\rightarrow U_o\downarrow$$

同理，当电网电压降低或负载电流增加，使输出电压 U_o 减小时，通过上述取样、比较放大、调整等环节，同样使输出电压 U_o 保持基本不变。

若 R_1、R_2 固定，则可调整电位器 R_P 以实现输出电压的稳定，该电路输出电压 U_o 的调节范围为

$$U_{omax}=\frac{R_1+R_2+R_P}{R_2}(U_Z+U_{BE1}) \tag{6-14}$$

$$U_{omin}=\frac{R_1+R_2+R_P}{R_2+R_P}(U_Z+U_{BE1}) \tag{6-15}$$

由此可以看出，串联型稳压电路的工作原理是将输出电压的变化通过取样电路反映出来，并与基准电压进行比较，将比较结果放大后，送到调整管去控制输出电压，从而使输出电压保持稳定。

【例 6.5】 串联型稳压电路如图 6-11b 所示，要求输出电压范围 $U_o=10\sim16V$，$U_Z=8V$，采样电阻总阻值为 2kΩ，调整管 VT_2 的电压范围为 3～8V，若晶体管 VT_1 的基极电压 U_{BE} 可忽略不计，电容容量足够大，该电路前端接桥式整流电路。试求：（1）R_1、R_2 和 R_P 的阻值；（2）变压器二次电压。

解：（1）已知 $R_1+R_2+R_P=2k\Omega$，又因为

$$U_{omax}=\frac{R_1+R_2+R_P}{R_2}(U_Z+U_{BE1})=\frac{R_1+R_2+R_P}{R_2}U_Z=16V$$

故

$$R_2=1k\Omega$$

因为

$$U_{omin}=\frac{R_1+R_2+R_P}{R_2+R_P}(U_Z+U_{BE1})=\frac{R_1+R_2+R_P}{R_2+R_P}U_Z=10V$$

故 $R_2+R_P=1.6k\Omega$，所以可得：$R_P=600\Omega$，$R_1=400\Omega$。

（2）因为滤波输出电压要保证最大输出电压和调整管最大管压降（U_{Tmax}）的需要，故

$$U_i=U_{omax}+U_{Tmax}=16V+8V=24V$$

由于 $U_i=1.2U_2$，所以 $U_2=20V$。

6.4　三端集成稳压器

随着集成电路技术的发展，稳压电路也迅速实现集成化。三端集成稳压器具有体积小、可靠性高及温度性能好等优点，而且使用灵活、价格低廉，因此广泛应用于仪器、仪表以及其他各类电子设备中。

6.4.1　三端集成稳压器的原理及主要参数

1. 三端集成稳压器的组成及工作原理

三端集成稳压器有固定输出和可调输出两种不同的类型。三端集成稳压器的组成框图如图 6-12 所示，由启动电路、基准电源、放大电路、调整管、取样电路和保护电路组成。

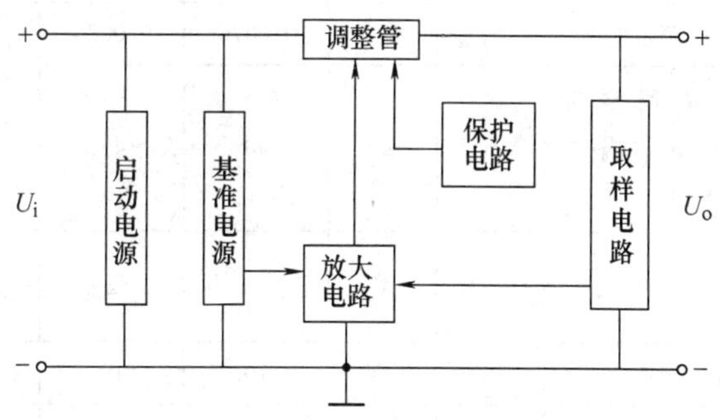

图 6-12　三端集成稳压器的组成框图

三端集成稳压器的工作原理是：当电网电压波动或负载变化使输出电压变化时，取样电路检测到这一变化的电压并送到放大电路输入端与基准电源的基准电压进行比较，比较后的误差电压经过放大电路放大后输出去控制调整管上的压降，从而使输出电压趋于稳定。保护电路是对电路进行限流保护、过热保护和过电压保护。启动电路的作用是在刚接通直流输入电压时，使调整管、放大电路和基准电源能建立起各自的工作电流，而当稳压电路正常工作后启动电路就断开了。

2. 固定输出三端集成稳压器

集成稳压电源的种类很多，最常用的是三端固定输出集成稳压器，该器件有三个引脚，分别作为输入端、输出端和公共端，电路内部实际上包括了串联型直流稳压电路的各个组成部分，另外加上启动电路和保护电路（限流保护、过热保护和过电压保护），使用更加安全方便。比较常用的三端固定输出集成稳压器有 W7800 系列（输出正电压）和 W7900 系列（输出负电压），其电路符号及外形图如图 6-13 所示。

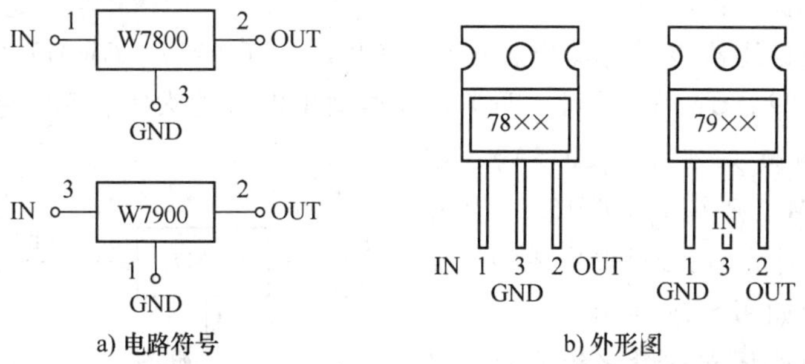

图 6-13　三端固定输出集成稳压器的电路符号及外形图

集成稳压器的参数是选择稳压器的重要依据，部分主要参数有：输入电压、输出电压、最大输出电流等，W7800 系列三端集成稳压器的主要参数见表 6-1。

表 6-1 W7800 系列三端集成稳压器的主要参数

参数名称	符号	单位	7805	7806	7808	7812	7815	7818	7824
输入电压	U_i	V	10	11	14	19	23	27	33
输出电压	U_o	V	5	6	8	12	15	18	24
电压调整率	S_V	%/V	0.0076	0.0086	0.01	0.008	0.0066	0.01	0.011
电流调整率（5mA ≤ I_o ≤ 1.5A）	S_I	mV	40	43	45	52	52	55	60
最小压差	$U_i - U_o$	V	2	2	2	2	2	2	2
输出噪声	U_N	μV	10	10	10	10	10	10	10
输出电阻	R_o	mΩ	17	17	18	18	19	19	20
峰值电流	I_{om}	A	2.2	2.2	2.2	2.2	2.2	2.2	2.2
输出温漂	S_T	mV/℃	1.0	1.0	1.0	1.2	1.5	1.8	2.4

三端集成稳压器的命名组成及含义见表 6-2。例如：CW7805 为输出固定正电压为 5V，最大输出电流为 1.5A 的三端集成稳压器。

表 6-2 三端集成稳压器的命名组成及含义

C	W	78（79）	L	××
国标	稳压器	78：输出固定正电压 79：输出固定负电压	最大输出电流：L 为 0.1A；M 为 0.5A；无字母为 1.5A	数字表示输出电压值

3. 三端可调集成稳压器

W7800、W7900 系列集成稳压器，只能输出固定电压值，在实际应用中不太方便。由此引入三端可调集成稳压器。

三端可调集成稳压器也分为输出正电压（CW117、CW217、CW317 系列）和输出负电压（CW137、CW237、CW337 系列）两类。根据输出电流的大小，每个系列又可分为 L 系列（I_o≤0.1A）和 M 系列（I_o≤0.5A）；如果没有标出 L 或 M，则其 I_o≤0.15A。其外形与 W7800 系列相同，三端可调集成稳压器的电路符号和外形如图 6-14 所示。

三端可调集成稳压器的命名组成及含义见表 6-3，例如：CW317 为民用输出正电压，最大输出电流为 1.5A 的三端可调集成稳压器。

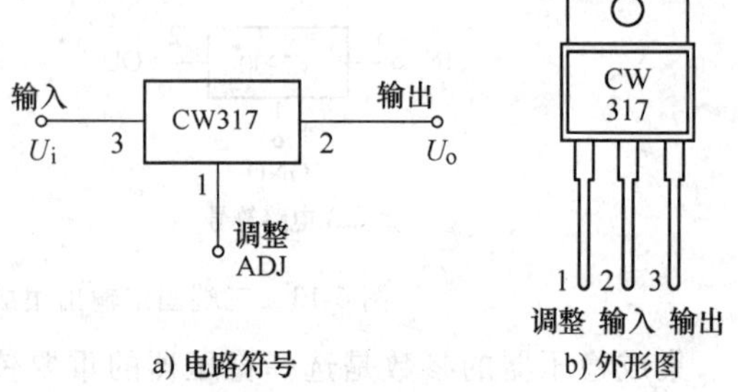

a) 电路符号　b) 外形图

图 6-14 三端可调集成稳压器的电路符号和外形图

表 6-3 三端可调集成稳压器命名组成及含义

C	W	1	17	M
国标	稳压器	产品序号： 1为军工产品 2为工业、半军工产品 3为民用产品	产品序号： 17为输出正电压 37为输出负电压	最大输出电流： L为0.1A M为0.5A 无字母为1.5A

6.4.2 三端集成稳压器的典型应用

1. 固定输出三端集成稳压器的应用

（1）基本稳压电路 图6-15所示为三端集成稳压器的基本稳压电路，使用时根据输出电压和输出电流来选择稳压器的型号。

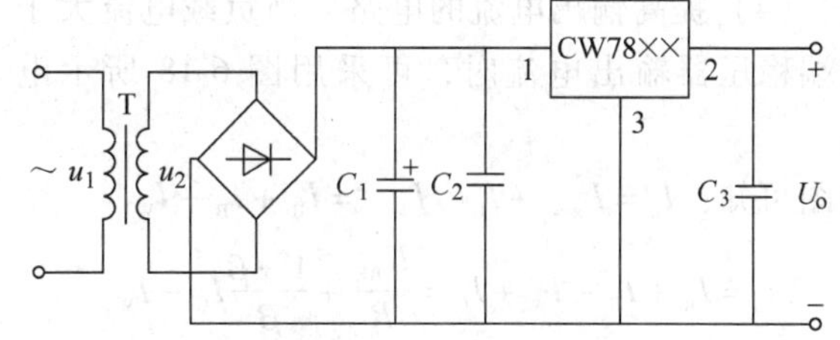

图6-15 基本稳压电路

电路中输入电容 C_2 和输出电容 C_3 是用来减小输入输出电压的脉动，其值均在0.1～1μF之间，C_2 还可以抵消输入端产生的电感效应，以防止自激振荡。C_3 用以改善负载的瞬态响应和消除电路的变频噪声。本电路的最小输入电压和输出电压的差值要在3V以上。

（2）可同时输出正负电压的电路 图6-16为用两个三端集成稳压器连接的电路，若选用输出电压大小相同、极性相反的三端集成稳压器，则可同时输出正负对称的电源。在很多电路中常用到这种电源。

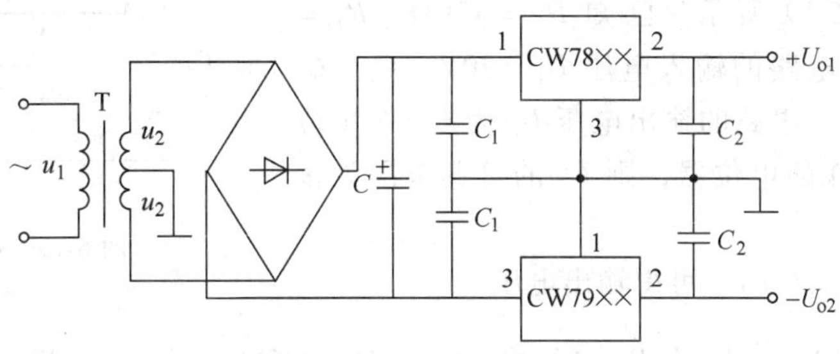

图6-16 同时输出正、负电源的稳压器

（3）提高输出电压的电路 如果需要输出电压高于三端稳压器输出电压时，可采用图6-17所示电路。

在图6-17a中，输出电压 $U_o = U_Z + U_{××}$，其中 $U_{××}$ 为集成稳压器的输出电压，U_Z 为稳压管的稳压值。

在图6-17b中，输出电压为

$$U_o = U_{××}\left(1 + \frac{R_2}{R_1}\right) + I_W R_2 \tag{6-16}$$

式中，I_W 为三端稳压器的静态电流，一般为几毫安。若经过 R_1 的电流 I_{R1} 大于 $5I_W$，可以忽略 $I_W R_2$ 的影响，则有：

$$U_o = U_{××}\left(1 + \frac{R_2}{R_1}\right) \tag{6-17}$$

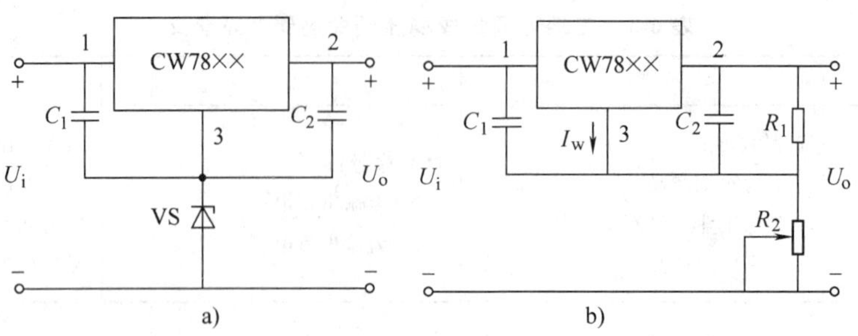

图 6-17 提高输出电压的电路

（4）提高输出电流的电路 当负载电流大于三端稳压器输出电流时，可采用图 6-18 所示电路。

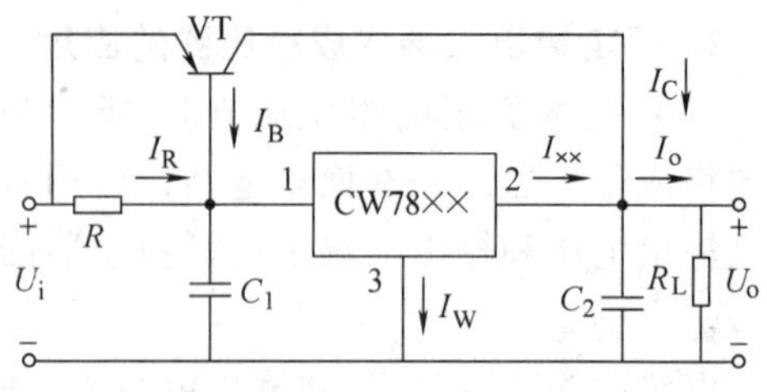

图 6-18 提高输出电流的电路

由图可知：$I_o = I_{\times\times} + I_C \quad I_{\times\times} = I_R + I_B - I_W$

$$I_o = I_R + I_B - I_W + I_C = \frac{U_{BE}}{R} + \frac{1+\beta}{\beta} I_C - I_W$$

由于$\beta >> 1$，且I_W很小，可忽略不计，所以有

$$I_o = \frac{U_{BE}}{R} + I_C \qquad R = \frac{U_{BE}}{I_o - I_C}$$

式中，R为晶体管 VT 提供偏置电压，U_{BE}为晶体管的导通电压，由晶体管类型决定，一般锗管为 0.3V，硅管为 0.7V。由以上分析可知输出电流被扩大了。

【例 6.6】 由三端集成稳压器 CW7806 构成的直流稳压电路如图 6-19 所示。已知 $R_1 = 120\Omega$，$R_2 = 80\Omega$，$I_W = 10\text{mA}$，电路的输入电压 $U_i = 20\text{V}$，C_1、C_2 选择合理，求：（1）电路的输出电压 U_o 为多少？（2）若 R_2 改用 0～100Ω 的电位器，则 U_o 的可调范围为多少？

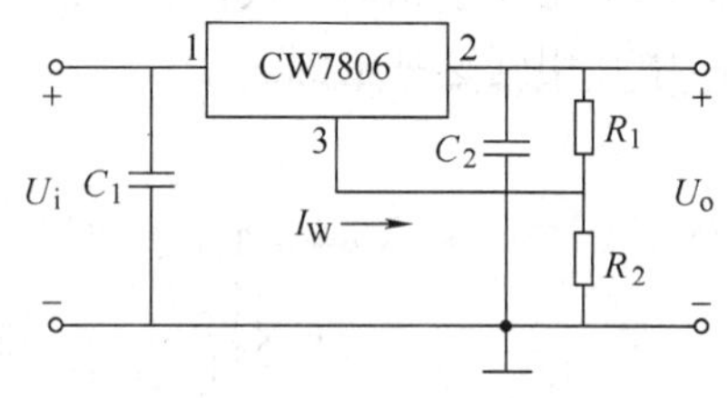

图 6-19 例 6.6 图

解：（1）由式（6-16）可得输出电压

$$U_o = U_{\times\times}\left(1 + \frac{R_2}{R_1}\right) + I_W R_2 = 6\text{V} \times (1 + 80\Omega/120\Omega) + 0.01\text{A} \times 80\Omega = 10.8\text{V}$$

（2）若 R_2 改用 0～100Ω 的电位器，则有：

R_2 最大为 100Ω 时有 $U_{omax} = 6\text{V} \times (1 + 100\Omega/120\Omega) + 0.01\text{A} \times 100\Omega = 12\text{V}$

R_2 最大为 0Ω 时有 $U_{omin} = U_{\times\times}\left(1 + \frac{R_2}{R_1}\right) + I_W R_2 = 6\text{V}$

2. 三端可调集成稳压器的典型应用

三端可调集成稳压器的典型应用电路如图 6-20 所示。

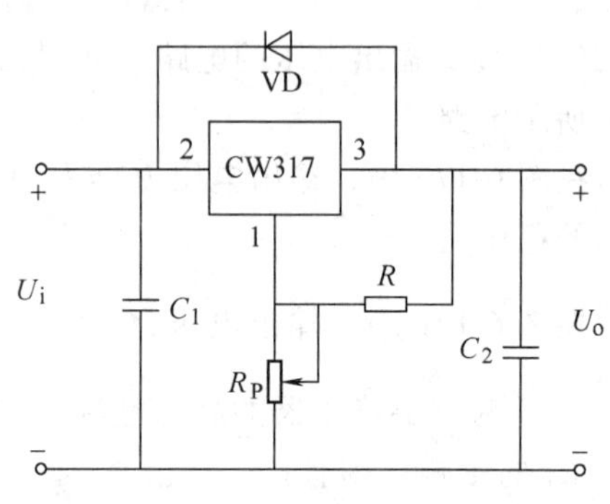

图 6-20 三端可调集成稳压器的典型应用电路

电路中 C_1 和 C_2 用于减少高频噪声、防止自激

振荡、提高抑制纹波的能力，一般取 0.1μF 和 1μF；改变 R_P 的值可调节输出电压；③脚和①脚之间有很强的保持 1.25V 基准电压不变的能力，因此 R 中流过恒定电流。

为了使电路正常工作，一般输出电流不小于 5mA；输入电压范围在 2～40V 之间；输出电压可在 1.25～37V 之间调整；负载电流可达 1.5A。由于调整端的输出电流非常小（50μA）且恒定，故可将其忽略，那么输出电压可用下式表示：

$$U_o \approx U_{REF}\left(1+\frac{R_P}{R}\right) \tag{6-18}$$

式中，U_{REF}为集成稳压器输出端 3 与调整端 1 之间提供的 1.25V 的基准电压。由此可见，调节电位器 R_P 就可以实现输出电压的调节。当 $R_P=0$ 时，输出电压最小；当 R_P 最大时，输出电压最大。所以选择电位器 R_P 时，应按最大输出电压值来选择。

【例 6.7】　已知三端可调集成稳压器 CW117 的基准电压 $U_{REF}=1.25$V，用它组成的稳压电路如图 6-21 所示，$R_1=250\Omega$，$R_2=3\text{k}\Omega$，调整端电流 I_W 对 U_o 的影响可以忽略不计，C_1、C_2 选择合理，求：（1）输出电压 U_o；（2）若 R_2 改用 0～3kΩ 电位器，则 U_o 的可调范围有多大？

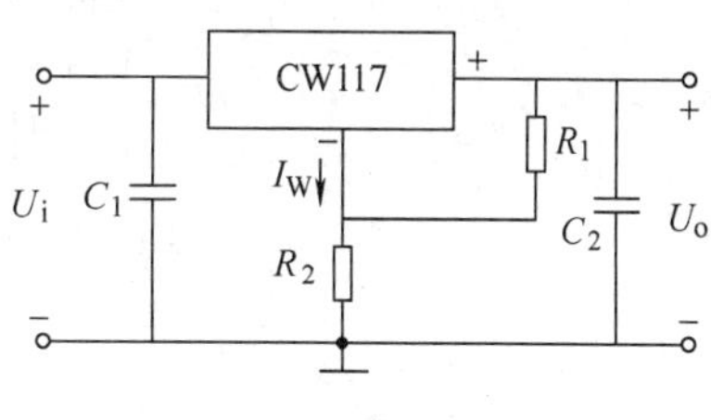

图 6-21　例 6.7 图

解：（1）由式（6-18）可得：

$$U_o = 1.25\text{V} \times (1 + 3\text{k}\Omega / 0.25\text{k}\Omega) = 16.25\text{V}$$

（2）若 R_2 改用 0～3kΩ 电位器，则：

当 $R_2=3\text{k}\Omega$ 时有　　$U_{omax}=16.25$V

当 $R_2=0\Omega$ 时有　　$U_{omin}=1.25$V

使用三端集成稳压器时应注意以下几点：

1）三端稳压器输入电压大小要适当，否则，当电网电压过高或过低时，会损坏稳压器或使其不能正常工作。应保证稳压器输入电压高于输出电压 2～3 V。

2）三端稳压器引脚不能接错，接地端不能悬空，否则易损坏稳压器。

3）当三端稳压器输出端滤波电容较大时，一旦输入端开路，C_2 将从稳压器输出端向稳压器放电，易使稳压器损坏。因此，可在稳压器的输入、输出之间跨接一个保护二极管 VD。

6.5　开关稳压电源

前面讨论的稳压属于线性稳压电路，其中的调整管都工作在线性放大区。线性稳压器具有稳定性好、动态响应快、波纹小、干扰小、电路简单等优点，但是调整管必须工作在线性区，当负载电流较大时，调整管的功耗（集电极损耗 $P_C=U_{CE}I_C$）很大，电路的转换效率较低，一般在 40%～60%，且要安装散热器，这样会增加整个电源的体积和重量。所以，在通信设备的整机供电系统中一般不采用线性稳压电路。

开关稳压电源（SMR）正是为克服上述缺点而发展起来的一种直流稳压器。它的效率高、体积小、重量轻，便于集成。开关稳压电源电路中的调整管工作在开关状态，即饱和状态或截止状态。由于管子饱和时的管压降 U_{CES}和截止时的穿透电流 I_{CEO}均很小，调整管的功耗主要发生在两种状态的转换过程中，故可大大提高稳压器的效率，一般可达 80%～90%。

它的另一个优点是通用性很强，通过改变电路的结构，可以构成降压型、升压型和反极性型等多种稳压电路。此外开关电源的滤波电路体积小，并且对电网的要求不高。所以，现代电子系统中的大功率稳压电源多采用开关稳压电路。

6.5.1 开关稳压电源的基本工作原理

（1）电路组成　图 6-22 为串联型开关稳压电路的基本组成框图。图中 VT 为开关器件（调整管）；VD 为续流二极管；L、C 构成 L 型滤波电路；R_1 和 R_2 组成取样电路，A 为误差放大器，C 为电压比较器，它们与基准电压、三角波发生器组成开关调整管的控制电路。

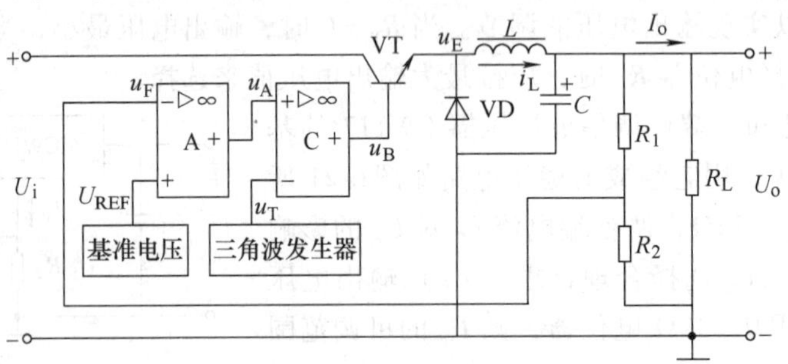

图 6-22　串联型开关稳压电路的基本组成框图

（2）工作原理　误差放大器对来自输出端的取样电压 u_F 与基准电压 U_{REF} 的差值进行放大，其输出电压 u_A 送到电压比较器 C 的同相输入端。三角波发生器产生一个频率固定的三角波电压 u_T，它决定了电源的开关频率。u_T 送至电压比较器 C 的反相输入端与 u_A 进行比较，当 $u_A > u_T$ 时，电压比较器 C 输出电压 u_B 为高电平；当 $u_A < u_T$ 时，电压比较器 C 输出电压 u_B 为低电平，u_B 控制开关调整管 VT 的导通和截止。

当 u_B 为高电平时，VT 饱和导通，$u_E = U_i$，VD 截止，u_E 通过电感 L 为负载 R_L 提供电流。电感 L 中的电流 i_L 随时间线性增长，同时 L 将储能，当 $i_L > I_o$ 时电容 C 亦被充电，输出电压 U_o 略有增大。

当 u_B 为低电平时，VT 截止，$u_E = 0$，电感 L 将产生与电流 i_L 同方向的自感电动势，经 VD 构成回路而续流。此时，负载 R_L 所获得的电能来自于电感 L 的储能，因此电流 i_L 将随时间线性下降。当 $i_L < I_o$ 时电容 C 放电，输出电压 U_o 略有下降。

开关稳压电源的电压、电流波形如图 6-23 所示。开关型稳压电源能获得平稳直流电压输出的关键在于二极管 VD 的续流和 L、C 的滤波作用。

在闭环条件下，电路能根据输出电压的大小自动调节调整管的导通和关断时间，维持输出电压的稳定。当输出电压 U_o 升高时，取样电压 u_F 增大，误差放大器的输出电压 u_A 下降，调整管的导通时间 t_{on} 减小，占空比 δ 减小（$\delta = t_{on}/T$ 称为脉冲波形的占空比）。使输出电压减小，恢复到原大小。反之，输出电压 U_o 下降，u_F 下降，u_A 上升，调整管的导通时间 t_{on} 增大，占空比 δ 增大，使输出电压增大，恢复到原大小。从而实现了稳压的目的。

开关调整管的导通时间为 t_{on}，截止时间为 t_{off}，开关的转换周期为 T，$T = t_{on} + t_{off}$，它取决于三角波电压 u_T 的频率。在忽略滤波器电感的直流压降、开关管的饱和压降及二极管的导通压降时，输出电压将正比于脉冲的占空比：

$$U_o \approx \frac{t_{on}}{T} U_i = \delta U_i$$

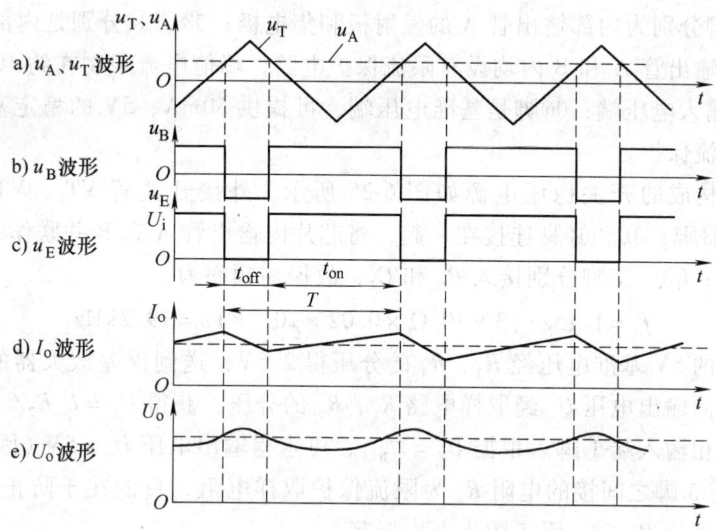

图6-23 开关稳压电源的电压、电流波形

由于输出电压的大小与脉冲的宽度成正比，调节δ就可以改变输出电压的大小，因此，这种电路又称为脉宽调制（PWM）式开关稳压电路。

6.5.2 集成开关稳压电源及其应用

集成开关稳压电源的种类较多。通常可分为两大类：单片脉宽调制式（外接开关功率管，如CW1524/2524/3524）和单片集成开关稳压电源（如CW4960/4962）。

1. CW1524/2524/3524（区别在于温度范围不同）

CW×524系列是采用双极型工艺制作的模拟、数字混合集成电路，其内部电路包括：基准电压源、误差放大器、振荡器、脉宽调制器、触发器、两只输出功率晶体管及过电流过热保护电路等。

该系列集成开关稳压电源的特点是：CW1524工作温度为-55～+150℃，CW2524/3524工作温度为0～+125℃；最大输入电压为40V；最高工作频率为100kHz；内部基准电压为5V；能承受的负载电流为50mA；每路输出电流为100mA。

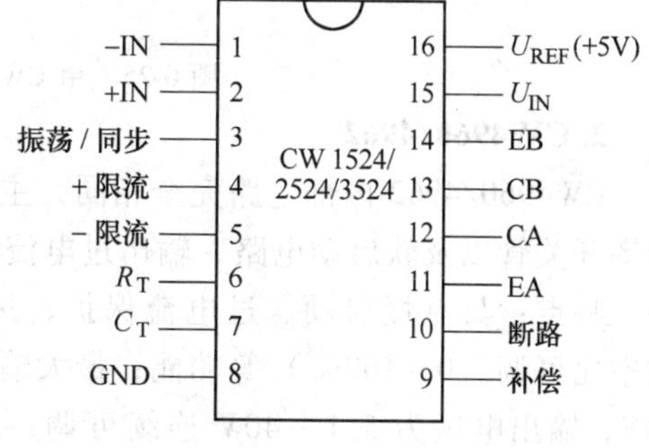

图6-24 CW×524系列引脚排列

CW×524系列采用双列直插式16脚封装。引脚排列如图6-24所示。各引脚的功能如下：

1）①、②脚分别为误差放大器的反相和同相输入端，①脚接取样电压，②脚接基准电压。

2）③脚为振荡器输出端，可输出方波电压；⑥、⑦脚分别为振荡器外接定时电阻R_T端和定时电容C_T端。振荡频率$f_0=1.15/(R_TC_T)$，一般取：

$$R_T=1.8\sim100\text{k}\Omega,\ C_T=0.01\sim0.1\mu\text{F}$$

3）④、⑤脚为外接限流取样端；⑧脚是地端；⑨脚是补偿端；⑩脚为断路控制端，控制10脚的电位可以控制脉宽调制器的输出，直至使输出电压为零。

4）⑪、⑫脚分别为内部输出管 A 的发射极和集电极；⑬、⑭分别是内部输出管 B 的集电极和发射极。输出管 A 和 B 内均设有限流保护电路，峰值电流限制在约 100mA。

5）⑮脚为输入电压端；⑯脚是基准电压端，可提供 50mA、5V 的稳定基准电压源，该电源具有短路电流保护。

由 CW1524 构成的开关稳压电源如图 6-25 所示。外接开关管 VT_1、VT_2 可实现扩流。CW1524 的⑫和⑬脚、⑪和⑭脚连接在一起，将芯片内输出管 A 和 B 并联作为外接复合调整管 VT_1 的驱动级；⑥、⑦脚分别接入 R_5 和 C_2，故振荡频率为

$$f_0 = 1.15/(3\times10^3\Omega\times0.02\times10^{-6}F) = 19.2\text{kHz}$$

由⑯脚输出的 5V 基准电压经 R_3、R_4 的分压得 2.5V，送到误差放大器的同相输入端即②脚。稳压电源的输出电压 U_o 经取样电路 R_1、R_2 的分压，获得 $U_F = U_oR_2/(R_1+R_2)$ 送到误差放大器的反相输入端①脚。根据 $U_F = U_{REF}$，可求得输出电压 $U_o = 5V$（因为 $R_1 \sim R_4$ 均为 5kΩ）。在④脚与⑤脚之间接的电阻 R_o 为限流保护取样电阻，目的在于防止 VT_1、VT_2 因过载而损坏。⑨脚外接 R_6、C_3 用于防止寄生振荡。

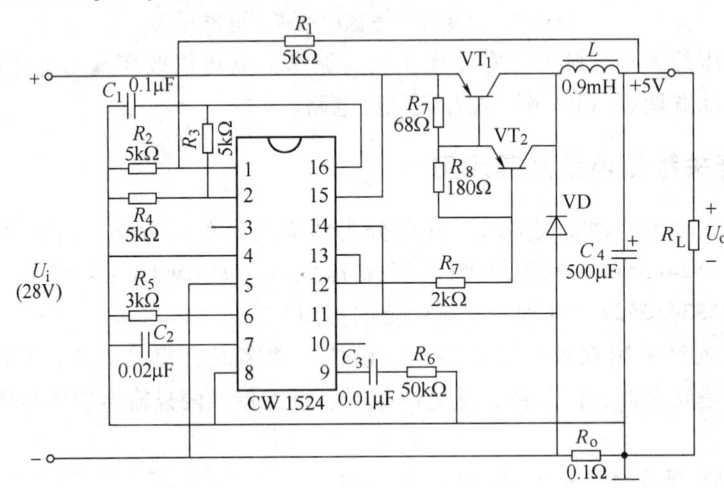

图 6-25 由 CW1524 构成的开关稳压电源

2. CW4960/4962

CW4960/4962 内部电路完全相同，主要由基准电压源、误差放大器、脉冲宽度调制器、功率开关管以及软启动电路、输出过电流限制电路和芯片过热保护电路等组成。

特点：具有慢启动、过电流保护、过热保护、占空比可调（0～100%）等功能；最大输入电压为 50V；输出电压为 5.1～40V 连续可调；最高工作频率为 100kHz；CW4960 的额定输出电流为 2.5A（过电流保护范围为 3.0～4.5A），小散热片；CW4960 的额定输出电流为 1.5A（过电流保护范围为 2.5～3.5A），不用散热片。CW4960/4962 系列引脚图如图 6-26 所示。

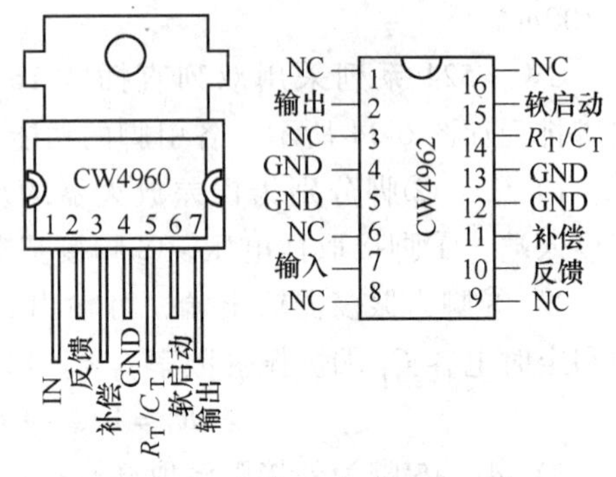

图 6-26 CW4960/4962 系列引脚图

CW4962/4960 的典型应用电路如图 6-27 所示（有括号的为 CW4960 的引脚标号），它为串联型开

关稳压电路。输入端所接电容 C_1 可以减小输出电压的纹波，R_1、R_2 为取样电阻，输出电压为 $U_o=5.1\ (R_1+R_2)\ /R_2$，R_1、R_2 的取值范围为 500Ω～10kΩ。R_P、C_P 起到频率补偿作用，防止寄生振荡；C_T、R_T 起到工作频率控制作用（$f=1/R_TC_T$，一般 $C_T=1\sim3.3$nF、$R_T=1\sim27$kΩ）；C_3 为软启动电容，一般为 1～4.7μA。

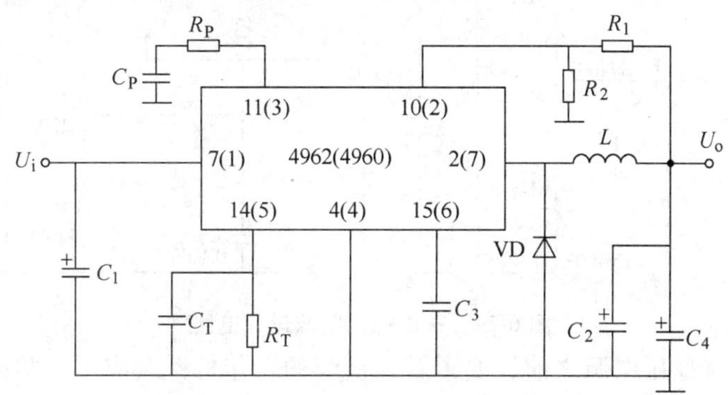

图 6-27　CW4962/4960 的典型应用电路

图中 R_P 为 15kΩ，R_1 为 4.7kΩ，R_T 为 4.3kΩ，L 为 150μH，C_P 为 33nF，C_1 为 220μF，C_T 为 2.2nF，C_3 为 2.2μF，C_2 和 C_4 为 220μF。

6.6　直流稳压电源技能训练

6.6.1　技能训练综述

本次技能训练以设计安装直流稳压电源为主题，直流稳压电源是最为常见的电路模块，其原理框图如图 6-28 所示。

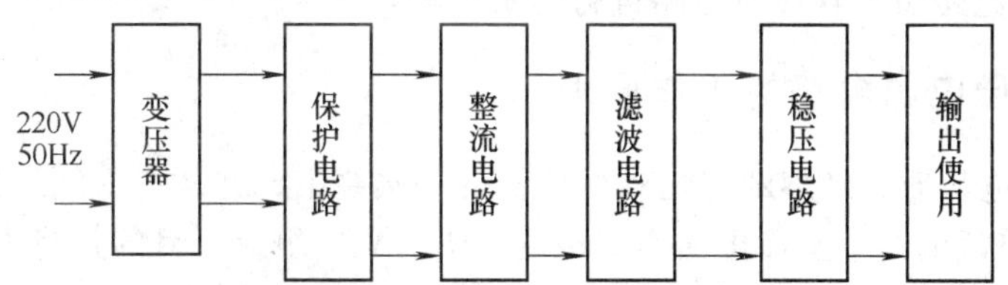

图 6-28　直流稳压电源的原理框图

直流稳压电源设计电路如图 6-29 所示。电路由变压器、桥式整流电路、电容滤波电路、三端可调稳压电路组成。其中变压器的输出为 9V；二极管 $VD_1\sim VD_4$ 组成桥式整流电路；电容 C_1 为滤波电容；三端可调稳压电路采用 LM317（与 CW317 功能相同）组成；电阻 R_1、R_2、R_P 起到调节输出电压的作用；电阻 R_3 和发光二极管 VL 为电源正常工作指示电路；二极管 VD_5 接在 LM317 的②、③脚，起到电路保护作用。

本技能训练的学习内容除了制作直流稳压电源外，更主要的是将直流稳压电源电路的工作原理应用于实际的测试中，为直流稳压电源电路调试、检测积累实践经验。

6.6.2　技能训练目的

通过对直流稳压电源的研究与制作，促进对“直流稳压电源”理论知识的进一步理解

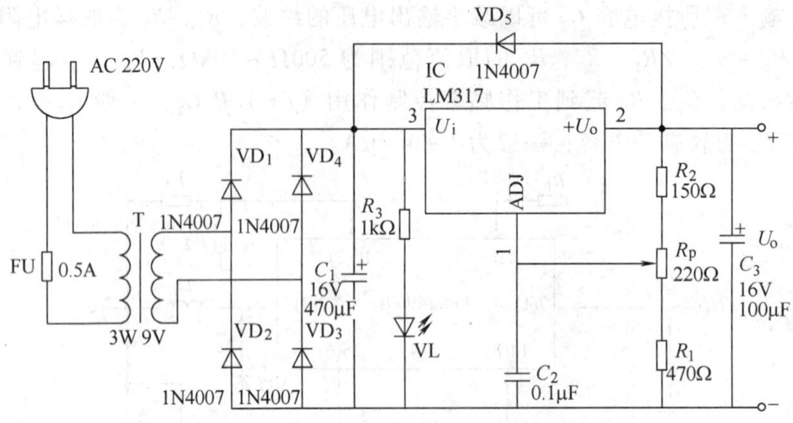

图 6-29 直流稳压电源设计电路

和掌握，在制作直流稳压电源之前，要了解二极管的工作特性及应用，掌握特殊二极管的应用；掌握整流、滤波和稳压电路的组成及工作原理；掌握稳压器的分类及各种稳压电路的特点；掌握集成可调稳压器的特点、性能指标及其应用电路；了解集成可调式稳压器的种类和各种稳压器的用途；掌握可调直流稳压电源的基本电路组成及其工作原理。

在掌握了直流稳压电源电路的相关理论知识后，根据直流稳压电源电路制作实物时，必须掌握下列基本技能：

1）熟练使用万用表对常用元器件进行检测；

2）了解设计制作电源电路板过程（也可以采用面包板安装）；

3）熟练掌握对连续可调直流稳压电源的设计与制作及各参数的测试方法；

4）熟练使用示波器对安装好的电路进行波形测试及分析，并对焊接安装好的电路进行调试和故障排除；

5）熟练使用电路仿真软件对电路进行仿真试验。

6.6.3 直流稳压电源电路的工作原理

220V 的交流电从插头经熔断器送到变压器的一次绕组，并从二次绕组感应出约 9V 的交流电压送到桥式整流电路。整流电路由二极管 $VD_1 \sim VD_4$ 组成，目的是将大小、方向随时间变化的正弦交流电压变成单向脉动的直流电压。但这种单向脉动电压还有很大的脉动成分，距离理想的直流电压还相差很远。整流输出信号送入由电容 C_1 组成的滤波电路，目的是将整流后的单向脉动直流电压中的纹波成分尽可能滤除掉，使其变成平滑的直流电。滤波输出的直流电压随着电网电压或负载电流发生变化而变化，因此在滤波电路后面接入稳压电路。

经过 C_1 滤波后的比较稳定的直流电送到三端稳压集成电路 LM317 的 U_i 端（③脚）。LM317 的工作特性：由 U_i 端给它提供工作电压以后，它便可以保持其 $+U_o$ 端（②脚）比其 ADJ 端（①脚）的电压高 1.25V（U_{REF}）。因此，只需要用极小的电流来调整 ADJ 端的电压，便可在 $+U_o$ 端得到比较大的电流输出，并且电压比 ADJ 端高出恒定的 1.25V。当调整 R_P 的抽头位置时，因为 LM317 的 ADJ 端和 $+U_o$ 端的那部分电阻上的电压恒为 U_{REF}，所以输出电压会随着电位器 R_P 的变化而变化。

当电位器调到最上方时，输出电压最大：$U_{omax} \approx U_{REF}\left(1+\dfrac{R_1+R_P}{R_2}\right)$

当电位器调到最下方时，输出电压最小：$U_{omin} \approx U_{REF}\left(1+\frac{R_1}{R_2+R_P}\right)$

图中 C_2 的作用是对 LM317 的①脚电压进行滤波，以提高输出电压的质量。图中 VD_5 的作用是当有意外情况使得 LM317 的③脚电压比②脚电压还低的时候防止从 C_3 上有电流倒灌入 LM317 引起其损坏，起到电路的保护作用。电阻 R_3 和发光二极管为电源正常工作指示电路，当电路正常工作时，有电流流过发光二极管，则二极管发光。

6.6.4 小型稳压电源的制作

1. 元器件的选用及清单

大部分元器件的选择都有弹性。IC 选用 LM317 或与其功能相同的其他型号（如 KA317 等）；变压器可以选择一般常见的 9～12V 的小型变压器；二极管选 1N4001～1N4007 均可；C_1、C_3 选择耐压大于 16V、容量为 470～2200μF 的电解电容均可；C_2 选用普通的磁片电容即可；电阻选用 1/8W 的小型电阻，现在的小电阻一般用色环来标示其阻值。

实现该稳压电路主要元器件清单见表 6-4。

表 6-4 元器件清单

编号	名称	型号及参数	数量
IC	三端集成稳压器	LM317	1
VD_1-VD_5	二极管	1N4007	5
T	变压器	3W/9V	1
C_1	电解电容	25V/470μF	1
C_2	电容	0.1μF	1
C_3	电解电容	16V/100μF	1
R_1	电阻	470Ω	1
R_2	电阻	150Ω	1
R_3	电阻	1kΩ	1
R_P	可调电阻	200Ω	1
VL	发光二极管	LED-blue	1
FU	熔断器	0.5A	1

2. 电路仿真

按照电路原理图在电路仿真软件中搭建仿真电路，由于交流电 220V 经过变压器转换为 9V 的交流电压，在仿真软件中可直接用 9V 的交流电压源充当输入整流电路的电压。当电位器 R_P 调至最下端时，此时输出电压最小，$U_{omin} \approx U_{REF}\left(1+\frac{R_1}{R_2+R_P}\right)=2.8V$。仿真电路及仿真结果如图 6-30 所示。**注意**：一般的电路仿真软件中电路元器件符号与国标符号不同，请读者注意。当电位器 R_P 调至最上端时，此时输出电压最大，约为 6.8V。

由仿真结果可知，该电路在如图 6-30 所示的实际元器件参数下能够实现。

3. 元器件检测

二极管检测可以用万用表判断其正负极及二极管的好坏，检测方法参考 1.5.3 节的内容。对二极管极性的判别也可以从封装外表上判断，以 1N400×系列的二极管为例，标有白

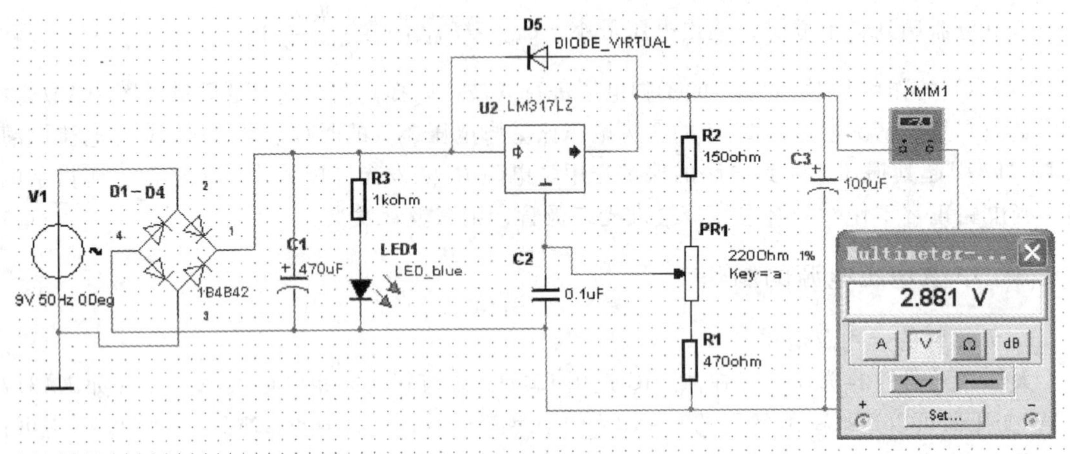

图 6-30 仿真电路及仿真结果

色色环的一端是它的负极。

发光二极管的检测参照 1.5.3 节中关于特殊二极管中的发光二极管的测量。

电解电容的极性判别：新买来的电解电容，它的两个引脚是不一样长的，较长的一端是它的正极；也可以从柱体上的印刷标志来区分，一般在负极对应的一侧标有“－”号。对电解电容性能好坏的检测，可以用万用表电阻挡来判断，对耐压较低的电解电容（6V 或 10V），万用表电阻挡放在 $R\times100$ 或 $R\times1\text{k}$ 挡，把红表笔接电解电容的负极，黑表笔接正极，这时万用表指针将摆动，然后恢复到零位或零位附近。这样的电解电容是好的。电解电容的容量越大，充电时间越长，指针摆动得也越慢。

电阻及可调电阻的检测可以用万用表进行测量，也可以根据电阻的色环来判断电阻阻值的大小。常见的电阻分为四色环电阻和五色环电阻。

三端稳压集成电路 LM317 是一种使用方便、应用广泛的集成稳压块。LM317 的特性：输出电压范围是 1.2～37V；负载电流最大为 1.5A；纹波抑制比为 80dB；具有输出短路保护、过电流、过热保护及调整管安全工作区保护；标准三端晶体管封装。它的使用非常简单，仅需两个外接电阻来设置输出电压。此外它的线性调整率和负载调整率也比标准的固定稳压器好。LM317 的检测可以通过用万用表测量引脚对地电阻来进行，如果电阻为零或无穷大，则集成块已损坏。

4. 电路板焊接（或面包板插接）

直流稳压电源电路可以采用万用板焊接或面包板进行插接，考虑到电路的美观及输出电压的稳定性，这里提供图 6-31 所示设计的印制电路板（PCB）供参考（印制电路板版图的设计在后续课程中讲解）。

焊接制作工艺参考 3.6.4 节内容，这里不再叙述。

5. 电路调试及故障处理

对于制作好的直流稳压电源电路，首先进行静态调试，即：先不要急着通电，对照原理图，检查各元器件接入电路是否接正确，特别注意二极管、电解电容等元器件的极性；用万用表一一检查电路的各个接口是否接通，是否有短路、断路或漏接的现象，如果有，应及时改正。

其次对电路进行动态调试，即：将 220V 交流电接入电路，观测二极管是否发光，如能

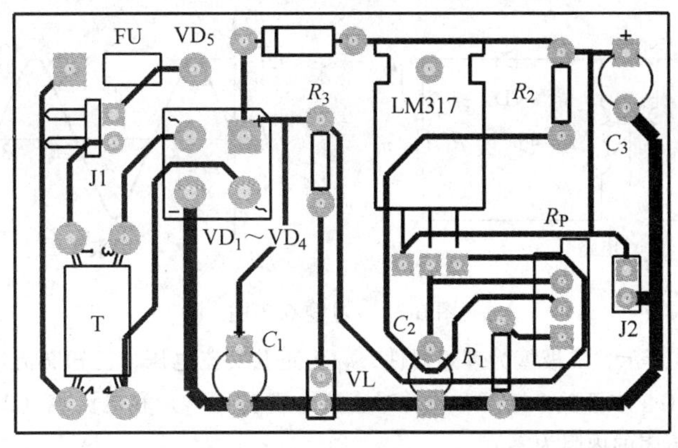

图6-31　稳压电源电路PCB板图

正常发光，调节电位器 R_P，用万用表测量输出电压的变化范围，与理论计算值进行比较。用示波器观测电路中变压器输出电压的波形，整流电路输出的波形，滤波电路输出波形，稳压电源最后输出波形，比较各个波形的不同点，进一步理解各个电路的作用。

当检测到输出电压为0V时，电路发生故障。可以用万用表依次检测变压器两端输出有无电压、电容器 C_1 两端有无电压、集成稳压器输入端有无电压，从而判断出故障所在。故障诊断和排除可参考2.7.5节内容。

本章小结

在电子系统中，经常需要将电网的交流电压转换为直流电压，为此需要用整流、滤波和稳压等环节来实现。

利用二极管的单向导电性可以组成整流电流，在单相半波、单相桥式整流电路中，单相桥式整流电路的输出直流电压较高，输出波形的脉动成分相对较低，因此应用比较广泛。

滤波电路主要是由电容、电感等储能元件组成。常用的滤波电路除了电容滤波器外，还有 $RC\Pi$ 型滤波器、电感滤波器和 $LC\Pi$ 型滤波器等。

稳压电路的作用是当输出的直流电压随外界环境发生变化时保证输出直流电压的稳定。常用的有硅稳压管稳压电路、串联型稳压电路、集成稳压电路和开关稳压电路等。电路结构最简单的是硅稳压管稳压电路；输出电压可以在一定的范围内调节的是串联型稳压电路；体积小、可靠性高及温度特性好的是集成稳压电路；调整管的功率损耗小、电源效率高的是开关型稳压电源。

习　题　6

6.1　画出单相桥式整流电路及单相桥式整流电容滤波电路。说明其工作原理。

6.2　已知单相半波整流电路如图6-2a所示，电路中负载电阻 $R_L=40\Omega$，需要输出平均电压 $U_{o(AV)}=40V$。试求出变压器二次电压、流过负载电阻的电流及流过整流二极管的平均电流。

6.3　整流电路如图6-32a所示，二极管为理想器件，变压器二次电压有效值 U_2 为10V，负载电阻 $R_L=2k\Omega$，变压器变比 $k=N_1/N_2=10$。

（1）求负载电阻 R_L 上电流的平均值 I_o；

（2）求变压器一次电压有效值 U_1 和变压器二次电流 i_2 的有效值；

（3）变压器二次电压 u_2 的波形如图6-32b所示，试定性画出 u_o 的波形。

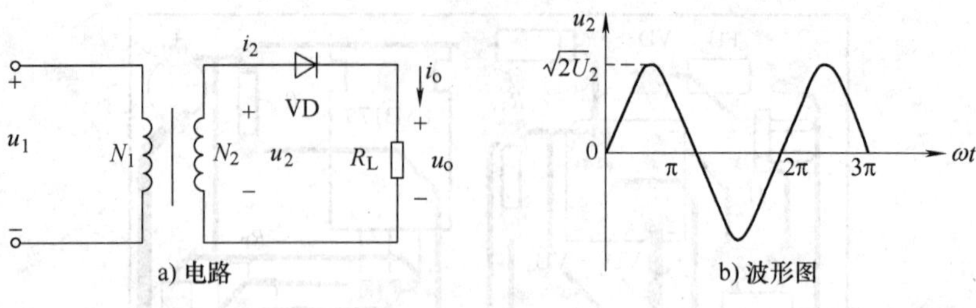

图 6-32 习题 6.3 图

6.4 电路如图 6-33 所示，二极管为理想器件，u_i 为正弦交流电压，已知交流电压表（V_1）的读数为 100V，负载电阻 $R_L=1k\Omega$，求开关 S 断开和闭合时直流电压表（V_2）和电流表（A）的读数。（设各电压表的内阻为无穷大，电流表的内阻为零）

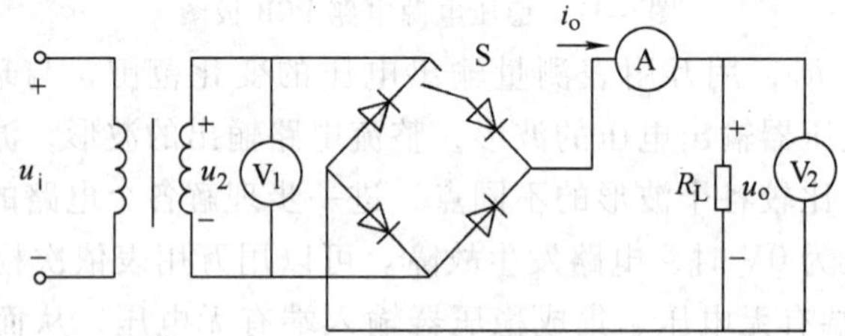

图 6-33 习题 6.4 图

6.5 在单相桥式整流电路中，如果有一个二极管断路了，结果会如何？如果有一个二极管正负极接反了，结果又会如何？如果四个二极管的全部接反，分析电路如何工作。

6.6 已知桥式整流电路如图 6-4a 所示，电路中负载电阻 $R_L=20\Omega$，需要输出平均电压 $U_{o(AV)}=36V$。试求出变压器二次电压、流过负载电阻的电流及流过整流二极管的平均电流。

6.7 在桥式整流电容滤波电路中，如图 6-34 所示。负载电阻 $R_L=100\Omega$，电路的直流输出电压 $U_o=30V$，交流电源的频率 $f=50Hz$，试选择整流二极管的型号、滤波电容 C 的大小及耐压值。

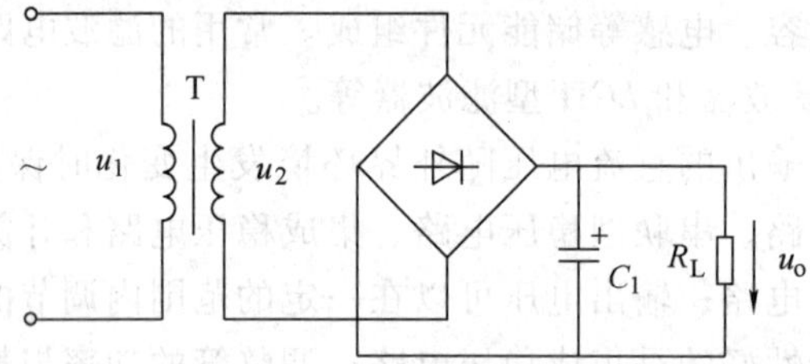

图 6-34 习题 6.7 图

6.8 整流滤波电路如图 6-35 所示，二极管为理想器件，已知，负载电阻 $R_L=400\Omega$，负载两端直流电压 $U_o=60V$，交流电源频率 $f=50Hz$。试求：

（1）在表 6-5 中选出合适型号的二极管；

（2）计算出电容滤波器的电容值。

表 6-5 题 6.8 表

型号	最大整流电流平均值/mA	最高反向峰值电压/V
2CP11	100	50
2CP12	100	100
2CP13	100	150

6.9 桥式整流电容滤波电路如图6-35所示。已知电路中负载电阻 $R_L=20\Omega$，$C=100\mu F$，用交流表测得变压器二次电压有效值 U_2 为20V，现在用直流电压表测量负载电阻两端的电压，分别计算：（1）C断开；（2）负载电阻断开；（3）整流二极管中有一个二极管断开；（4）电路完好，四种情况下直流电压表测量的值。

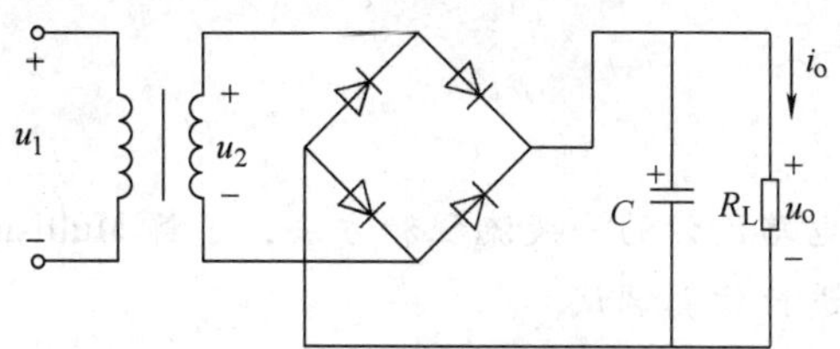

图6-35 习题6.8图

6.10 电路如图6-36所示。已知稳压管的稳定电压 $U_Z=12V$，输入电压 $U_i=20V$，则硅稳压管稳压电路输出电压是多少？R_L 取值太大时能否稳定？太小时又会如何？

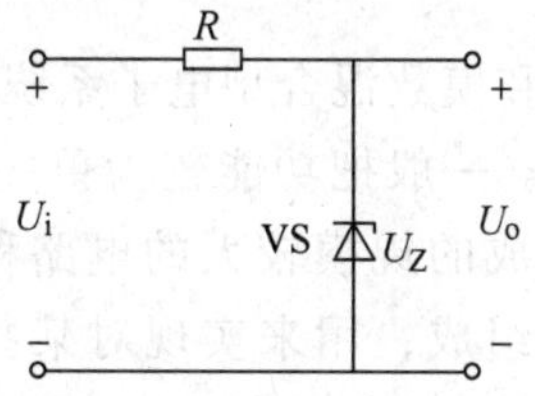

图6-36 习题6.10图

6.11 电路如图6-10所示，当输入电压 U_i 波动范围为±2%，输出电压 $U_o=12V$，负载电流 I_L 在0～8mA范围内变化时。试选择电路的参数 U_Z、R，并确定输入电压 U_i。

6.12 有一小型电子设备需要+12V的直流电源，试用硅稳压管稳压电路和三端固定式集成稳压器分别组成+12V稳压源，并画出电路图。

6.13 下列元器件符号各代表什么含义？

（1）CW7815；（2）CW79L12；（3）CW78M05；（4）CW237M；（5）CW117L；（6）CW317。

6.14 开关电源有哪些优点？

第7章 现代电子设计方法简介

【本章学习要求】

理论：掌握模拟电子电路设计的一般流程和方法，了解 Multisim 9 的操作并能利用 Multisim 9 对相应的设计电路进行仿真调试。

技能：掌握电池恒流自动充电电路和电源监测器的设计、安装和调试。

7.1 电子系统概述

电子系统分为模拟型、数字型和模数混合型电子系统，无论哪一种形式的电子系统，都是指能够完成某种任务的电子设备。一般把功能较为单一、规模较小的电路称为单元电路；而功能复杂，由若干个单元电路组成的规模较大的电路称为电子系统。通常电子系统由输入、输出以及信息处理等三大部分组成，用来实现对某些信息的处理、控制或驱动相关负载。电子系统组成框图如图 7-1 所示。本章只介绍模拟电子电路的设计。

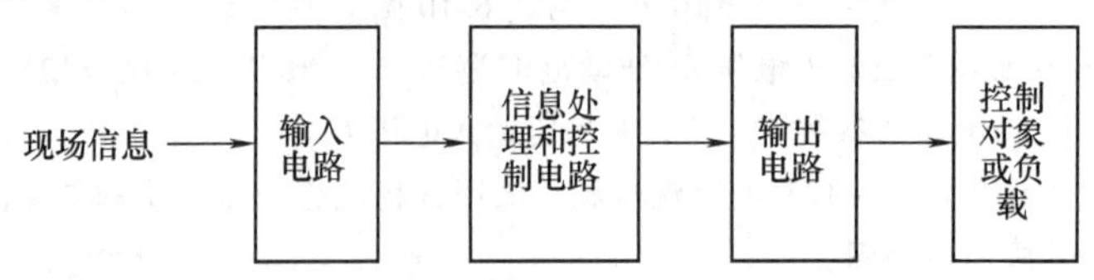

图 7-1 电子系统组成框图

7.2 模拟电子电路的设计方法

任何一个复杂的模拟电子系统都是由简单的单元电路组合而成，对于模拟信号的放大和变换也是由一些基本功能电路来完成。所以设计一个复杂的模拟电路，可先将其分解成若干具有基本功能的电路——如放大器、振荡器、整流器以及各种波形变换器电路等，然后分别对这些单元电路进行设计，最后组合调试即可。

具体来说，就是利用模块化的设计思想来实现电路设计。模块化是将一个应用模拟电子系统划分成一系列的功能模块，对这些模块的功能和接口参数明确地加以定义。模块化可以帮助设计人员阐明或明确解决问题的方法，还可以在模块建立时检查其特性的正确性，因而使电路设计更加简单明了。将一个电路的设计划分成一系列已定义的模块还有助于进行集体间共同设计，使设计工作能够并行展开，缩短设计时间。在电路功能块划分完成后，利用所选择的元器件完成系统各独立功能模块设计，然后将各功能模块按搭积木的方式连接起来构成更大的功能模块，直到构成整个电路，完成模拟电子系统的硬件设计。

7.2.1 模拟电子系统设计的一般原则

任何一项系统的设计，都要遵循一定的原则或标准、规范。进行模拟电子系统设计，一般要求遵循以下的原则：

1. 满足系统功能要求和性能要求

好的设计必须能完全满足设计要求的功能特性和技术指标，这也是电子电路系统设计时必须满足的基本要求。

2. 电路简单

在满足功能和性能要求的情况下，简化电路对系统来说不仅是经济的，同时也是可靠的。值得注意的是，系统集成技术是简化系统电路的最好方法。

3. 电磁兼容性好

电磁兼容特性是现代电子电路的基本要求，所以一个电子系统应当具有良好的电磁兼容特性。实际设计时，设计的结果必须能满足给定的电磁兼容条件，以确保系统正常工作。

4. 可靠性高

电子系统的可靠性要求与系统的实际用途、使用环境等因素有关。任何一种工业系统的可靠性都是以概率统计为基础，因此电子系统的可靠性只能是一种定性估计，所得到的结果也只能是具有统计意义的数值。实际上，电子系统可靠性的计算方法和计算结果与设计人员的实际经验有很大的关系，设计人员应当注意积累经验，以提高可靠性设计水平。

5. 系统集成度高

最大限度的提高集成度，是电子系统设计应遵循的一个重要原则。高集成度的电子系统，必然具有电磁兼容特性好、可靠性高、制造工艺简单、质量容易控制和性能价格比高等一系列优点。

6. 调试简单方便

要求电子系统设计者在电路设计的同时必须考虑调试的问题。如果一个电子系统不易调试或调试点过多，那么这个系统的质量是难以保证的。

7. 生产工艺简单

生产工艺是电子系统设计者应当考虑的一个重要问题，无论是批量产品还是样品，生产工艺对电路制作和调试都是相当重要的一个环节。

8. 操作简单方便

操作简便是现代电子系统的重要特征，难以操作的系统没有生命力。

9. 性能价格比高

除了遵循上述原则，满足电子系统的工作可靠性、安全性外，还要提高设计品质、性能优越以及尽可能降低成本。

7.2.2　模拟电子系统的设计流程

由于实际应用电子系统种类繁多，千差万别，故设计电子系统的方法和步骤也不尽相同。不过一般说来，对于要设计的实际电子系统，可先根据电子系统的设计任务，进行总体方案策划，然后对组成系统的单元电路进行设计、参数计算、元器件确定，绘出电路图，完成印制电路板（PCB）制作和实验调试。

1. 总体方案确定

在全面分析电子系统任务书所下达的功能诉求、技术指标后，根据已掌握的知识和资料，将总体系统功能合理地分解成若干个子系统（电路单元），并画出由各个电路单元框图相互连接而形成的系统原理框图。电子系统总体方案的选择，直接决定电子系统设计的质量。在进行总体方案设计时，要多思考、多分析、多比较。要从性能稳定、工作可靠、电路简单、成本低、功耗小、调试维修方便等方面，选择出最佳方案。

2. 单元电路设计

在进行单元电路设计时，必须明确对各单元电路的具体要求，详细拟定出单元电路的性能指标，认真考虑各单元之间的相互联系，注意前后级单元之间信号的传递方式和匹配。另外，尽量选择现有的、成熟的电路来实现单元电路的功能。有时找不到完全满足要求的现成电路，可在与设计要求比较接近的某电路基础上适当改进，或自己进行创造性设计。为了使电子系统的体积小，可靠性高，单元电路尽可能应用集成电路组成。

3. 参数计算

在进行电子电路设计时，应根据电路的性能指标要求决定电路元器件的参数。例如根据电压放大倍数的大小，可决定反馈电阻的取值；根据振荡器要求的振荡频率，利用公式可计算出决定振荡频率的电阻和电容之值等等。但一般满足电路性能指标要求的理论参数值不是惟一的，应根据元器件性能、价格、体积、通用性和货源等方面灵活选择。

计算电路参数时应注意下列问题：

1）各元器件的工作电流、电压和功耗等应符合要求，并留有适当的余量。

2）对元器件的极限参数必须留有足够的余量，一般应大于额定值的1.5倍。

3）对于环境温度、交流电网电压等工作条件应按最不利的情况考虑。

4）电阻、电容的参数应选计算值附近的标称值。

5）在保证电路达到功能指标要求的前提下，应尽量减少元器件的品种、价格、体积等。

4. 元器件选择

电子电路的设计就是选择最合适的元器件，并把它们有机地组合起来。在确定电子元器件时，应根据电路处理信号的频率范围、环境温度、空间大小、成本高低等诸多因素全面考虑。具体表现为：

1）一般优先选择集成电路。由于集成电路体积小、功能强，可使电子电路可靠性增强，安装调试方便，可大大简化电子电路的设计，如一般情况下利用运算放大器就可构成性能良好的放大器。如在进行直流稳压电源设计时，已很少采用分立元器件进行设计，取而代之的是性能更稳定、工作更可靠、成本更价廉的集成稳压器。

2）电阻和电容是两种最常用的元件，它们的种类很多，性能相差也比较大，应用的场合也不同。因此，对于设计者来说，应该熟悉各种电阻和电容的主要性能指标和特点，以便根据电路要求，对元件做出正确的选择。

3）分立半导体器件的选择。首先要熟悉它们的功能，掌握它们的应用范围。根据电路的功能要求和半导体器件在电路中的工作条件，如通过的最大电流、最大反向工作电压、最高工作频率、最大消耗的功率等参数确定半导体器件型号。

5. 计算机模拟仿真

随着计算机技术的飞速发展，电子系统的设计方法发生了很大变化。目前，EDA（电子设计自动化）技术已成为现代电子系统设计的必要手段。在计算机工作平台上，利用EDA软件，可对各种电子电路进行调试、测量、修改，大大提高了电子设计的效率和精确度，同时节约了设计费用。目前常用的电子电路辅助分析、设计的仿真软件有Multisim、Protel、

ORCAD、PSPIC、Proteus 等。

6. 绘制总体电路图

总体电路图是在系统框图、单元电路设计、参数计算和元器件选择的基础上绘制的，它是 PCB 设计、组装、调试和维修的依据。目前绘制电路图一般是在计算机上利用绘图软件完成。绘制电路图时主要注意以下几点：

1）总体电路图尽可能画在同一张图样上；同时注意信号的流向，一般从输入端画起，由左至右或由上至下按信号的流向依次画出各单元电路；对于电路图比较复杂的，应将主电路图画在一张图样上，而将其余的单元电路画在一张或数张图样上，并在每图所有端口上标注上标号，依次说明各图样之间的连线关系。

2）注意总体电路图的紧凑和协调，要求布局合理，排列均匀。图中元器件的符号应标准化，元件符号旁边应标出型号和参数。集成电路通常用方框表示，在方框内标出它的型号，在方框的边线两侧标出每根连线的功能和引脚号。

3）连线一般画成水平线和垂直线，并尽可能减少交叉和拐弯。对于相互交叉有连接的线，应在交叉处用圆点标出。对于连接电源负极的连线，一般用接地符号表示；对于连接电源正极的连线，仅需标出电源的电压值即可。

在各单元电路模块和控制电路达到预期要求以后，可把各个部分电路连接起来，构成整个电路系统，并对该系统进行功能测试。测试主要包含三部分工作：系统故障诊断与排除、系统功能测试、系统性能指标测试。若系统有一项不符合要求，则必须修改电路设计。

7. PCB 设计

根据结构确定 PCB 尺寸，导入网络表，按规则放置元器件和布线。

8. 调试

对电子系统的调试一般采用化整为零，分块调试。一般步骤为：

1）通电观察。在确认电路连接没有错误的情况下，接通电源。电源接通后不要先急于测量数据，而应首先观察有无异常现象，如有无冒烟，是否闻到异常气味，手摸元器件是否发烫，电源是否有短路现象等。如有异常，应立即切断电源，待故障排除后方可重新通电。

电子设计要考虑的因素和问题很多，由于电路在计算机上进行模拟时采用元器件的参数和模型与实际元器件有差别，所以对经计算机仿真过的电路，还要进行实际实验。通过实验可以发现问题、解决问题。若性能指标达不到要求，应深入分析问题出在哪些单元或元器件上，再对它们重新设计和选择，直到完全满足性能指标为止。

2）分块调试。把电路按功能分成不同的模块，分别对各模块进行调试。通常调试顺序是按照信号的流向进行，这样可把前面测试过的输出作为后一级的输入信号，为最后联调创造条件。分块调试包括静态和动态调试，静态调试是在没有外加信号的条件下测量电路各点电位，通过静态测试可以及时发现已经损坏的元器件或其他故障；动态调试是在信号源的作用下，借助示波器观察各点波形，进行波形分析后对电路以及相关参数做出合理的修正。

3）整机联调。各单元电路调试好后，还要将它们连接成整机进行统调。整机统调主要观察和测量动态特性，把测量的结果与设计指标逐一比对，找出问题及解决办法，然后对电路及相关参数进行修正，直到整机的性能完全符合设计要求为止。

9. 撰写设计文件

样机完成后，应整理出如下的设计文件：完整的电路原理图、PCB 图、结构图、元器件清单、功能与性能测试结果、使用说明书等。

7.3 模拟电路仿真分析

Multisim 9 是继 Multisim 2001 之后的 Multisim 新版本。Multisim 9 提供了全面集成化的设计环境，完成从原理图设计、电路仿真分析到电路功能测试等工作。当改变电路连接或改变元件参数，对电路进行仿真时，可以清楚地观察到各种变化对电路性能的影响。

注意： Multisim 9 中仿真元器件符号与我国国家标准不同，特提请读者注意。

7.3.1 单管放大电路的设计与仿真

1）启动 Multisim 9，绘制如图 7-2 所示的单管放大电路图。

2）万用表的测量。单击仪表工具栏中的第一个图标（即万用表图标），放置位置如图 7-2 中所示。单击工具栏中运行按钮，进行仿真。之后，双击万用表图标，就可以观察晶体管 e 端对地的直流电压。然后，单击滑动变阻器 R5，会出现一个虚框，按键盘上的 A 键，就可以增加滑动变阻器的阻值，按 shift + A 键便可以降低其阻值。

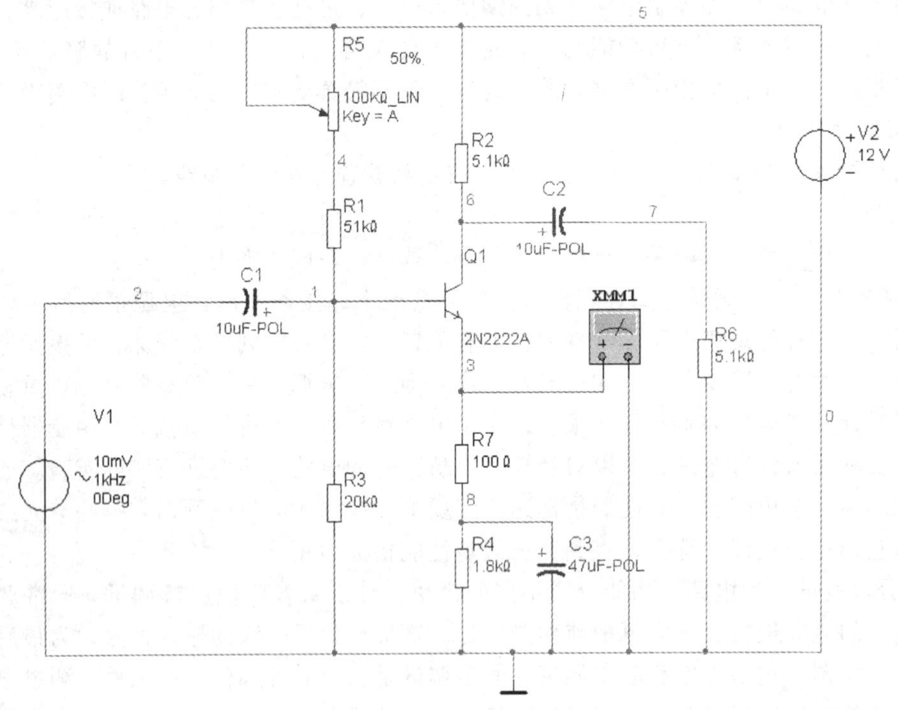

图 7-2 单管放大电路

3）静态数据仿真，即直流工作点分析。调节滑动变阻器的阻值，使万用表的数据为 2.2V 左右，滑动变阻器的阻值等于滑动变阻器的最大阻值乘以百分比。执行菜单栏中的“Simulate/Analyses/DC Operating Point”命令，即可进行直流工作点仿真分析，如图 7-3 所示。

在图 7-3 中，vv1#branch 和 vv2#branch 分别表示流过 v1、v2 支路的电流。其余表示节点电压。$1、$3、$6分别对应电路图7-3中晶体管基极、发射极和集电极（1、3和6），Add为添加按钮，Remove为移除按钮，添加变量$1、$3和$6之后，单击对话框上的Simulate按钮，即可测得这三点的电压。

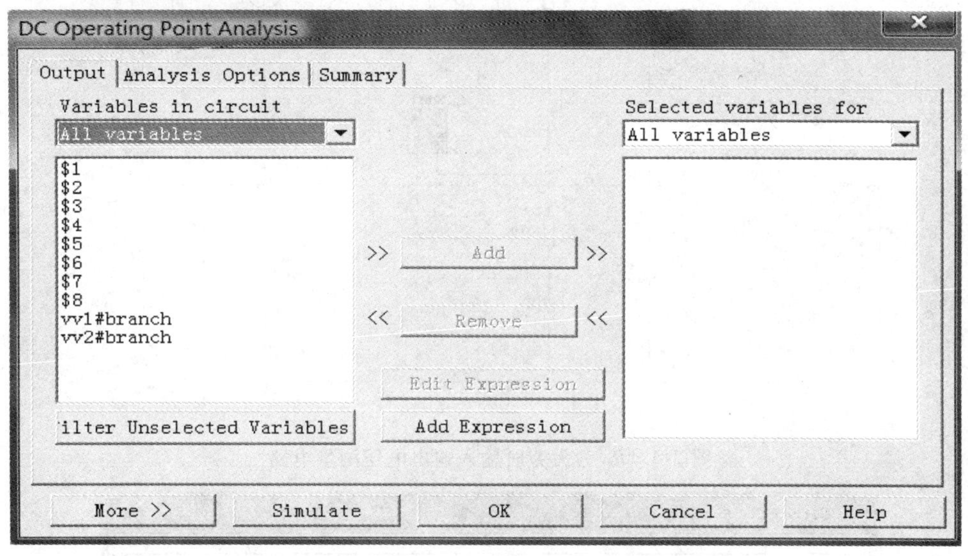

图7-3　直流工作点分析仿真

得到结果，记录数据，并完成数据计算，参考数据见表7-1。

表7-1　直流工作点仿真数据表

仿真数据（对地数据）/V			计算数据/V	
基极	集电极	发射极	U_{be}	U_{ce}
2.84398	6.08750	2.21310	0.63088	3.87440

4）测量输入电压 U_i，输出电压 U_o。

① 删除负载电阻 R_6，表示负载电阻为无穷大，单击仪表工具栏中的第四个图标（即双通道示波器图标），放置位置如图7-4所示，并且连接电路。示波器分为两个通道，每个通道有+和-端，连接时只需用+端即可，示波器默认地已经连接好的。观察波形图时可以选择示波器导线并单击右键，弹出菜单，单击wire color项更改颜色，同时示波器中对应通道的波形颜色也随之改变，这样可以区分不同通道的波形。选中V1单击右键，在弹出的菜单中单击properties项，可打开POWER_SOURCES对话框，选择Value选项卡，把Voltage的数据设为10mV，Freguency的数据设为1kHz，再单击确定按钮，则可得电路如图7-4所示。

② 单击工具栏中运行按钮，进行数据的仿真。双击示波器图标，可得到波形。如果波形太密或者幅度太小，可以调整各Scale项数据，其中，Timebase为横轴时间轴数据，ChannelA、B分别为A通道和B通道的Y轴刻度。X、Y为位置坐标。还可以单击读数指针T1和T2的箭头，移动图7-5中写着1、2的竖线，就可以读出输入和输出的峰值。电压有效值为读数轴T1和T2读取的峰值除以$\sqrt{2}$，如图7-5所示。

参考数据见表7-2。

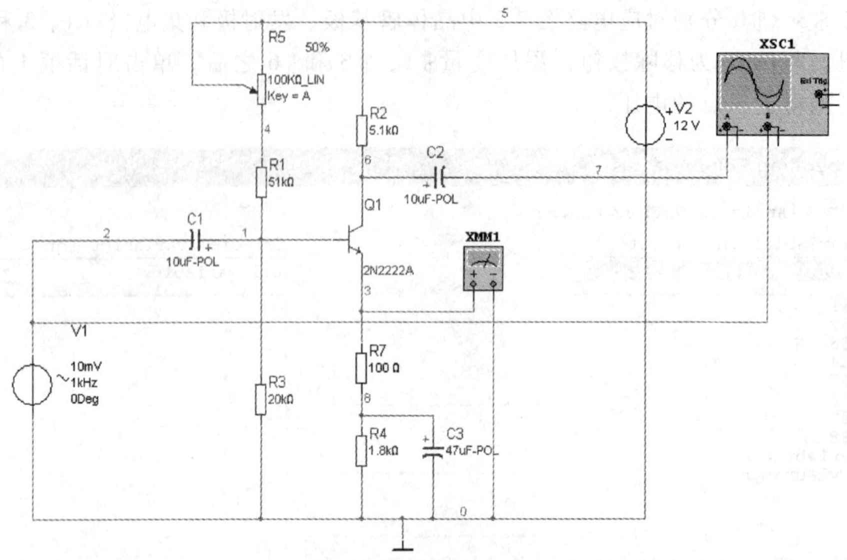

图 7-4　R_L 为无穷时输入输出电压测量电路

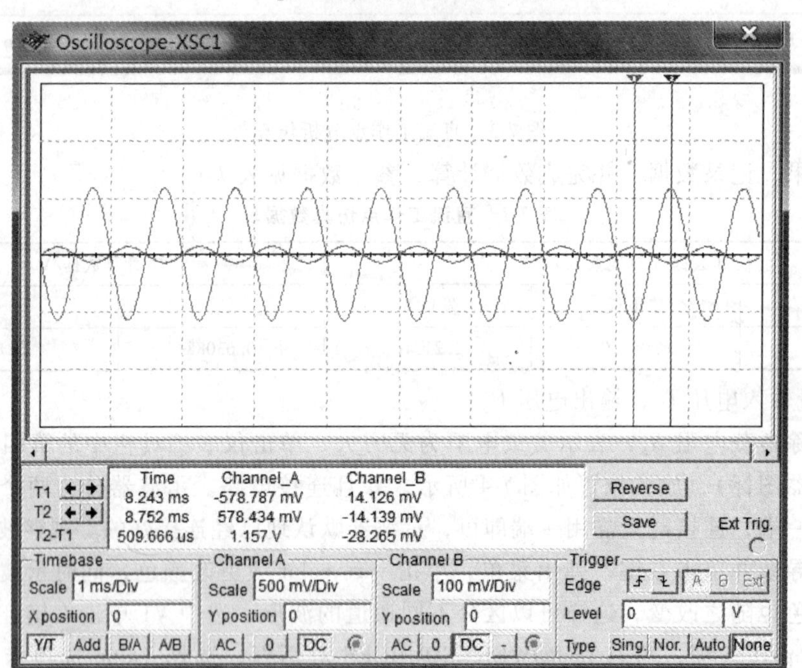

图 7-5　输入输出电压示波器参考波形图

表 7-2　R_L 为无穷时输入输出电压及增益

仿真数据（注意填写单位）		计算
U_i 有效值	U_o 有效值	增益 A_u
10mV	409 mV	41

思考：其他不变，当 R_L 分别为 5.1kΩ 和 330Ω 时，重新填写表 7-2。

5）其他不变，增大或减小滑动变阻器的值，观察 U_o 的变化，并记录波形。如果效果不明显，可以适当增大输入信号，参考数据见表 7-3。

表 7-3　调节 R_p 电压变化图

	U_b	U_c	U_e	U_o
R_P（EPR5）增大	减小	减小	减小	减小
R_P（EPR5）减小	增大	增大	增大	增大

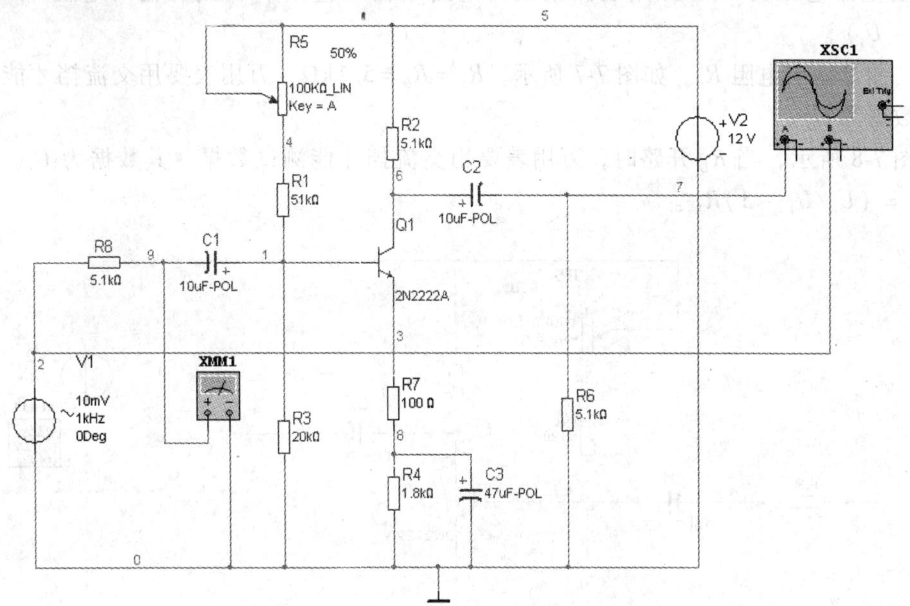

图 7-6　输入电阻测量电路

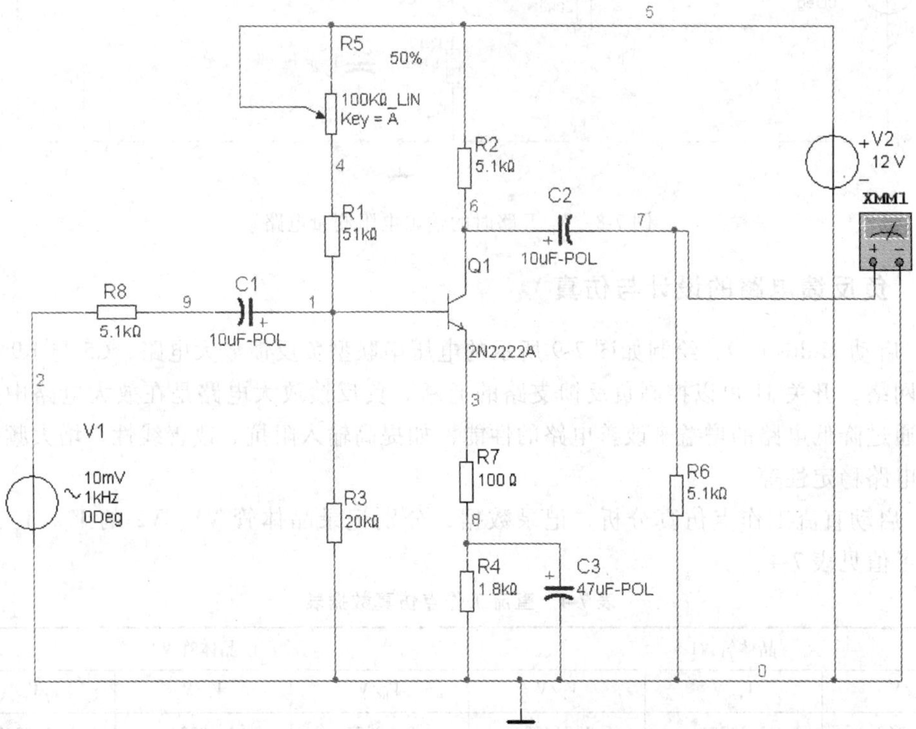

图 7-7　R_L 为 5.1kΩ 的输出电阻测量电路

6）测量输入电阻 R_i 和输出电阻 R_o。

① 测量输入电阻 R_i。在输入端串联一个 5.1kΩ 的电阻，并且连接一个万用表，如图 7-6 所示。启动仿真，记录数据，并填表。万用表要用交流挡才能测试数据。示波器 B 端测量信号发生器电压为 U_s，万用表测量放大电路净输入电压 U_i，则有输入电阻 $R_i = R_8 \times U_i/(U_s - U_i)$。

② 测量输出电阻 R_o。如图 7-7 所示，$R_L = R_6 = 5.1\text{k}\Omega$，万用表要用交流挡才能测试数据，其数据为 U_L。

如图 7-8 所示，当 R_L 开路时，万用表要用交流挡才能测试数据，其数据为 U_o。则输出电阻 $R_o = (U_o/U_L - 1)R_L$。

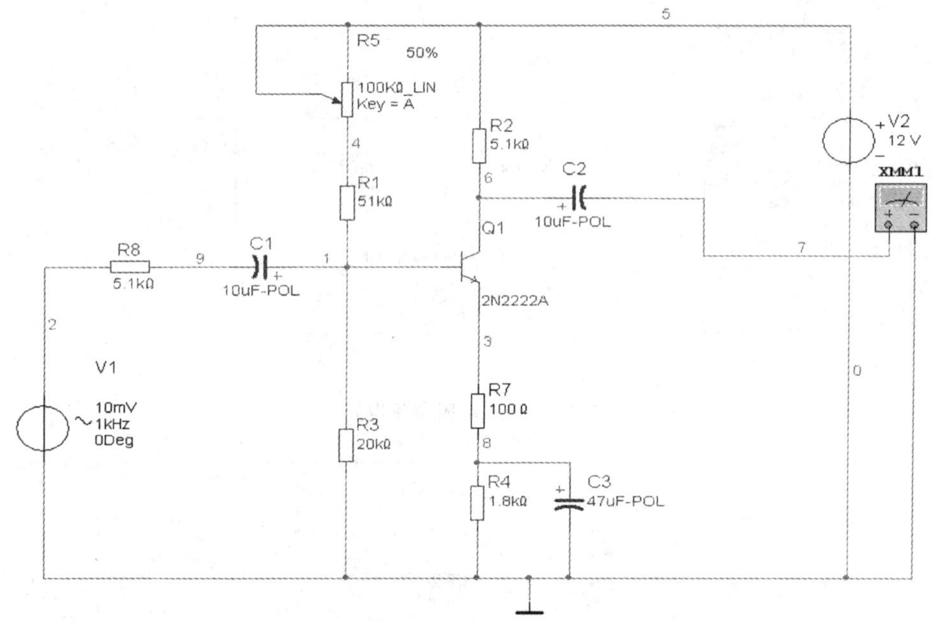

图 7-8 R_L 开路时的输出电阻测量电路

7.3.2 负反馈电路的设计与仿真

1）启动 Multisim 9，绘制如图 7-9 所示的电压串联型负反馈放大电路，C5 与 R9 组成了负反馈网络，开关 J1 可以控制负反馈支路的通断。负反馈放大电路是在放大电路中引入负反馈，通过降低电路的增益来改善电路的性能，如提高输入阻抗、改善线性、增大频带宽度及提高电路稳定性等。

2）启动直流工作点仿真分析，记录数据，分别记录晶体管 V1、V2 的 V_b、V_c、V_e 的值，参考值见表 7-4。

表 7-4 直流工作点仿真数据表

晶体管 V1			晶体管 V2		
V_b/V	V_c/V	V_e/V	V_b/V	V_c/V	V_e/V
1.94860	5.32706	1.31459	3.88075	4.30384	3.22225

3）负反馈对失真的改善。打开开关 J1，断开负反馈电路，运行仿真开关，观察示波器

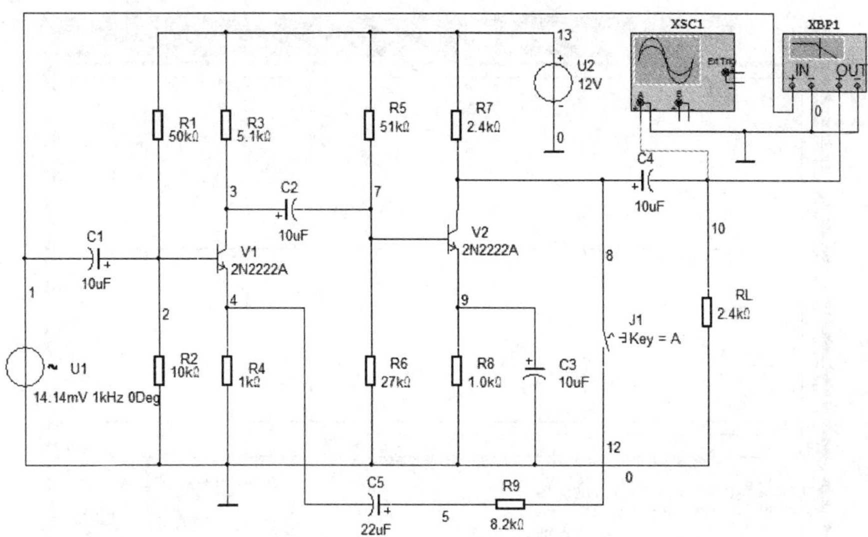

图 7-9 电压串联型负反馈放大电路

输出波形，如图 7-10 所示。

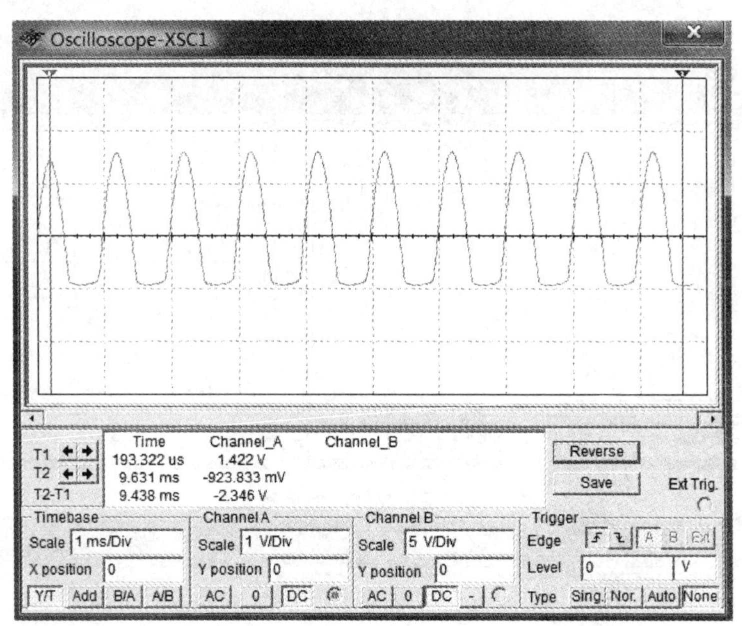

图 7-10 无负反馈时的输出波形

闭合开关 J1，接通负反馈支路，运行仿真开关，观察示波器输出波形，如图 7-11 所示。

可以看到，没有负反馈时，输出幅度大但有明显的截止失真，引入负反馈后，输出幅度减小但输出波形没有失真。

4）负反馈对频率特性的影响。通过波特图示仪进行频率特性分析，分别分析无负反馈和有负反馈。无负反馈时，电路增益为 162.8dB，频率带上、下限频率分别为 117kHz 和 562Hz，如图 7-12 所示；有负反馈时，电路增益为 8.7dB，频率带上下限频率分别为 2.6MHz 和 44Hz，如图 7-13 所示。

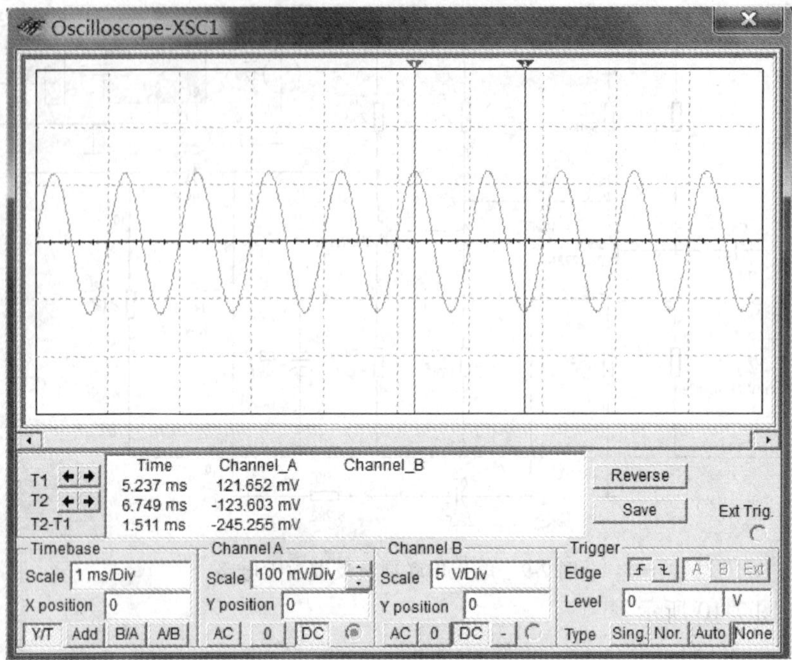

图 7-11　有负反馈时的输出波形

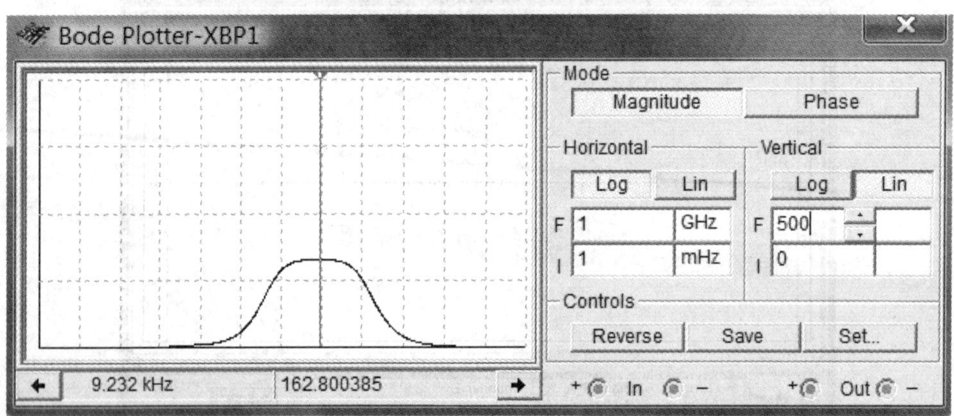

图 7-12　无负反馈时的频率特性

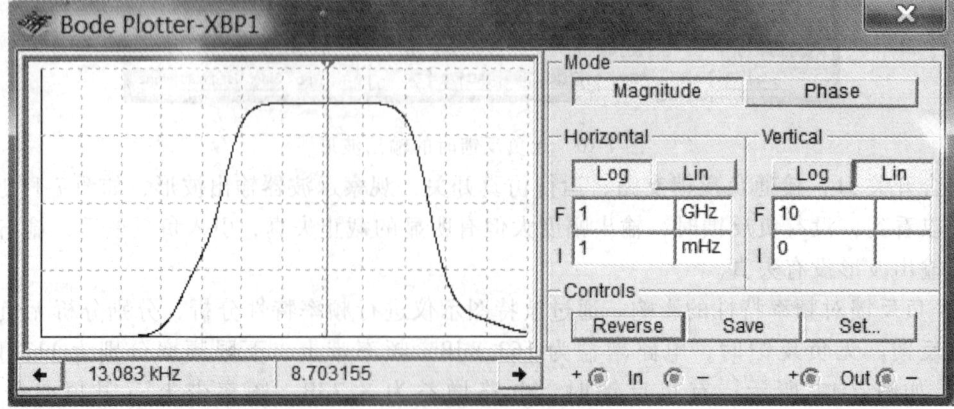

图 7-13　有负反馈时的频率特性

5）负反馈量大小对增益的影响。合上开关 J1。执行菜单“Simulate/Analyses/Parameter Sweep”，进行参数扫描分析，观察负反馈电阻 R_9 阻值分别为 5kΩ、10kΩ 和 15kΩ 时，节点 10 电压输出的瞬态波形，分析结果如图 7-14 所示。从图中可以看出，负反馈电阻越大，电路的增益越大，负反馈电阻越小，电路的增益越小。

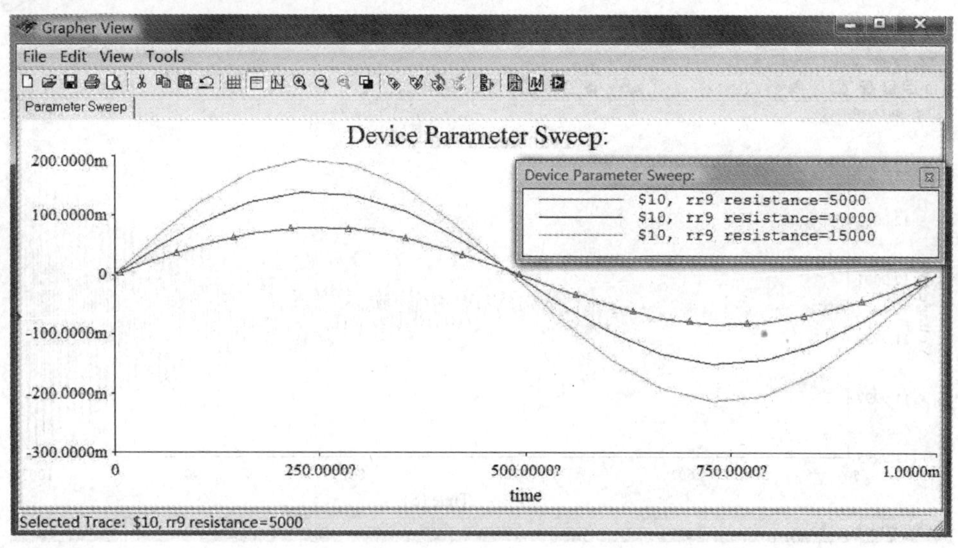

图 7-14　不同负反馈量对输出波形的影响

7.3.3　*LC* 正弦波振荡电路的设计与仿真

1）启动 Multisim 9，绘制如图 7-15 所示的 *LC* 正弦波振荡电路（克拉波振荡电路）。

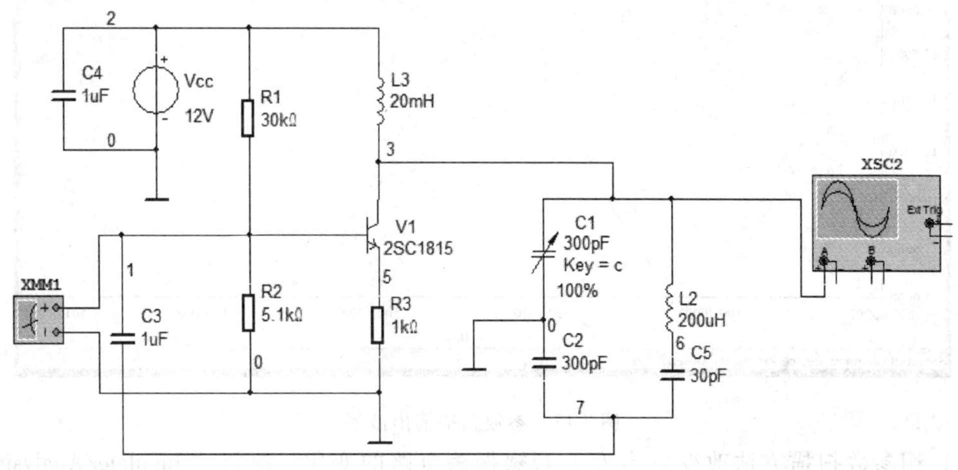

图 7-15　*LC* 正弦波振荡电路

2）判断电路是否起振。测量 V1 基极的直流电压，测量结果稳定后最大为 0.157V 左右。断开 V1 集电极与 L2 之间的连线，测量 V1 基极的直流电压，测量结果为 1.706V。从测量结果可以看出，电路起振后工作电流较大，基极直流电压低；电路不振荡时工作电流较小，基极直流电压高，这个现象可以用于判断电路是否起振。

3）用瞬态分析方法观察电路起振的建立过程。执行“Simulate/Analyses/Transient Analysis”命令可进行瞬态分析，会弹出 Transient Analysis 提示框，在 Analysis Parameters 选项卡设置分析参数：分析的初始条件选择 Calculate DC operating point（采用直流工作点分析结束），起始时间为 5e-05，终点时间为 0.0001，输出节点为晶体管 V1 的集电极。如图 7-16 所示，可以看到起振的过程。

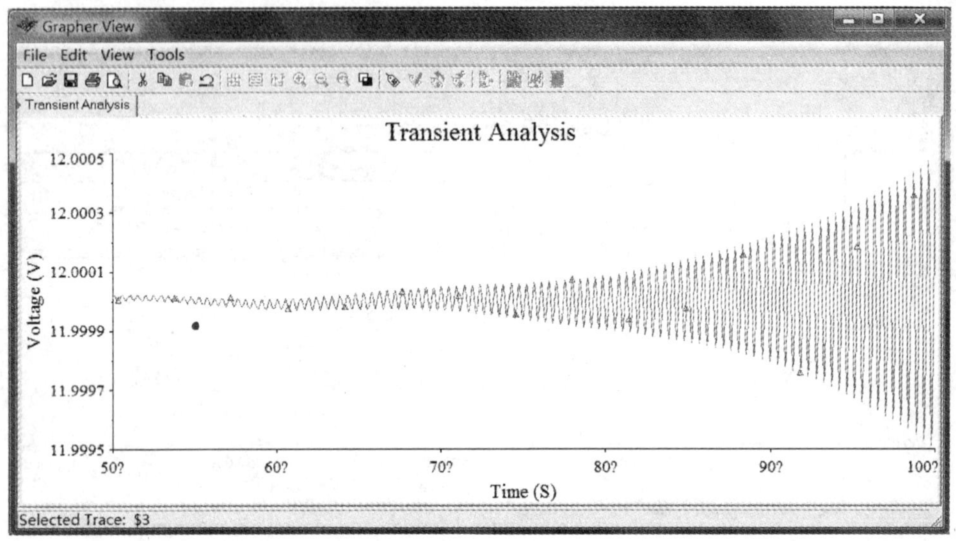

图 7-16 起振过程

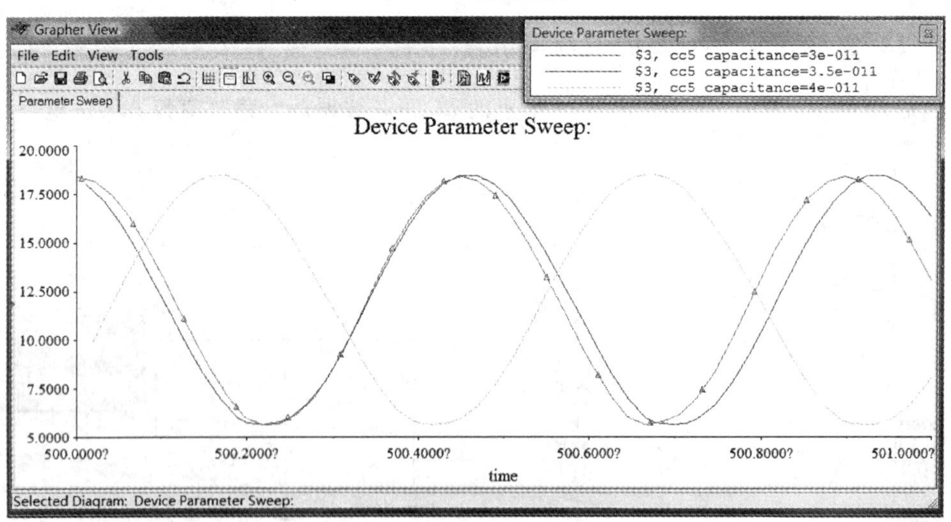

图 7-17 参数扫描输出波形

4）用参数扫描方法改变电容 C_5，观察振荡电路的变化。执行“Simulate/Analysis/Parameter Sweep”命令。可进行参数扫描分析，会弹出 Parameter Sweep 提示框。在 Analysis Parameter 选项卡。设置元件 C_5 的参数：在 Debice 栏选择 Capacitor（电容），在 Name 栏中选中系统默认的元件参考 ID“cc5”，在 Parameter 栏选中 Capacitance（容量），在 Sweep Variatation Type（扫描类型）下拉框中选择 List，在 Values 栏中设置扫描值为：3e-011，3.5e-011，4e-011。单击“More >>”按钮，设置分析模式，选中瞬态分析，单击“Edit Analysis”按钮，设置 Start time 为 0.0005，End time 为 0.000501。单击“Simulate”按钮，观

察电容变化时对振荡电路的影响，输出波形如图 7-17 所示，可以看出，C_5 越大，周期越大，频率越低。

7.3.4　集成运放电路的设计与仿真

1）启动 Multisim 9，绘制如图 7-18 所示的集成运放电路图。该电路为反相比例放大电路，为了提高运算放大电路的稳定性，通常采用的方法是在外围电路加负反馈，在图 7-18 中，R_P、R_{f1} 为输入端外接电阻，R_{f2} 为并联负反馈电阻。

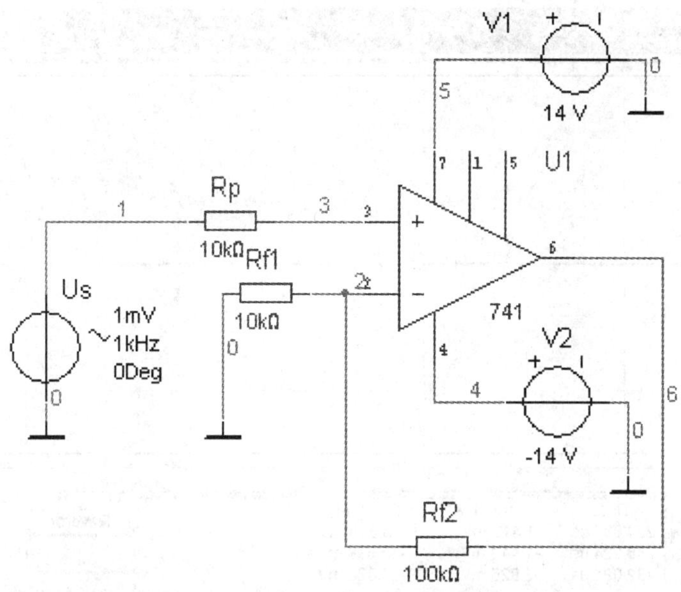

图 7-18　集成运放电路

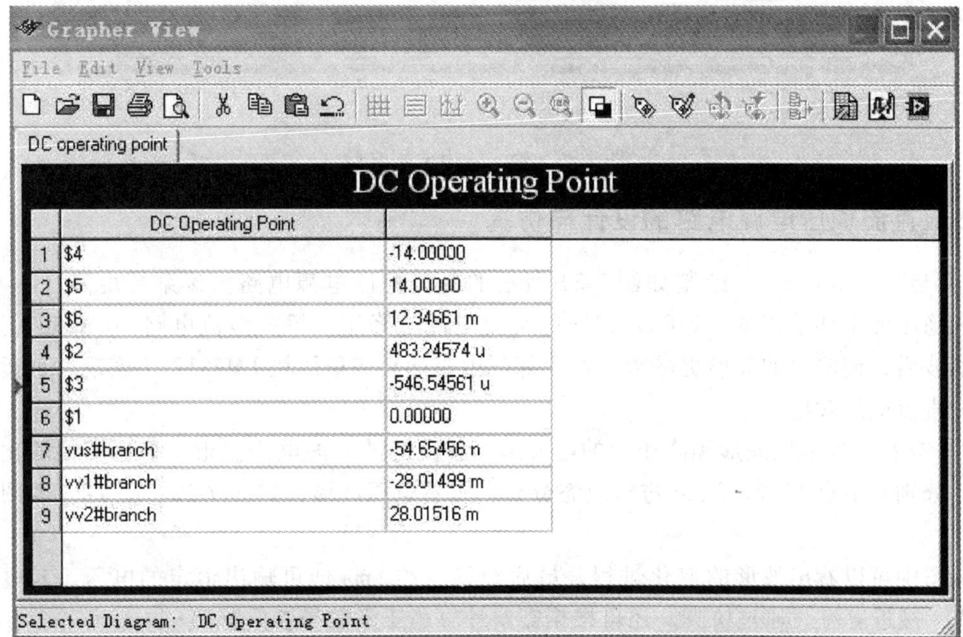
Grapher View

File Edit View Tools

DC operating point

DC Operating Point

	DC Operating Point	
1	$4	-14.00000
2	$5	14.00000
3	$6	12.34661 m
4	$2	483.24574 u
5	$3	-546.54561 u
6	$1	0.00000
7	vus#branch	-54.65456 n
8	vv1#branch	-28.01499 m
9	vv2#branch	28.01516 m

Selected Diagram: DC Operating Point

图 7-19　各节点直流电压及 U_s、V1、V2 支路电流

2）静态测试，查看集成电路的各引脚直流电压，启动直流工作点分析。在图 7-19 可以看到，输入端电压节点 2 和 3 的电压都近似为零，可认为其电压相同，即集成运放的两输入端的虚短效应，Us 支路电流接近于零，即集成运放的虚断效应。

3）输出波形观察，查看输出端输入端的电压值。在图 7-20 的示波器上看到，U_i 峰值约为 1.413mV，有效值为 1mV，U_o 约为 15.546mV，有效值为 16mV。则该集成运放电路增益 A_u 约为 11 倍，结果符合反相比例放大电路闭环电压增益的公式，即 $A_u=1+R_{f2}/R_{f1}$。

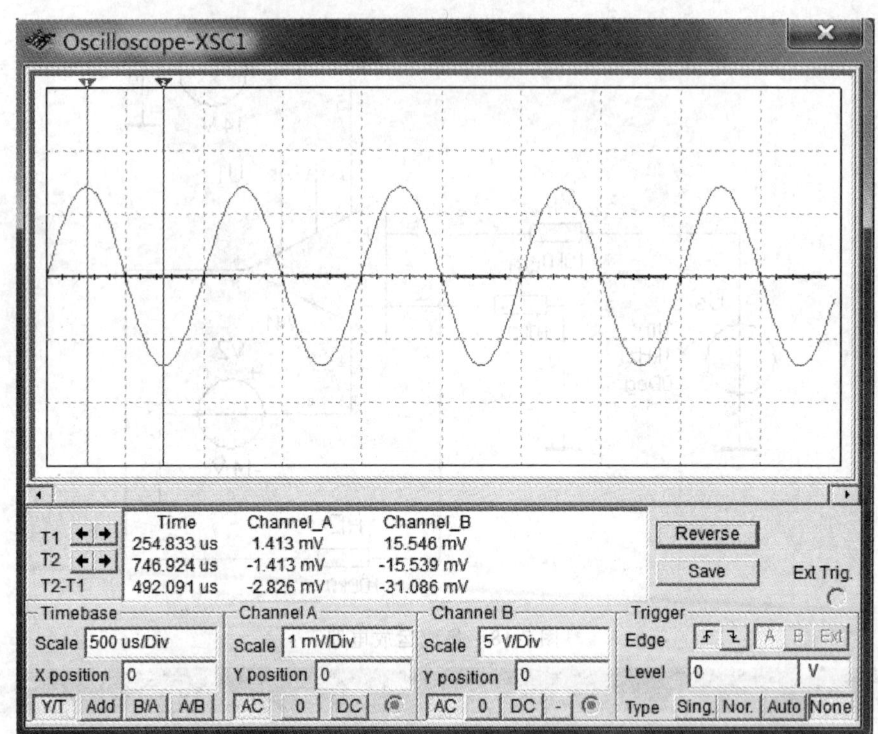

图 7-20　输入输出电压波形

7.3.5　直流稳压电源电路的设计与仿真

1）启动 Multisim 9，绘制如图 7-21 所示的直流稳压电源电路。该系统由降压、整流、滤波和稳压四个环节组成。220V/50Hz 的交流电经过降压，桥式整流电路 MDA2501，加上电容滤波后，使输出的波形更平滑，稳压部分由三端集成稳压块 LM7812CT 实现，最后变成稳定的直流电压输出。

2）查看电源电压波形和降压后的电波形、整流滤波后的电压波形、稳压器的输出电压波形。分别对节点 1、2、5、6 进行瞬态分析，查看电压波形，如图 7-22、图 7-23 和图 7-24 所示。

从图中可以看出波形的变化过程，最后经稳压约 5ms 即可输出恒定的电压，其电压值约 12V，接近直流。通过仿真，还可根据需要计算稳压系数等参数。

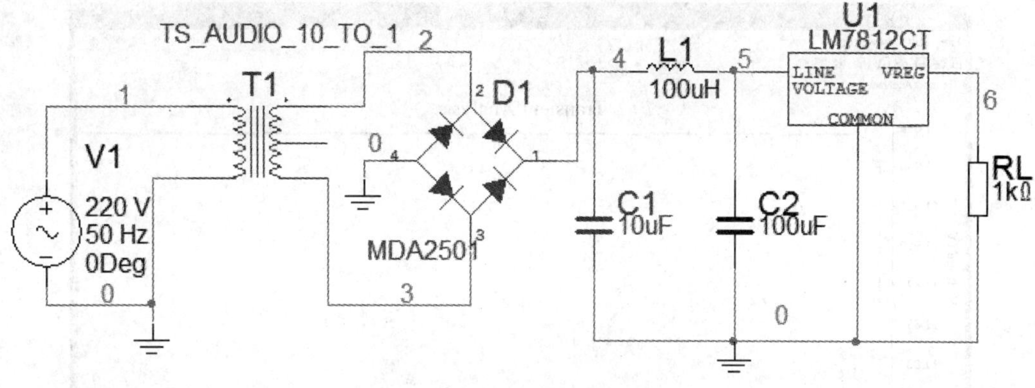

图 7-21　直流稳压电源电路

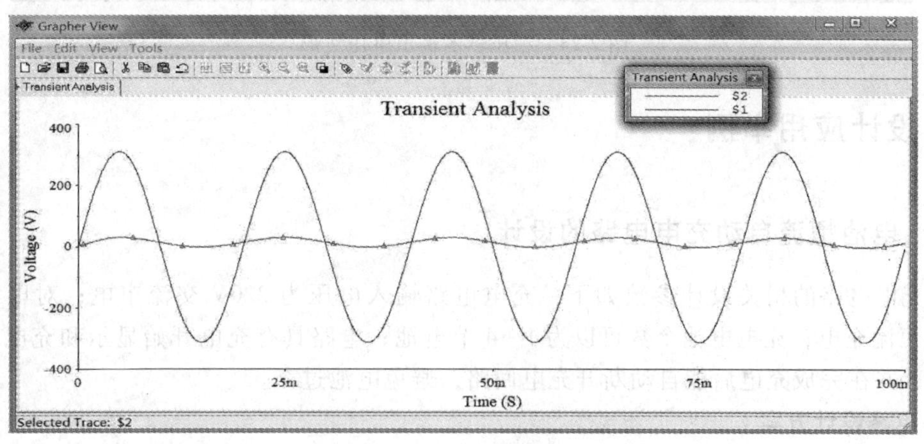

图 7-22　输入电压波形和降压后波形

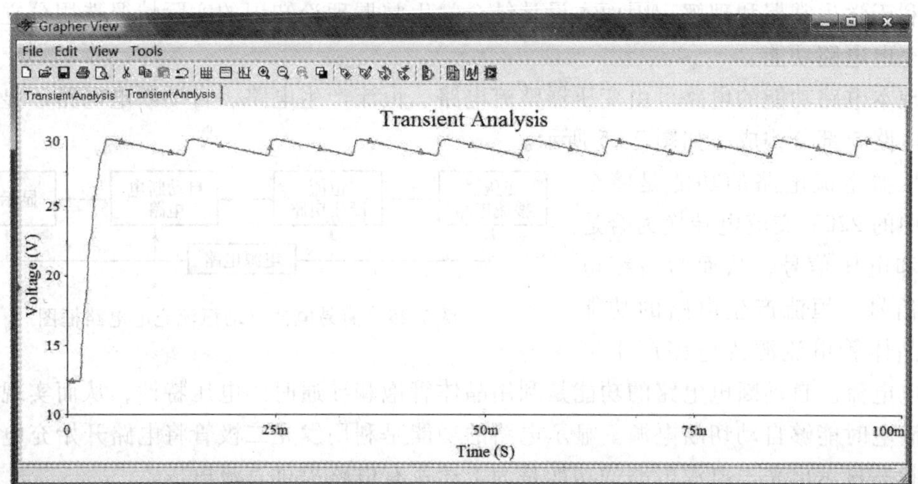

图 7-23　整流滤波后的电压波形

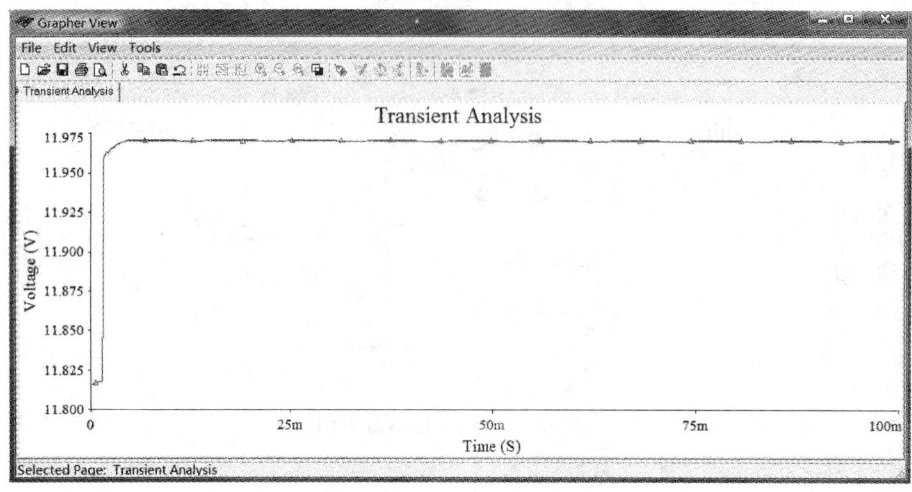

图 7-24 稳压器的输出电压波形

7.4 设计应用举例

7.4.1 电池恒流自动充电电路的设计

本充电电路的相关设计参数如下：充电电路输入电压为 220V 交流市电；对电池实现 100mA 恒流充电；充电电池个数可以为 1 ~4 节电池；电路具有充电开始显示和充电完毕显示功能，并在完成充电后能自动断开充电回路，避免电池过充。

1. 电路设计方案

目前成熟的充电电路方案有很多，具体来说有利用单片机实现智能充电的，也有利用 DC-DC 芯片制作的充电电路方案，最简单的有使用三端稳压集成电路制作的充电电路设计方案。而利用分立元器件也能较好地实现电路功能，满足设计需要，且具有结构简单，调试方便，利于学生掌握和理解，因而本设计结合学生掌握理论知识的实际情况选用分立元器件来实现充电电路功能。

实现本电路功能的电路可由变压器整流电路、恒流产生电路、自动断电电路、显示电路和电源电路 5 部分构成，如图 7-25 所示。

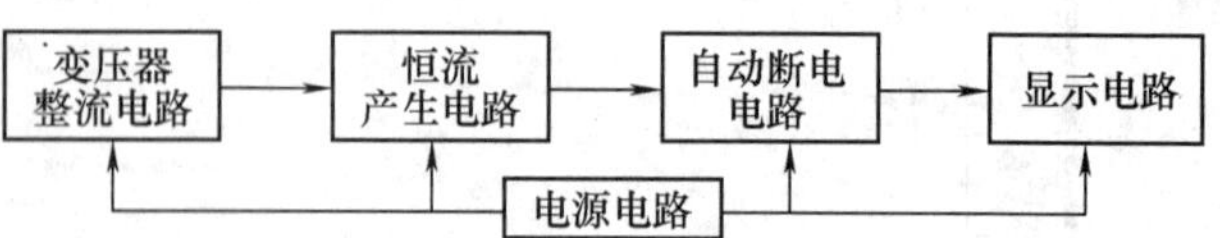

图 7-25 简易电池自动恒流充电电路框图

变压器整流电路的功能是将公共电网中的 220V 交流电转换为合适的电流和电压信号，从而为后续电路提供信号。恒流产生电路的功能是利用晶体管电流源为电路产生恒定的充电电流。自动断电电路的功能是利用晶体管饱和导通时的电压特性，从而实现电路当电池充满电时能够自动切断电源。显示电路的功能是利用发光二极管将电路开始充电和结束充电的状态显示出来。电源电路的功能是为上述所有电路提供直流电压。

2. 充电电路各单元电路设计

（1）变压器整流电路与电源电路的设计 本单元电路的功能实际上就是前面所学稳压

电源电路的应用。变压器整流电路如图 7-26 左半部分所示，主要由变压器、二极管桥式电路和电容构成。其中变压器将公共电网中的 220V 交流电变为 12V 交流电，再通过二极管桥式电路进行整流和电容 C_1 滤波。整流信号由 VC_1 引出。根据要求选用额定功率为 5W、输出为 12V 的铁心变压器，二极管桥式电路选用整流桥即可，电容 C_1 由于需要对整流后的电流进行滤波，故选择 470μF 的电解电容，C_2 是用来改善纹波特性的，故选用陶瓷电容就可以。

稳压电源电路是在变压器整流电路输出端接三端集成稳压器 CW7812 及电容 C_3、C_4（如图 7-26 右半部分所示），这样整个电路就构成稳压电源电路。由 B 点提供 +12V 的直流电压给其他单元电路提供电源。

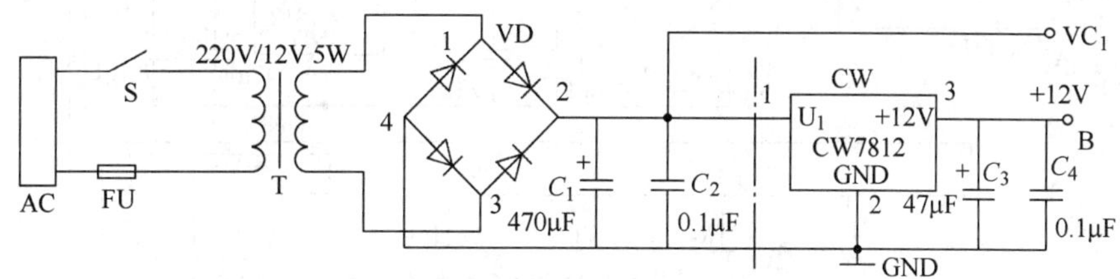

图 7-26　变压器整流电路及电源电路

（2）恒流电路的设计　恒流电路的设计主要是依据晶体管的放大特性以及稳压二极管稳压特性来进行设计的，如图 7-27 所示，由稳压管 VS、晶体管 VT、电阻 R、电容 C 构成的晶体管电流源提供恒定电流，由于 $I_C \approx I_E = \dfrac{U_Z - U_{BE}}{R_1}$，取稳压管电压为 5V，而晶体管 VT 的发射结偏置电压几乎恒定，因而可知当 R 为 51Ω 时，$I_C \approx 100\text{mA}$，这就是电路的充电电流。由图可以看出只要电源 VC_1 保持稳定，I_C 就能保持不变，即恒流。

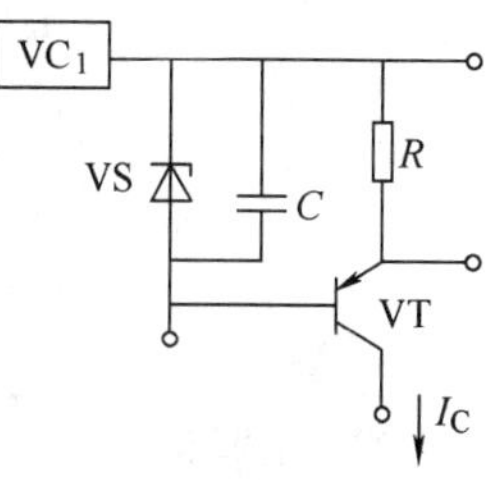

图 7-27　恒流源电路

（3）自动断电电路和指示电路的设计　如图 7-28 所示，自动断电电路是由晶体管 VT_2、电压跟随器 A_1、电压比较器 A_2、电阻 R_4、R_5、R_6、R_7、R_8、R_{11} 和可变电阻 R_P 等元器件构成。当充电开始时，电压比较器输出高电平，VT_2 导通，VT_1 也导通，指示灯发光二极管亮，给电池充电。可以先设定转换开关为 1 时给一节电池充电，转换开关为 2 时给两节电池

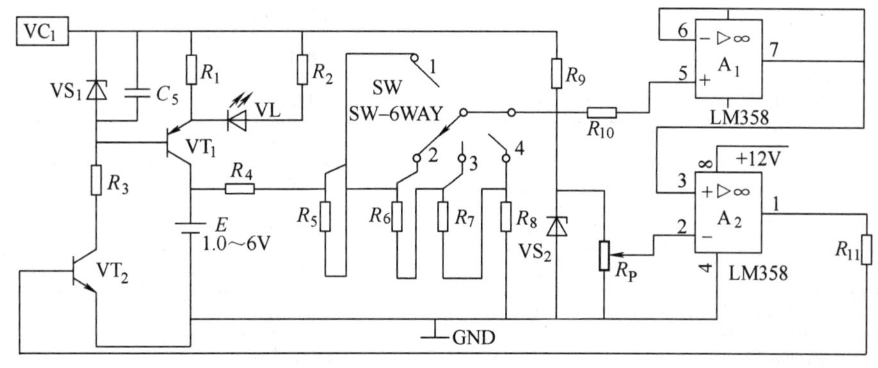

图 7-28　自动断电电路和指示电路

充电，依次类推，实现对 1～4 节电池充电。当电充满时，电压比较器输出低电平，VT_2 截止，VT_1 也不导通，发光二极管熄灭，充电完毕。

3. 充电电路总体电路安装调试

（1）简易充电电路的总电路原理图　简易电池自动恒流充电电路的总电路图如图 7-29 所示。它是由变压器整流电路、恒流产生电路、充电断电电路、显示电路和电源电路 5 部分构成。总电路图中需要注意的是各个单元电路之间的连接一定要准确，同时各部分的布局要合理。

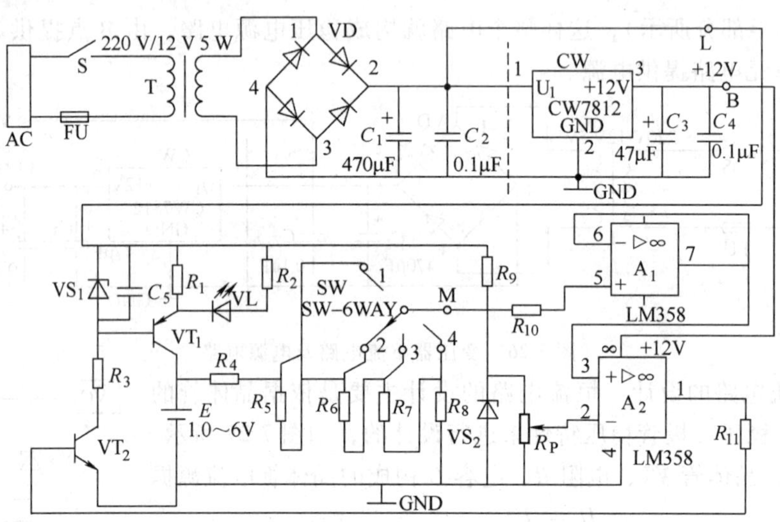

图 7-29　简易电池自动充电电路的总电路图

（2）元器件清单　本设计中所用的元件清单见表 7-5。

表 7-5　简易电池自动恒流充电电路元器件清单

序号	名称	符号	型号或参数	数目
1	电阻	R_1、R_3、R_9、R_{10}、R_{11}	47kΩ	5
2	电阻	R_2、R_4、R_5、R_6、R_7、R_8	10kΩ	6
3	可变电阻	R_P	47kΩ	1
4	发光二极管	VL	LED	2
5	稳压管	VZ_1、VZ_2	2CW57	2
6	整流桥	VD	BRIDGE1	1
7	电容	C_1	0.1μF	1
8	电容	C_2、C_4、C_5	470μF	3
9	电容	C_3	47μF	1
10	晶体管	VT_1	8550	1
11	晶体管	VT_2	8050	1
12	运放	A_1、A_2	LM358	1
13	变压器	T	5W，12V	1
14	转换开关	SW	四键拨动开关	1
15	三端集成稳压器	CW	CW7812	1

（3）电路安装调试　电路设计好后，利用相关软件或通过手工绘制的形式在铜板上制作电路板，将电路元器件按照一定的规则焊接到电路板上就可以调试电路。

注意安装时电路图中的L和M两个连接点先不要连上，以备电路调试时使用。

调试的方法一般来说有两种，一是边安装边调试，这种方法主要是把复杂电路按原理框图的功能分成单元进行安装和调试，在单元调试的基础上逐步扩大安装和调试的范围，最后完成整机调试。此法调试思路清晰，容易为初学者所理解。另一种方法是在整个电路安装完成后按照信号的流向以功能模块为单位进行调试，当前一个功能模块调试正常后，接通与之相连的模块进行调试，直至整机调试完毕。这种方法比较适用于信号流向清晰、结构简单的电路，并且在安装时需要预留出各功能模块之间连接点，以便于检测。根据本设计电路的特点，采用安装完成后调试的方法。本电路有五个模块，实际调试可以分为稳压电源模块、恒流充电模块以及检测电路模块来调试。使用万用表就可以调计。本设计电路的调试可以按以下4个步骤实施：

1）安装完成后，要进行初检。观察电解电容的极性、二极管和晶体管的管脚是否正确，集成电路引脚有无错接、漏接或互碰，布线是否合理，印制电路板有无断线，电阻电容有无烧焦、炸裂。如无，进行下一步。

2）稳压电源模块调试。初检完成后，通电，利用万用表检测电容 C_2 和电容 C_4 两端的电压，看是否符合要求。一般来讲，只要是元器件安装时引脚放置正确，通常不会有太大问题。

3）恒流充电模块调试。连通L点，先检测稳压管VS1两端对地电压，看稳压管是否工作正常，如不正常查看稳压管安装是否有误以及 R_1 是否断路等。再检测 VT_1 发射极电流是否为100mA。

4）检测模块调试。连通M点，安装一节电池通电，注意转换开关此时应在1号挡位上，查看充电指示灯是否工作正常，查看此时的电压跟随器输出端的电压。将已充好电的电池安装到充电槽中，调节可调电阻，直到充电指示灯灭，查看电压比较器反相输入端的基准电压，如果不能正常断电则表示LM358安装有问题，应查找相应的电路部分。

（4）电路使用说明　本电路可以利用公共电网对1～4节电池充电，使用时要根据实际的情况调节转换开关，其对应情况是1～4挡分别对应1～4节电池充电。样机完成后，应整理出如下的设计文件：完整的电路原理图、PCB图、结构图、元器件清单、功能与性能测试结果、使用说明书等。

7.4.2 电源监视器电路的设计

本电源监视器主要是用来监测数字电路中常用的5V电源，当电源 U_{CC} 在5×（1±5%）V的范围工作时，发光二极管亮，表示电源工作正常，否则发光二极管灭。

1. 电路设计方案

根据设计任务要求，可供选择的电路方案有很多，如利用专用电源电压监视芯片的电路，利用电压比较器设计的电路等。本设计采用电压比较器和发光二极管的驱动电路就可以达到设计要求。

2. 电路设计

本设计采用的电压比较器为开路输出的集成电路LM339，其内部带有4个比较器。用其中的两个构成窗口比较器，其输出端驱动晶体管 2N2222 以使得发光二极管（LED）根据相应的情况发光或者不发光。电路中利用稳压二极管 LM385 提供窗口比较器的基准电压。由此可以设计出整体电路如图 7-30 所示。其中 U_{1A}、U_{1B}组成窗口比较器，VT 和 LED 组成 LED 驱动电路。

在电路中，U_{1A}、U_{1B}输出端并联，并共用同一个上拉电阻 R_5，实现“线与”逻辑功能，同时作为 LED 的驱动电路的控制电平。根据本设计要求可知，当 U_{CC}的值为 $4.75V < U_{CC} < 5.25V$ 时，窗口比较器输出为高电平，VT 导通，LED 发光，否则无论是高于 5.25V 还是低于 4.75V，VT 都截止，LED 都不亮。

3. 电路元器件参数设计

由于所选定的窗口比较器的基准电压为 2.5V，为选择器件方便起见，假设通过稳压管的电流为 1mA，这样就可以确定电阻 R_4 的阻值。

$$R_4 = (U_{CC} - U_{REF})/I_R = (5 - 2.5)V/1mA = 2.5k\Omega$$

再来确定 R_1、R_2、R_3 的阻值。

当 $U_{CC} = 5.25V$ 时，要求 U_{1B}的反向输入端电压为 2.5V，因此有

$$U_{R1} = 2.5V = \frac{R_1 \times 5.25V}{R_1 + R_2 + R_3}$$

设定 R_1 为 10kΩ，由上式可得：

$$R_2 + R_3 = 11k\Omega \tag{7-1}$$

当 $U_{CC} = 4.75V$ 时，要求 U_{1A}的反向输入端电压为 2.5V，因此有

$$U_{R1} = 2.5V = \frac{(R_1 + R_2) \times 4.75V}{R_1 + R_2 + R_3}$$

由上式可得：

$$R_1 + R_2 = 11.05k\Omega \tag{7-2}$$

由式（7-1）和式（7-2）可以得出 $R_2 = 1.05k\Omega$，$R_3 = 9.95k\Omega$。

根据 LM339 的特性，R_5 作为 U_{1A}和 U_{1B}共用的上拉电阻，实现线与功能。设 LM339 内部输出晶体管临界饱和时 $U_{CE} = 0.7V$，集电极临界饱和电流为 1mA，则有：

$$R_5 = \frac{U_{CC} - U_{CE}}{I_C} = (5 - 0.7)V/1mA = 4.3k\Omega$$

R_6 的阻值可以根据选用的 LED 的相关参数确定，这里假定 LED 的正向电压 $U_F = 2.5V$，最大电流 $I_{PM} = 20mA$，工作时其电流可取 $I_F = 10mA$。晶体管 VT 工作在开关状态，当 LED 点亮时，晶体管相当于短路。由此可有：

$$R_6 = \frac{U_{CC} - U_F}{I_F} = 250\Omega$$

4. 电路仿真

打开 Multisim 软件，将上述图 7-30 所设计电路在工作窗口中组建完成，利用软件的 DC SWEEP 功能，设定 U_{CC}的电压变动范围为 4 ~ 6V，观测 VT 集电极电压在上述参数的情况下随着 U_{CC}的电压变动是如何变化的，看看所设计电路是否符合要求。图 7-31 即为电路的仿真

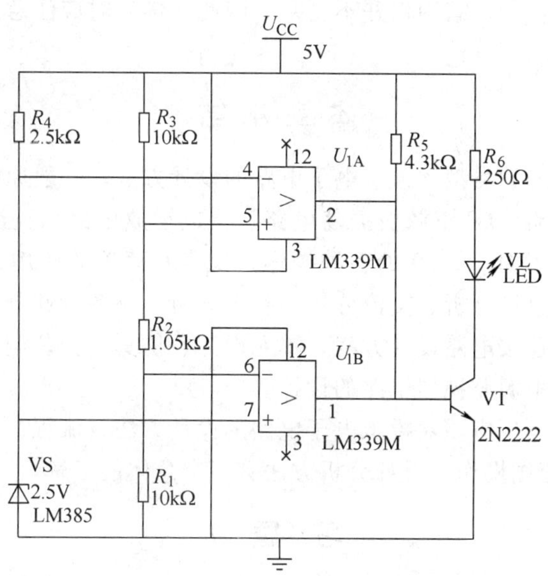

图 7-30　电源监测器电路图

结果，可以看出，所设计的电路理论上能够达到设计要求。

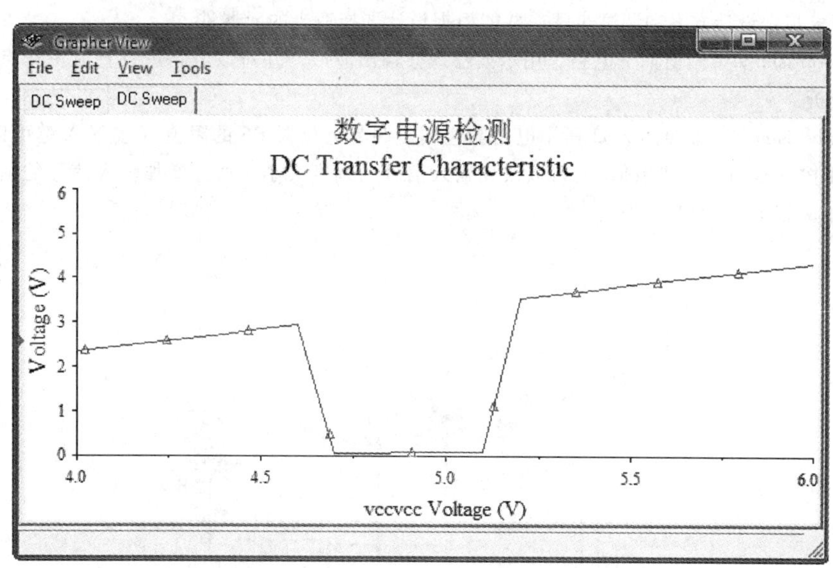

图 7-31　电源监测器仿真分析

5. 电路安装调试

电路设计好后，利用 PROTEL 等相关软件或通过手工绘制的形式在铜板上制作印制电路板，将电路元器件按照一定的规则焊接到电路板上就可以调试电路。需要说明的是，由于实际的电阻标称值和理论计算的值之间有偏差，因此在选用电阻时可根据实际情况选择阻值相近的即可。如：R_4 理论计算需要 2.5kΩ，实际选用可用 2.7kΩ 代替。

由于本电路元器件较少，结构也并不复杂，因此在焊接时应注意元器件正确装配，调试就会较为顺利。

本章小结

本章介绍了电子系统的类型，模拟电子电路的设计方法、一般原则、设计流程，通过单管放大电路、负反馈电路、*LC* 正弦波振荡电路、集成运放电路、直流稳压电源电路的设计与仿真分析实例，描述了 Multisim9 的各种操作、仪表和菜单的使用，以及各种电路的设计与仿真分析方法，包括直流分析、交流分析、瞬态分析、频率特性分析、失真分析、参数扫描分析等。最后，本章还按电路设计方案、单元设计、仿真、安装调试的流程详细描述了电池恒流自动充电电路和电源监视器电路的设计。

通过本章的学习，学生应该对模拟电子电路的设计方法、流程，典型的电路设计，以及 Multisim 9 常用的电路绘图操作，设计分析方法有一个总体的了解。

习 题 7

7.1 模拟电子电路设计有什么设计方法，有哪些设计流程？

7.2 有两只晶体管，一只 $\beta = 200$，$I_{CEO} = 200\mu A$；另一只 $\beta = 100$，$I_{CEO} = 10\mu A$，其他参数大致相同。你认为应选用哪只晶体管？为什么？

7.3 要求设计一个输入电压为 220V 交流电，输出电压为 +3 ~ +9V，输出最大电流为 800mA 的直流稳压电源。要求拟定设计方案和调试步骤，并能根据设计选择适当的元器件。

7.4 在 Multisim 9 中画出如下电路，用示波器观察输出波形，并对该电路进行直流工作点分析、交流分析、瞬态分析。

7.5 在 Multisim 9 中按照图 7-33 所示电路图连线，调节电位器 R5 的阻值（按下 A 键可以增加阻值，按下 Shift 键再按 A 键可以减小阻值），可以改变输入信号的幅度大小，通过增加输入信号的幅度，使之超过晶体管的动态范围，从而产生失真。

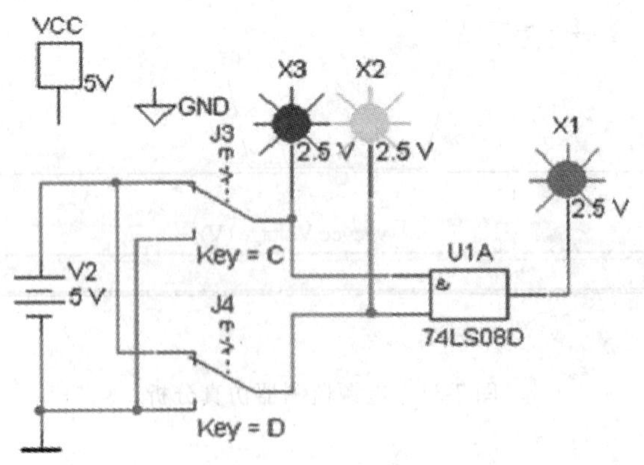

图 7-32 习题 7.4 电路图

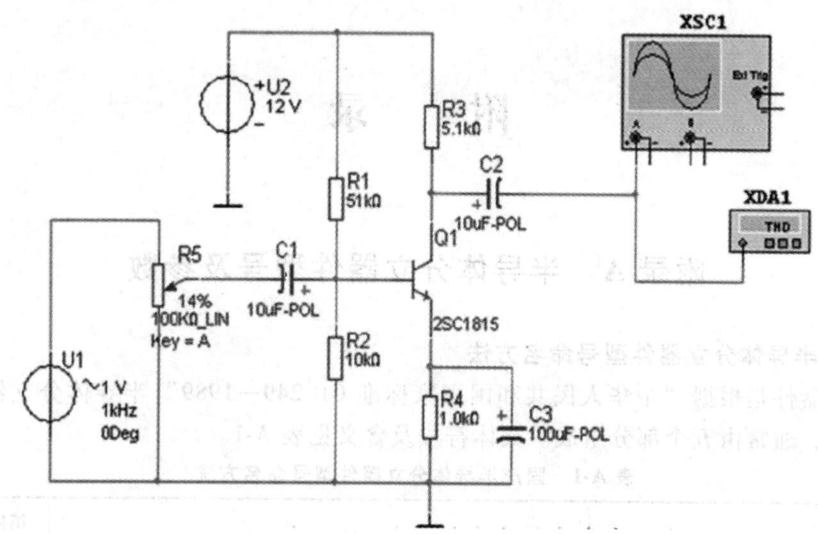

图 7-33　习题 7.5 电路图

附　　录

附录 A　半导体分立器件型号及参数

1. 国产半导体分立器件型号命名方法

半导体器件是根据“中华人民共和国国家标准 GB 249—1989”半导体分立器件型号命名方法命名，通常由五个部分组成。具体符号及含义见表 A-1。

表 A-1　国产半导体分立器件型号命名方法

第一部分		第二部分		第三部分				第四部分	第五部分
用数字表示器件的电极数目		用汉语拼音字母表示器件的材料和极性		用汉语拼音字母表示器件的类型				用阿拉伯数字表示器件序号	用汉语拼音字母表示规格号
符号	意义	符号	意义	符号	意义	符号	意义		
2	二极管	A	N 型，锗材料	P	小信号管	D	低频大功率晶体管 (f_a<3MHz，P_c≥1W)		
		B	P 型，锗材料	V	混频检波管	A	高频大功率晶体管 (f_a≥3MHz，P_c≥1W)		
		C	N 型，硅材料	W	电压调整管和电压基准管	T	闸流管		
		D	P 型，硅材料	C	变容管	Y	体效应管		
3	三极管	A	PNP 型，锗材料	Z	整流管	B	雪崩管		
		B	NPN 型，锗材料	L	整流堆	J	阶跃恢复管		
		C	PNP 型，硅材料	S	隧道管	CS	场效应晶体管		
		D	NPN 型，硅材料	K	开关管	BT	特殊晶体管		
		E	化合物材料	X	低频小功率晶体管 (f_a<3MHz，P_c<1W)	FH	复合管		
				G	高频小功率晶体管 (f_a≥3MHz，P_c<1W)	PIN	PIN 管		

示例：

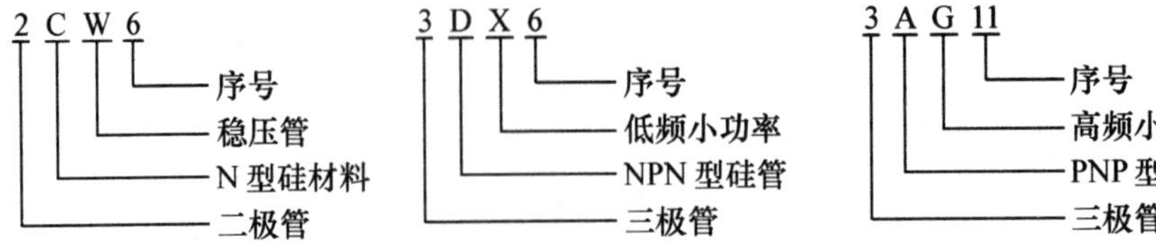

2. 常用二极管参数

(1) 普通二极管参数（见表 A-2）

表 A-2　普通二极管参数

参数名称		最大整流电流 I_D/mA	最高反向工作电压 U_{RM}/V	反向击穿电压 $U_{(BR)}$/V	正向电流（正向电压 1V） I_F/mA	反向电流（反向电压 10V） I_R/μA	最高工作频率 f_M/MHz	结电容 C_1/pF
型号	2AP1	16	20	≥40	≥2.5	≤250	150	≤1
	2AP8B	≥8	15	≥20	≥6.0	≤200	150	≤1
	2AP10	5	20	40	8.0	≤200	100	≤1

（2）硅整流二极管参数（见表 A-3）

表 A-3　硅整流二极管参数

参数名称		额定正向整流电流 I_F/A	最高反向工作电压（峰值） U_{RM}/V	正向压降 U_F/V	反向电流（25℃） I_R/μA	最高工作频率 f_M/kHz	最高结温 T_{iM}/℃	散热器规格或面积
部标型号	旧型号							
2CZ52	2CP10～20	0.1	25～3000V 见按规格号分挡栏	≤1.2	5	3	150	
2CZ53	2CP21～31	0.3		≤1.0	5	3	150	60mm×60mm×1.5mm 铝板
2CZ54	2CP1～5	0.5		≤1.0	10	3	150	80mm×80mm×1.5mm 铝板
2CZ55	2CZ11A～j	1		≤1.0	10	3	150	100cm²
2CZ56	2CZ12A～H	3		≤0.8	20	3	140	200cm²
2CZ57	2CZ13A～H	5		≤0.8	20	3	140	400cm²
2CZ58	2CZ10A～H	10		≤0.8	30	3	140	
2CZ59	2CZ20	20		≤0.8	40	3	140	

最高工作电压按规格号分挡

分挡标志	A	B	C	D	E	F	G	H	J	K	L	M	N	P	Q	R	S	T	U	V	W	X
U_{RM}/V	25	50	100	200	300	400	500	600	700	800	900	1000	1200	1400	1600	1800	2000	2200	2400	2600	2800	3000

（3）硅稳压二极管参数（见表 A-4）

表 A-4　硅稳压二极管参数

参数名称		稳压电压 U_Z/V	稳定电流 I_Z/mA	最大稳定电流 I_{zmax}/mA	动态电阻 r_Z/Ω	电压温度系数 $C_{TV}/10^{-2}$/℃	耗散功率 P_{ZM}/W
型号	旧型号						
2CW54	2CW7C、2CW13	5.5～6.5	10	38	30	≤0.05	0.25
2CW55	2CW7D、2CW14	6.2～7.5	10	33	15	≤0.06	0.25
2CW56	2CW7E、2CW15 2CW6A	7.0～8.8	10	27	15	≤0.07	0.25
2CW57	2CW6B、2CW16	8.5～9.5	5	26	20	≤0.08	0.25
2LW230	2DW7A	5.8～6.6		30	25		0.2

3. 常用晶体管参数（见表 A-5）

表 A-5 常用晶体管参数

类别	参数 / 型号	直流参数			交流参数	极限参数		
		I_{CBO} /μA	I_{CEO} /μA	h_{FE}	f_T /MHz	I_{CM} /mA	P_{CM} /mW	$U_{(BR)CEO}$ /V
低频小功率管	3AX31M	≤25	≤1000	80～400		125	125	6
	3AX31A	≤20	≤800	40～180		125	125	12
	3AX31F	≤12	≤600	40～180		125	30	12
	3AX51A	≤12	≤500	40～150		100	100	12
	3AX55M	≤80	≤1200	30～150		500	500	12
	3AX55A	≤80	≤1200	30～150		500	500	20
	3AX81A	≤30	≤1000	40～270		200	200	10
	3AX81B	≤15	≤700	40～270		200	200	15
	3AX85A	≤50	≤1200	40～180		500	300	12
	3AX85B	≤50	≤900	40～180		500	300	18
	3BX31M	≤25	≤1000	80～400		125	125	6
	3BX31A	≤20	≤800	40～180		125	125	12
	3BX81A	≤30	≤1000	40～270		200	200	10
	3BX55A	≤80	≤1200	30～180		500	500	20
	3BX85A	≤50	≤1200	40～180		500	300	12
	3CX200A	≤1	≤2	55～400		300	300	12
	3CX204A	≤5	≤20	55～400		700	700	15
	3DX200A	≤1	≤2	55～400		300	300	12
	3DX204A	≤5	≤20	55～400		700	700	15
高频小功率管	3AG53A	≤5	≤200	30～200	≥30	10	50	15
	3AG53E	≤5	≤200	30～200	≥300	10	50	15
	3AG54A	≤5	≤300	40～180	≥30	30	100	15
	3AG55A	≤8	≤500	40～180	≥100	50	150	15
	3AG80A	≤5	≤50	20～150	≥300	10	50	12
	3AG87A	≤5	≤50	20～150	≥300	50	300	15
	3CG100B	≤0.1	≤0.1	≥25	≥100	30	100	25
	3CG110B	≤0.1	≤0.1	≥25	≥100	50	300	30
	3CG120B	≤0.1	≤0.1	≥25	≥200	100	500	30
	3CG130B	≤0.5	≤1	≥25	≥80	300	700	30
	3DG81A	≤0.1	≤0.1	≥30	≥1000	30	300	≥15
	3DG100A	≤0.1	≤0.1	≥30	≥150	20	100	≥20
	3DG130A	≤0.5	≤1	≥30	≥150	300	700	≥30
高频高反压小功率管	3DG161A	≤0.1	≤0.1	≥20	≥50	20	300	≥60
	3DG161G	≤0.1	≤0.1	≥20	≥50	20	300	≥300
	3DG161H	≤0.1	≤0.1	≥20	≥100	20	300	≥60
	3DG161N	≤0.1	≤0.1	≥20	≥100	20	300	≥300

4. 常用场效应晶体管参数（见表 A-6）

表 A-6 常用场效应晶体管参数

型号	极限参数			直流参数			交流参数		类型
	P_{CM} /mW	$U_{(BR)DS}$ /V	$U_{(BR)GS}$ /V	I_{DSS} /mA	U_r（U_T）/V	R_{GS} /Ω	f_M /MHz	g_m /mS	
3DJ4D～H	100	20	20	0.35～10	<1～91	≥10^7	300	>2	N 沟道 JFET
3DJ8F～K	100	20	20	1～70	<1～91	≥10^7	90	>6	
3DJ9F～1	100	20	20	1～18	<1～71	≥10^7	800	>4	

（续）

型号	极限参数			直流参数			交流参数		类型
	P_{CM} /mW	$U_{(BR)DS}$ /V	$U_{(BR)GS}$ /V	I_{DSS} /mA	U_r（U_T）/V	R_{GS} /Ω	f_M /MHz	g_m /mS	
3DO2E ~ H	100	12	25	1.2 ~ 25	≤1 ~ 91	$\geq 10^9$	1000	>4	N沟道耗尽型MOS管
3DO4D ~ 1	100	20	25	0.35 ~ 15	≤1 ~ 91	$\geq 10^9$	300	>2	
3DO6A ~ B	100	20	20	<1	2.5 ~ 5	$\geq 10^9$		>2	N沟道增强型MOS管
3CO1A	100	15	20		|-2| ~ |-4|	$\geq 10^9$		>1	P沟道增强型MOS管

附录B　常用国产集成电路的型号及命名

GB 3430—1989为我国半导体集成电路型号命名方法的现行国家标准，于1989年开始实施。我国半导体集成电路器件型号由五个部分组成，其符号及意义如表B-1。

表B-1　国产集成电路器件型号组成符号及意义

第一部分		第二部分		第三部分	第四部分		第五部分	
用字母表示器件符合国家标准		用字母表示器件的类型		用阿拉伯数字和字符表示器件的系列和品种代号	用字母表示器件的工作温度范围		用字母表示器件的封装	
符号	意义	符号	意义		符号	意义	符号	意义
C	中国制造	T	TTL电路	其中TTL电路分为四个系列：	C	0 ~ 70℃	F	多层陶瓷扁平
		H	HTL电路	1000——中速系列	G	-25 ~ 70℃	B	塑料扁平
		E	ECL电路	2000——高速系列	L	-25 ~ 85℃	H	黑瓷扁平
		C	CMOS电路	3000——肖特基系列	E	-40 ~ 85℃	D	多层陶瓷双列直插
		M	存储器	4000——低功耗肖特基系列	R	-55 ~ 85℃	J	黑瓷双列直插
		μ	微型机电路		M	-55 ~ 125℃	P	塑料双列直插
		F	线性放大器				S	塑料单列直插
		W	稳压器				T	金属圆壳
		D	音响、电视电路				K	金属菱形
		B	非线性电路				C	陶瓷片状载体
		J	接口电路				E	塑料片状载体
		AD	A-D转换器				G	网格阵列
		DA	D-A转换器				⋮	
		SC	通信专用电路					
		SS	敏感电路					
		SW	钟表电路					
		SJ	机电仪电路					
		SF	复印机电路					

示例：

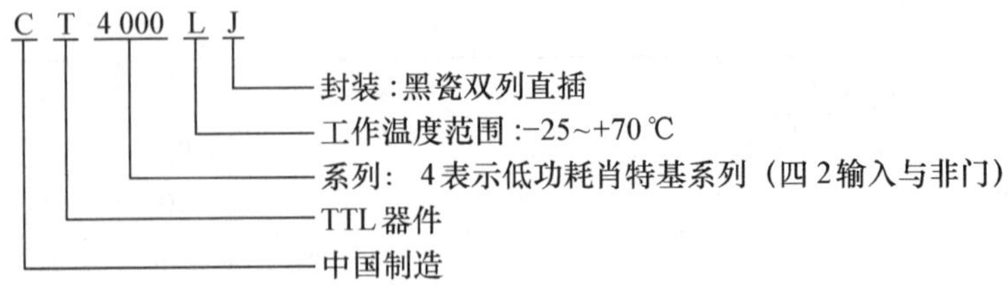

附录 C　仿真软件 Multisim 9 的安装与详细菜单介绍

1. 仿真软件 Multisim 9 的安装

双击安装目录下的安装文件 setup. exe，可打开如图 C-1 所示界面，单击 Next。

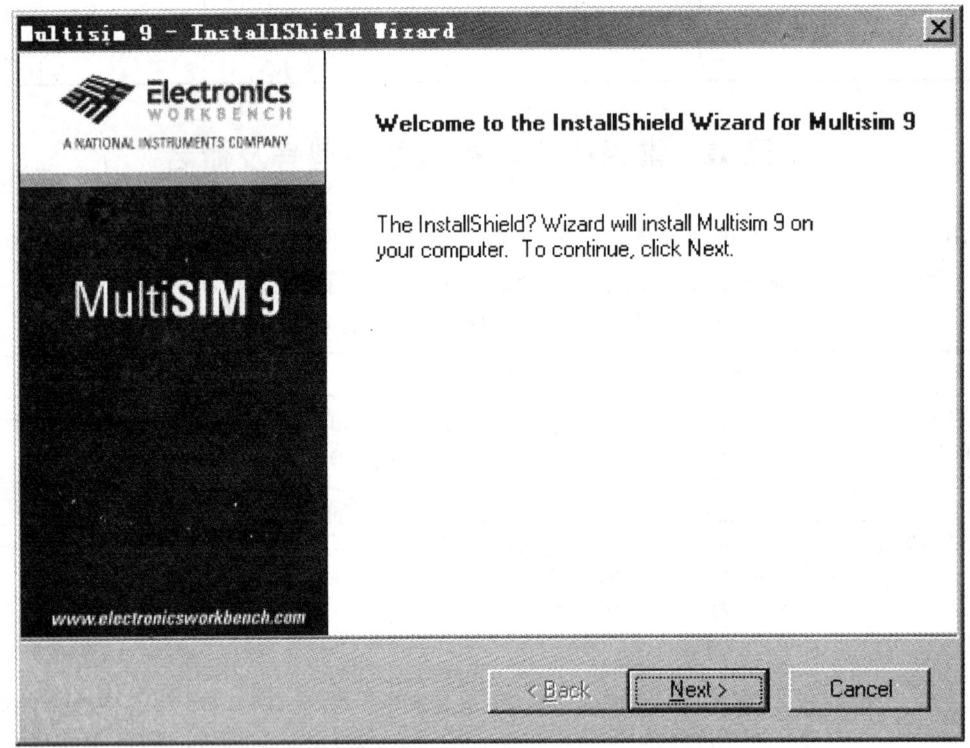

图 C-1　Multisim 9 安装图

选择接受协议，如图 C-2 所示，单击 Next，输入序列号，如图 C-3 所示。

输入完序列号后，单击 Next，即可选择以后不自动升级，如图 C-4 所示，之后单击 Next，即可进行隐私设置，如图 C-5 所示，选择不自动泄漏私隐。

进行完隐私设置之后，再单击 Next，就可以开始安装了，如图 C-6 所示。

2. Multisim 9 的详细菜单分类介绍

（1）File（文件）菜单　该菜单用来对电路文件进行管理，其具体功能如下。

New：建立新的 Multisim 电路图文件。

Open：打开已存在的 Multisim 电路图文件。

Open Samples：打开 Multisim 电路图例子。

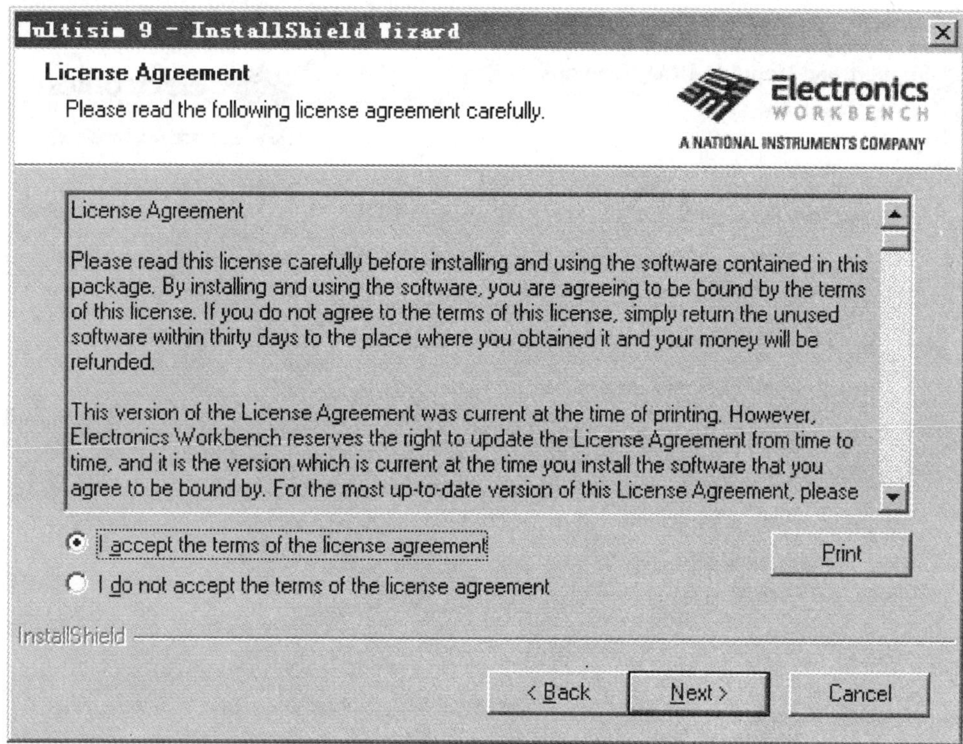

图 C-2　接受协议

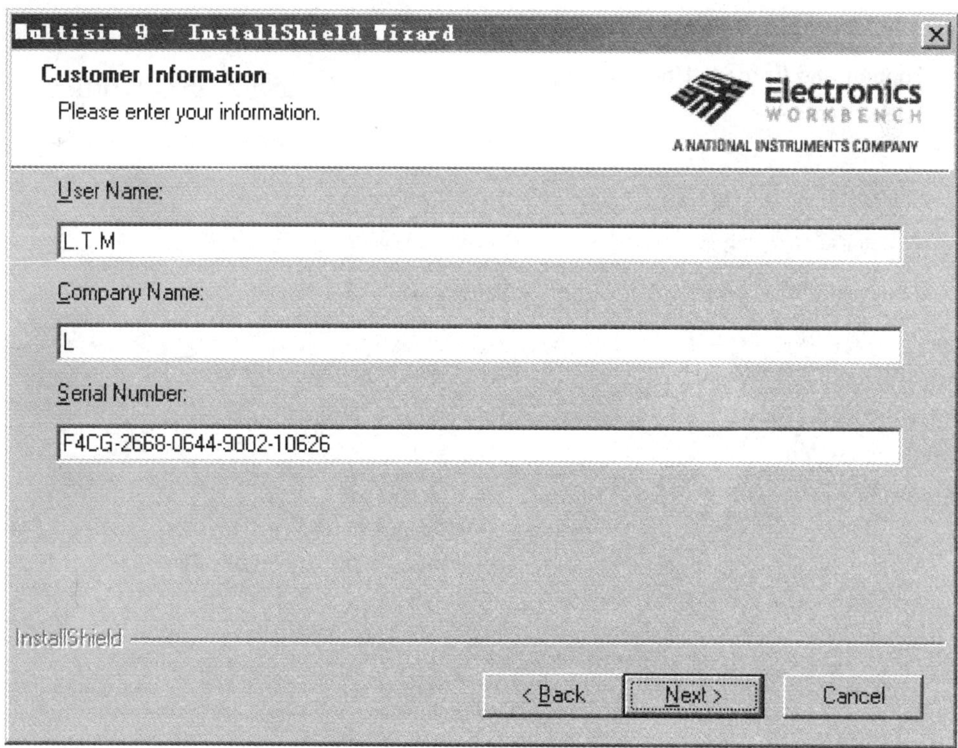

图 C-3　输入序列号

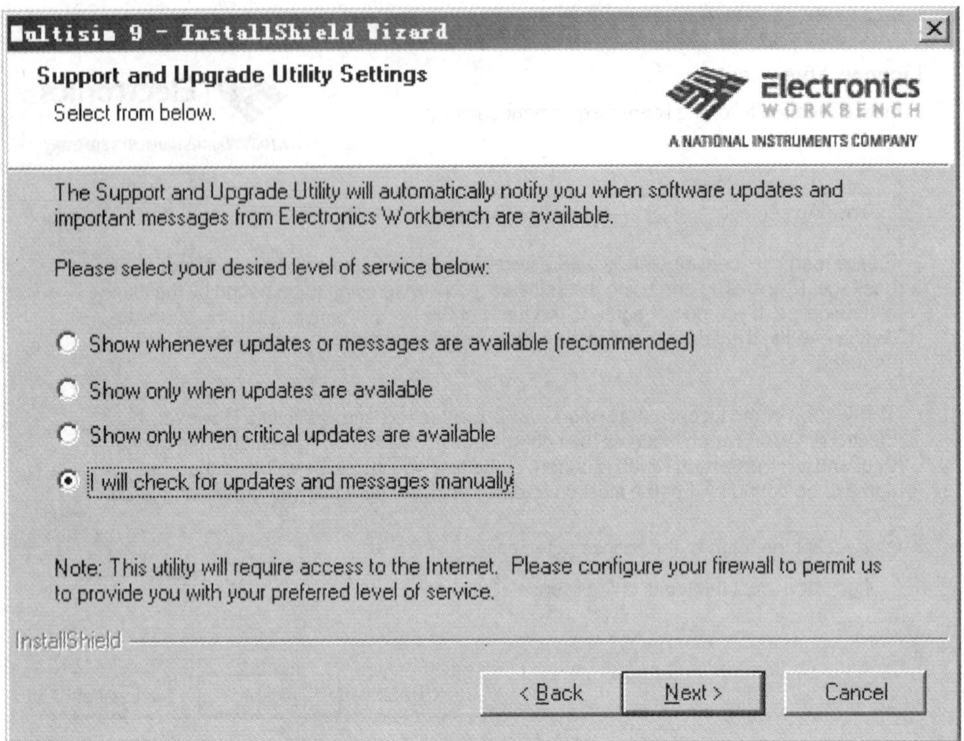

图 C-4　更新升级设置

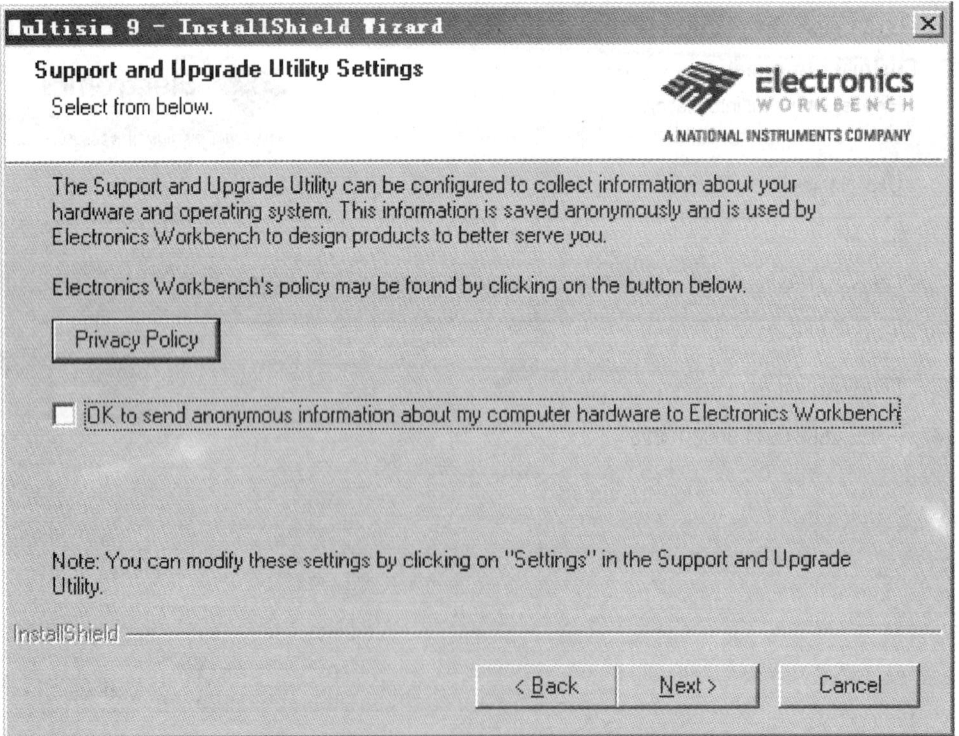

图 C-5　隐私设置

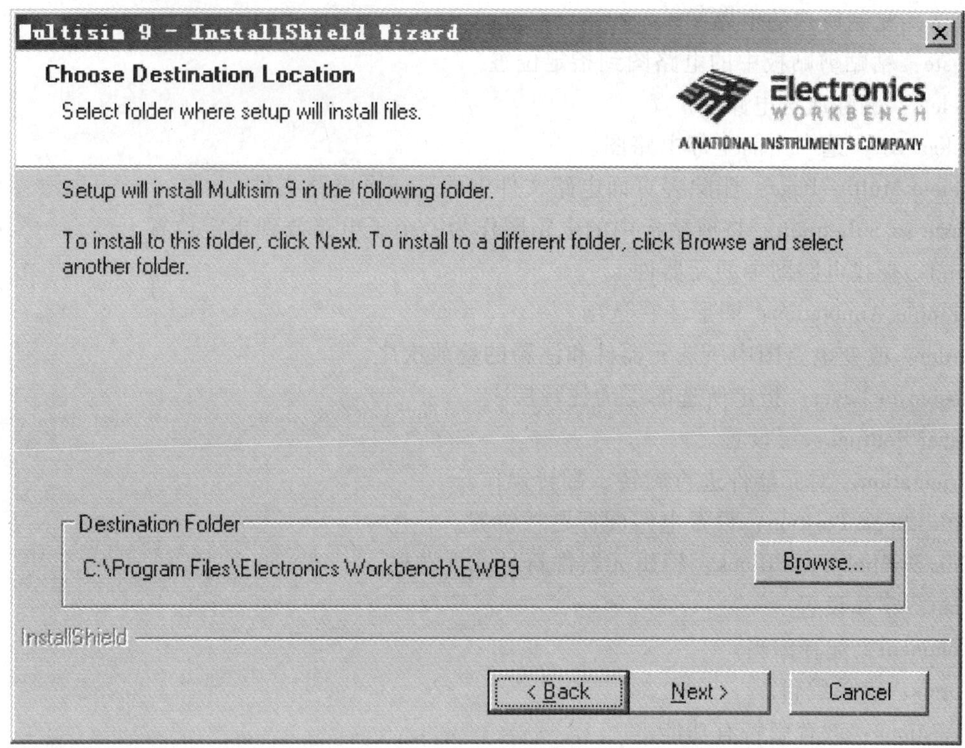

图 C-6　开始安装

Close：关闭当前电路图文件。

Close All：关闭所有已打开的文件。

Save：保存当前电路图文件。

Save As：将当前电路图文件另存为其他文件名。

Save A11：保存所有已打开的电路图文件。

New Project：建立一个新工程文件。

Open Project：打开已存在的工程文件。

Save Project：保存当前工程文件。

Close Project：关闭当前工程文件。

Print：打印。

Print Preview：打印预览。

Print Options：打印选项设置。

Recent Circuits：最近打开的电路图文件。

Recent Projects：最近打开的工程文件。

Exit：退出并关闭 Multisim。

（2）Edit（编辑）菜单　该菜单用来对电路窗口中的电路图或元器件进行编辑操作，其具体功能如下。

Undo：撤销最近一次操作。

Redo：重复最近一次操作。

Cut：剪切所选的电路图。

Copy：复制所选的电路图。

Paste：粘贴剪贴板中的电路图到指定位置。

Delete：删除所选电路图。

Select All：选中当前全部电路图。

Delete Multi - Page：删除多页面电路文件中的某一页电路文件。

Paste as Subcircuit：将剪贴板中的电路图作为一个子电路放到指定位置上。

Find：查找电路图中的元器件。

Graphic Annotation：图形注释选项。

Order：改变电路图中所选元器件和注释的叠放次序。

Assign to Layer：指定所选的层为注释层。

Layer Settings：层设置。

Orientation：对元器件进行旋转、翻转操作。

Title Block Position：设置电路图标题栏位置。

Edit Symbol/Title Block：编辑元器件符号或标题栏。

Font：字体设置。

Comment：注释编辑。

Forms：表单编辑。

Questions：教育版特有功能。

Properties：打开属性对话框。

（3）View（视图）菜单　该菜单用来显示或隐藏电路窗口中的某些内容（如电路图的放大缩小、工具栏、栅格、纸张边界等），其具体功能如下。

Full Screen：全屏显示电路窗口。

Parent Sheet：显示子电路或者分层电路的父节点。

Zoom In：放大电路窗口。

Zoom Out：缩小电路窗口。

Zoom Area：放大所选电路图的区域。

Zoom Fit to Page：显示完整的电路图。

Zoom to Scale：按比例显示电路图。

Show Grid：显示栅格，有助于把元器件放在正确的位置。

Show Border：显示电路的边界。

Show Page Bounds：显示纸张边界。

Ruler Bars：显示标尺。

Status Bars：显示状态栏。

Design Toolbox：显示设计工具栏。

Spreadsheet View：显示电路元器件属性视窗。

Circuit Description Box：显示或隐藏电路窗口的描述窗口。

Toolbars：显示或隐藏工具栏。

Comment/Probe：注释、探针显示。

Grapher：显示或隐藏仿真结果的图表。

（4）Place（放置）菜单　该菜单用来在电路窗口中放置元器件、节点、总线、文本或图形等，其具体功能如下。

Component：在电路窗口中放置元器件。

Junction：放置一个节点。

Wire：电路连线。

Ladder Rungs：梯度级。

Bus：放置创建的总线。

Connectors：放置连接器。

Hierarchical Block From File：从文件获取分层电路。

New Hierarchical Block：建立一个新的分层模块。

Replace by Hierarchical Block：用分层模块替代所选电路。

New Subcircuit：建立一个子电路。

Replace by Subcircuit：用一个子电路替代所选电路。

Multi - Page：产生多层电路。

Merge Bus：合并总线矢量。

Bus Vector Connect：放置总线矢量连接。

Comment：放置提示注释。

Text：放置文本。

Graphics：放置线、折线、长方形、椭圆、圆弧、多边形等图形。

Title Block：放置一个标题块。

（5）Simulate（仿真）菜单　该菜单用于对电路仿真的设置与操作，其具体功能如下。

Run：启动当前电路的仿真。

Auto Fault Option：自动设置电路故障选项。

Pause：暂停当前电路的仿真。

Instruments：在当前电路窗口中放置万用表、函数发生器、瓦特计、双踪示波器、失真度分析仪等 17 种仪表。

Interactive Simulation Settings：对与瞬态分析相关的仪表进行默认设置。

Digital Simulation Settings：在电路仿真时对数字元器件的精度和速度进行选择。

Analyses：对当前电路 19 种分析的选择。

Postprocessor：对电路分析进行后处理。

Simulation Error Log/Audit Trail：仿真错误记录/审计追踪。

XSpice Command Line Interface：显示 XSpice 命令行窗口。

Load Simulation Settings：加载仿真设置。

Save Simulation Settings：保存仿真设置。

VHDL Simulation：运行 VHDL 仿真软件。

Probe Properties：探针属性设置。

Reverse Probe Direction：探针极性反向。

Clear Instrument Data：仪器测量结果清零。

Global Component Tolerances：所有元件的容许误差。

(6) Transfer（转换）菜单　该菜单用于将 Multisim 9 的电路文件或仿真结果输出到其他应用软件，其具体功能如下。

Transfer to Ultiboard：传送给应用软件 Ultiboard。

Transfer to other PCB Layout：传送给其他印制电路板设计软件。

Forward Annotate to Ultiboard：将 Multisim 9 中电路元器件注释的变动传送到 Ultiboard 的电路文件中，使 Ultiboard 电路元器件注释也作相应的变化。

Back Annotate from Ultiboard：将 Ultiboard 中电路元器件注释的变动传送到 Multisim 9 的电路文件中，使 Multisim 9 电路元器件注释也作相应的变化。

Highlight Selection in Ultiboard：对 Ultiboard 电路中所选元器件以高亮度显示。

Export Net list：将电路图文件变换为网表文件（.cir）。

(7) Tools（工具）菜单　该菜单用来编辑或管理元器件库或元器件命令，其具体功能如下。

Componmt Wizard：创建元器件向导。

Database：对元器件库进行管理、保存、转换和合并。

Circuit Wizards：为 555 定时器、滤波器、运算放大电路和 BJT 共射电路提供设计向导。

Rename/Renumber Components：为元器件重新命名、编号。

Replace Components：元器件替换。

Update Circuit Components：更新电路元器件。

Electrical Rules Check：电气特性规则检查。

Toggle NC Markers：对电路未连接点标志或者删除标志。

Clear ERC Markers：清除电气特性规则检查标记。

Symbol Editor：符号编辑器。

Title Block Editor：标题块编辑器。

Description Box Editor：电路描述编辑器。

Edit Labels：编辑标签。

Capture Screen Area：抓电路图。

Internet Design Sharing：利用网络或因特网来共享电路设计。

Education Web Page：登录 Electronics Workbench 的教育网站。

Show Breadboard：显示面包板。

(8) Reports（报告）菜单　该菜单用来产生当前电路的各种报告，其具体功能如下。

Bill of Materials：产生当前电路图文件的元器件清单。

Component Detail Report：产生特定元器件存储在数据库中的所有信息报告。

Net list Report：产生含有元器件连接信息的网表文件报告。

Cross Reference Report：产生当前电路窗口中所有元器件的详细参数报告。

Schematic Stastics：产生电路图的统计信息报告。

Spare Gates Report：产生电路图中未使用门的报告。

(9) Options（选项）菜单　该菜单用于定制软件界面和某些功能的设置，其具体功能如下。

Global Preferences：打开全局参数对话框。

Sheet Properties：打开设定电路或子电路的有关参数对话框。

Global Restrictions：利用口令对其他用户设置 Multisim 9 某些功能的全局限制。

Circuit Restrictions：利用口令对其他用户设置特定电路功能的全局限制。

Customize User Interface：定制用户界面。

Simplified Version：在标准工具栏中隐藏一些复杂的命令、工具和分析来简化 Multisim 9 的用户界面。

（10）Window（窗口）菜单　该菜单用于控制 Multisim 9 窗口的显示，并列出所有被打开的文件，其具体功能如下。

New Window：新建一个窗口。

Cascade：电路窗口层叠。

Tile Horizontal：水平方向电路窗口重排显示。

Tile Vertical：垂直方向电路窗口重排显示。

Close All：关闭所有的窗口。

Windows：显示所有窗口列表，并选择激活窗口。

（11）Help（帮助）菜单　该菜单为用户提供在线技术帮助和指导，其具体功能如下。

Multisim Help：帮助主题目录。

Component Reference：帮助主题索引。

Release Notes：版本注释。

Check For Updates：检查软件更新。

File Information：当前电路图的文件信息。

About Multisim：有关 Multisim 9 的说明。

（12）仪器仪表栏的介绍　对电路进行仿真运行，通过对运行结果的分析，判断设计是否正确合理，是 EDA 软件的一项主要功能。为此，Multisim 9 为用户提供了类型丰富的虚拟仪器，可以从 Design/Instruments 工具栏，或用菜单命令中的 Simulation/ instrument 命令选用这些仪表，Multisim 在仪器仪表栏下提供了 17 个常用仪器仪表，依次为数字万用表、函数发生器、瓦特表（功率计）、双通道示波器、四通道示波器、波特图仪、频率计、字信号发生器、逻辑分析仪、逻辑转换器、IV 分析仪、失真度仪、频谱分析仪、网络分析仪、Agilent 信号发生器、Agilent 万用表、Agilent 示波器，如图 C-7 所示。

图 C-7　仪器仪表栏

（13）常用元器件库　Multisim 9 有 13 个常用的元器件库，与对应元器件工具栏的快捷菜单相对应，分别存放各类元器件：信号源库、基本元器件库、二极管库、晶体管库、模拟器件库、TTL 数字集成电路库、CMOS 数字集成电路库、其他数字器件库、混合器件库、指示器件库、其他杂项元器件库、机电元件库、射频元器件库。

1）信号源库（Source）：包括电源、信号电压源、信号电流源、可控电压源、可控电流源、函数控制器件 6 个类。

2）基本元器件库（Basic）：包含基本元器件，如电阻、电容、电感、二极管、三极管、开关等。

3）二极管库（Diodes）：包含普通二极管、齐纳二极管、二极管桥、变容二极管、PIN二极管、发光二极管等。

4）晶体管库（Transistor）：包含NPN、PNP、达林顿管、IGBT、MOS管、场效应晶体管、可控硅等。

5）模拟器件库（Analog）：包括运放、滤波器、比较器、模拟开关等模拟器件。

6）TTL数字集成电路库（TTL）：包含TTL型数字电路，如7400、7404等门电路。

7）CMOS数字集成电路库（COMS）：包含COMS型数字电路，如74HC00、74HC04等MOS管电路。

8）其他数字器件库（MIXC Digital）：包含DSP、CPLD、FPGA、PLD、单片机－微控制器、存储器件、一些接口电路等数字器件。

9）混合器件库（Mixed）：包含定时器、A-D/D-A转换芯片、模拟开关、振荡器等。

10）指示器件库（Indicators）：包含电压表、电流表、探针、蜂鸣器、灯、数码管等显示器件。

11）其他杂项器件库（Misc）：包含晶振、电子管、滤波器、MOS驱动和其他一些器件等。

12）机电元件库（Elector Mechanical）：包含传感器开关、机械开关、继电器、电机等。

13）射频元器件库（RF）：包含一些RF元器件，如高频电容、电感、晶体管等。

部分习题参考答案

第1章　参考答案

1.5　a）二极管 VD_1 导通，$U_A = U_B = 6.67V$，b）二极管 VD_2 截止，$U_D = 10V$，$U_C = 0V$

1.6　$U_{01} = 1.3V$，$U_{02} = 0V$，$U_{03} = -1.3V$，$U_{04} = 2V$，$U_{05} = 1.3V$，$U_{06} = 2V$

1.8　A 是发射极，B 是集电极，C 是基极，晶体管为 PNP 型晶体管，β 值为 40

1.9　2.7V 为基极，2V 为发射极，8V 为集电极，晶体管为 NPN 型晶体管，且为硅管

1.12　$\beta = 50$，$I_{CEO} = 20\mu A$ 的晶体管性能好些

第2章　参考答案

2.1　a）放大状态；b）不在放大状态；c）不在放大状态；d）放大状态；e）放大状态

2.2　将电容开路、变压器线圈短路即为直流通路，图略。

电路的交流通路图略

2.3　空载（即 $R_L = \infty$）时：$I_{BQ} = 20\mu A$，$I_{CQ} = 2mA$，$U_{CEQ} = 6V$；最大不失真输出电压有效值约为 3.75V

带载（即 $R_L = 3k\Omega$）时：$I_{BQ} = 20\mu A$，$I_{CQ} = 2mA$，$U_{CEQ} = 3V$；最大不失真输出电压有效值约为 1.63V

2.4　（1）由于基极静态电流为

$$I_B \approx 0.022mA$$

所以

$$U_C \approx 6.4V$$

（2）由于 $U_{BE} = 0V$，VT 截止，$U_C = 12V$

（3）临界饱和基极电流为

$$为\ I_{BS} \approx 0.045mA$$

实际基极电流为

$$I_B \approx 0.22mA$$

由于 $I_B > I_{BS}$，故 VT 饱和，$U_C = U_{CES} = 0.5V$

（4）VT 截止，$U_C = 12V$

（5）由于集电极直接接直流电源，$U_C = U_{CC} = 12V$

2.5　（1）$I_{BQ} \approx 28.3\mu A$，$I_{CQ} = 1.13mA$，$U_{CEQ} = 6.24V$

（2）微变等效电路图略

（3）$A_{uo} \approx -165$，$r_i = 1.23k\Omega$，$r_o = 5.1k\Omega$

（4）当负载 $R_L = 5.1k\Omega$ 时，$A_u \approx -82.3$

2.6　（1）$R_b \approx 565k\Omega$

（2）$R_L = 1.5k\Omega$

2.7　（1）如果 $I_{CQ} = 2mA$，则 $R_b = 339k\Omega$；

（2）如果 $U_{CEQ}=6V$，$R_b=565k\Omega$

2.8 （1）$U_{BQ}=4V$，$I_{BQ}=32.4\mu A$，$I_{CQ}=1.62mA$，$U_{CEQ}=5.52V$

（2）微变等效电路图略。

（3）$r_i=962\Omega$ $r_o=R_c=2k\Omega$，$A'_u=-134$。

（4）接 $R_L=2k\Omega$ 时：$A_u=-53.6$

2.9 （1）$U_{BQ1}\approx3V$；$I_{EQ1}=1mA$；$I_{BQ1}=0.02mA$；$U_{CEQ1}=7.6V$

$I_{BQ2}=28.5\mu A$；$I_{EQ2}=1.45mA$；$U_{CEQ2}=6.2V$

（2）放大电路的微变等效电路图略

（3）电压放大倍数 $A_u=30.7$

（4）$r_i\approx1.38k\Omega$，$r_o\approx61.2\Omega$

2.10 （1）C；（2）B；（3）C；（4）C；（5）A

2.11 （1）$P_{om}24.5W$；$\eta\approx69.8\%$

（2）$P_{Tmax}\approx6.4W$

（3）$U_i\approx9.9V$

2.12 （1）$U_{B1}=1.4V$；$U_{B3}=-0.7V$；$U_{B5}=-17.3V$

（2）$I_{CQ5}\approx1.66mA$； $u_i\approx u_{B5}=-17.3V$

（3）若静态时 $i_{B1}>i_{B3}$，则应增大 R_3。

（4）采用如图 2-47 所示两只二极管加一个小阻值电阻合适，也可只用三只二极管。这样一方面可使输出级晶体管工作在临界导通状态，可以消除交越失真；另一方面在交流通路中，VD_1 和 VD_2 管之间的动态电阻又比较小，可忽略不计，从而减小交流信号的损失。

2.13 （1）两管的发射极电位 $U_E=U_{CC}/2=12V$；若不合适，则应调节 R_2

（2）$P_{om}\approx5.06W$；$\eta\approx58.9\%$

（3）$I_{CM}>1.5A$；$U_{(BR)CEO}>24V$；$P_{CM}>1.82W$

第3章 参考答案

3.6 图 3-34a 中：R_2 电压串联负反馈；R_4 电压并联负反馈；R_f 电压并联负反馈。

图 3-34b 中：电流并联正反馈。

图 3-34c 中：电压并联正反馈。

3.7 $u_o=0.4828V$

3.8 1）反馈系数 $F=0.099$

2）闭环放大倍数为 $A_f=10$

3）A 变化 ±10% 时，闭环放大倍数的相对变化量为 ±0.1%

3.9 1）反馈深度为 501

2）闭环增益为 19.96

3）A_f 变化 0.2%

3.10 $A_f=\dfrac{u_o}{u_i}\approx\dfrac{u_o}{u_f}=\dfrac{R_L}{R_f}$

3.11 电压放大倍数 $A_f=-2.94$；

输入电阻 $r_i=18.9k\Omega$；

输出电阻 $r_o=3k\Omega$

3.12 1）电压串联负反馈的连接：⑧-⑨；⑩-⑤；③-②；④-①

2）电压并联负反馈的连接：⑧-⑨；⑩-⑤；③-①；④-②

3）电流串联负反馈的连接：⑦-⑨；⑩-⑤；③-②；④-①

4）电流并联负反馈的连接：⑦-⑨；⑩-⑤；③-①；④-②

第4章 参考答案

4.1 （1）反相，同相（2）同相，反相（3）同相，反相（4）同相，反相

4.2 （1）同相比例（2）反相比例（3）微分（4）同相求和（5）反相求和

4.3

u_i/V	0.1	0.5	1.0	1.5
u_{o1}/V	-1	-5	-10	-14
u_{o2}/V	1.1	5.5	11	14

4.4 （1）$R_i=50k\Omega$；（2）比例系数为 -104

4.5 （1）1，0.4；（2）10

4.6 a）$u_o=-\frac{R_f}{R_1}\cdot u_{i1}-\frac{R_f}{R_2}\cdot u_{i2}+\frac{R_f}{R_3}\cdot u_{i3}=-2u_{i1}-2u_{i2}+5u_{i3}$

b）$u_o=-\frac{R_f}{R_1}\cdot u_{i1}+\frac{R_f}{R_2}\cdot u_{i2}+\frac{R_f}{R_3}\cdot u_{i3}=-10u_{i1}+10u_{i2}+u_{i3}$

c）$u_o=\frac{R_f}{R_1}(u_{i2}-u_{i1})=8(u_{i2}-u_{i1})$

d）$u_o=-\frac{R_f}{R_1}\cdot u_{i1}-\frac{R_f}{R_2}\cdot u_{i2}+\frac{R_f}{R_3}\cdot u_{i3}+\frac{R_f}{R_4}\cdot u_{i4}$

$=-20u_{i1}-20u_{i2}+40u_{i3}+u_{i4}$

4.7 （1）24.5W，69.8% （2）6.4W （3）9.9V

第5章 参考答案

5.1 （1）√ （2）× （3）× （4）× （5）√ （6）× （7）√

5.2 （1）A （2）B （3）C

5.3 （1）BAC （2）BCA （3）B

5.4 a）加集电极电阻 R_c 及放大电路输入端的耦合电容。

b）变压器二次侧与放大电路之间加耦合电容，改同名端。

5.5 ④、⑤与⑨相连，③与⑧相连，①与⑥相连，②与⑦相连。

5.6 正弦波振荡电路；同相输入过零比较器；反相输入积分运算电路；同相输入滞回比较器。

5.7 （1）上“-”下“+”；（2）输出严重失真，几乎为方波；（3）输出为零；（4）输出为零；（5）输出严重失真，几乎为方波

5.8 （1）A 为滞回比较器；A 为积分运算电路。

（2）u_{o1}与 u_O 的关系曲线如图答案 5-1a 所示。

(3) u_o 与 u_{o1} 的运算关系式为

$$u_o = -\frac{1}{R_4 C} u_{o1}(t_2 - t_1) + u_o(t_1) = -2000 u_{o1}(t_2 - t_1) + u_o(t_1)$$

(4) u_{o1} 与 u_o 的波形如图答案 5-1b 所示。

(5) 可以减小 R_4、C、R_1 或增大 R_2

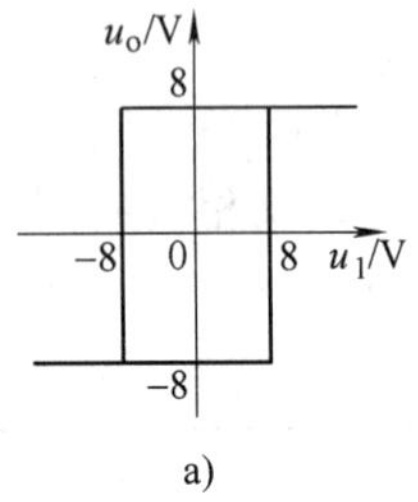

a)

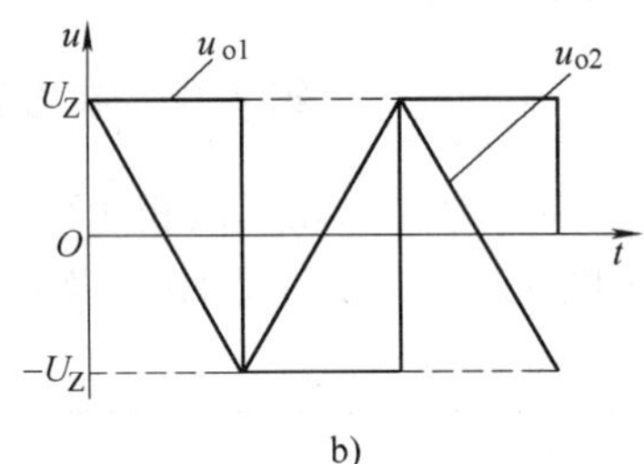

b)

图答案 5-1

5.9 (2) $f_0 = \frac{1}{\sqrt{2}\pi RC}$

(3) $U_{o1max} = \sqrt{2} U_{o2max} \approx 8.5V$

若 u_{o1} 为正弦波，则 u_{o2} 为余弦波，如图答案 5-2 所示

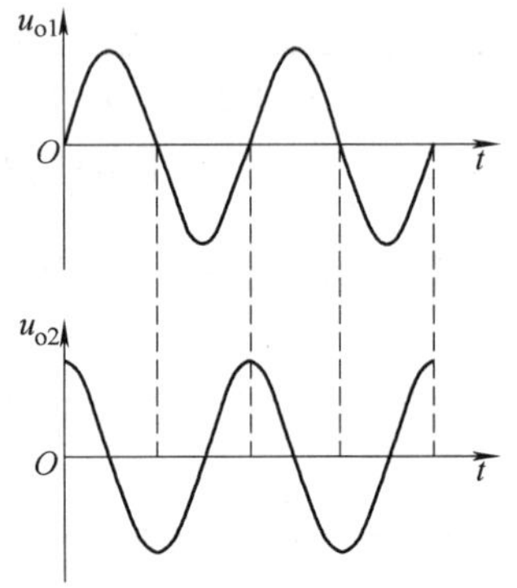

图答案 5-2

5.11 图 5-36a、b 均满足相位条件

5.12 (1) A_1 线性区；A_2 非线性区

(2) $u_{o1} = -i_i R_1 = -100 \times 10^3 i_i$

5.13 (1) 3.3ms；(2) 波形如图答案 5-3 所示。

5-14 集成运放“+”“-”接反；R、C 位置接反；输出限幅电路无限流电阻。改正后的电路如图答案 5-4 所示。

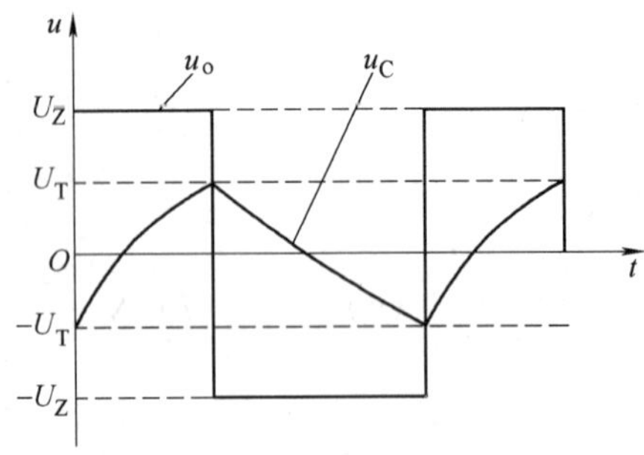

图答案 5-3

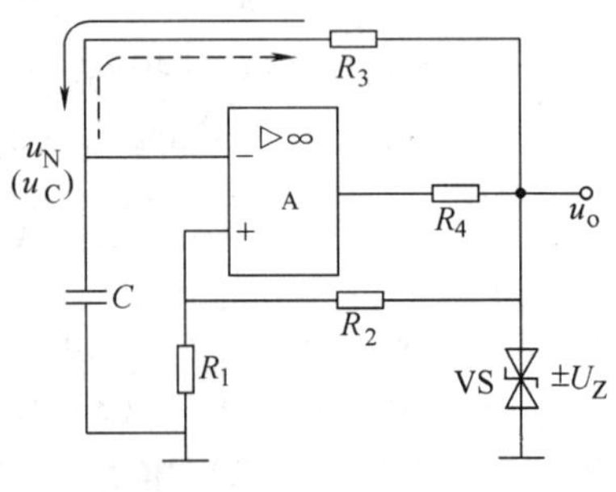

图答案 5-4

第 6 章 参考答案

6.2 $U_2 = 88.9V$；$I_{o(AV)} = 1A$；$I_{D(AV)} = 1A$。

6.3 (1) $I_o = 2.25mA$；(2) $U_1 = 100V$，$I_2 = 3.53mA$；(3) 略

6.4 开关 S 断开：45V、45mA。开关 S 闭合：90V、90mA

6.6 $U_2 = 30V$；$I_L = 1.8A$；$I_{D(AV)} = 0.9A$

6.8 (1) 2CP12

(2) $C = 125\mu F$

第 7 章 参考答案

7.1 模拟电子电路的设计方法是利用模块化的设计思想，将一个电路设计划分成一系列已定义的模块来开展，设计流程是：总体方案确定，单元电路设计，参数计算，元器件选择，计算机模拟仿真，绘制总体电路图，PCB 设计，实验、调试，撰写设计文件。

7.2 选择参数为 $\beta = 100$，$I_{CEO} = 10\mu A$ 的晶体管。I_{CEO} 较小说明晶体管性能越好，若 β 较大则容易自激，因而此管较为稳定。

7.3 设计电路如图答案 7-1 所示。

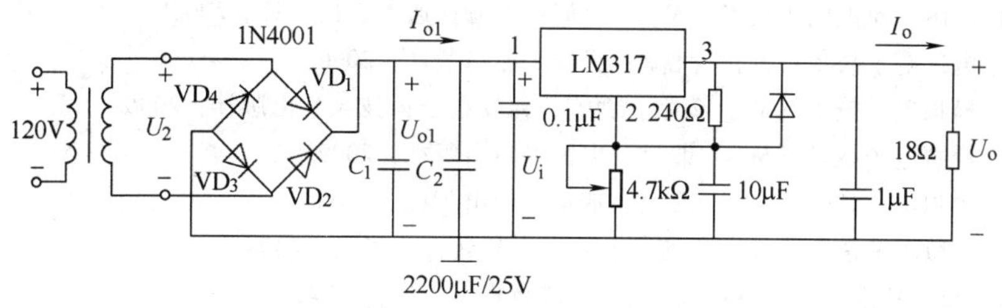

图答案 7-1

7.4，7.5 按题目中的电路图绘图，分析过程省略。

参 考 文 献

[1] 庄丽娟．电子技术基础［M］．北京：机械工业出版社，2010.
[2] 王明洋．实用电子技术（模拟部分）［M］．北京：北京理工大学出版社，2009.
[3] 章彬宏，吴青萍．模拟电子技术［M］．北京：北京理工大学出版社，2008.
[4] 冯帆，赵世伟．模拟电子技术［M］．上海：上海交通大学出版社，2008.
[5] 罗厚军．电工电子技术［M］．北京：机械工业出版社，2006.
[6] 江晓安．模拟电子技术［M］.2 版．西安：西安电子科技大学出版社，2006.
[7] 元增民．模拟电子技术［M］．北京：中国电力出版社，2009.
[8] 郑国平．模拟电子技术［M］．北京：清华大学出版社，2008.
[9] 胡宴如．模拟电子技术［M］.2 版．北京：高等教育出版社，2004.
[10] 唐成山．模子技术基础［M］．北京：高等教育出版社，2004.
[11] 胡斌．电子电路知识点合订本：负反馈电路［M］．北京：机械工业出版社，2010.
[12] 康华光．电子技术基础（模拟部分）［M］.4 版．北京：高等教育出版社，1999.
[13] 周雪．模拟电子技术［M］.2 版．西安：西安电子科技大学出版社，2008.
[14] 陈梓城．电子技术实训［M］．北京：机械工业出版社，1999.
[15] 李雅轩．模拟电子技术［M］．西安：西安电子科技大学出版社，2003.
[16] 华成英，童诗白．模拟电子技术基础［M］.4 版．北京：高等教育出版社，2006.
[17] 张志良．模拟电子技术基础［M］．北京：机械工业出版社，2006.
[18] 孙余凯．模拟电子技术［M］．北京：人民邮电出版社，2010.
[19] 李万臣．模拟电子技术基础与课程设计［M］．哈尔滨：哈尔滨工程大学出版社，2001.
[20] 崔瑞雪，张增良．电子技术动手实践［M］．北京：北京航空航天大学出版社，2007.
[21] 郝波．电子技术基础——模拟电子技术［M］.2 版．西安：西安电子科技大学出版社，2010.
[22] 郑学峰．模拟电子技术［M］．西安：西安电子科技大学出版社，2008.
[23] 蔡大山，朱小祥，陈贵银．PCB 制图与电路仿真［M］．北京：电子工业出版社，2010.
[24] 郭勇．EDA 技术基础［M］.2 版．北京：机械工业出版社，2007.